华章图书

一本打开的书，一扇开启的门，

通向科学殿堂的阶梯，托起一流人才的基石。

Accelerated Optimization for Machine Learning

First-Order Algorithms

机器学习中的加速一阶优化算法

林宙辰 李欢 方聪◎著

机械工业出版社
China Machine Press

图书在版编目（CIP）数据

机器学习中的加速一阶优化算法 / 林宙辰，李欢，方聪著 . -- 北京：机械工业出版社，2021.6（2021.10 重印）

ISBN 978-7-111-68500-5

I. ① 机… II. ① 林… ② 李… ③ 方… III. ① 机器学习 – 最优化算法 IV. ① TP181

中国版本图书馆 CIP 数据核字 (2021) 第 117123 号

机器学习是关于从数据中建立预测或描述模型，以提升机器解决问题能力的学科 . 在建立模型后，需要采用适当的优化算法来求解模型的参数，因此优化算法是机器学习的重要组成部分 . 但是传统的优化算法并不完全适用于机器学习，因为通常来说机器学习模型的参数维度很高或涉及的样本数巨大，这使得一阶优化算法在机器学习中占据主流地位 .

本书概述了机器学习中加速一阶优化算法的新进展 . 书中全面介绍了各种情形下的加速一阶优化算法，包括确定性和随机性的算法、同步和异步的算法，以求解带约束的问题和无约束的问题、凸问题和非凸问题，对算法思想进行了深入的解读，并对其收敛速度提供了详细的证明 .

本书面向的读者对象是机器学习和优化领域的研究人员，包括人工智能、信号处理及应用数学特别是计算数学专业高年级本科生、研究生，以及从事人工智能、信号处理领域产品研发的工程师 .

出版发行：机械工业出版社（北京市西城区百万庄大街 22 号 邮政编码：100037）

责任编辑：姚 蕾　　责任校对：殷 虹

印　刷：中国电影出版社印刷厂　　版　次：2021 年 10 月第 1 版第 2 次印刷

开　本：186mm × 240mm 1/16　　印　张：17.5

书　号：ISBN 978-7-111-68500-5　　定　价：109.00 元

客服电话：(010) 88361066 88379833 68326294　　投稿热线：(010) 88379604

华章网站：www.hzbook.com　　读者信箱：hzjsj@hzbook.com

推荐序一

优化算法一直是推动近年来机器学习发展的引擎. 机器学习的需求与使用优化工具箱的其他学科的需求不同，最显著的差别是，参数空间是高维的，需要优化的函数通常是数百万项之和. 在这种情况下，基于梯度的方法比高阶优化方法更可取，并且考虑到计算完全的梯度有可能不可行，因此随机梯度法是机器学习领域优化算法的代名词. 这些限制与解决非凸优化问题、控制随机采样引起的方差以及开发在分布式平台上运行的算法的需求结合在一起，对优化提出了一系列新的挑战. 令人惊讶的是，过去十年中许多挑战已经被研究人员解决.

林宙辰、李欢和方聪所著的这本书是该新兴领域的第一本完整的专著. 该书详细介绍了基于梯度的算法，重点关注加速的概念. 加速是现代优化中的关键概念，它提供了新的算法和对可达到的收敛速度的深入探索. 该书还介绍了随机方法（包括方差控制），并包括有关异步分布式实现的资料.

任何希望在机器学习领域工作的研究人员都应该对统计和优化领域有基本的了解，这本书正是了解基本的优化算法并开始机器学习研究的绝佳出发点.

Michael I. Jordan
于伯克利·加州大学伯克利分校
2019 年 10 月

推荐序二

优化是机器学习的核心主题之一. 在得益于纯粹优化领域的进步的同时,机器学习中的优化也形成了自己的特点. 一个显著的现象是,一阶算法或多或少地成了机器学习的主流优化方法. 虽然有一些书籍或预印本介绍了机器学习中使用的部分或全部主要优化算法,但本书着眼于最近机器学习优化中的一个明显的潮流,即加速一阶算法. 加速一阶算法起源于 Polyak 的重球法并被 Nesterov 的一系列工作所引发, 目前已成为优化和机器学习领域的热门话题, 并取得了丰硕的成果. 这些成果已经大大超出了无约束（和确定性）凸优化的传统范围. 新的成果包括约束凸优化和非凸优化的加速、随机算法以及通用加速框架,例如 Katyusha 算法和 Catalyst 加速框架,其中一些甚至具有接近最佳的收敛速度. 不幸的是,现有文献散布在广泛的出版物中,因此掌握基本加速技巧并全面了解这个快速发展的领域变得非常困难.

幸运的是,这本由林宙辰、李欢和方聪合著的专著及时满足了对加速一阶算法进行快速学习的需求. 该书首先概述了加速一阶算法的发展历程,尽管略显粗略,但提供的信息极为丰富. 然后,介绍了针对不同类别问题的代表性工作,并提供了详细的证明,这些证明极大地方便了读者对基本思想的理解和对基本技术的掌握. 毫无疑问,这本书对于那些想要学习最新的机器学习优化算法的人来说是至关重要的参考书.

我认识林宙辰博士已有很长时间了. 他以扎实的工作、深刻的见解以及对来自不同研究领域的问题的细致分析给我留下了深刻的印象. 鉴于我和他有很多共同的研究兴趣,其中之一是基于学习的优化,我很高兴看到这本书经过精心撰写后终于出版了.

徐宗本
于西安·西安交通大学
2019 年 10 月

推荐序三

一阶优化方法一直是求解面向大数据的机器学习、信号处理和人工智能问题的主要工具. 一阶优化方法虽然概念上很简单,但需要仔细分析并充分了解才能有效地进行部署. 加速、非光滑、非凸、并行和分布式实现等问题至关重要,因为它们会对算法的收敛行为和运行时间产生重大影响.

该研究专著对一阶优化方法的算法方面进行了出色的介绍, 重点是算法设计和收敛性分析. 它深入讨论了加速、非凸、约束和异步实现的问题. 专著中涉及的主题和给出的结果非常及时,并且与机器学习、信号处理、人工智能领域的研究人员和从业人员都息息相关. 专著有意识地避免了复杂性下限的理论问题,以让位于算法设计和收敛性分析. 总体而言,作者对各方面材料的处理相当均衡,并且在整个专著中提供了许多有用的见解.

该专著的作者在机器学习和优化相结合方面具有丰富的研究经验. 专著写得很好, 读起来也很流畅. 对于对机器学习的优化方面感兴趣的每个人来说,它都应该是一本重要的参考书.

罗智泉
于深圳 · 香港中文大学(深圳)
2019 年 10 月

中文版前言

本书的英文版交稿后，对于是否要出版中文版，我的确纠结了一段时间. 毕竟本书并非优化算法的入门书，能够关注它的人士一般都有较好的数学和英文基础，在此前提下，出版中文版似乎没什么必要，而且会占用我们的科研时间，让我们继续在“已知”的范围内打圈圈，妨碍我们去探寻“未知”. 然而，庚子年突发新冠疫情，习近平总书记“把论文写在祖国大地上”的号召越发深入人心. 另外，不少好友在得知英文版将要出版的消息后，向我询问有没有中文版，也让我意识到出版中文版的必要性. 因此，在NeurIPS 2020论文提交截止后，我和李欢、方聪再次牺牲所有的业余时间，马上开始了翻译工作. 所幸数学公式占了绝大部分，文字翻译和全书校对得以在较短的时间内完成. 但是，中文版并不是英文版的逐字简单翻译，我们添加了少量内容（如增加了第2.1、2.2节和一致凸函数的定义，扩充了第2.3节），还更正了英文版中的一些细节错误. 完成了中文版，我才终于觉得这项工作功德圆满，故作小诗一首：

一朝意气兴，　两载苦劳形.
若可追周髀，　千觥醉未名！

林宙辰

于北京·北京大学

2020年10月

本书中文版主体译自：

Accelerated Optimization for Machine Learning: First-Order Algorithms by Zhouchen Lin, Huan Li and Cong Fang.

建议引用本书英文版.

英文版前言

在为北京大学开设的优化课程准备高级材料时，我发现加速算法是对工程专业学生最有吸引力和最实用的专题. 实际上，这也是当前机器学习会议的热门话题. 尽管有些书介绍了一些加速算法，例如 [Beck, 2017; Bubeck, 2015; Nesterov, 2018]，但它们不完整、不系统且不是最新的. 因此，在 2018 年年初，我决定写一本有关加速算法的专著. 我的目标是写一本有条理的书，其中包含足够的入门材料和详尽的证明，以便读者无须查阅分散四处的文献，不被不一致的符号所困扰，并且不被非关键内容包围而不知中心思想为何. 幸运的是，我的两个博士生李欢和方聪很乐意加入这项工作.

事实证明，这项任务非常艰巨，因为我们必须在繁忙的工作日程中抽空进行写作. 最终，在李欢和方聪博士毕业之前，我们终于写完了一份粗糙但完整的初稿. 接下来，我们又花了四个月的时间来使本书读起来流畅并订正了各种不一致和错误. 最后，我们极为荣幸地收到 Michael I. Jordan 教授、徐宗本教授和罗智泉教授写的序. 尽管这本书占用了我们近两年的所有闲暇时间，但当全书终于完成的时候，我们仍然觉得我们的努力是完全值得的.

希望这本书能成为机器学习和优化领域研究人员的有价值的参考书，这将是对我们工作的最大认可.

林宙辰

于北京 · 北京大学

2019 年 11 月

参考文献

Beck Amir. (2017). First-Order Methods in Optimization[M]. volume 25. SIAM, Philadelphia.

Bubeck Sébastien. (2015). Convex optimization: Algorithms and complexity[J]. *Found. Trends Math. Learn.*, 8(3-4): 231-357.

Nesterov Yurii. (2018). Lectures on Convex Optimization[M]. 2nd ed. Springer.

致　　谢

非常感谢所有的合作者和朋友，特别是：何炳生教授、李骏驰博士、凌青教授、刘光灿教授、刘日升教授、刘媛媛教授、卢参义博士、罗智泉教授、马毅教授、尚凡华教授、文再文副教授、谢星宇、许晨博士、颜水成博士、印卧涛教授、袁晓明教授、袁亚湘教授和张潼教授. 同时感谢侯宇清博士、李嘉博士、王石平教授、吴建龙助理教授、张弘扬助理教授和周攀博士协助订正英文版的错误，董一鸣、侯宇清博士、黄简峰、李治中博士、沈铮阳、王秋皓、王奕森助理教授、张弘扬助理教授、郑宙青协助订正中文版的错误，特别是王秋皓对全书的数学推导进行了全面的检验，发现了一些细节上的错误. 最后，感谢Springer出版社的常兰兰女士协助出版了本书的英文版，感谢机械工业出版社的姚蕾女士协助出版了本书的中文版. 本书得到国家自然科学基金（编号：61625301、61731018）和北京智源人工智能研究院的资助.

作 者 介 绍

林宙辰是机器学习和计算机视觉领域的国际知名专家，目前是北京大学信息科学技术学院机器感知与智能教育部重点实验室教授．他曾多次担任多个业内顶级会议的领域主席，包括 CVPR、ICCV、ICML、NIPS/NeurIPS、AAAI、IJCAI 和 ICLR. 他曾任 *IEEE Transactions on Pattern Analysis and Machine Intelligence* 编委，现任 *International Journal of Computer Vision* 和 *Optimization Methods and Software* 的编委. 他是 IAPR 和 IEEE 的会士.

李欢于 2019 年在北京大学获得博士学位，专业为机器学习. 他目前是南开大学人工智能学院助理研究员，研究兴趣包括优化和机器学习.

方聪于 2019 年在北京大学获得博士学位，专业为机器学习. 他目前是北京大学助理教授，研究兴趣包括机器学习和优化.

符 号 表

符号	含义
普通字体,例如 s	标量
正体小写,例如 v	向量
正体大写,例如 M	矩阵
书法体大写,例如 $\mathcal{T}$	子空间、算子或集合
$\mathbb{R},\mathbb{R}^+,\mathbb{Z}^+$	实数集,非负实数集,非负整数集
$[n]$	$\{1,2,\cdots,n\}$
$\odot$	Hadamard 积,即矩阵逐元素乘积
$\mathbb{E}X$	对于随机变量(或者向量)X 的期望
$\mathrm{I},\mathbf{0},\mathbf{1}$	单位矩阵,零矩阵或零向量,全 1 矩阵或全 1 向量
$\mathrm{x}\geqslant\mathrm{y},\mathrm{X}\succeq\mathrm{Y}$	$\mathrm{x}-\mathrm{y}$ 是非负向量,$\mathrm{X}-\mathrm{Y}$ 是半正定矩阵
$f(N)=O(g(N))$	$\exists a>0$,对所有 $N\in\mathbb{Z}^+$,有 $\frac{f(N)}{g(N)}\leqslant a$
$f(N)=\tilde{O}(g(N))$	$\exists a>0$,对所有 $N\in\mathbb{Z}^+$,有 $\frac{\tilde{f}(N)}{g(N)}\leqslant a$,其中 $\tilde{f}(N)$ 是 $f(N)$ 省略 N 的对数多项式因子后的函数
$f(N)=\Omega(g(N))$	$\exists a>0$,对于所有 $N\in\mathbb{Z}^+$,有 $\frac{f(N)}{g(N)}\geqslant a$
x_i	向量 x 的第 i 个坐标的值,或序列中的第 i 个向量
$\nabla f(\mathrm{x}),\nabla_i f(\mathrm{x})$	f 在 x 点的梯度,$\frac{\partial f}{\partial \mathrm{x}_i}$
$\mathrm{X}_{:j},\mathrm{X}_{ij}$	矩阵 X 的第 j 列,矩阵 X 的第 i 行第 j 列元素
$\mathrm{X}^T,\mathrm{Span}(\mathrm{X})$	X 的转置,X 的列空间
$\mathrm{Diag}(\mathrm{x})$	对角矩阵,其对角元素构成的向量为 x
$\sigma_i(\mathrm{X}),\lambda_i(\mathrm{X})$	矩阵 X 的第 i 大奇异值,矩阵 X 的第 i 大特征值

(续)

符号	含义
$\langle \mathrm{x}, \mathrm{y} \rangle$	向量内积，$\mathrm{x}^T\mathrm{y}$
$\langle \mathrm{A}, \mathrm{B} \rangle$	矩阵内积，$\mathrm{tr}(\mathrm{A}^T\mathrm{B})$
$\lvert\mathrm{X}\rvert$	对矩阵 X 的每个元素取绝对值所得矩阵
$\lVert\cdot\rVert$	算子或矩阵的算子范数
$\lVert\cdot\rVert_2$ 或者 $\lVert\cdot\rVert$	向量的 ℓ_2 范数，$\lVert\mathrm{v}\rVert_2 = \sqrt{\sum_i \mathrm{v}_i^2}$；$\lVert\cdot\rVert$ 也被用于表示向量的任意范数
$\lVert\cdot\rVert_*$	矩阵的核范数，即奇异值的和
$\lVert\cdot\rVert_0$	ℓ_0 伪范数，即非零元个数
$\lVert\cdot\rVert_1$	ℓ_1 范数，$\lVert\mathrm{X}\rVert_1 = \sum_{i,j} \lvert\mathrm{X}_{ij}\rvert$
$\lVert\cdot\rVert_p$	ℓ_p 范数，$\lVert\mathrm{X}\rVert_p = \left(\sum_{i,j} \lvert\mathrm{X}_{ij}\rvert^p\right)^{1/p}$
$\lVert\cdot\rVert_F$	矩阵的 Frobenius 范数，$\lVert\mathrm{X}\rVert_F = \sqrt{\sum_{i,j} \mathrm{X}_{ij}^2}$
$\lVert\cdot\rVert_\infty$	ℓ_∞ 范数，$\lVert\mathrm{X}\rVert_\infty = \max_{ij} \lvert\mathrm{X}_{ij}\rvert$
$\mathrm{conv}(\mathcal{X})$	集合 $\mathcal{X}$ 的凸包
∂f	凸函数 f 的次梯度或凹函数 f 的超梯度，以及一般函数的极限次微分
f^*	$f(\mathrm{x})$ 在 $\mathrm{dom} f$ 与约束中的最小值
$f^*(\mathrm{x})$	$f(\mathrm{x})$ 的共轭函数
$\mathrm{Prox}_{\alpha f}(\cdot)$	f 在参数 α 下的邻近映射，$\mathrm{Prox}_{\alpha f}(\mathrm{y}) = \arg\min_{\mathrm{x}} \left(\alpha f(\mathrm{x}) + \frac{1}{2}\lVert\mathrm{x}-\mathrm{y}\rVert_2^2\right)$

目　　录

第1章 绪　论

优化是许多与数值计算相关的研究领域（例如机器学习、信号处理、工业设计和运筹学等）的支撑技术. 特别地，AAAI 会士、华盛顿大学教授 P. Domingos 曾经提出如下著名的公式 [Domingos, 2012]:

$$机器学习 = 表示 + 优化 + 评估,$$

其中"表示"是指建立面向特定机器学习任务的数学模型,"评估"是指评价机器学习模型在测试数据上的性能, 而"优化"则是求解机器学习模型的最优参数,即通常的训练过程. 优化在机器学习系统中起着承上启下的作用,由此可见它在机器学习中的重要性.

1.1　机器学习中的优化问题举例

机器学习中的优化问题十分常见. 我们给出两个代表性的例子,第一个是分类/回归问题中常用的正则化的经验损失模型, 第二个是数据处理中常用的低秩学习模型.

1.1.1　正则化的经验损失模型

给定 m 个样本 $\{(\mathrm{x}_i,\mathrm{y}_i)\}_{i=1}^m$, 其中 x_i 表示第 i 个样本的特征, 表达为一个向量, y_i 表示第 i 个样本所属的类别, 用独热（One-hot）向量来表示. 我们希望从训练数据中学习一个映射函数 $p(\mathrm{x};\mathrm{w})$, 使得给定 x_i, 映射函数可以给出其对应的 y_i, 即 $p(\mathrm{x}_i;\mathrm{w}) = \mathrm{y}_i$, 其中 w 是映射函数 p 的参数. 如果使用全连接神经网络来表达该映射, 则

$$p(\mathrm{x};\mathrm{w}) = \phi(\mathrm{W}_L\phi(\mathrm{W}_{L-1}\cdots\phi(\mathrm{W}_1\mathrm{x})\cdots)), \tag{1.1}$$

其中 W_k 表示第 k 层网络的权重矩阵, $k=1,\cdots,L$, ϕ 是激活函数. 我们希望学习到一组参数 $w=\{W_1,\cdots,W_L\}$, 使得神经网络能够尽可能地拟合训练数据. 为此, 我们通过求解下述模型来学习参数 w:

$$\min_{w} \frac{1}{m}\sum_{i=1}^{m}\|p(x_i;w)-y_i\|^2. \tag{1.2}$$

如果可以找到参数 w 使得 $\frac{1}{m}\sum_{i=1}^{m}\|p(x_i;w)-y_i\|^2=0$, 那么该神经网络可以完美地拟合训练数据, 即将训练数据中的所有输入都映射到其对应的输出. $\frac{1}{m}\sum_{i=1}^{m}\|p(x_i;w)-y_i\|^2$ 越小, 模型对训练数据的拟合能力越强. 因此, 给定一个机器学习模型, 我们需要找到一组好的参数 w. "优化"则用于寻找这组好的参数.

上述模型可以推广到更一般的形式, 即正则化的经验损失模型. 很多分类/回归问题可以建模成如下形式

$$\min_{w\in\mathbb{R}^n} \frac{1}{m}\sum_{i=1}^{m} l(p(x_i;w),y_i)+\lambda R(w), \tag{1.3}$$

其中 w 是分类/回归模型的参数, 维数为 n, $p(x;w)$ 是学习模型中的预测函数, l 是损失函数, 用于衡量模型预测和真实结果之间的差异, (x_i,y_i) 是第 i 个样本, R 是正则化项, 用于表达关于参数 w 的先验知识, $\lambda\geqslant 0$ 是权重因子.

损失函数 $l(p,y)$ 的典型例子包括用于多分类的二次损失函数 $l(p,y)=\frac{1}{2}\|p-y\|^2$ 以及用于二分类的逻辑斯蒂(Logistic)损失函数 $l(p,y)=\log(1+\exp(-py))$ 和合页(Hinge)损失函数 $l(p,y)=\max\{0,1-py\}$. 预测函数 $p(x;w)$ 的典型例子包括用于线性分类/回归的 $p(x;w)=w^Tx-b$ 和用于深度神经网络中前向传播的(1.1). 正则化项 $R(w)$ 的典型例子包括 ℓ_2 正则化项 $R(w)=\frac{1}{2}\|w\|^2$ 和 ℓ_1 正则化项 $R(w)=\|w\|_1$.

损失函数、预测函数和正则化项的不同组合产生不同的机器学习模型. 例如, 合页损失函数、线性分类函数和 ℓ_2 正则化项的组合得到支持向量机(SVM) [Cortes and Vapnik, 1995], 逻辑斯蒂损失函数、线性预测函数和 ℓ_2 正则化项的组合得到正则化的逻辑斯蒂回归问题 [Berkson, 1944], 二次损失函数、前向传播函数的组合(无正则化项)得到多层感知机模型(1.2)[Haykin, 1999], 二次损失函数、线性回归模型和 ℓ_1 正则化项的组合得到 LASSO 模型 [Tibshirani, 1996].

在有监督机器学习中, 我们通过在训练数据上求解机器学习模型(1.3),

得到该模型的参数 w，然后固定参数 w，通过预测函数 $p(\mathrm{x};\mathrm{w})$ 来预测未知测试数据 x 对应的分类标签或回归值.

1.1.2 矩阵填充及低秩学习模型

除了 (1.3)，机器学习中也存在很多其他形式的训练模型. 例如在信号处理和数据挖掘中被广泛使用的矩阵填充模型可以写成如下形式

$$\begin{aligned} &\min_{\mathrm{X}\in\mathbb{R}^{m\times n}} \|\mathrm{X}\|_*, \\ &s.t. \quad \mathrm{X}_{ij} = \mathrm{D}_{ij}, \forall (i,j) \in \Omega, \end{aligned} \tag{1.4}$$

其中 Ω 表示矩阵所有被观测到的元素的位置的集合. 子空间聚类问题中的低秩表示模型 [Liu et al., 2010] 可以写成如下形式

$$\begin{aligned} &\min_{\mathrm{Z}\in\mathbb{R}^{n\times n},\mathrm{E}\in\mathbb{R}^{m\times n}} \|\mathrm{Z}\|_* + \lambda\|\mathrm{E}\|_1, \\ &s.t. \quad \mathrm{D} = \mathrm{DZ} + \mathrm{E}. \end{aligned} \tag{1.5}$$

为了节省计算时间和存储空间，研究者根据一个低秩矩阵可以表达成两个更小矩阵的乘积这一特性，即 $\mathrm{X} = \mathrm{UV}^T$，将矩阵填充（Matrix Completion）问题重新建模成如下非凸模型

$$\min_{\mathrm{U}\in\mathbb{R}^{m\times r},\mathrm{V}\in\mathbb{R}^{n\times r}} \frac{1}{2}\sum_{(i,j)\in\Omega} \left\|\mathrm{U}_{i:}\mathrm{V}_{j:}^T - \mathrm{D}_{ij}\right\|_F^2 + \frac{\lambda}{2}\left(\|\mathrm{U}\|_F^2 + \|\mathrm{V}\|_F^2\right), \tag{1.6}$$

其中 $\mathrm{U}_{i:}$ 和 $\mathrm{V}_{j:}$ 分别为 U、V 的第 i 行和第 j 行.

从优化的角度分类，在上述模型中，(1.3) 是无约束优化问题，(1.4) 和 (1.5) 是带约束凸优化问题，而 (1.6) 是非凸优化问题. 因此，机器学习中有多种多样的优化问题. 读者若需要了解更多的机器学习中的优化问题，可参考由 Gambella、Ghaddar 和 Naoum-Sawaya 写的综述 [Gambella et al., 2021].

1.2 一阶优化算法

在机器学习中，参数 w 的维度 n 往往很大，如果使用标准的二阶算法求解机器学习模型，我们需要在每次迭代中计算和存储一个 $n\times n$ 的海森矩阵，计算和存储开销都很大. 另一方面，很多机器学习模型并不需要求解到很高的数值精度. 一阶优化算法由于其每次迭代计算复杂度低，并且能够较快地找到一个精度适中的解，成为机器学习中的主流算法.

尽管“一阶算法”在复杂度理论中严格定义为只基于函数值 $f(\mathrm{x}_k)$ 和梯度 $\nabla f(\mathrm{x}_k)$ 来计算的优化算法，其中 x_k 为任意给定的点，这里我们采用更广义的定义，即定义“一阶算法”为不使用目标函数高阶导数信息的算法. 因此，这里讨论的一阶优化算法允许使用子问题的闭解和邻近映射（Proximal Mapping，见定义 25）. 本书并不准备介绍机器学习中所有常用的一阶算法，感兴趣的读者可参考 [Beck, 2017; Bottou et al., 2018; Boyd et al., 2011; Bubeck, 2015; Hazan, 2016, 2019; Jain and Kar, 2017; Nesterov, 2018; Parikh and Boyd, 2014; Sra et al., 2012]. 在本书中，我们将重点介绍加速一阶优化算法，其中“加速”表示在不需要更强的假设条件下，算法收敛速度能够更快. 另外，我们主要介绍基于精巧的“外推”和“内插”技巧的加速一阶优化算法.

1.3 加速算法中的代表性工作综述

根据上一节给出的“加速”定义，第一个加速算法可能是 Polyak 提出的重球法 [Polyak, 1964]. 考虑最小化一个 L-光滑（见定义 18）、μ-强凸（见定义 15）且二阶连续可微的目标函数，并且令 ε 表示所需精度. 重球法将经典梯度下降法的 $O\left(\frac{L}{\mu}\log\frac{1}{\varepsilon}\right)$ 复杂度降低到 $O\left(\sqrt{\frac{L}{\mu}}\log\frac{1}{\varepsilon}\right)$. Nesterov 于 1983 年提出了加速梯度下降法（AGD）. 当最小化一个 L-光滑的一般凸函数（见定义 15）时，AGD 将经典梯度下降法的 $O\left(\frac{1}{\varepsilon}\right)$ 复杂度降低到 $O\left(\frac{1}{\sqrt{\varepsilon}}\right)$. 之后，Nesterov 相继发表了若干重要的工作，包括 1988 年提出的另一个最小化 L-光滑函数的加速梯度法 [Nesterov, 1988]、2005 年提出的针对非光滑函数的平滑与加速技术 [Nesterov, 2005]以及 2007 年提出的用于求解复合问题的加速算法 [Nesterov, 2007]（正式发表是 2013 年 [Nesterov, 2013]）. 然而，Nesterov 的原创性工作一开始并没有在机器学习领域得到重视，这可能是因为机器学习中的问题大部分是非光滑的，例如稀疏、低秩学习经常使用促进稀疏和低秩的正则化项，从而使得目标函数不可微. Beck 和 Teboulle 于 2009 年提出了用于求解复合优化问题的加速邻近梯度法（APG）[Beck and Teboulle, 2009]. 该方法是 [Nesterov, 1988] 的扩展，比 [Nesterov, 2007] 更简单[⊖]，并且 APG 天然适用于求解当时很流行的稀疏、低秩学习模型. 因此，APG 在机器学习领域被广泛关注. 之后，Tseng 对已有的加速算法给出了一

⊖ 在每次迭代中，APG[Beck and Teboulle, 2009] 只用到了最近两次迭代的信息，并求解一次邻近映射问题，而 [Nesterov, 2007] 则需要之前所有迭代的信息并需要求解两次邻近映射问题.

个统一的分析 [Tseng, 2008], Bubeck 针对高阶光滑的凸优化问题提出了接近最优的加速算法 [Bubeck et al., 2019].

Nesterov 加速梯度法的加速原理并不是很直观. 很多研究者试图对他的加速梯度法为什么能够加速进行解释. Su 等人从微分方程的角度解释 AGD[Su et al., 2014], Wibisono 等人进一步将该思路扩展到高阶加速梯度法[Wibisono et al., 2016]. Lessard 等人及 Fazlyab 等人使用鲁棒控制理论中的积分二次约束（Integral Quadratic Constraint）技术提出了线性矩阵不等式（Linear Matrix Inequality）, 并用于解释加速梯度法[Lessard et al., 2016; Fazlyab et al., 2018]. Allen-Zhu 和 Orecchia 将加速梯度法视为梯度下降法和镜像下降法（Mirror Descent）的线性耦合（Linear Coupling）[Allen-Zhu and Orecchia, 2017]. 另一方面, 一些研究者试图提出新的可解释的加速梯度法. Kim 和 Fessler 使用性能估计问题（Performance Estimation Problem）技术提出了一种新的最优一阶算法 [Kim and Fessler, 2016], 其复杂度只有 Nesterov 加速梯度法的一半. Bubeck 受椭球法启发提出了一种几何加速法 [Bubeck et al., 2015], Drusvyatskiy 等人则指出 Bubeck 方法产生的迭代序列可以通过计算目标函数的二次下界函数（Quadratic Lower-Model）的最优平均得到 [Drusvyatskiy et al., 2018].

对于带线性约束的凸优化问题, 其与无约束问题的不同点在于我们需要同时考虑目标函数离最小值的差和约束的误差. 理想情况下, 目标函数误差和约束误差应该以同样的速度减小. 将 Nesterov 的加速技巧扩展到带约束问题的一个直接做法是使用加速梯度下降法求解对偶问题（见定义 30）. 典型例子包括加速对偶上升法 [Beck and Teboulle, 2014] 和加速增广拉格朗日乘子法 [He and Yuan, 2010]. 二者在对偶空间都具有最优的收敛速度. Lu 等人 [Lu and Johansson, 2016] 和 Li 等人 [Li and Lin, 2020] 进一步考虑了加速对偶上升法及其在随机优化中的变种在原始空间的复杂度. 基于对偶的算法的一个主要不足之处是需要在每次迭代中求解一个子问题. 线性化是解决这个问题的有效策略. 具体地, Li 等人提出了惩罚因子逐渐递增的加速线性化罚函数法[Li et al., 2017], Xu 提出了加速线性化增广拉格朗日乘子法 [Xu, 2017]. 对于一般的光滑凸优化问题, 我们也可以加速交替方向乘子法（ADMM）和原始-对偶算法[Li and Lin, 2019; Ouyang et al., 2015], 它们是带约束优化中最常用的两个方法. 当目标函数是强凸函数时, 即使不使用 Nesterov 加速技巧, ADMM 和原始-对偶算法也可以有更快的收敛速度 [Chambolle and Pock, 2011; Xu, 2017].

Nesterov 的加速梯度法也可以扩展到非凸问题上. [Ghadimi and Lan,

2016]使用AGD最小化一个光滑非凸函数（见定义17）和一个非光滑凸函数（见定义12）的和. 受[Ghadimi and Lan, 2016]启发，Li和Lin提出了极小化目标函数为光滑非凸函数和非光滑非凸函数的和的AGD变种[Li and Lin, 2015]. [Ghadimi and Lan, 2016; Li and Lin, 2015]都证明了加速梯度法可以收敛到一般非凸问题的一阶临界点（Critical Point，见定义40）. Carmon等人进一步给出了复杂度为$O\left(\frac{1}{\varepsilon^{7/4}}\log\frac{1}{\varepsilon}\right)$的分析[Carmon et al., 2017]. 对于许多机器学习问题，例如矩阵感知（Matrix Sensing）和矩阵填充，所有的局部最优解处的目标函数值都近似于全局最优解处的目标函数值[Bhojanapalli et al., 2016; Ge et al., 2016]. 因此，我们只需要考虑如何避开鞍点（见定义35）. [Carmon et al., 2018]第一个给出了可以收敛到二阶临界点的加速算法. 具体地，该算法交替运行负曲率下降法（Negative Curvature Descent，NCD）和几乎凸加速梯度下降法（Almost Convex AGD，AC-AGD）这两个子程序，因此可以被视为加速梯度法和Lanczos方法的组合. Jin等人进一步提出了单循环加速梯度法[Jin et al., 2018]. Agarwal等人则提出了Nesterov-Polyak方法的巧妙实现[Agarwal et al., 2017]，其中快速近似求解逆矩阵时用到了加速方法. [Agarwal et al., 2017; Carmon et al., 2018; Jinet al., 2018]中算法的复杂度都是$O\left(\frac{1}{\varepsilon^{7/4}}\log\frac{1}{\varepsilon}\right)$.

加速技巧也可以应用于随机优化. 与确定性优化相比，随机优化的主要难点是梯度中的噪声不会随着迭代的进行而趋于0. 因此，当目标函数是强凸光滑函数时，随机梯度法只有次线性的收敛速度. 方差缩减（Variance Reduction，VR）是减小噪声影响的有效技术[Defazio et al., 2014; Johnson and Zhang, 2013; Mairal, 2013; Schmidt et al., 2017]. Allen-Zhu使用方差缩减和冲量技术提出了第一个真正的加速随机算法：Katyusha [Allen-Zhu, 2017]. Katyusha是一个在原始空间运行的算法. 加速随机算法的另一种方式是在对偶空间求解问题，这样就可以方便地使用加速随机坐标下降算法[Fercoq and Richtárik, 2015; Lin et al., 2014; Nesterov, 2012]和加速随机原始-对偶算法[Lan and Zhou, 2018; Zhang and Xiao, 2017]. 另一方面，2015年Lin等人使用加速邻近点算法提出了一个加速一阶算法的统一框架：Catalyst [Lin et al., 2015]. 该加速框架的思想可以在更早的文献[Shalev-Shwartz and Zhang, 2014]里找到. 随机非凸优化也是机器学习中的一个重要课题，感兴趣的读者可参考[Allen-Zhu, 2018; Allen-Zhu and Hazan, 2016; Allen-Zhu and Li, 2018; Ge et al., 2015; Reddi et al., 2016; Tripuraneni et al., 2018; Xu et al., 2018]. 需要特别指出的是，Fang等人于2018年提出了一般的随机路径积分差分估计子算法SPIDER[Fang et al., 2018b],可以以低得多的计算量跟踪感兴趣的量,并应用于归一化的梯度下降法,得到了接近最优的收敛速度.

加速技巧也可以用于并行优化. 并行算法有两种实现方式: 异步更新和同步更新. 对于异步算法, 每一个机器不需要等待其他机器完成计算. 代表性工作包括异步加速梯度下降法 [Fang et al., 2018a] 和异步加速坐标下降法[Hannah et al., 2019]. 根据不同的连接网络拓扑,同步算法包括中心化算法和去中心化算法. 中心化算法的典型代表包括分布式ADMM[Boyd et al., 2011]、分布式对偶上升法[Zheng et al., 2017] 和它们的变种. 中心化算法的一个主要性能瓶颈是中心节点的通信压力很大 [Lian et al., 2017]. 去中心化算法在控制领域早已被深入研究, 但直到2017年人们才知道去中心化算法的复杂度下界 [Seaman et al., 2017]. 另外,[Seaman et al., 2017] 还提出了一个达到该下界的最优分布式对偶上升算法. 受该复杂度下界启发, Li 等人进一步分析了分布式加速梯度法,并给出了接近最优的通信复杂度和计算复杂度(差一个 log 因子)[Li et al., 2020].

1.4 关于本书

在前面几节, 我们简要介绍了机器学习中的常见优化问题及加速一阶算法的代表性工作. 但由于篇幅有限, 本书并不会对所有提到的方法进行详细介绍, 而是根据我们的个人喜好和熟悉程度介绍部分结果和证明. 本书将按如下顺序介绍相关算法: 用于求解无约束凸优化问题的确定性加速算法(第2章)、用于求解带约束凸优化问题的确定性加速算法(第 3 章)、用于求解无约束非凸问题的确定性加速算法(第 4 章)、随机加速算法(第 5 章)和分布式加速算法(第 6 章). 为方便读者,在本书中我们对每一个介绍的算法都给出其证明细节. 本书作为优化领域部分最新进展的参考资料, 可作为相关专业的研究生教材,也可供对机器学习和优化感兴趣的研究人员阅读参考. 但是,关于非凸优化中达到临界点(第 4.2 节)、逃离鞍点(Saddle Point, 第 4.3 节)和分布式优化中的去中心化算法(第 6.2.2 节)的证明较为复杂, 不感兴趣的读者可以略过.

参考文献

Agarwal Naman, Allen-Zhu Zeyuan, Bullins Brian, Hazan Elad, and Ma Tengyu. (2017). Finding approximate local minima for nonconvex optimization in linear time[C].

In *Proceedings of the 49th Annual ACM SIGACT Symposium on Theory of Computing*, pages 1195-1199, Montreal.

Allen-Zhu Zeyuan and Hazan Elad. (2016). Variance reduction for faster non-convex optimization[C]. In *Proceedings of the 33th International Conference on Machine Learning*, pages 699-707, New York.

Allen-Zhu Zeyuan and Li Yuanzhi. (2018). Neon2: Finding local minima via first-order oracles[C]. In *Advances in Neural Information Processing Systems 31*, pages 3716-3726, Montreal.

Allen-Zhu Zeyuan and Orecchia Lorenzo. (2017). Linear coupling: An ultimate unification of gradient and mirror descent[C]. In *Proceedings of the 8th Innovations in Theoretical Computer Science*, Berkeley.

Allen-Zhu Zeyuan. (2017). Katyusha: The first truly accelerated stochastic gradient method[C]. In *Proceedings of the 49th Annual ACM SIGACT Symposium on the Theory of Computing*, pages 1200-1206, Montreal.

Allen-Zhu Zeyuan. (2018). Natasha2: Faster non-convex optimization than SGD[C]. In *Advances in Neural Information Processing Systems 31*, pages 2675-2686, Montreal.

Beck Amir and Teboulle Marc. (2009). A fast iterative shrinkage-thresholding algorithm for linear inverse problems[J]. *SIAM J. Imag. Sci.*, 2(1): 183-202.

Beck Amir and Teboulle Marc. (2014). A fast dual proximal gradient algorithm for convex minimization and applications[J]. *Oper. Res. Lett.*, 42(1): 1-6.

Beck Amir. (2017). *First-Order Methods in Optimization*[M]. volume 25. SIAM, Philadelphia.

Berkson Joseph. (1944). Application of the logistic function to bio-assay[J]. *J. Am. Stat. Assoc.*, 39(227): 357-365.

Bhojanapalli Srinadh, Neyshabur Behnam, and Srebro Nati. (2016). Global optimality of local search for low rank matrix recovery[C]. In *Advances in Neural Information Processing Systems 29*, pages 3873-3881, Barcelona.

Bottou Léon, Curtis Frank E, and Nocedal Jorge. (2018). Optimization methods for large-scale machine learning[J]. *SIAM Rev.*, 60(2): 223-311.

Boyd Stephen, Parikh Neal, Chu Eric, Peleato Borja, and Eckstein Jonathan. (2011). Distributed optimization and statistical learning via the alternating direction method of multipliers[J]. *Found. Trends Math. Learn.*, 3(1): 1-122.

Bubeck Sébastien, Jiang Qijia, Lee Yin Tat, Li Yuanzhi, and Sidford Aaron. (2019). Near-optimal method for highly smooth convex optimization[C]. In *Proceedings of the 32th Conference on Learning Theory*, pages 492-507, Phoenix.

Bubeck Sébastien, Lee Yin Tat, and Singh Mohit. (2015). A geometric alternative to Nesterov's accelerated gradient descent[R]. *Preprint. arXiv: 1506.08187*.

Bubeck Sébastien. (2015). Convex optimization: Algorithms and complexity[J]. *Found. Trends Math. Learn.*, 8(3-4): 231-357.

Carmon Yair, Duchi John C, Hinder Oliver, and Sidford Aaron. (2017). Convex until proven guilty: dimension-free acceleration of gradient descent on non-convex functions[C]. In *Proceedings of the 34th International Conference on Machine Learning*, pages 654-663, Sydney.

Carmon Yair, Duchi John C, Hinder Oliver, and Sidford Aaron. (2018). Accelerated methods for nonconvex optimization[J]. *SIAM J. Optim.*, 28(2): 1751-1772.

Chambolle Antonin and Pock Thomas. (2011). A first-order primal-dual algorithm for convex problems with applications to imaging[J]. *J. Math. Imag. Vis.*, 40(1): 120-145.

Cortes Corinna and Vapnik Vladimir. (1995). Support-vector networks[J]. *Mach. Learn.*, 20(3): 273-297.

Defazio Aaron, Bach Francis, and Lacoste-Julien Simon. (2014). SAGA: A fast incremental gradient method with support for non-strongly convex composite objectives[C]. In *Advances in Neural Information Processing Systems 27*, pages 1646-1654, Montreal.

Domingos Pedro M. (2012). A few useful things to know about machine learning[J]. *Commun. ACM*, 55(10): 78-87.

Drusvyatskiy Dmitriy, Fazel Maryam, and Roy Scott. (2018). An optimal first order method based on optimal quadratic averaging[J]. *SIAM J. Optim.*, 28(1): 251-271.

Fang Cong, Huang Yameng, and Lin Zhouchen. (2018a). Accelerating asynchronous algorithms for convex optimization by momentum compensation[R]. *Preprint. arXiv*: 1802.09747.

Fang Cong, Li Chris Junchi, Lin Zhouchen, and Zhang Tong. (2018b). SPIDER: Near-optimal non-convex optimization via stochastic path-integrated differential estimator[C]. In *Advances in Neural Information Processing Systems 31*, pages 689-699, Montreal.

Fazlyab Mahyar, Ribeiro Alejandro, Morari Manfred, and Preciado Victor M. (2018). Analysis of optimization algorithms via integral quadratic constraints: Nonstrongly convex problems[J]. *SIAM J. Optim.*, 28(3): 2654-2689.

Fercoq Olivier and Richtárik Peter. (2015). Accelerated, parallel, and proximal coordinate descent[J]. *SIAM J. Optim.*, 25(4): 1997-2023.

Gambella Claudio, Ghaddar Bissan, and Naoum-Sawaya Joe. (2021). Optimization models for machine learning: a survey[J]. *European J. Operational Research, 290(3): 807-828.*

Ge Rong, Huang Furong, Jin Chi, and Yuan Yang. (2015). Escaping from saddle points-online stochastic gradient for tensor decomposition[C]. In *Proceedings of the 28th Conference on Learning Theory*, pages 797-842, Paris.

Ge Rong, Lee Jason D, and Ma Tengyu. (2016). Matrix completion has no spurious local minimum[C]. In *Advances in Neural Information Processing Systems 29*, pages 2973-2981, Barcelona.

Ghadimi Saeed and Lan Guanghui. (2016). Accelerated gradient methods for nonconvex nonlinear and stochastic programming[J]. *Math. Program.*, 156(1-2): 59-99.

Hannah Robert, Feng Fei, and Yin Wotao. (2019). A2BCD: An asynchronous accelerated block coordinate descent algorithm with optimal complexity[C]. In *Proceedings of the 7th International Conference on Learning Representations*, New Orleans.

Haykin Simon. (1999). Neural Networks: A Comprehensive Foundation[M]. 2nd ed. Pearson Prentice Hall, Upper Saddle River.

Hazan Elad. (2016). Introduction to online convex optimization[J]. *Found. Trends Optim.*, 2(3-4): 157-325.

Hazan Elad. (2019). Optimization for machine learning[R]. Technical report, Princeton University.

He Bingsheng and Yuan Xiaoming. (2010). On the acceleration of augmented Lagrangian method for linearly constrained optimization[J]. *Optimization online. Preprint*, 3.

Jain Prateek and Kar Purushottam. (2017). Non-convex optimization for machine learning[J]. *Found. Trends Math. Learn.*, 10(3-4): 142-336.

Jin Chi, Netrapalli Praneeth, and Jordan Michael I. (2018). Accelerated gradient descent escapes saddle points faster than gradient descent[C]. In *Proceedings of the 31th Conference On Learning Theory*, pages 1042-1085, Stockholm.

Johnson Rie and Zhang Tong. (2013). Accelerating stochastic gradient descent using predictive variance reduction[C]. In *Advances in Neural Information Processing Systems 26*, pages 315-323, Lake Tahoe.

Kim Donghwan and Fessler Jeffrey A. (2016). Optimized first-order methods for smooth convex minimization[J]. *Math. Program.*, 159(1-2): 81-107.

Lan Guanghui and Zhou Yi. (2018). An optimal randomized incremental gradient method[J]. *Math. Program.*, 171(1-2): 167-215.

Lessard Laurent, Recht Benjamin, and Packard Andrew. (2016). Analysis and design of optimization algorithms via integral quadratic constraints[J]. *SIAM J. Optim.*, 26(1): 57-95.

Li Huan and Lin Zhouchen. (2015). Accelerated proximal gradient methods for nonconvex programming[C]. In *Advances in Neural Information Processing Systems 28*, pages 379-387, Montreal.

Li Huan and Lin Zhouchen. (2019). Accelerated alternating direction method of multipliers: an optimal $O(1/K)$ nonergodic analysis[J]. *J. Sci. Comput.*, 79(2): 671-699.

Li Huan and Lin Zhouchen. (2020). On the complexity analysis of the primal solutions for the accelerated randomized dual coordinate ascent[J]. *J. Mach. Learn. Res.*, 21(33): 1-45.

Li Huan, Fang Cong, and Lin Zhouchen. (2017). Convergence rates analysis of the quadratic penalty method and its applications to decentralized distributed optimization[R]. *Preprint. arXiv: 1711.10802.*

Li Huan, Fang Cong, Yin Wotao, and Lin Zhouchen. (2020). Decentralized accelerated gradient methods with increasing penalty parameters[J]. *IEEE Trans. Signal Process.*, 68: 4855-4870.

Lian Xiangru, Zhang Ce, Zhang Huan, Hsieh Cho-Jui, Zhang Wei, and Liu Ji. (2017). Can decentralized algorithms outperform centralized algorithms? A case study for decentralized parallel stochastic gradient descent[C]. In *Advances in Neural Information Processing Systems 30*, pages 5330-5340, Long Beach.

Lin Hongzhou, Mairal Julien, and Harchaoui Zaid. (2015). A universal Catalyst for first-order optimization[C]. In *Advances in Neural Information Processing Systems 28*, pages 3384-3392, Montreal.

Lin Qihang, Lu Zhaosong, and Xiao Lin. (2014). An accelerated proximal coordinate gradient method[C]. In *Advances in Neural Information Processing Systems 27*, pages 3059-3067.

Liu Guangcan, Lin Zhouchen, and Yu Yong. (2010). Robust subspace segmentation by low-rank representation[C]. In *Proceedings of the 27th International Conference on Machine Learning*, pages 663-670, Haifa.

Lu Jie and Johansson Mikael. (2016). Convergence analysis of approximate primal solutions in dual first-order methods[J]. *SIAM J. Optim.*, 26(4): 2430-2467.

Mairal Julien. (2013). Optimization with first-order surrogate functions[C]. In *Proceedings of the 30th International Conference on Machine Learning*, pages 783-791, Atlanta.

Nesterov Yurii. (1988). On an approach to the construction of optimal methods of minimization of smooth convex functions[J]. *Ekonomika I Mateaticheskie Metody*, 24(3): 509-517.

Nesterov Yurii. (2005). Smooth minimization of non-smooth functions[J]. *Math. Program.*, 103(1): 127-152.

Nesterov Yurii. (2007). Gradient methods for minimizing composite objective function[R]. Technical Report Discussion Paper #2007/76, CORE.

Nesterov Yurii. (2012). Efficiency of coordinate descent methods on huge-scale optimization problems[J]. *SIAM J. Optim.*, 22(2): 341-362.

Nesterov Yurii. (2013). Gradient methods for minimizing composite functions[J]. *Math. Program.*, 140(1): 125-161.

Nesterov Yurii. (2018). Lectures on Convex Optimization[M]. 2nd ed. Springer.

Ouyang Yuyuan, Chen Yunmei, Lan Guanghui, and Pasiliao Jr Eduardo. (2015). An accelerated linearized alternating direction method of multipliers[J]. *SIAM J. Imag. Sci.*, 8(1): 644-681.

Parikh Neal and Boyd Stephen. (2014). Proximal algorithms[J]. *Found. Trends Optim.*, 1(3): 127-239.

Polyak Boris T. (1964). Some methods of speeding up the convergence of iteration methods[J]. *USSR Comput. Math. and Math. Phys.*, 4(5): 1-17.

Reddi Sashank J, Hefny Ahmed, Sra Suvrit, Poczos Barnabas, and Smola Alex. (2016). Stochastic variance reduction for nonconvex optimization[C]. In *Proceedings of the 33th International Conference on Machine Learning*, pages 314-323, New York.

Scaman Kevin, Bach Francis, Bubeck Sébastien, Lee Yin Tat, and Massoulié Laurent. (2017). Optimal algorithms for smooth and strongly convex distributed optimization in networks[C]. In *Proceedings of the 34th International Conference on Machine Learning*, pages 3027-3036, Sydney.

Schmidt Mark, Roux Nicolas L, and Bach Francis. (2017). Minimizing finite sums with the stochastic average gradient[J]. *Math. Program.*, 162(1-2): 83-112.

Shalev-Shwartz Shai and Zhang Tong. (2014). Accelerated proximal stochastic dual coordinate ascent for regularized loss minimization[C]. In *Proceedings of the 31th International Conference on Machine Learning*, pages 64-72, Beijing.

Sra Suvrit, Nowozin Sebastian, and Wright Stephen J, editors. (2012). Optimization for Machine Learning[M]. MIT Press, Cambridge.

Su Weijie, Boyd Stephen, and Candès Emmanuel. (2014). A differential equation for modeling Nesterov's accelerated gradient method: Theory and insights[C]. In *Advances in Neural Information Processing Systems 27*, pages 2510-2518, Montreal.

Tibshirani Robert. (1996). Regression shrinkage and selection via the lasso[J]. *J. Roy. Stat. Soc.: Ser. B (Stat. Methodol.)*, 58(1): 267-288.

Tripuraneni Nilesh, Stern Mitchell, Jin Chi, Regier Jeffrey, and Jordan Michael I. (2018). Stochastic cubic regularization for fast nonconvex optimization[C]. In *Advances in Neural Information Processing Systems 31*, pages 2899-2908, Montreal.

Tseng Paul. (2008). On accelerated proximal gradient methods for convex-concave optimization[R]. Technical report, University of Washington, Seattle.

Wibisono Andre, Wilson Ashia C, and Jordan Michael I. (2016). A variational perspective on accelerated methods in optimization[J]. *Proc. Natl. Acad. Sci.*, 113(47): 7351-7358.

Xu Yangyang. (2017). Accelerated first-order primal-dual proximal methods for linearly constrained composite convex programming[J]. *SIAM J. Optim.*, 27(3): 1459-1484.

Xu Yi, Rong Jing, and Yang Tianbao. (2018). First-order stochastic algorithms for escaping from saddle points in almost linear time[C]. In *Advances in Neural Information Processing Systems 31*, pages 5530-5540, Montreal.

Zhang Yuchen and Xiao Lin. (2017). Stochastic primal-dual coordinate method for regularized empirical risk minimization[J]. *J. Math. Learn. Res.*, 18(1): 2939-2980.

Zheng Shun, Wang Jialei, Xia Fen, Xu Wei, and Zhang Tong. (2017). A general distributed dual coordinate optimization framework for regularized loss minimization[J]. *J. Math. Learn. Res.*, 18(115): 1-52.

第 2 章　无约束凸优化中的加速算法

本章将简要介绍用于求解无约束凸优化问题的若干加速梯度法. 作为最基础的一阶算法,加速梯度法由于其理论基础扎实、实际性能优越,而且实现简单,在机器学习领域被广泛使用. 本章将首先介绍求解光滑凸优化问题的若干代表性加速梯度法,并将其扩展到复合凸优化（Composite Convex Optimization）问题, 然后介绍非精确加速邻近梯度法、重启策略、平滑（Smoothing）策略、高阶加速梯度法, 最后从变分的角度对加速机制进行解释.

2.1　梯度下降法

本节考虑如下无约束凸优化问题

$$\min_{\mathbf{x}\in\mathbb{R}^n} f(\mathbf{x}). \tag{2.1}$$

梯度下降法是机器学习中最常用的一阶优化算法之一. 梯度下降法是一个迭代算法,每步执行如下操作

$$\mathbf{x}_{k+1} = \mathbf{x}_k - \alpha_k \nabla f(\mathbf{x}_k),$$

其中 α_k 为步长. 当目标函数 $f(\mathbf{x})$ 是 L-光滑函数时, 步长一般取 $1/L$. 进一步地,当目标函数是 μ-强凸函数时,梯度下降法具有 $O\left(\left(1-\frac{\mu}{L}\right)^k\right)$ 的线性收敛速度 [Nesterov, 2018],描述如下

$$f(\mathbf{x}_k) - f(\mathbf{x}^*) \leqslant O\left(\left(1-\frac{\mu}{L}\right)^k\right).$$

即梯度下降法只需要 $O\left(\frac{L}{\mu}\log\frac{1}{\epsilon}\right)$ 次迭代就可以得到一个 ϵ 精度的近似最优解 x,使得 $f(\mathrm{x})-f(\mathrm{x}^*)\leqslant\epsilon$,其中 x^* 是问题(2.1)的最优解.

当目标函数是 L-光滑的一般凸函数（定义15）时，梯度下降法具有 $O\left(\frac{1}{k}\right)$ 的次线性收敛速度 [Nesterov, 2018],描述如下

$$f(\mathrm{x}_k)-f(\mathrm{x}^*)\leqslant O(L/k).$$

即梯度下降法只需要 $O\left(\frac{L}{\epsilon}\right)$ 次迭代就可以得到一个 ϵ 精度的近似最优解.

2.2 重 球 法

重球法 [Polyak, 1964] 是最早的加速梯度法. 在梯度下降法中，计算 x_{k+1} 时,算法只依赖 x_k 的值及目标函数在 x_k 处的梯度. 与梯度下降法不同的是,重球法在计算 x_{k+1} 时,需要同时依赖 x_k 和 x_{k-1} 的信息. 重球法每次迭代执行如下操作

$$\mathrm{x}_{k+1}=\mathrm{x}_k-\eta\nabla f(\mathrm{x}_k)+\beta(\mathrm{x}_k-\mathrm{x}_{k-1}),$$

其中我们一般称 $\mathrm{x}_k-\mathrm{x}_{k-1}$ 为冲量,即重球法在梯度下降法的基础上增加了一个从 x_{k-1} 到 x_k 方向的冲量. 直观上理解，如果算法产生的迭代点一直朝着最优解方向移动，那么增加一个相同方向的冲量必然会加快算法的收敛速度.

当目标函数是 L-光滑、μ-强凸函数，并且二阶连续可微时，我们一般令 $\eta=\frac{4}{(\sqrt{L}+\sqrt{\mu})^2}$, $\beta=\left(\frac{\sqrt{L}-\sqrt{\mu}}{\sqrt{L}+\sqrt{\mu}}\right)^2$. 此时,算法具有 $O\left(\left(1-\sqrt{\frac{\mu}{L}}\right)^k\right)$ 的线性收敛速度 [Ochs et al., 2015],描述如下

$$f(\mathrm{x}_k)-f(\mathrm{x}^*)\leqslant O\left(\left(1-\sqrt{\frac{\mu}{L}}\right)^k\right).$$

即重球法只需要 $O\left(\sqrt{\frac{L}{\mu}}\log\frac{1}{\varepsilon}\right)$ 次迭代就可以找到一个 ϵ 精度的近似最优解. 当 L/μ（称为条件数）较大时，重球法的收敛速度明显快于梯度下降法. 二阶连续可微是重球法收敛的必要条件. [Lessard et al., 2016] 构造了一个例

子，证明了重球法在不满足二阶连续可微性质时，即使对于强凸函数也是不收敛的.

当目标函数是L-光滑、一般凸函数时，重球法和梯度下降法具有相同的$O\left(\frac{1}{k}\right)$次线性收敛速度 [Ghadimi et al., 2015]. 目前并不清楚$O\left(\frac{1}{k}\right)$的次线性收敛速度是不是不可提高的. [Ghadimi et al., 2015] 通过数值模拟实验观察到$O\left(\frac{1}{k}\right)$的收敛速度对于重球法是一个比较精确的估计.

2.3 加速梯度法

尽管重球法在求解光滑强凸问题时具有比梯度下降法更快的收敛速度，但重球法同时也需要更强的假设来保证收敛. 另一方面，当求解光滑一般凸问题时，重球法和梯度下降法具有相同的收敛速度. Nesterov 在他的经典工作 [Nesterov, 1983, 1988, 2005] 里提出了若干新的加速梯度法，可以克服重球法的不足. 在本节，我们首先介绍基于冲量的加速梯度法，并在第2.4节介绍其他形式的加速梯度法.

类似于重球法，加速梯度法同样在梯度下降法的基础上引入了物理学中冲量的概念. 但与重球法不同的是，加速梯度法首先在当前点$\mathbf{x}_k$处增加一个冲量，生成一个辅助变量$\mathbf{y}_k$，然后在$\mathbf{y}_k$处执行一步梯度下降. 加速梯度法的具体迭代形式如算法2.1所示，其中β_k的取值将在定理1中给出. 图2.1[⊖] 给出了冲量机制的直观解释. 直观上来看，梯度下降法在向最优解方向移动时可能伴随着震荡现象，而冲量机制能够减轻震荡，从而加快迭代点向最优解方向的移动.

算法 2.1 加速梯度下降法 (AGD)

初始化 $\mathbf{x}_0 = \mathbf{x}_{-1}$.

for $k = 0, 1, 2, 3, \cdots$ **do**

$\mathbf{y}_k = \mathbf{x}_k + \beta_k(\mathbf{x}_k - \mathbf{x}_{k-1})$,

$\mathbf{x}_{k+1} = \mathbf{y}_k - \frac{1}{L}\nabla f(\mathbf{y}_k)$.

end for k

求解光滑强凸问题时，加速梯度法和重球法一样具有$O\left(\left(1-\sqrt{\frac{\mu}{L}}\right)^k\right)$的加速线性收敛速度 [Nesterov, 2018]. 但与重球法不同之处在于，加速梯度

⊖ 根据 https://www.willamette.edu/~gorr/classes/cs449/momrate.html 重画.

法不需要目标函数二阶连续可微的假设.

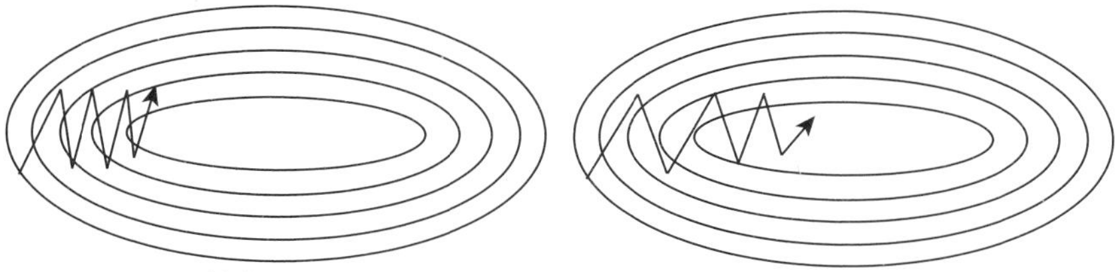

图 2.1 梯度下降法和加速梯度法的比较

当求解 L-光滑、一般凸问题时，加速梯度法具有 $O\left(\frac{1}{k^2}\right)$ 的加速次线性收敛速度 [Nesterov, 2018]，描述如下

$$f(\mathrm{x}_k) - f(\mathrm{x}^*) \leqslant O\left(L/k^2\right).$$

即加速梯度法只需要 $O\left(\sqrt{\frac{L}{\epsilon}}\right)$ 次迭代就能找到一个 ϵ 精度的近似最优解. 可以看到，求解一般凸优化问题时，加速梯度法的收敛速度明显快于梯度下降法和重球法.

可能有人会问，求解光滑凸优化问题 (2.1) 时，我们能否找到一个比加速梯度法更快的一阶优化算法？很遗憾，答案是否定的. Nesterov 在其经典教材 [Nesterov, 2018] 中给出了一个特例，证明了加速梯度法是最快的一阶优化算法，因此我们无法找到比加速梯度法更快的一阶优化算法（即其收敛速度不会快于 $O(k^{-2})$）. 具体地，考虑任意一个一阶优化算法，它产生的迭代序列 $\{\mathrm{x}_t\}_{t=0}^k$ 满足

$$\mathrm{x}_k \in \mathrm{x}_0 + \mathrm{Span}\{\nabla f(\mathrm{x}_0), \cdots, \nabla f(\mathrm{x}_{k-1})\}. \tag{2.2}$$

Nesterov 构造了一个特殊的 L-光滑、μ-强凸函数 $f(\mathrm{x})$，使得对满足 (2.2) 的任意序列，都有

$$f(\mathrm{x}_k) - f(\mathrm{x}^*) \geqslant \frac{\mu}{2}\left(\frac{\sqrt{L}-\sqrt{\mu}}{\sqrt{L}+\sqrt{\mu}}\right)^{2k} \|\mathrm{x}_0 - \mathrm{x}^*\|^2.$$

这说明对于任意满足 (2.2) 的一阶优化算法，至少需要 $O\left(\sqrt{\frac{L}{\mu}}\log\frac{1}{\varepsilon}\right)$ 次迭代才能找到一个 ϵ 精度的近似最优解. 另外，Nesterov 也构造了一个 L-光滑的一般凸函数，使得对于满足 (2.2) 的任意序列，都有

$$f(\mathrm{x}_k) - f(\mathrm{x}^*) \geqslant \frac{3L}{32(k+1)^2}\|\mathrm{x}_0 - \mathrm{x}^*\|^2,$$

$$\|\mathrm{x}_k - \mathrm{x}^*\|^2 \geqslant \frac{1}{32}\|\mathrm{x}_0 - \mathrm{x}^*\|^2.$$

由此可见，加速梯度法已经是最优的一阶优化算法. 需要说明的是，在 Nesterov 构造的一般凸问题的特例中，要求迭代次数小于问题维度的一半，即 $k \leqslant \frac{1}{2}(n-1), \mathrm{x} \in \mathbb{R}^n$. 在表2.1中，我们列出了梯度下降法、重球法、加速梯度法的收敛速度及一阶优化问题的复杂度下界.

表 2.1 梯度下降法、重球法、加速梯度法的收敛速度及一阶优化算法复杂度下界的比较

方法	光滑强凸问题	光滑一般凸问题
梯度下降法	$O\left(\frac{L}{\mu}\log\frac{1}{\varepsilon}\right)$	$O\left(\frac{L}{\varepsilon}\right)$
重球法	$O\left(\sqrt{\frac{L}{\mu}}\log\frac{1}{\varepsilon}\right)$	$O\left(\frac{L}{\varepsilon}\right)$
加速梯度法	$O\left(\sqrt{\frac{L}{\mu}}\log\frac{1}{\varepsilon}\right)$	$O\left(\sqrt{\frac{L}{\varepsilon}}\right)$
复杂度下界	$\Omega\left(\sqrt{\frac{L}{\mu}}\log\frac{1}{\varepsilon}\right)$	$\Omega\left(\sqrt{\frac{L}{\varepsilon}}\right)$

收敛速度定理及其证明

下面，我们将具体给出加速梯度法的收敛速度定理及其证明. 我们使用估计序列（Estimate Sequence）技术来证明加速梯度法的收敛速度. 该技术首先由 Nesterov 于文献 [Nesterov, 1983] 中提出，并在其经典文献 [Nesterov, 2005] 发表之后重新被研究者重视. [Baes, 2009] 对该技术做了较全面的介绍. 我们首先定义估计序列.

定义 1：如果一对序列 $\{\phi_k(\mathrm{x})\}_{k=0}^{\infty}$ 和 $\{\lambda_k \geqslant 0\}_{k=0}^{\infty}$ 满足 $\lambda_k \to 0$，并且对任意 x，有

$$\phi_k(\mathrm{x}) \leqslant (1-\lambda_k)f(\mathrm{x}) + \lambda_k\phi_0(\mathrm{x}), \tag{2.3}$$

则称序列 $\{\phi_k(\mathrm{x})\}_{k=0}^{\infty}$ 为函数 $f(\mathrm{x})$ 的估计序列.

下述引理展示了估计序列是如何用于分析优化算法的收敛性及收敛速度的.

引理 1：若 $\phi_k^* \equiv \min_{\mathrm{x}} \phi_k(\mathrm{x}) \geqslant f(\mathrm{x}_k)$ 及 (2.3) 成立，则有

$$f(\mathrm{x}_k) - f(\mathrm{x}^*) \leqslant \lambda_k(\phi_0(\mathrm{x}^*) - f(\mathrm{x}^*)).$$

证明. 由 $\phi_k^* \geqslant f(\mathrm{x}_k)$ 和 (2.3) 可得

$$f(\mathrm{x}_k) \leqslant \phi_k^* \leqslant \min_{\mathrm{x}} [(1-\lambda_k)f(\mathrm{x}) + \lambda_k\phi_0(\mathrm{x})] \leqslant (1-\lambda_k)f(\mathrm{x}^*) + \lambda_k\phi_0(\mathrm{x}^*),$$

引理得证. □

对于 μ-强凸函数 f（若 f 是一般凸函数，则令 $\mu=0$），我们可以按如下方式构造估计序列. 定义两个序列

$$\lambda_{k+1} = (1-\theta_k)\lambda_k, \tag{2.4}$$

$$\phi_{k+1}(\mathrm{x}) = (1-\theta_k)\phi_k(\mathrm{x}) + \theta_k\left(f(\mathrm{y}_k) + \langle\nabla f(\mathrm{y}_k), \mathrm{x}-\mathrm{y}_k\rangle + \frac{\mu}{2}\|\mathrm{x}-\mathrm{y}_k\|^2\right), \tag{2.5}$$

其中 $\lambda_0 = 1, \theta_k \in [0,1], \phi_0(\mathrm{x}) = f(\mathrm{x}_0) + \frac{\gamma_0}{2}\|\mathrm{x}-\mathrm{x}_0\|^2$. θ_k 和 y_k 的具体选取方法见定理1，γ_0 的选取方法见(2.7). 我们可以使用归纳法证明 (2.3). 事实上，由于 $\lambda_0 = 1$，有 $\phi_0(\mathrm{x}) \leqslant (1-\lambda_0)f(\mathrm{x}) + \lambda_0\phi_0(\mathrm{x})$. 假设 (2.3) 对 k 成立，则由函数 $f(\mathrm{x})$ 的强凸性及 (2.4)，有

$$\begin{aligned}\phi_{k+1}(\mathrm{x}) &\leqslant (1-\theta_k)\phi_k(\mathrm{x}) + \theta_k f(\mathrm{x})\\ &\leqslant (1-\theta_k)[(1-\lambda_k)f(\mathrm{x}) + \lambda_k\phi_0(\mathrm{x})] + \theta_k f(\mathrm{x})\\ &= (1-\lambda_{k+1})f(\mathrm{x}) + \lambda_{k+1}\phi_0(\mathrm{x}).\end{aligned}$$

因此 (2.3) 也对 $k+1$ 成立.

下述引理给出了函数 $\phi_k(\mathrm{x})$ 的最小值及取到该值的最优解. 该引理主要用于验证引理1中的假设 $\phi_k^* \geqslant f(\mathrm{x}_k)$.

引理 2：公式 (2.5) 可以写成

$$\phi_k(\mathrm{x}) = \phi_k^* + \frac{\gamma_k}{2}\|\mathrm{x}-\mathrm{z}_k\|^2 \tag{2.6}$$

的形式，其中

$$\gamma_{k+1} = (1-\theta_k)\gamma_k + \theta_k\mu, \quad \gamma_0 = \begin{cases} L, & \text{if } \mu = 0,\\ \mu, & \text{if } \mu > 0,\end{cases} \tag{2.7}$$

$$\mathrm{z}_{k+1} = \frac{1}{\gamma_{k+1}}[(1-\theta_k)\gamma_k\mathrm{z}_k + \theta_k\mu\mathrm{y}_k - \theta_k\nabla f(\mathrm{y}_k)], \quad \mathrm{z}_0 = \mathrm{x}_0, \tag{2.8}$$

$$\begin{aligned}\phi_{k+1}^* = &(1-\theta_k)\phi_k^* + \theta_k f(\mathrm{y}_k) - \frac{\theta_k^2}{2\gamma_{k+1}}\|\nabla f(\mathrm{y}_k)\|^2\\ &+ \frac{\theta_k(1-\theta_k)\gamma_k}{\gamma_{k+1}}\left(\frac{\mu}{2}\|\mathrm{y}_k-\mathrm{z}_k\|^2 + \langle\nabla f(\mathrm{y}_k), \mathrm{z}_k-\mathrm{y}_k\rangle\right), \phi_0^* = f(\mathrm{x}_0).\end{aligned} \tag{2.9}$$

证明. 由(2.5)中的定义,可知$\phi_k(\mathrm{x})$具有如(2.6)所示形式. 我们只需要给出γ_k、z_k和ϕ_k^*的递推形式. 事实上,

$$\begin{aligned}\phi_{k+1}(\mathrm{x}) &= (1-\theta_k)\left(\phi_k^* + \frac{\gamma_k}{2}\|\mathrm{x}-\mathrm{z}_k\|^2\right)\\ &\quad + \theta_k\left(f(\mathrm{y}_k) + \langle\nabla f(\mathrm{y}_k), \mathrm{x}-\mathrm{y}_k\rangle + \frac{\mu}{2}\|\mathrm{x}-\mathrm{y}_k\|^2\right).\end{aligned}$$

令$\nabla\phi_{k+1}(\mathrm{z}_{k+1}) = 0$,可得(2.7)和(2.8). 由(2.5),亦可得

$$\begin{aligned}\phi_{k+1}^* + \frac{\gamma_{k+1}}{2}\|\mathrm{y}_k - \mathrm{z}_{k+1}\|^2 &= \phi_{k+1}(\mathrm{y}_k)\\ &= (1-\theta_k)\left(\phi_k^* + \frac{\gamma_k}{2}\|\mathrm{y}_k - \mathrm{z}_k\|^2\right) + \theta_k f(\mathrm{y}_k). \quad (2.10)\end{aligned}$$

由(2.8),可得

$$\begin{aligned}&\frac{\gamma_{k+1}}{2}\|\mathrm{z}_{k+1} - \mathrm{y}_k\|^2\\ =&\ \frac{1}{2\gamma_{k+1}}\Big[(1-\theta_k)^2\gamma_k^2\|\mathrm{z}_k - \mathrm{y}_k\|^2 - 2\theta_k(1-\theta_k)\gamma_k\langle\nabla f(\mathrm{y}_k), \mathrm{z}_k - \mathrm{y}_k\rangle\\ &+\theta_k^2\|\nabla f(\mathrm{y}_k)\|^2\Big].\end{aligned}$$

代入(2.10),可得(2.9). □

在上述工作的基础上,现在我们可以证明$\phi_k^* \geqslant f(\mathrm{x}_k)$,并通过引理1给出最终的收敛速度.

定理1: 假设$f(\mathrm{x})$是L-光滑、一般凸函数. 令$\theta_{-1}=1$,$\theta_{k+1} = \frac{\sqrt{\theta_k^4 + 4\theta_k^2} - \theta_k^2}{2}$和$\beta_k = \frac{\theta_k(1-\theta_{k-1})}{\theta_{k-1}}$. 则对算法2.1和任意$K \geqslant 0$,有

$$f(\mathrm{x}_{K+1}) - f(\mathrm{x}^*) \leqslant \frac{4}{(K+2)^2}\left(f(\mathrm{x}_0) - f(\mathrm{x}^*) + \frac{L}{2}\|\mathrm{x}_0 - \mathrm{x}^*\|^2\right).$$

假设$f(\mathrm{x})$是L-光滑、μ-强凸函数. 令$\theta_k = \sqrt{\frac{\mu}{L}}$和$\beta_k = \frac{\sqrt{L}-\sqrt{\mu}}{\sqrt{L}+\sqrt{\mu}}$. 则对算法2.1和任意$K \geqslant 0$,有

$$f(\mathrm{x}_{K+1}) - f(\mathrm{x}^*) \leqslant \left(1 - \sqrt{\frac{\mu}{L}}\right)^{K+1}\left(f(\mathrm{x}_0) - f(\mathrm{x}^*) + \frac{\mu}{2}\|\mathrm{x}_0 - \mathrm{x}^*\|^2\right).$$

证明. 我们使用归纳法证明$\phi_k^* \geqslant f(\mathrm{x}_k)$. 假设该不等式对$k$成立,由(2.9)可得

$$\phi_{k+1}^* \geqslant (1-\theta_k)f(\mathrm{x}_k) + \theta_k f(\mathrm{y}_k) - \frac{\theta_k^2}{2\gamma_{k+1}}\|\nabla f(\mathrm{y}_k)\|^2$$

$$
\begin{aligned}
&+\frac{\theta_k(1-\theta_k)\gamma_k}{\gamma_{k+1}}\langle\nabla f(\mathrm{y}_k),\mathrm{z}_k-\mathrm{y}_k\rangle\\
&\overset{a}{\geqslant} f(\mathrm{y}_k)-\frac{\theta_k^2}{2\gamma_{k+1}}\|\nabla f(\mathrm{y}_k)\|^2\\
&+(1-\theta_k)\left\langle\nabla f(\mathrm{y}_k),\frac{\theta_k\gamma_k}{\gamma_{k+1}}(\mathrm{z}_k-\mathrm{y}_k)+\mathrm{x}_k-\mathrm{y}_k\right\rangle,
\end{aligned}
$$

其中我们在$\overset{a}{\geqslant}$中使用了$f(\mathrm{x})$的凸性. 由$f(\mathrm{x})$的光滑性及(A.6),可得$f(\mathrm{x}_{k+1})\leqslant f(\mathrm{y}_k)-\frac{1}{2L}\|\nabla f(\mathrm{y}_k)\|^2$. 因此,如果$\frac{\theta_k^2}{\gamma_{k+1}}=\frac{1}{L}$并且

$$
\frac{\theta_k\gamma_k}{\gamma_{k+1}}(\mathrm{z}_k-\mathrm{y}_k)+\mathrm{x}_k-\mathrm{y}_k=0 \tag{2.11}
$$

成立,则有$\phi_{k+1}^*\geqslant f(\mathrm{x}_{k+1})$.

情形 1: $\mu=0$. 则由(2.7), 我们有$\frac{\theta_k^2}{\gamma_{k+1}}=\frac{1}{L}\Rightarrow\theta_k^2=\frac{(1-\theta_k)\gamma_k}{L}=(1-\theta_k)\theta_{k-1}^2$,从而由引理3可得$\theta_k=\frac{\sqrt{\theta_{k-1}^4+4\theta_{k-1}^2}-\theta_{k-1}^2}{2}$,$\theta_k\leqslant\frac{2}{k+2}$和$\lambda_{k+1}=\prod_{i=0}^k(1-\theta_i)=\prod_{i=0}^k\frac{\theta_i^2}{\theta_{i-1}^2}=\theta_k^2\leqslant\frac{4}{(k+2)^2}$. 由(2.7)和(2.8),可得

$$
\mathrm{z}_{k+1}=\mathrm{z}_k-\frac{\theta_k}{\gamma_{k+1}}\nabla f(\mathrm{y}_k)=\mathrm{z}_k-\frac{1}{L\theta_k}\nabla f(\mathrm{y}_k)=\mathrm{z}_k-\frac{1}{\theta_k}(\mathrm{y}_k-\mathrm{x}_{k+1}). \tag{2.12}
$$

由(2.11)和(2.7),可得

$$
\mathrm{y}_k=\theta_k\mathrm{z}_k+(1-\theta_k)\mathrm{x}_k. \tag{2.13}
$$

由(2.12)和(2.13),可得

$$
\mathrm{x}_{k+1}=\theta_k\mathrm{z}_{k+1}+(1-\theta_k)\mathrm{x}_k.
$$

因此有

$$
\begin{aligned}
\mathrm{y}_k&=\frac{\theta_k}{\theta_{k-1}}[\mathrm{x}_k-(1-\theta_{k-1})\mathrm{x}_{k-1}]+(1-\theta_k)\mathrm{x}_k\\
&=\mathrm{x}_k+\frac{\theta_k(1-\theta_{k-1})}{\theta_{k-1}}(\mathrm{x}_k-\mathrm{x}_{k-1})\\
&=\mathrm{x}_k+\beta_k(\mathrm{x}_k-\mathrm{x}_{k-1}).
\end{aligned}
$$

由引理1,结论得证.

情形 2: $\mu > 0$. 则 $\theta_k = \theta = \sqrt{\frac{\mu}{L}}$ 和 $\gamma_k = \mu$ 满足 $\frac{\theta_k^2}{\gamma_{k+1}} = \frac{1}{L}$ 和 (2.7). 由 (2.4) 可得 $\lambda_{k+1} = (1-\theta)^{k+1}$. 由 (2.8) 和 $\gamma_k = \mu$ 可得

$$\mathrm{z}_{k+1} = (1-\theta)\mathrm{z}_k + \theta\mathrm{y}_k - \frac{\theta}{\mu}\nabla f(\mathrm{y}_k) = (1-\theta)\mathrm{z}_k + \theta\mathrm{y}_k + \frac{1}{\theta}(\mathrm{x}_{k+1} - \mathrm{y}_k). \tag{2.14}$$

由 (2.11) 可得

$$\theta\mathrm{z}_k + \mathrm{x}_k - (\theta+1)\mathrm{y}_k = 0. \tag{2.15}$$

因此由 (2.14) 和 (2.15) 可得

$$\begin{aligned}
\mathrm{x}_{k+1} &\overset{a}{=} \theta\mathrm{z}_{k+1} - \theta(1-\theta)\mathrm{z}_k - \theta^2\mathrm{y}_k + \mathrm{y}_k \\
&= \theta\mathrm{z}_{k+1} + \mathrm{y}_k - \theta\mathrm{z}_k + \theta^2(\mathrm{z}_k - \mathrm{y}_k) \\
&\overset{b}{=} \theta\mathrm{z}_{k+1} + \mathrm{x}_k - \theta\mathrm{y}_k + \theta(\mathrm{y}_k - \mathrm{x}_k) \\
&= \theta\mathrm{z}_{k+1} + (1-\theta)\mathrm{x}_k,
\end{aligned}$$

其中 $\overset{a}{=}$ 使用了(2.14), $\overset{b}{=}$ 使用了(2.15). 因此有

$$\begin{aligned}
\mathrm{y}_k &\overset{a}{=} \frac{1}{\theta+1}(\theta\mathrm{z}_k + \mathrm{x}_k) \\
&= \frac{1}{\theta+1}[\mathrm{x}_k - (1-\theta)\mathrm{x}_{k-1} + \mathrm{x}_k] \\
&= \mathrm{x}_k + \frac{1-\theta}{1+\theta}(\mathrm{x}_k - \mathrm{x}_{k-1}) \\
&= \mathrm{x}_k + \frac{\sqrt{L}-\sqrt{\mu}}{\sqrt{L}+\sqrt{\mu}}(\mathrm{x}_k - \mathrm{x}_{k-1}) \\
&= \mathrm{x}_k + \beta_k(\mathrm{x}_k - \mathrm{x}_{k-1}),
\end{aligned}$$

其中 $\overset{a}{=}$ 使用了(2.15). □

下述引理给出了序列 $\{\theta_k\}_{k=0}^{\infty}$ 的若干性质. 这些性质将贯穿本书.

引理 3: 如果序列 $\{\theta_k\}_{k=0}^{\infty}$ 满足 $\frac{1-\theta_k}{\theta_k^2} = \frac{1}{\theta_{k-1}^2}$ 和 $0 < \theta_0 \leqslant 1$，则有

$$\frac{1}{k+1/\theta_0} \leqslant \theta_k \leqslant \frac{2}{k+2/\theta_0},\ \sum_{i=0}^{k}\frac{1}{\theta_i} = \frac{1}{\theta_k^2} - \frac{1}{\theta_{-1}^2} \text{ 和 } \theta_{k+1} = \frac{\sqrt{\theta_k^4 + 4\theta_k^2} - \theta_k^2}{2}.$$

证明. 事实上,由 $\frac{1-\theta_k}{\theta_k^2}=\frac{1}{\theta_{k-1}^2}$,有 $\left(\frac{1}{\theta_k}-\frac{1}{2}\right)^2\geqslant\frac{1}{\theta_{k-1}^2}$,从而可得 $\frac{1}{\theta_k}-\frac{1}{2}\geqslant\frac{1}{\theta_{k-1}}$. 从 $k=1$ 加到 K, 可得 $\frac{1}{\theta_K}\geqslant\frac{1}{\theta_0}+\frac{K}{2}$, 进而可得 $\theta_K\leqslant\frac{2}{K+2/\theta_0}$. 另一方面, 可知 $\theta_k\leqslant 1$ 对所有 k 成立, 因此有 $\left(\frac{1}{\theta_k}-1\right)^2\leqslant\frac{1}{\theta_{k-1}^2}$, 进而可得 $\frac{1}{\theta_k}-1\leqslant\frac{1}{\theta_{k-1}}$. 类似地, 我们有 $\frac{1}{\theta_K}\leqslant\frac{1}{\theta_0}+K$, 进而可得 $\theta_K\geqslant\frac{1}{K+1/\theta_0}$. 第二个结论可由 $\frac{1}{\theta_k}=\frac{1}{\theta_k^2}-\frac{1}{\theta_{k-1}^2}$ 得到, 最后一个结论可由 $\frac{1-\theta_{k+1}}{\theta_{k+1}^2}=\frac{1}{\theta_k^2}$ 得到. □

2.4 求解复合凸优化问题的加速梯度法

如第1.1节例子所示,很多机器学习模型的目标函数并不是光滑的. 这些机器学习模型的目标函数经常为两个函数的和,这类问题被称为复合优化问题,形式化描述为

$$\min_{\mathbf{x}} F(\mathbf{x})\equiv f(\mathbf{x})+h(\mathbf{x}). \tag{2.16}$$

本节我们考虑的情形是:$f(\mathbf{x})$ 是光滑凸函数,$h(\mathbf{x})$ 是凸函数,但可以是非光滑的. 典型的非光滑函数包括机器学习中常用的 l_1 正则化子 $\|\mathbf{x}\|_1$. 通常我们要求 $h(\mathbf{x})$ 的邻近映射具有闭式解, 或者可以被高效求解, 例如对于 $\|\mathbf{x}\|_1$, 我们有 $\mathrm{Prox}_{\lambda\|\cdot\|_1}(\mathbf{z})=\mathrm{sign}(\mathbf{z})\odot\max\{0,|\mathbf{z}|-\lambda\}$. 加速梯度法也可用于求解复合优化问题 [Beck and Teboulle, 2009; Nesterov, 2013],Tseng [Tseng, 2008] 在已有工作的基础上给出了一个统一的分析. 我们使用 [Tseng, 2008] 中介绍的分类框架介绍 Nesterov 的三种加速梯度法.

2.4.1 第一种 Nesterov 加速邻近梯度法

我们将要介绍的第一个方法是算法2.1的扩展. 考虑问题 (2.16) 中的复合结构, 我们只需要把算法2.1中的梯度下降改为邻近梯度下降, 如算法2.2所示. 容易验证冲量参数 $\frac{(L\theta_k-\mu)(1-\theta_{k-1})}{(L-\mu)\theta_{k-1}}$ 与定理1 中是一致的,具体推导请见评注1.

算法 2.2 第一种 Nesterov 加速邻近梯度法（APG）

初始化 $x_0 = x_{-1}$.

for $k = 0, 1, 2, 3, \cdots$ **do**

$$y_k = x_k + \frac{(L\theta_k - \mu)(1 - \theta_{k-1})}{(L - \mu)\theta_{k-1}}(x_k - x_{k-1}),$$

$$x_{k+1} = \operatorname{arg\,min}_x \left(h(x) + \frac{L}{2}\left\| x - y_k + \frac{1}{L}\nabla f(y_k) \right\|^2 \right).$$

end for k

我们同样可以使用估计序列技术来分析算法2.2的收敛速度，但为了展示更多的技巧，这里我们介绍 [Tseng, 2008] 中提出的另一种证明方法. 首先给出如下引理.

引理 4： 假设 $h(x)$ 是凸函数，$f(x)$ 是 μ-强凸、L-光滑函数. 则对算法2.2，有

$$F(x_{k+1}) \leqslant F(x) - \frac{\mu}{2}\|x - y_k\|^2 - \frac{L}{2}\|x_{k+1} - y_k\|^2 + L\langle x_{k+1} - y_k, x - y_k\rangle, \forall x.$$

证明. 由算法2.2第 2 步的最优性条件，有

$$0 \in \partial h(x_{k+1}) + L(x_{k+1} - y_k) + \nabla f(y_k).$$

由 $h(x)$ 的凸性，有

$$h(x) - h(x_{k+1}) \geqslant \langle -L(x_{k+1} - y_k) - \nabla f(y_k), x - x_{k+1}\rangle. \tag{2.17}$$

由 $f(x)$ 的光滑性和 μ-强凸性，以及 (2.17)，有

$$\begin{aligned}
F(x_{k+1}) &\leqslant f(y_k) + \langle \nabla f(y_k), x_{k+1} - y_k\rangle + \frac{L}{2}\|x_{k+1} - y_k\|^2 + h(x_{k+1}) \\
&= f(y_k) + \langle \nabla f(y_k), x - y_k\rangle + \langle \nabla f(y_k), x_{k+1} - x\rangle \\
&\quad + \frac{L}{2}\|x_{k+1} - y_k\|^2 + h(x_{k+1}) \\
&\leqslant f(x) - \frac{\mu}{2}\|x - y_k\|^2 + \frac{L}{2}\|x_{k+1} - y_k\|^2 + h(x) \\
&\quad + L\langle x_{k+1} - y_k, x - x_{k+1}\rangle \\
&= F(x) - \frac{\mu}{2}\|x - y_k\|^2 - \frac{L}{2}\|x_{k+1} - y_k\|^2 + L\langle x_{k+1} - y_k, x - y_k\rangle.
\end{aligned}$$

引理得证. □

当 $\mu = 0$ 时，定义 Lyapunov 函数

$$\ell_{k+1} = \frac{F(x_{k+1}) - F(x^*)}{\theta_k^2} + \frac{L}{2}\|z_{k+1} - x^*\|^2; \tag{2.18}$$

当$\mu > 0$时,定义

$$\ell_{k+1} = \frac{1}{\left(1-\sqrt{\mu/L}\right)^{k+1}}\left(F(\mathrm{x}_{k+1}) - F(\mathrm{x}^*) + \frac{\mu}{2}\|\mathrm{z}_{k+1} - \mathrm{x}^*\|^2\right), \tag{2.19}$$

其中

$$\mathrm{z}_{k+1} \equiv \frac{1}{\theta_k}\mathrm{x}_{k+1} - \frac{1-\theta_k}{\theta_k}\mathrm{x}_k, \qquad \mathrm{z}_0 = \mathrm{x}_0. \tag{2.20}$$

由z_{k+1}和y_k的定义,容易验证如下引理

引理 5: 对算法2.2,有

$$\mathrm{x}^* + \frac{(1-\theta_k)L}{L\theta_k - \mu}\mathrm{x}_k - \frac{L-\mu}{L\theta_k-\mu}\mathrm{y}_k = \mathrm{x}^* - \mathrm{z}_k, \tag{2.21}$$

$$\theta_k\mathrm{x}^* + (1-\theta_k)\mathrm{x}_k - \mathrm{x}_{k+1} = \theta_k\left(\mathrm{x}^* - \mathrm{z}_{k+1}\right).$$

在下述定理中,我们将证明对所有$k = 0, 1, \cdots$,有$\ell_{k+1} \leqslant \ell_k$,从而证明算法的收敛速度.

定理 2: 假设$f(\mathrm{x})$和$h(\mathrm{x})$是凸函数,$f(\mathrm{x})$是L-光滑函数. 令$\theta_0 = 1$, $\theta_{k+1} = \frac{\sqrt{\theta_k^4 + 4\theta_k^2} - \theta_k^2}{2}$(此时可形式定义$\theta_{-1} = +\infty$). 则对算法2.2和任意$K \geqslant 0$,有

$$F(\mathrm{x}_{K+1}) - F(\mathrm{x}^*) \leqslant \frac{2L}{(K+2)^2}\|\mathrm{x}_0 - \mathrm{x}^*\|^2.$$

假设$h(\mathrm{x})$是凸函数,$f(\mathrm{x})$是μ-强凸、L-光滑函数. 对所有k,令$\theta_k = \sqrt{\frac{\mu}{L}}$. 则对算法2.2和任意$K \geqslant 0$,有

$$F(\mathrm{x}_{K+1}) - F(\mathrm{x}^*) \leqslant \left(1 - \sqrt{\frac{\mu}{L}}\right)^{K+1}\left(F(\mathrm{x}_0) - F(\mathrm{x}^*) + \frac{\mu}{2}\|\mathrm{x}_0 - \mathrm{x}^*\|^2\right).$$

证明. 在引理4中分别令$\mathrm{x} = \mathrm{x}_k$和$\mathrm{x} = \mathrm{x}^*$,可得如下两个不等式

$$F(\mathrm{x}_{k+1}) \leqslant F(\mathrm{x}_k) - \frac{L}{2}\|\mathrm{x}_{k+1} - \mathrm{y}_k\|^2 + L\left\langle \mathrm{x}_{k+1} - \mathrm{y}_k, \mathrm{x}_k - \mathrm{y}_k\right\rangle,$$

$$F(\mathrm{x}_{k+1}) \leqslant F(\mathrm{x}^*) - \frac{\mu}{2}\|\mathrm{x}^* - \mathrm{y}_k\|^2 - \frac{L}{2}\|\mathrm{x}_{k+1} - \mathrm{y}_k\|^2 + L\left\langle \mathrm{x}_{k+1} - \mathrm{y}_k, \mathrm{x}^* - \mathrm{y}_k\right\rangle.$$

对第一个不等式两边同时乘以$(1-\theta_k)$,对第二个不等式两边同时乘以θ_k,相加,可得

$$\begin{aligned}
& F(\mathrm{x}_{k+1}) - F(\mathrm{x}^*) \\
\leqslant & (1-\theta_k)(F(\mathrm{x}_k) - F(\mathrm{x}^*)) - \frac{L}{2}\|\mathrm{x}_{k+1} - \mathrm{y}_k\|^2 - \frac{\theta_k \mu}{2}\|\mathrm{x}^* - \mathrm{y}_k\|^2 \\
& + L\langle \mathrm{x}_{k+1} - \mathrm{y}_k, (1-\theta_k)\mathrm{x}_k + \theta_k \mathrm{x}^* - \mathrm{y}_k \rangle \\
\overset{a}{=} & (1-\theta_k)(F(\mathrm{x}_k) - F(\mathrm{x}^*)) - \frac{L}{2}\|\mathrm{x}_{k+1} - \mathrm{y}_k\|^2 - \frac{\theta_k \mu}{2}\|\mathrm{x}^* - \mathrm{y}_k\|^2 \\
& + \frac{L}{2}\left(\|\mathrm{x}_{k+1} - \mathrm{y}_k\|^2 + \|(1-\theta_k)\mathrm{x}_k + \theta_k \mathrm{x}^* - \mathrm{y}_k\|^2\right. \\
& \left. - \|(1-\theta_k)\mathrm{x}_k + \theta_k \mathrm{x}^* - \mathrm{x}_{k+1}\|^2\right) \\
= & (1-\theta_k)(F(\mathrm{x}_k) - F(\mathrm{x}^*)) - \frac{\theta_k \mu}{2}\|\mathrm{x}^* - \mathrm{y}_k\|^2 \\
& + \frac{L\theta_k^2}{2}\left(\left\|\mathrm{x}^* - \frac{1}{\theta_k}\mathrm{y}_k + \frac{1-\theta_k}{\theta_k}\mathrm{x}_k\right\|^2 - \|\mathrm{x}^* - \mathrm{z}_{k+1}\|^2\right),
\end{aligned}$$

其中 $\overset{a}{=}$ 使用了 (A.1). 通过重写 $\mathrm{x}^* - \frac{1}{\theta_k}\mathrm{y}_k + \frac{1-\theta_k}{\theta_k}\mathrm{x}_k$，可得

$$\begin{aligned}
& \frac{L\theta_k^2}{2}\left\|\mathrm{x}^* - \frac{1}{\theta_k}\mathrm{y}_k + \frac{1-\theta_k}{\theta_k}\mathrm{x}_k\right\|^2 \\
= & \frac{L\theta_k^2}{2}\left\|\frac{\mu}{L\theta_k}(\mathrm{x}^* - \mathrm{y}_k) + \frac{L\theta_k - \mu}{L\theta_k}\left(\mathrm{x}^* + \frac{L(1-\theta_k)}{L\theta_k - \mu}\mathrm{x}_k - \frac{L-\mu}{L\theta_k - \mu}\mathrm{y}_k\right)\right\|^2 \\
\overset{a}{\leqslant} & \frac{\mu\theta_k}{2}\|\mathrm{x}^* - \mathrm{y}_k\|^2 + \frac{\theta_k(L\theta_k - \mu)}{2}\left\|\mathrm{x}^* + \frac{L(1-\theta_k)}{L\theta_k - \mu}\mathrm{x}_k - \frac{L-\mu}{L\theta_k - \mu}\mathrm{y}_k\right\|^2 \\
\overset{b}{=} & \frac{\mu\theta_k}{2}\|\mathrm{x}^* - \mathrm{y}_k\|^2 + \frac{\theta_k(L\theta_k - \mu)}{2}\|\mathrm{z}_k - \mathrm{x}^*\|^2,
\end{aligned} \tag{2.22}$$

其中在 $\overset{a}{\leqslant}$ 中我们令 $0 \leqslant \frac{\mu}{L\theta_k} < 1$ 并使用了 $\|\cdot\|^2$ 的凸性，在 $\overset{b}{=}$ 中使用了(2.21). 因此有

$$\begin{aligned}
& F(\mathrm{x}_{k+1}) - F(\mathrm{x}^*) + \frac{L\theta_k^2}{2}\|\mathrm{z}_{k+1} - \mathrm{x}^*\|^2 \\
\leqslant & (1-\theta_k)(F(\mathrm{x}_k) - F(\mathrm{x}^*)) + \frac{\theta_k(L\theta_k - \mu)}{2}\|\mathrm{z}_k - \mathrm{x}^*\|^2.
\end{aligned} \tag{2.23}$$

情形 1：$\mu = 0$. 将 (2.23) 两边同时除以 θ_k^2 并使用 $\frac{1-\theta_k}{\theta_k^2} = \frac{1}{\theta_{k-1}^2}$，可得 $\ell_{k+1} \leqslant \ell_k$，从而得到第一个结论，其中我们使用了 $\frac{1}{\theta_{-1}^2} = 0$.

情形 2：$\mu > 0$. 令 $\theta(L\theta - \mu) = L\theta^2(1-\theta)$，则有 $\theta = \sqrt{\frac{\mu}{L}}$. 将 (2.23) 两边同时除以 $(1-\theta)^{k+1}$，可得 $\ell_{k+1} \leqslant \ell_k$，从而得到第二个结论. □

评注 1：当 $\mu = 0$ 时，$\frac{(L\theta_k - \mu)(1-\theta_{k-1})}{(L-\mu)\theta_{k-1}} = \frac{\theta_k(1-\theta_{k-1})}{\theta_{k-1}}$. 当 $\mu \neq 0$ 并且 $\theta_k = \sqrt{\frac{\mu}{L}}$ 时，$\frac{(L\theta_k - \mu)(1-\theta_{k-1})}{(L-\mu)\theta_{k-1}} = \frac{\sqrt{L}-\sqrt{\mu}}{\sqrt{L}+\sqrt{\mu}}$.

评注 2：在定理1中，我们从 $\theta_{-1} = 1$ 开始迭代. 而在定理2中，我们从 $\theta_0 = 1$ 开始迭代.

2.4.2 第二种 Nesterov 加速邻近梯度法

除了算法2.2，另一个常用的加速梯度法如算法2.3所示. 与算法2.2的不同之处在于，算法2.3更新三个序列：$\{\mathrm{x}_k\}$、$\{\mathrm{y}_k\}$ 和 $\{\mathrm{z}_k\}$. 事实上，回顾上一节证明，我们同样使用了序列 $\{\mathrm{z}_k\}$（见 (2.20)），区别在于算法2.2将对 $\{\mathrm{z}_k\}$ 的使用隐藏在了证明之中，而算法2.3将 $\{\mathrm{z}_k\}$ 的更新显式地展示在了算法中. 容易验证，当 $h(\mathrm{x}) \equiv 0$ 时，算法2.3和算法2.1 等价，即两个算法产生同样的序列 $\{\mathrm{x}_k\}$、$\{\mathrm{y}_k\}$ 和 $\{\mathrm{z}_k\}$，具体请见评注3. 当 $h(\mathrm{x}) \not\equiv 0$ 时，算法2.3 和算法2.1 不等价.

算法 2.3　第二种 Nesterov 加速邻近梯度法（APG）

初始化 $\mathrm{z}_0 = \mathrm{x}_0$.

for $k = 0, 1, 2, 3, \cdots$ **do**

$$\mathrm{y}_k = \frac{L\theta_k - \mu}{L-\mu}\mathrm{z}_k + \frac{L - L\theta_k}{L-\mu}\mathrm{x}_k,$$

$$\mathrm{z}_{k+1} = \operatorname{arg\,min}_{\mathrm{z}} \left(h(\mathrm{z}) + \langle \nabla f(\mathrm{y}_k), \mathrm{z} \rangle + \frac{\theta_k L}{2} \left\| \mathrm{z} - \frac{1}{\theta_k}\mathrm{y}_k + \frac{1-\theta_k}{\theta_k}\mathrm{x}_k \right\|^2 \right),$$

$$\mathrm{x}_{k+1} = (1-\theta_k)\mathrm{x}_k + \theta_k \mathrm{z}_{k+1}.$$

end for k

在定理3中，我们给出算法2.3的收敛速度. 证明细节类似于算法2.2收敛速度的证明，因此我们只给出不同之处，忽略相同之处.

使用 (2.18) 和 (2.19) 中定义的 Lyapunov 函数，容易验证 x_k、y_k 和 z_k 满足引理5中所示关系. 类似定理2，我们有如下定理.

定理 3：假设 $f(\mathrm{x})$ 和 $h(\mathrm{x})$ 是凸函数，$f(\mathrm{x})$ 是 L-光滑函数. 令 $\theta_0 = 1$，$\theta_{k+1} = \frac{\sqrt{\theta_k^4 + 4\theta_k^2} - \theta_k^2}{2}$. 则对算法2.3和任意 $K \geqslant 0$，有

$$F(\mathrm{x}_{K+1}) - F(\mathrm{x}^*) \leqslant \frac{2L}{(K+2)^2}\|\mathrm{x}_0 - \mathrm{x}^*\|^2.$$

假设 $h(\mathrm{x})$ 是凸函数，$f(\mathrm{x})$ 是 μ-强凸、L-光滑函数. 对所有 k，令 $\theta_k = \sqrt{\frac{\mu}{L}}$. 则

对算法2.3和任意$K \geqslant 0$，有

$$F(\mathrm{x}_{K+1}) - F(\mathrm{x}^*) \leqslant \left(1 - \sqrt{\frac{\mu}{L}}\right)^{K+1} \left(F(\mathrm{x}_0) - F(\mathrm{x}^*) + \frac{\mu}{2}\|\mathrm{x}_0 - \mathrm{x}^*\|^2\right).$$

证明. 由算法2.3第2步的最优性条件，有

$$0 \in \partial h(\mathrm{z}_{k+1}) + \nabla f(\mathrm{y}_k) + \theta_k L\left(\mathrm{z}_{k+1} - \frac{1}{\theta_k}\mathrm{y}_k + \frac{1-\theta_k}{\theta_k}\mathrm{x}_k\right).$$

由$h(\mathrm{x})$的凸性，有

$$\begin{aligned} & h(\mathrm{x}) - h(\mathrm{z}_{k+1}) \\ \geqslant & \left\langle -\theta_k L\left(\mathrm{z}_{k+1} - \frac{1}{\theta_k}\mathrm{y}_k + \frac{1-\theta_k}{\theta_k}\mathrm{x}_k\right) - \nabla f(\mathrm{y}_k), \mathrm{x} - \mathrm{z}_{k+1}\right\rangle. \end{aligned} \tag{2.24}$$

由$f(\mathrm{x})$的光滑性及强凸性，有

$$\begin{aligned} & F(\mathrm{x}_{k+1}) \\ \leqslant & f(\mathrm{y}_k) + \langle \nabla f(\mathrm{y}_k), \mathrm{x}_{k+1} - \mathrm{y}_k\rangle + \frac{L}{2}\|\mathrm{x}_{k+1} - \mathrm{y}_k\|^2 + h(\mathrm{x}_{k+1}) \\ = & f(\mathrm{y}_k) + \langle \nabla f(\mathrm{y}_k), (1-\theta_k)\mathrm{x}_k + \theta_k \mathrm{z}_{k+1} - \mathrm{y}_k\rangle \\ & + \frac{L\theta_k^2}{2}\left\|\frac{1-\theta_k}{\theta_k}\mathrm{x}_k + \mathrm{z}_{k+1} - \frac{1}{\theta_k}\mathrm{y}_k\right\|^2 + h((1-\theta_k)\mathrm{x}_k + \theta_k \mathrm{z}_{k+1}) \\ \leqslant & (1-\theta_k)(f(\mathrm{y}_k) + \langle \nabla f(\mathrm{y}_k), \mathrm{x}_k - \mathrm{y}_k\rangle + h(\mathrm{x}_k)) \\ & + \theta_k\left(f(\mathrm{y}_k) + \langle \nabla f(\mathrm{y}_k), \mathrm{z}_{k+1} - \mathrm{y}_k\rangle + h(\mathrm{z}_{k+1})\right) \\ & + \frac{L\theta_k^2}{2}\left\|\frac{1-\theta_k}{\theta_k}\mathrm{x}_k + \mathrm{z}_{k+1} - \frac{1}{\theta_k}\mathrm{y}_k\right\|^2 \\ \leqslant & (1-\theta_k)F(\mathrm{x}_k) + \theta_k(f(\mathrm{y}_k) + \langle \nabla f(\mathrm{y}_k), \mathrm{x}^* - \mathrm{y}_k\rangle \\ & + \langle \nabla f(\mathrm{y}_k), \mathrm{z}_{k+1} - \mathrm{x}^*\rangle + h(\mathrm{z}_{k+1})) + \frac{L\theta_k^2}{2}\left\|\frac{1-\theta_k}{\theta_k}\mathrm{x}_k + \mathrm{z}_{k+1} - \frac{1}{\theta_k}\mathrm{y}_k\right\|^2 \\ \overset{a}{\leqslant} & (1-\theta_k)F(\mathrm{x}_k) + \theta_k\Bigg(f(\mathrm{x}^*) - \frac{\mu}{2}\|\mathrm{y}_k - \mathrm{x}^*\|^2 + h(\mathrm{x}^*) \\ & + \theta_k L\left\langle \mathrm{z}_{k+1} - \frac{1}{\theta_k}\mathrm{y}_k + \frac{1-\theta_k}{\theta_k}\mathrm{x}_k, \mathrm{x}^* - \mathrm{z}_{k+1}\right\rangle\Bigg) \\ & + \frac{L\theta_k^2}{2}\left\|\frac{1-\theta_k}{\theta_k}\mathrm{x}_k + \mathrm{z}_{k+1} - \frac{1}{\theta_k}\mathrm{y}_k\right\|^2 \\ \overset{b}{\leqslant} & (1-\theta_k)F(\mathrm{x}_k) + \theta_k F(\mathrm{x}^*) - \frac{\mu\theta_k}{2}\|\mathrm{y}_k - \mathrm{x}^*\|^2 \\ & + \frac{\theta_k^2 L}{2}\left(\left\|\frac{1}{\theta_k}\mathrm{y}_k - \frac{1-\theta_k}{\theta_k}\mathrm{x}_k - \mathrm{x}^*\right\|^2 - \|\mathrm{z}_{k+1} - \mathrm{x}^*\|^2\right) \end{aligned}$$

$$\overset{c}{\leqslant}(1-\theta_k)F(\mathrm{x}_k)+\theta_k F(\mathrm{x}^*)+\frac{\theta_k(L\theta_k-\mu)}{2}\|\mathrm{z}_k-\mathrm{x}^*\|^2-\frac{\theta_k^2 L}{2}\|\mathrm{z}_{k+1}-\mathrm{x}^*\|^2,$$

其中$\overset{a}{\leqslant}$使用了(2.24)，$\overset{b}{\leqslant}$使用了(A.2)，$\overset{c}{\leqslant}$使用了(2.22). 类似于定理2中证明，结论可证. □

评注 3：当$h(\mathrm{x})\equiv 0$时，由算法2.3的第2步，可得

$$\mathrm{z}_{k+1}=\frac{1}{\theta_k}\mathrm{y}_k-\frac{1-\theta_k}{\theta_k}\mathrm{x}_k-\frac{1}{\theta_k L}\nabla f(\mathrm{y}_k).$$

结合算法2.3的第3步，有

$$\mathrm{x}_{k+1}=\mathrm{y}_k-\frac{1}{L}\nabla f(\mathrm{y}_k).$$

即得算法2.2的第2步. 另一方面，由算法2.3的第1步和第3步，有

$$\begin{aligned}\mathrm{y}_k&=\frac{L\theta_k-\mu}{L-\mu}\left(\frac{1}{\theta_{k-1}}\mathrm{x}_k-\frac{1-\theta_{k-1}}{\theta_{k-1}}\mathrm{x}_{k-1}\right)+\frac{L-L\theta_k}{L-\mu}\mathrm{x}_k\\&=\frac{L\theta_k-\mu}{L-\mu}\left(\frac{1-\theta_{k-1}}{\theta_{k-1}}\mathrm{x}_k-\frac{1-\theta_{k-1}}{\theta_{k-1}}\mathrm{x}_{k-1}+\mathrm{x}_k\right)+\frac{L-L\theta_k}{L-\mu}\mathrm{x}_k\\&=\frac{L\theta_k-\mu}{L-\mu}\frac{1-\theta_{k-1}}{\theta_{k-1}}(\mathrm{x}_k-\mathrm{x}_{k-1})+\mathrm{x}_k,\end{aligned}$$

即得算法2.2的第1步.

原始–对偶解释

本节简要介绍针对算法2.3的解释. [Allen-Zhu and Orecchia, 2017]将算法2.3视为梯度下降法和镜像下降法的线性耦合，[Lan and Zhou, 2018]从原始–对偶算法的角度解释算法2.3. 这里我们介绍[Lan and Zhou, 2018]中的工作. 只考虑$\mu=0$的情况. 此时算法2.3变为

$$\mathrm{y}_k=\theta_k\mathrm{z}_k+(1-\theta_k)\mathrm{x}_k, \tag{2.25}$$

$$\mathrm{z}_{k+1}=\operatorname*{argmin}_{\mathrm{x}}\left(h(\mathrm{x})+\langle\nabla f(\mathrm{y}_k),\mathrm{x}\rangle+\frac{\theta_k L}{2}\|\mathrm{x}-\mathrm{z}_k\|^2\right),$$

$$\mathrm{x}_{k+1}=(1-\theta_k)\mathrm{x}_k+\theta_k\mathrm{z}_{k+1}. \tag{2.26}$$

记$f^*(\mathrm{u})$为$f(\mathrm{z})$的Fenchel共轭（Fenchel Conjugate）（见定义27）. 由于$f^{**}=f$，我们可将问题(2.16)写成如下形式

$$\min_{\mathrm{x}}\max_{\mathrm{u}}\left(h(\mathrm{x})+\langle\mathrm{x},\mathrm{u}\rangle-f^*(\mathrm{u})\right). \tag{2.27}$$

由于 f 是 L-光滑函数，因此 f^* 是 $\frac{1}{L}$-强凸函数（见命题14第4条）. 定义由 f^* 导出的Bregman距离（见定义26）如下

$$D_{f^*}(\mathrm{u},\mathrm{v}) = f^*(\mathrm{u}) - \left(f^*(\mathrm{v}) + \left\langle \hat{\nabla} f^*(\mathrm{v}), \mathrm{u} - \mathrm{v}\right\rangle\right),$$

其中 $\hat{\nabla} f^*(\mathrm{v}) \in \partial f^*(\mathrm{v})$. 我们可以使用原始–对偶算法[Chambolle and Pock, 2011, 2016]求解问题(2.27)的鞍点（见定义35），即分别在原始空间和对偶空间更新原始变量和对偶变量：

$$\hat{\mathrm{z}}_k = \alpha_k(\mathrm{z}_k - \mathrm{z}_{k-1}) + \mathrm{z}_k, \tag{2.28}$$

$$\mathrm{u}_{k+1} = \operatorname*{arg\,max}_{\mathrm{u}} \left(\langle \hat{\mathrm{z}}_k, \mathrm{u}\rangle - f^*(\mathrm{u}) - \tau_k D_{f^*}(\mathrm{u}, \mathrm{u}_k)\right),$$

$$\mathrm{z}_{k+1} = \operatorname*{arg\,min}_{\mathrm{z}} \left(h(\mathrm{z}) + \langle \mathrm{z}, \mathrm{u}_{k+1}\rangle + \frac{\eta_k}{2}\|\mathrm{z} - \mathrm{z}_k\|^2\right). \tag{2.29}$$

在下述引理中，我们给出(2.25)-(2.26)和(2.28)-(2.29)的等价关系.

引理 6: 令 $\mathrm{u}_0 = \nabla f(\mathrm{z}_0)$，$\mathrm{z}_{-1} = \mathrm{z}_0$，$\tau_k = \frac{1-\theta_k}{\theta_k}$，$\alpha_k = \frac{\theta_{k-1}(1-\theta_k)}{\theta_k}$，$\eta_k = L\theta_k$ 和 $\theta_0 = 1$. 则算法(2.25)-(2.26)和(2.28)-(2.29)等价.

证明. 定义 $\mathrm{y}_{-1} = \mathrm{z}_0$，由命题14第5条和 $\mathrm{u}_0 = \nabla f(\mathrm{z}_0)$ 可得 $\mathrm{y}_{-1} \in \partial f^*(\mathrm{u}_0)$. 令 $\mathrm{y}_{k-1} = \hat{\nabla} f^*(\mathrm{u}_k) \in \partial f^*(\mathrm{u}_k)$ 并定义 $\mathrm{y}_k = \frac{1}{1+\tau_k}(\hat{\mathrm{z}}_k + \tau_k \mathrm{y}_{k-1})$，则有

$$\begin{aligned}
\mathrm{u}_{k+1} &= \operatorname*{arg\,min}_{\mathrm{u}} \left(-\left\langle \hat{\mathrm{z}}_k + \tau_k \hat{\nabla} f^*(\mathrm{u}_k), \mathrm{u}\right\rangle + (1+\tau_k) f^*(\mathrm{u})\right) \\
&= \operatorname*{arg\,max}_{\mathrm{u}} \left(\langle \mathrm{y}_k, \mathrm{u}\rangle - f^*(\mathrm{u})\right).
\end{aligned}$$

因此有 $\mathrm{y}_k \in \partial f^*(\mathrm{u}_{k+1})$. 通过归纳法，可得 $\mathrm{y}_k \in \partial f^*(\mathrm{u}_{k+1})$, $\forall k$. 因此由命题14第5条，有 $\mathrm{u}_{k+1} = \nabla f(\mathrm{y}_k), \forall k$，所以(2.28)-(2.29)和如下迭代等价

$$\begin{aligned}
\hat{\mathrm{z}}_k &= \alpha_k(\mathrm{z}_k - \mathrm{z}_{k-1}) + \mathrm{z}_k, \\
\mathrm{y}_k &= \frac{1}{1+\tau_k}(\hat{\mathrm{z}}_k + \tau_k \mathrm{y}_{k-1}), \\
\mathrm{z}_{k+1} &= \operatorname*{arg\,min}_{\mathrm{z}} \left(h(\mathrm{z}) + \langle \mathrm{z}, \nabla f(\mathrm{y}_k)\rangle + \frac{\eta_k}{2}\|\mathrm{z} - \mathrm{z}_k\|^2\right).
\end{aligned}$$

令 $\tau_k = \frac{1-\theta_k}{\theta_k}$，$\alpha_k = \frac{\theta_{k-1}(1-\theta_k)}{\theta_k}$ 和 $\eta_k = L\theta_k$，我们有

$$\mathrm{y}_k = \frac{1}{1+\tau_k}\left[\alpha_k(\mathrm{z}_k - \mathrm{z}_{k-1}) + \mathrm{z}_k + \tau_k \mathrm{y}_{k-1}\right]$$

$$
\begin{aligned}
&= \theta_{k-1}(1-\theta_k)(\mathbf{z}_k - \mathbf{z}_{k-1}) + \theta_k \mathbf{z}_k + (1-\theta_k)\mathbf{y}_{k-1} \\
&= \theta_k \mathbf{z}_k + (1-\theta_k)\left(\theta_{k-1}\mathbf{z}_k + \mathbf{y}_{k-1} - \theta_{k-1}\mathbf{z}_{k-1}\right),
\end{aligned}
$$

其满足关系 (2.25) 和 (2.26). □

2.4.3 第三种 Nesterov 加速邻近梯度法

本节将要介绍的加速梯度法与前两节介绍的方法在形式上有较大区别. 如算法2.4所示，该方法使用了之前所有梯度的加权组合. 可以看到，算法2.4的第 1 步和最后一步与算法2.3中 (2.25) 和 (2.26) 是一样的，区别在于 $\mathbf{z}_{k+1}$ 的生成方式. 当 $h(\mathbf{x}) \equiv 0$ 时，算法2.4中的 $\mathbf{z}_{k+1}$ 和算法 (2.25)-(2.26) 中的 $\mathbf{z}_{k+1}$ 是等价的. 当 $h(\mathbf{x}) \not\equiv 0$ 时，二者不等价. 在本节，我们只考虑一般凸情形.

算法 2.4 第三种 Nesterov 加速邻近梯度法（APG）

初始化 $\mathbf{x}_0 = \mathbf{z}_0, \phi_0(\mathbf{x}) = 0$ 和 $\theta_0 = 1$.
for $k = 0, 1, 2, 3, \cdots$ **do**

$\mathbf{y}_k = \theta_k \mathbf{z}_k + (1-\theta_k)\mathbf{x}_k$,

$\phi_{k+1}(\mathbf{x}) = \sum_{i=0}^{k} \dfrac{f(\mathbf{y}_i) + \langle \nabla f(\mathbf{y}_i), \mathbf{x} - \mathbf{y}_i \rangle + h(\mathbf{x})}{\theta_i}$,

$\mathbf{z}_{k+1} = \operatorname{argmin}_{\mathbf{z}} \left(\phi_{k+1}(\mathbf{z}) + \dfrac{L}{2}\|\mathbf{z} - \mathbf{x}_0\|^2 \right)$,

$\mathbf{x}_{k+1} = (1-\theta_k)\mathbf{x}_k + \theta_k \mathbf{z}_{k+1}$.

end for k

定义 Lyapunov 函数

$$
\ell_{k+1} = \frac{F(\mathbf{x}_{k+1})}{\theta_k^2} - \phi_{k+1}(\mathbf{z}_{k+1}) - \frac{L}{2}\|\mathbf{z}_{k+1} - \mathbf{x}_0\|^2 .
$$

可以看到，该定义与 (2.18) 中的定义是不一样的. 通过证明 ℓ_k 非增，我们可以给出算法2.4的收敛速度.

定理 4: 假设 $f(\mathbf{x})$ 和 $h(\mathbf{x})$ 是凸函数，$f(\mathbf{x})$ 是 L-光滑函数. 令 $\theta_0 = 1, \theta_{k+1} = \dfrac{\sqrt{\theta_k^4 + 4\theta_k^2} - \theta_k^2}{2}$. 则对算法2.4和任意 $K \geqslant 0$，有

$$
F(\mathbf{x}_{K+1}) - F(\mathbf{x}^*) \leqslant \frac{2L}{(K+2)^2}\|\mathbf{x}^* - \mathbf{x}_0\|^2 .
$$

证明. 由算法2.4第 3 步的最优性条件，有

$$
0 \in \partial \phi_k(\mathbf{z}_k) + L(\mathbf{z}_k - \mathbf{x}_0).
$$

由 $\phi_k(\mathrm{x})$ 的凸性，有

$$\begin{aligned}\phi_k(\mathrm{z}) - \phi_k(\mathrm{z}_k) &\geqslant -L\langle \mathrm{z}_k - \mathrm{x}_0, \mathrm{z} - \mathrm{z}_k\rangle \\ &\overset{a}{=} \frac{L}{2}\|\mathrm{z}_k - \mathrm{x}_0\|^2 - \frac{L}{2}\|\mathrm{z} - \mathrm{x}_0\|^2 + \frac{L}{2}\|\mathrm{z}_k - \mathrm{z}\|^2,\end{aligned}$$

其中 $\overset{a}{=}$ 中使用了 (A.2). 令 $\mathrm{z} = \mathrm{z}_{k+1}$，可得

$$\begin{aligned}&\frac{L}{2}\|\mathrm{z}_k - \mathrm{z}_{k+1}\|^2 \\ &\leqslant \left(\phi_k(\mathrm{z}_{k+1}) + \frac{L}{2}\|\mathrm{z}_{k+1} - \mathrm{x}_0\|^2\right) - \left(\phi_k(\mathrm{z}_k) + \frac{L}{2}\|\mathrm{z}_k - \mathrm{x}_0\|^2\right).\end{aligned} \tag{2.30}$$

类似于定理3中证明，可得

$$\begin{aligned}&F(\mathrm{x}_{k+1}) \\ &\leqslant (1-\theta_k)F(\mathrm{x}_k) + \theta_k\left(f(\mathrm{y}_k) + \langle \nabla f(\mathrm{y}_k), \mathrm{z}_{k+1} - \mathrm{y}_k\rangle + h(\mathrm{z}_{k+1})\right) \\ &\quad + \frac{L\theta_k^2}{2}\|\mathrm{z}_{k+1} - \mathrm{z}_k\|^2 \\ &\overset{a}{=} (1-\theta_k)F(\mathrm{x}_k) + \theta_k^2\left(\phi_{k+1}(\mathrm{z}_{k+1}) - \phi_k(\mathrm{z}_{k+1})\right) + \frac{L\theta_k^2}{2}\|\mathrm{z}_k - \mathrm{z}_{k+1}\|^2 \\ &\overset{b}{\leqslant} (1-\theta_k)F(\mathrm{x}_k) + \theta_k^2\phi_{k+1}(\mathrm{z}_{k+1}) + \frac{L\theta_k^2}{2}\|\mathrm{z}_{k+1} - \mathrm{x}_0\|^2 - \theta_k^2\phi_k(\mathrm{z}_k) \\ &\quad - \frac{L\theta_k^2}{2}\|\mathrm{z}_k - \mathrm{x}_0\|^2,\end{aligned}$$

其中 $\overset{a}{=}$ 使用了算法2.4第 2 步中关于 $\phi_{k+1}(\mathrm{x})$ 的定义，$\overset{b}{\leqslant}$ 使用了(2.30). 由于 $\phi_0(\mathrm{x}) = 0$，上述性质对 $k = 0$ 仍然成立. 在不等式两边同时除以 θ_k^2 并使用 $\frac{1-\theta_k}{\theta_k^2} = \frac{1}{\theta_{k-1}^2}$，其中 $\frac{1}{\theta_{-1}^2} = 0$，可得 $\ell_{k+1} \leqslant \ell_k$，即

$$\begin{aligned}\frac{F(\mathrm{x}_{K+1})}{\theta_K^2} &\leqslant \phi_{K+1}(\mathrm{z}_{K+1}) + \frac{L}{2}\|\mathrm{z}_{K+1} - \mathrm{x}_0\|^2 - \phi_0(\mathrm{z}_0) - \frac{L}{2}\|\mathrm{z}_0 - \mathrm{x}_0\|^2 \\ &\overset{a}{\leqslant} \phi_{K+1}(\mathrm{x}^*) + \frac{L}{2}\|\mathrm{x}^* - \mathrm{x}_0\|^2 \\ &\overset{b}{\leqslant} \sum_{i=0}^{K}\frac{F(\mathrm{x}^*)}{\theta_i} + \frac{L}{2}\|\mathrm{x}^* - \mathrm{x}_0\|^2 \\ &\overset{c}{=} \frac{F(\mathrm{x}^*)}{\theta_K^2} + \frac{L}{2}\|\mathrm{x}^* - \mathrm{x}_0\|^2,\end{aligned}$$

其中 $\overset{a}{\leqslant}$ 使用了算法2.4的第 3 步，$\overset{b}{\leqslant}$ 使用了 $f(\mathrm{x})$ 的凸性，$\overset{c}{=}$ 使用了引理3和

$$\frac{1}{\theta_{-1}^2} = \frac{1-\theta_0}{\theta_0^2} = 0.$$

□

评注 4：当 $h(\mathrm{x}) \equiv 0$ 时，算法2.3和算法2.4是等价的. 此时由算法2.3的第 2 步，有

$$\nabla f(\mathrm{y}_k) + \theta_k L(\mathrm{z}_{k+1} - \mathrm{z}_k) = 0. \tag{2.31}$$

由算法2.4的第 2 步和第 3 步，有

$$\sum_{i=0}^{k} \frac{1}{\theta_i} \nabla f(\mathrm{y}_i) + L(\mathrm{z}_{k+1} - \mathrm{x}_0) = 0. \tag{2.32}$$

将 (2.31) 两边同时除以 θ_k，并从 $k=0$ 开始加到 K，可得 (2.32).

2.5 非精确加速邻近梯度法

在第2.4节，我们假设 h 的邻近映射容易求解. 在很多问题中，h 的邻近映射具有闭式解，例如 ℓ_1-正则化问题 [Bach et al., 2012]. 但是，在很多应用中，h 的邻近映射并不存在闭式解，或者精确求解其闭式解代价极高，典型的例子包括总变分正则化（Total-Variation Regularization）[Fadili and Peyré, 2010]，图引导的融合 LASSO（Graph-Guided Fused LASSO）[Chen et al., 2010]，和有重叠的组 ℓ_1-正则化（Overlapping Group ℓ_1 Regularization）[Jacob et al., 2009]. 另外，在有些应用中，梯度也不能精确求解，例如在计算梯度时可能存在噪声. 这就促使我们研究算法在梯度和邻近映射不能精确求解的情况下是否仍然收敛、收敛速度是否受影响 [Devolder et al., 2014; Schmidt et al., 2011.]

在本节我们研究算法2.2的非精确版本，即非精确加速梯度法. 与上一节不同之处在于，在本节我们考虑三种情形：f 和 h 都是一般凸函数，f 和 h 只有一个是强凸函数，及 f 和 h 都是强凸函数.

本节介绍的非精确加速梯度法如算法2.5所示. 在算法2.5中，$\tilde{\nabla} f(\mathrm{y}_k)$ 表示带噪声的梯度，即

$$\tilde{\nabla} f(\mathrm{y}_k) = \nabla f(\mathrm{y}_k) + \mathrm{e}_k,$$

其中 e_k 表示噪声. 我们考虑误差为 ϵ_k 的邻近映射，定义为给定 w_k，求解 x_{k+1} 满足

$$h(\mathrm{x}_{k+1}) + \frac{L}{2}\|\mathrm{x}_{k+1} - \mathrm{w}_k\|^2 \leqslant \min_{\mathrm{x}} \left(h(\mathrm{x}) + \frac{L}{2}\|\mathrm{x} - \mathrm{w}_k\|^2 \right) + \epsilon_k. \tag{2.33}$$

在算法2.5中，μ_1 和 μ_2 分别表示 f 和 h 的强凸系数. 我们允许其为0. 可以看到，当 $\mu_2 = 0$ 并且误差 $\mathbf{e}_k$ 和 ϵ_k 都为0时，算法2.5退化为算法2.2.

算法 2.5 非精确加速邻近梯度法

初始化 $\mathbf{x}_0 = \mathbf{x}_{-1}$.

for $k = 0, 1, 2, 3, \cdots$ **do**

$$\mathbf{y}_k = \mathbf{x}_k + \frac{(L\theta_k - \mu_1 - \mu_2(1-\theta_k))(1-\theta_{k-1})}{(L-\mu_1)\theta_{k-1}}(\mathbf{x}_k - \mathbf{x}_{k-1}),$$

$$\mathbf{w}_k = \mathbf{y}_k - \frac{1}{L}\tilde{\nabla} f(\mathbf{y}_k),$$

$$\mathbf{x}_{k+1} \approx \operatorname{arg\,min}_{\mathbf{x}}\left(h(\mathbf{x}) + \frac{L}{2}\|\mathbf{x} - \mathbf{w}_k\|^2\right).$$

end for k

当邻近映射不精确求解时，我们首先给出如下性质. 当 $\epsilon_k = 0$，由邻近映射的最优性条件及 h 的强凸性，可得

$$h(\mathbf{x}) - h(\mathbf{x}_{k+1}) \geqslant L\langle \mathbf{x}_{k+1} - \mathbf{w}_k, \mathbf{x}_{k+1} - \mathbf{x}\rangle + \frac{\mu}{2}\|\mathbf{x} - \mathbf{x}_{k+1}\|^2. \tag{2.34}$$

当 $\epsilon_k \neq 0$ 时，我们应当相应地调整 (2.34)，如下述引理所示. 在引理7中，h 可以是一般凸的函数，即 $\mu = 0$.

引理 7：假设 $h(\mathbf{x})$ 是 μ-强凸函数. 令 $\mathbf{x}_{k+1}$ 是 $h(\mathbf{x})$ 的不精确邻近映射点，并满足 (2.33). 则存在满足 $\|\sigma_k\| \leqslant \sqrt{\frac{2(L+\mu)\epsilon_k}{L^2}}$ 的 σ_k，使得

$$h(\mathbf{x}) - h(\mathbf{x}_{k+1}) \geqslant -\epsilon_k + L\langle \mathbf{x}_{k+1} - \mathbf{w}_k + \sigma_k, \mathbf{x}_{k+1} - \mathbf{x}\rangle + \frac{\mu}{2}\|\mathbf{x} - \mathbf{x}_{k+1}\|^2. \tag{2.35}$$

证明. 令

$$\mathbf{x}_{k+1}^* = \operatorname*{arg\,min}_{\mathbf{x}}\left(h(\mathbf{x}) + \frac{L}{2}\|\mathbf{x} - \mathbf{w}_k\|^2\right).$$

由 $h(\mathbf{x})$ 的强凸性及 $\mathbf{x}_{k+1}$ 的定义，可得

$$0 \in \partial h(\mathbf{x}_{k+1}^*) + L(\mathbf{x}_{k+1}^* - \mathbf{w}_k),$$

$$h(\mathbf{x}) - h(\mathbf{x}_{k+1}^*) \geqslant -L\left\langle \mathbf{x}_{k+1}^* - \mathbf{w}_k, \mathbf{x} - \mathbf{x}_{k+1}^*\right\rangle + \frac{\mu}{2}\|\mathbf{x} - \mathbf{x}_{k+1}^*\|^2,$$

$$h(\mathbf{x}_{k+1}^*) + \frac{L}{2}\|\mathbf{x}_{k+1}^* - \mathbf{w}_k\|^2 + \epsilon_k \geqslant h(\mathbf{x}_{k+1}) + \frac{L}{2}\|\mathbf{x}_{k+1} - \mathbf{w}_k\|^2.$$

因此可得

$$\begin{aligned}
& h(\mathbf{x}) - h(\mathbf{x}_{k+1}) \\
\geqslant & -\epsilon_k - L\left\langle \mathbf{x}_{k+1}^* - \mathbf{w}_k, \mathbf{x} - \mathbf{x}_{k+1}^*\right\rangle + \frac{\mu}{2}\|\mathbf{x} - \mathbf{x}_{k+1}^*\|^2 + \frac{L}{2}\|\mathbf{x}_{k+1} - \mathbf{w}_k\|^2 \\
& - \frac{L}{2}\|\mathbf{x}_{k+1}^* - \mathbf{w}_k\|^2
\end{aligned}$$

$$
\begin{aligned}
&\overset{a}{=} -\epsilon_k + \frac{L}{2}\left(\|\mathrm{x}_{k+1}^* - \mathrm{w}_k\|^2 + \|\mathrm{x}_{k+1}^* - \mathrm{x}\|^2 - \|\mathrm{w}_k - \mathrm{x}\|^2\right) \\
&\quad + \frac{L}{2}\|\mathrm{x}_{k+1} - \mathrm{w}_k\|^2 - \frac{L}{2}\|\mathrm{x}_{k+1}^* - \mathrm{w}_k\|^2 + \frac{\mu}{2}\|\mathrm{x} - \mathrm{x}_{k+1}^*\|^2 \\
&= -\epsilon_k + \frac{L}{2}\left(\|\mathrm{x}_{k+1} - \mathrm{w}_k\|^2 + \|\mathrm{x}_{k+1}^* - \mathrm{x}\|^2 - \|\mathrm{w}_k - \mathrm{x}\|^2\right) + \frac{\mu}{2}\|\mathrm{x} - \mathrm{x}_{k+1}^*\|^2 \\
&= -\epsilon_k + \frac{L}{2}\left(\|\mathrm{x}_{k+1} - \mathrm{w}_k\|^2 + \|\mathrm{x}_{k+1} - \mathrm{x}\|^2 - \|\mathrm{w}_k - \mathrm{x}\|^2\right) \\
&\quad + \frac{L}{2}\|\mathrm{x}_{k+1}^* - \mathrm{x}\|^2 - \frac{L}{2}\|\mathrm{x}_{k+1} - \mathrm{x}\|^2 + \frac{\mu}{2}\|\mathrm{x} - \mathrm{x}_{k+1}^*\|^2 \\
&\overset{b}{=} -\epsilon_k + L\langle \mathrm{x}_{k+1} - \mathrm{w}_k, \mathrm{x}_{k+1} - \mathrm{x}\rangle + \frac{L+\mu}{2}\|\mathrm{x}_{k+1}^* - \mathrm{x}\|^2 - \frac{L+\mu}{2}\|\mathrm{x}_{k+1} - \mathrm{x}\|^2 \\
&\quad + \frac{\mu}{2}\|\mathrm{x} - \mathrm{x}_{k+1}\|^2 \\
&= -\epsilon_k + L\langle \mathrm{x}_{k+1} - \mathrm{w}_k, \mathrm{x}_{k+1} - \mathrm{x}\rangle - (L+\mu)\left\langle \mathrm{x}_{k+1} - \mathrm{x}_{k+1}^*, \mathrm{x}_{k+1} - \mathrm{x}\right\rangle \\
&\quad + \frac{L+\mu}{2}\|\mathrm{x}_{k+1} - \mathrm{x}_{k+1}^*\|^2 + \frac{\mu}{2}\|\mathrm{x} - \mathrm{x}_{k+1}\|^2 \\
&= -\epsilon_k + L\langle \mathrm{x}_{k+1} - \mathrm{w}_k + \sigma_k, \mathrm{x}_{k+1} - \mathrm{x}\rangle \\
&\quad + \frac{L+\mu}{2}\|\mathrm{x}_{k+1} - \mathrm{x}_{k+1}^*\|^2 + \frac{\mu}{2}\|\mathrm{x} - \mathrm{x}_{k+1}\|^2,
\end{aligned}
$$

其中$\overset{a}{=}$使用了(A.2),$\overset{b}{=}$使用了(A.1),并且我们定义$\sigma_k = \dfrac{L+\mu}{L}(\mathrm{x}_{k+1}^* - \mathrm{x}_{k+1})$.

令$\mathrm{x} = \mathrm{x}_{k+1}$,则有$\epsilon_k \geqslant \dfrac{L+\mu}{2}\|\mathrm{x}_{k+1}^* - \mathrm{x}_{k+1}\|^2 = \dfrac{L^2}{2(L+\mu)}\|\sigma_k\|^2$. □

下述引理为我们提供了一个当子问题不精确求解时分析算法收敛性的有力工具.

引理 8: 假设序列$\{S_k\}$是单增的,$\{u_k\}$和$\{\alpha_i\}$是非负的,并且$u_0^2 \leqslant S_0$. 如果

$$
u_k^2 \leqslant S_k + \sum_{i=1}^{k} \alpha_i u_i, \tag{2.36}
$$

则有

$$
S_k + \sum_{i=1}^{k} \alpha_i u_i \leqslant \left(\sqrt{S_k} + \sum_{i=1}^{k} \alpha_i\right)^2. \tag{2.37}
$$

证明. 简记不等式(2.36)的右边为b_k^2. 对所有$k \geqslant 1$,我们有$u_k \leqslant b_k$和

$$
b_k^2 = S_k + \sum_{i=1}^{k} \alpha_i u_i \leqslant S_k + \sum_{i=1}^{k} \alpha_i b_i \leqslant S_k + \left(\sum_{i=1}^{k} \alpha_i\right) b_k.
$$

因此有

$$b_k \leqslant \frac{1}{2}\sum_{i=1}^{k}\alpha_i + \sqrt{\left(\frac{1}{2}\sum_{i=1}^{k}\alpha_i\right)^2 + S_k}.$$

使用不等式$\sqrt{x+y} \leqslant \sqrt{x}+\sqrt{y}$,可得

$$b_k \leqslant \frac{1}{2}\sum_{i=1}^{k}\alpha_i + \sqrt{\left(\frac{1}{2}\sum_{i=1}^{k}\alpha_i\right)^2} + \sqrt{S_k} = \sqrt{S_k} + \sum_{i=1}^{k}\alpha_i.$$

因此有

$$S_k + \sum_{i=1}^{k}\alpha_i u_i = b_k^2 \leqslant \left(\sqrt{S_k} + \sum_{i=1}^{k}\alpha_i\right)^2,$$

引理得证. □

结合(2.36)和(2.37),易得如下结论

推论 1: 当引理8中的假设成立时,有 $u_k \leqslant \sum_{i=1}^{k}\alpha_i + \sqrt{S_k}$,因此有

$$u_k^2 \leqslant 2\left(\sum_{i=1}^{k}\alpha_i\right)^2 + 2S_k. \tag{2.38}$$

类似于引理5, 容易验证如下等式. 它与引理5的不同之处在于引理5只考虑了当 f 是强凸函数的情形,而本节考虑 f 和 h 都是强凸函数的情形.

引理 9: 类比(2.20),定义 z_k. 对算法2.5,有

$$\mathrm{x}^* + \frac{L-L\theta_k+\mu_2(1-\theta_k)}{L\theta_k-\mu_1-\mu_2(1-\theta_k)}\mathrm{x}_k - \frac{L-\mu_1}{L\theta_k-\mu_1-\mu_2(1-\theta_k)}\mathrm{y}_k = \mathrm{x}^* - \mathrm{z}_k, \tag{2.39}$$

$$\theta_k\mathrm{x}^* + (1-\theta_k)\mathrm{x}_k - \mathrm{x}_{k+1} = \theta_k\left(\mathrm{x}^* - \mathrm{z}_{k+1}\right).$$

类似于第2.4.1节证明,作为引理4的扩展,我们首先给出下述引理.

引理 10: 假设 $f(\mathrm{x})$ 是 μ_1-强凸、L-光滑函数, $h(\mathrm{x})$ 是 μ_2-强凸函数, 则对算法2.5,有如下性质成立

$$\begin{aligned}
&F(\mathrm{x}_{k+1}) - F(\mathrm{x})\\
\leqslant\ & L\left\langle \mathrm{x}_{k+1}-\mathrm{y}_k, \mathrm{x}-\mathrm{y}_k\right\rangle - \frac{\mu_1}{2}\|\mathrm{x}-\mathrm{y}_k\|^2 - \frac{\mu_2}{2}\|\mathrm{x}-\mathrm{x}_{k+1}\|^2\\
&-\frac{L}{2}\|\mathrm{x}_{k+1}-\mathrm{y}_k\|^2 + \langle L\sigma_k+\mathrm{e}_k, \mathrm{x}-\mathrm{x}_{k+1}\rangle + \epsilon_k.
\end{aligned} \tag{2.40}$$

证明. 由 $f(\mathrm{x})$ 的光滑性及强凸性,有

$$\begin{aligned}
f(\mathrm{x}_{k+1}) &\leqslant f(\mathrm{y}_k)+\langle\nabla f(\mathrm{y}_k),\mathrm{x}_{k+1}-\mathrm{y}_k\rangle+\frac{L}{2}\|\mathrm{x}_{k+1}-\mathrm{y}_k\|^2\\
&= f(\mathrm{y}_k)+\langle\nabla f(\mathrm{y}_k),\mathrm{x}-\mathrm{y}_k\rangle+\langle\nabla f(\mathrm{y}_k),\mathrm{x}_{k+1}-\mathrm{x}\rangle+\frac{L}{2}\|\mathrm{x}_{k+1}-\mathrm{y}_k\|^2\\
&\leqslant f(\mathrm{x})-\frac{\mu_1}{2}\|\mathrm{x}-\mathrm{y}_k\|^2+\frac{L}{2}\|\mathrm{x}_{k+1}-\mathrm{y}_k\|^2+\left\langle\widetilde{\nabla} f(\mathrm{y}_k),\mathrm{x}_{k+1}-\mathrm{x}\right\rangle\\
&\quad+\langle\mathrm{e}_k,\mathrm{x}-\mathrm{x}_{k+1}\rangle.
\end{aligned}$$

与(2.35)相加,可知存在满足 $\|\sigma_k\|\leqslant\sqrt{\dfrac{2(L+\mu)\epsilon_k}{L^2}}$ 的 σ_k,使得

$$\begin{aligned}
&F(\mathrm{x}_{k+1})-F(\mathrm{x})\\
&\leqslant L\langle\mathrm{x}_{k+1}-\mathrm{y}_k,\mathrm{x}-\mathrm{x}_{k+1}\rangle-\frac{\mu_1}{2}\|\mathrm{x}-\mathrm{y}_k\|^2-\frac{\mu_2}{2}\|\mathrm{x}-\mathrm{x}_{k+1}\|^2+\frac{L}{2}\|\mathrm{x}_{k+1}-\mathrm{y}_k\|^2\\
&\quad+\langle L\sigma_k+\mathrm{e}_k,\mathrm{x}-\mathrm{x}_{k+1}\rangle+\epsilon_k\\
&\leqslant L\langle\mathrm{x}_{k+1}-\mathrm{y}_k,\mathrm{x}-\mathrm{y}_k\rangle-\frac{\mu_1}{2}\|\mathrm{x}-\mathrm{y}_k\|^2-\frac{\mu_2}{2}\|\mathrm{x}-\mathrm{x}_{k+1}\|^2-\frac{L}{2}\|\mathrm{x}_{k+1}-\mathrm{y}_k\|^2\\
&\quad+\langle L\sigma_k+\mathrm{e}_k,\mathrm{x}-\mathrm{x}_{k+1}\rangle+\epsilon_k.
\end{aligned}$$

引理得证. □

在下述引理中,我们分析当算法2.5只执行一次迭代时的性质.

引理 11: 假设 $f(\mathrm{x})$ 是 μ_1-强凸、L-光滑函数, $h(\mathrm{x})$ 是 μ_2-强凸函数. 令 $\theta_k\in(0,1]$, $\dfrac{\mu_1}{L\theta_k}+\dfrac{\mu_2(1-\theta_k)}{L\theta_k}\leqslant 1$. 则对算法2.5,有

$$\begin{aligned}
&F(\mathrm{x}_{k+1})-F(\mathrm{x}^*)-(1-\theta_k)(F(\mathrm{x}_k)-F(\mathrm{x}^*))\\
&\leqslant\left(\frac{L\theta_k^2}{2}-\frac{\mu_1\theta_k}{2}-\frac{\mu_2\theta_k(1-\theta_k)}{2}\right)\|\mathrm{z}_k-\mathrm{x}^*\|^2-\frac{L\theta_k^2}{2}\|\mathrm{x}^*-\mathrm{z}_{k+1}\|^2\\
&\quad+\frac{\mu_2\theta_k(1-\theta_k)}{2}\|\mathrm{x}^*-\mathrm{x}_k\|^2-\frac{\theta_k\mu_2}{2}\|\mathrm{x}^*-\mathrm{x}_{k+1}\|^2\\
&\quad+\theta_k\left(\sqrt{2(L+\mu_2)\epsilon_k}+\|\mathrm{e}_k\|\right)\|\mathrm{x}^*-\mathrm{z}_{k+1}\|+\epsilon_k.
\end{aligned}\tag{2.41}$$

证明. 类似于定理2中证明,即在(2.40)中分别令 $\mathrm{x}=\mathrm{x}_k$ 和 $\mathrm{x}=\mathrm{x}^*$,可得两个不等式,把第一个不等式两边同时乘以 $(1-\theta_k)$,第二个不等式两边同时乘以 θ_k,相加,可得

$$F(\mathrm{x}_{k+1})-F(\mathrm{x}^*)-(1-\theta_k)(F(\mathrm{x}_k)-F(\mathrm{x}^*))$$

$$
\begin{aligned}
&\leqslant L\left\langle x_{k+1}-y_k,(1-\theta_k)x_k+\theta_k x^*-y_k\right\rangle\\
&\quad-\frac{\theta_k\mu_1}{2}\|x^*-y_k\|^2-\frac{\theta_k\mu_2}{2}\|x^*-x_{k+1}\|^2-\frac{L}{2}\|x_{k+1}-y_k\|^2\\
&\quad+\left\langle L\sigma_k+e_k,(1-\theta_k)x_k+\theta_k x^*-x_{k+1}\right\rangle+\epsilon_k\\
&\overset{a}{=}\frac{L\theta_k^2}{2}\left(\left\|x^*-\frac{1}{\theta_k}y_k+\frac{1-\theta_k}{\theta_k}x_k\right\|^2-\|x^*-z_{k+1}\|^2\right)\\
&\quad-\frac{\theta_k\mu_1}{2}\|x^*-y_k\|^2-\frac{\theta_k\mu_2}{2}\|x^*-x_{k+1}\|^2\\
&\quad+\theta_k\left\langle L\sigma_k+e_k,x^*-z_{k+1}\right\rangle+\epsilon_k,
\end{aligned}
$$

其中$\overset{a}{=}$使用了(2.20). 重写 $x^*-\frac{1}{\theta_k}y_k+\frac{1-\theta_k}{\theta_k}x_k$，可得

$$
\begin{aligned}
&\frac{L\theta_k^2}{2}\left\|x^*-\frac{1}{\theta_k}y_k+\frac{1-\theta_k}{\theta_k}x_k\right\|^2\\
=&\frac{L\theta_k^2}{2}\left\|\frac{\mu_1}{L\theta_k}(x^*-y_k)+\frac{\mu_2(1-\theta_k)}{L\theta_k}(x^*-x_k)\right.\\
&+\left(1-\frac{\mu_1}{L\theta_k}-\frac{\mu_2(1-\theta_k)}{L\theta_k}\right)\\
&\left.\times\left(x^*+\frac{\frac{1}{\theta_k}-1+\frac{\mu_2(1-\theta_k)}{L\theta_k}}{1-\frac{\mu_1}{L\theta_k}-\frac{\mu_2(1-\theta_k)}{L\theta_k}}x_k-\frac{\frac{L-\mu_1}{L\theta_k}}{1-\frac{\mu_1}{L\theta_k}-\frac{\mu_2(1-\theta_k)}{L\theta_k}}y_k\right)\right\|^2\\
\overset{a}{\leqslant}&\frac{\mu_1\theta_k}{2}\|x^*-y_k\|^2+\frac{\mu_2\theta_k(1-\theta_k)}{2}\|x^*-x_k\|^2\\
&+\left(\frac{L\theta_k^2}{2}-\frac{\mu_1\theta_k}{2}-\frac{\mu_2\theta_k(1-\theta_k)}{2}\right)\left\|x^*+\frac{L-L\theta_k+\mu_2(1-\theta_k)}{L\theta_k-\mu_1-\mu_2(1-\theta_k)}x_k\right.\\
&\left.-\frac{L-\mu_1}{L\theta_k-\mu_1-\mu_2(1-\theta_k)}y_k\right\|^2\\
\overset{b}{=}&\frac{\mu_1\theta_k}{2}\|x^*-y_k\|^2+\frac{\mu_2\theta_k(1-\theta_k)}{2}\|x^*-x_k\|^2\\
&+\left(\frac{L\theta_k^2}{2}-\frac{\mu_1\theta_k}{2}-\frac{\mu_2\theta_k(1-\theta_k)}{2}\right)\|x^*-z_k\|^2,
\end{aligned}
$$

其中$\overset{a}{\leqslant}$利用了 $\frac{\mu_1}{L\theta_k}+\frac{\mu_2(1-\theta_k)}{L\theta_k}\leqslant 1$，而$\overset{b}{=}$使用了(2.39). 代入上述不等式并使用 $\|\sigma_k\|\leqslant\sqrt{\frac{2(L+\mu_2)\epsilon_k}{L^2}}$，结论得证. □

现在我们可以给出算法2.5的收敛性. 由下述定理可知, 当 e_k 和 ϵ_k 很小并且随着迭代次数的增加而适当减小时,加速的收敛速度仍然成立.

定理 5: 假设 $f(\mathrm{x})$ 和 $h(\mathrm{x})$ 都是凸函数,$f(\mathrm{x})$ 是 L-光滑函数. 令 $\theta_0 = 1, \theta_{k+1} = \frac{\sqrt{\theta_k^4 + 4\theta_k^2} - \theta_k^2}{2}$, $\|\mathrm{e}_k\| \leqslant \frac{1}{(k+1)^{2+\delta}}\sqrt{\frac{L}{2}}$, 并且 (2.33) 对 $\epsilon_k \leqslant \frac{1}{(k+1)^{4+2\delta}}$ 成立,其中 δ 可以是一个很小的正常数,则对算法2.5和任意 $K \geqslant 0$,有

$$F(\mathrm{x}_{K+1}) - F(\mathrm{x}^*) \leqslant \frac{4}{(K+2)^2}\left[L\|\mathrm{x}_0 - \mathrm{x}^*\|^2 + \frac{4(1+\delta)}{1+2\delta} + 18\left(\frac{1+\delta}{\delta}\right)^2\right].$$

假设 $f(\mathrm{x})$ 是 μ_1-强凸、L-光滑函数,$h(\mathrm{x})$ 是 μ_2-强凸函数(我们允许 $\mu_1 = 0$ 或者 $\mu_2 = 0$,但要求 $\mu_1 + \mu_2 > 0$). 令

$$\theta_k = \theta \equiv \frac{1}{\frac{\mu_2}{2(\mu_1+\mu_2)} + \sqrt{\left[\frac{\mu_2}{2(\mu_1+\mu_2)}\right]^2 + \frac{L}{\mu_1+\mu_2}}}$$

对所有 k 成立,$\|\mathrm{e}_k\| \leqslant [1-(1-\delta)\theta]^{\frac{k+1}{2}}$,并且 (2.33) 对 $\epsilon_k \leqslant [1-(1-\delta)\theta]^{k+1}$ 成立. 则对算法2.5和任意 $K \geqslant 0$,有

$$F(\mathrm{x}_{K+1}) - F(\mathrm{x}^*) \leqslant C[1-(1-\delta)\theta]^{K+1},$$

其中 $C = 2(F(\mathrm{x}_0) - F(\mathrm{x}^*)) + (L\theta^2 + \theta\mu_2)\|\mathrm{x}_0 - \mathrm{x}^*\|^2 + \left(\frac{2}{\delta\theta} + \frac{8}{\delta^2\theta^2}\right)\left(2\sqrt{\frac{L+\mu_2}{L}} + \sqrt{\frac{2}{L}}\right)^2$.

证明. 情形 1: $\mu_1 = \mu_2 = 0$. 我们使用 (2.18) 中定义的 Lyapunov 函数. 在 (2.41) 两边同时除以 θ_k^2 并使用 $\frac{1-\theta_k}{\theta_k^2} = \frac{1}{\theta_{k-1}^2}$,可得

$$\ell_{k+1} \leqslant \ell_k + \frac{2\sqrt{\epsilon_k} + \sqrt{2/L}\|\mathrm{e}_k\|}{\theta_k}\sqrt{\ell_{k+1}} + \frac{\epsilon_k}{\theta_k^2}.$$

从 $k=0$ 加到 $k=K-1$,可得

$$\ell_K \leqslant \ell_0 + \sum_{k=1}^{K} \frac{\epsilon_{k-1}}{\theta_{k-1}^2} + \sum_{k=1}^{K} \frac{2\sqrt{\epsilon_{k-1}} + \sqrt{2/L}\|\mathrm{e}_{k-1}\|}{\theta_{k-1}}\sqrt{\ell_k}.$$

由推论1中的(2.38),可得

$$
\begin{aligned}
\ell_K &\leqslant 2\left(\ell_0+\sum_{k=1}^{K}\frac{\epsilon_{k-1}}{\theta_{k-1}^2}\right)+2\left(\sum_{k=1}^{K}\frac{2\sqrt{\epsilon_{k-1}}+\sqrt{2/L}\|\mathrm{e}_{k-1}\|}{\theta_{k-1}}\right)^2\\
&\leqslant 2\ell_0+2\sum_{k=1}^{K}k^2\epsilon_{k-1}+2\left[\sum_{k=1}^{K}\left(2k\sqrt{\epsilon_{k-1}}+\sqrt{2/L}k\|\mathrm{e}_{k-1}\|\right)\right]^2\\
&\leqslant L\|\mathrm{x}_0-\mathrm{x}^*\|^2+2\left(1+\frac{1}{1+2\delta}\right)+18\left(1+\frac{1}{\delta}\right)^2,
\end{aligned}
$$

其中我们使用了引理3中的 $\theta_k \geqslant \frac{1}{k+1}$, $\epsilon_k \leqslant \frac{1}{(k+1)^{4+2\delta}}$ 和

$$
\|\mathrm{e}_k\| \leqslant \frac{1}{(k+1)^{2+\delta}}\sqrt{\frac{L}{2}}.
$$

由 ℓ_K 的定义,可得结论.

情形2: $\mu_1+\mu_2>0$. 令 $\theta_k=\theta, \forall k$, 其中 θ 满足 $L\theta^2-\mu_1\theta-\mu_2\theta(1-\theta)=(1-\theta)L\theta^2$, 则

$$
\frac{\mu_1}{L\theta}+\frac{\mu_2(1-\theta)}{L\theta}=\theta,
$$

且有

$$
\theta=\frac{1}{\frac{\mu_2}{2(\mu_1+\mu_2)}+\sqrt{\left[\frac{\mu_2}{2(\mu_1+\mu_2)}\right]^2+\frac{L}{\mu_1+\mu_2}}}\leqslant\sqrt{\frac{\mu_1+\mu_2}{L}}.
$$

容易验证 $\theta<1$, 并且引理11中的条件成立. 定义 Lyapunov 函数

$$
\begin{aligned}
\ell_{k+1}=&\frac{1}{(1-\theta)^{k+1}}\\
&\times\left(F(\mathrm{x}_{k+1})-F(\mathrm{x}^*)+\frac{L\theta^2}{2}\|\mathrm{z}_{k+1}-\mathrm{x}^*\|^2+\frac{\mu_2\theta}{2}\|\mathrm{x}_{k+1}-\mathrm{x}^*\|^2\right).
\end{aligned}
$$

在(2.41)两边同时除以 $(1-\theta)^{k+1}$, 可得

$$
\ell_{k+1}\leqslant \ell_k+\frac{2\sqrt{\frac{(L+\mu_2)\epsilon_k}{L}}+\sqrt{\frac{2}{L}}\|\mathrm{e}_k\|}{(1-\theta)^{\frac{k+1}{2}}}\sqrt{\ell_{k+1}}+\frac{\epsilon_k}{(1-\theta)^{k+1}}.
$$

从 $k=0$ 加到 $k=K-1$, 可得

$$
\ell_K\leqslant \ell_0+\sum_{k=1}^{K}\frac{\epsilon_{k-1}}{(1-\theta)^k}+\sum_{k=1}^{K}\frac{2\sqrt{\frac{(L+\mu_2)\epsilon_{k-1}}{L}}+\sqrt{\frac{2}{L}}\|\mathrm{e}_{k-1}\|}{(1-\theta)^{\frac{k}{2}}}\sqrt{\ell_k}.
$$

由推论1中的(2.38),可得

$$
\begin{aligned}
\ell_K &\leqslant 2\ell_0 + 2\sum_{k=1}^{K}\frac{\epsilon_{k-1}}{(1-\theta)^k} + 2\left(\sum_{k=1}^{K}\frac{2\sqrt{\frac{(L+\mu_2)\epsilon_{k-1}}{L}}+\sqrt{\frac{2}{L}}\|\mathrm{e}_{k-1}\|}{(1-\theta)^{\frac{k}{2}}}\right)^2 \\
&\overset{a}{\leqslant} 2(F(\mathrm{x}_0)-F(\mathrm{x}^*)) + (L\theta^2+\theta\mu_2)\|\mathrm{x}_0-\mathrm{x}^*\|^2 + 2\sum_{k=1}^{K}\left[\frac{1-(1-\delta)\theta}{1-\theta}\right]^k \\
&\quad + 2\left\{2\sqrt{\frac{L+\mu_2}{L}}\sum_{k=1}^{K}\left[\frac{1-(1-\delta)\theta}{1-\theta}\right]^{\frac{k}{2}} + \sqrt{\frac{2}{L}}\sum_{k=1}^{K}\left[\frac{1-(1-\delta)\theta}{1-\theta}\right]^{\frac{k}{2}}\right\}^2 \\
&\overset{b}{\leqslant} 2(F(\mathrm{x}_0)-F(\mathrm{x}^*)) + (L\theta^2+\theta\mu_2)\|\mathrm{x}_0-\mathrm{x}^*\|^2 \\
&\quad + \left(\frac{2}{\delta\theta}+\frac{8}{\delta^2\theta^2}\right)\left(2\sqrt{\frac{L+\mu_2}{L}}+\sqrt{\frac{2}{L}}\right)^2\left[\frac{1-(1-\delta)\theta}{1-\theta}\right]^K \\
&\leqslant C\left[\frac{1-(1-\delta)\theta}{1-\theta}\right]^K,
\end{aligned}
$$

其中$\overset{a}{\leqslant}$使用了$\epsilon_k \leqslant [1-(1-\delta)\theta]^{k+1}$和$\|\mathrm{e}_k\| \leqslant [1-(1-\delta)\theta]^{\frac{k+1}{2}}$,$\overset{b}{\leqslant}$使用了

$$
\begin{aligned}
\sum_{k=1}^{K}\left[\frac{1-(1-\delta)\theta}{1-\theta}\right]^k &= \frac{1-(1-\delta)\theta}{1-\theta}\frac{\left[\frac{1-(1-\delta)\theta}{1-\theta}\right]^K-1}{\frac{1-(1-\delta)\theta}{1-\theta}-1} \\
&\leqslant \frac{1-(1-\delta)\theta}{\delta\theta}\left[\frac{1-(1-\delta)\theta}{1-\theta}\right]^K \\
&\leqslant \frac{1}{\delta\theta}\left[\frac{1-(1-\delta)\theta}{1-\theta}\right]^K,
\end{aligned}
$$

和

$$
\begin{aligned}
\sum_{k=1}^{K}\left[\frac{1-(1-\delta)\theta}{1-\theta}\right]^{k/2} &= q\frac{q^K-1}{q-1} \qquad \left(\text{其中}q=\sqrt{\frac{1-(1-\delta)\theta}{1-\theta}}\right) \\
&\leqslant \frac{q}{q-1}q^K \\
&= \frac{\sqrt{1-(1-\delta)\theta}}{\sqrt{1-(1-\delta)\theta}-\sqrt{1-\theta}}q^K \\
&= \frac{\sqrt{1-(1-\delta)\theta}\left(\sqrt{1-(1-\delta)\theta}+\sqrt{1-\theta}\right)}{\delta\theta}q^K
\end{aligned}
$$

$$\leqslant \frac{2}{\delta\theta}q^K.$$

由 ℓ_K 的定义可得结论. □

2.5.1 非精确加速梯度法

在本节,我们考虑 $h \equiv 0$ 的情形,即算法2.1的非精确版本. 此时 $\mu_2 = 0$,定理5退化为如下定理.

算法 2.6 非精确加速梯度法

初始化 $\mathrm{x}_0 = \mathrm{x}_{-1}$.

for $k = 0, 1, 2, 3, \cdots$, **do**

$\mathrm{y}_k = \mathrm{x}_k + \frac{(L\theta_k - \mu_1)(1-\theta_{k-1})}{(L-\mu_1)\theta_{k-1}}(\mathrm{x}_k - \mathrm{x}_{k-1})$,

$\mathrm{x}_{k+1} = \mathrm{y}_k - \frac{1}{L}\tilde{\nabla} f(\mathrm{y}_k)$.

end for k

定理 6: 假设 $f(\mathrm{x})$ 是 L-光滑凸函数. 令 $\theta_0 = 1, \theta_{k+1} = \frac{\sqrt{\theta_k^4 + 4\theta_k^2} - \theta_k^2}{2}$ 和 $\|\mathrm{e}_k\| \leqslant \frac{1}{(k+1)^{2+\delta}}\sqrt{\frac{L}{2}}$,其中 δ 可以是任意小的正常数,则对算法2.6和任意 $K \geqslant 0$,有

$$F(\mathrm{x}_{K+1}) - F(\mathrm{x}^*) \leqslant \frac{4}{(K+2)^2}\left[L\|\mathrm{x}_0 - \mathrm{x}^*\|^2 + \frac{4(1+\delta)}{1+2\delta} + 18\left(\frac{1+\delta}{\delta}\right)^2\right].$$

假设 $f(\mathrm{x})$ 是 μ_1-强凸、L-光滑函数. 令 $\theta_k = \theta \equiv \sqrt{\frac{\mu_1}{L}}$ 对所有 k 成立,$\|\mathrm{e}_k\| \leqslant [1-(1-\delta)\theta]^{\frac{k+1}{2}}$. 则对算法2.6和任意 $K \geqslant 0$,有

$$F(\mathrm{x}_{K+1}) - F(\mathrm{x}^*) \leqslant C[1-(1-\delta)\theta]^{K+1},$$

其中 $C = 2(F(\mathrm{x}_0) - F(\mathrm{x}^*)) + \mu\|\mathrm{x}_0 - \mathrm{x}^*\|^2 + \left(\frac{2}{\delta\theta} + \frac{8}{\delta^2\theta^2}\right)\left(2 + \sqrt{\frac{2}{L}}\right)^2$.

2.5.2 非精确加速邻近点法

考虑 $f \equiv 0$ 的情形. 此时算法2.5退化为非精确加速邻近点算法, 如算法2.7所示.

算法 2.7 非精确加速邻近点法

初始化 $x_0 = x_{-1}$.
for $k = 0, 1, 2, 3, \cdots$, **do**

$$y_k = x_k + \frac{[\tau\theta_k - \mu_2(1-\theta_k)](1-\theta_{k-1})}{\tau\theta_{k-1}}(x_k - x_{k-1}),$$

$$x_{k+1} \approx \arg\min_x \left(h(x) + \frac{\tau}{2}\|x - y_k\|^2\right).$$

end for k

相应地,此时$\mu_1 = 0$并且定理5退化为定理7.

定理 7：假设$h(x)$是凸函数. 令$\theta_0 = 1, \theta_{k+1} = \dfrac{\sqrt{\theta_k^4 + 4\theta_k^2} - \theta_k^2}{2}$和

$$h(x_{k+1}) + \frac{\tau}{2}\|x_{k+1} - y_k\|^2 \leqslant \min_x \left(h(x) + \frac{\tau}{2}\|x - y_k\|^2\right) + \epsilon_k \tag{2.42}$$

对$\epsilon_k \leqslant \dfrac{1}{(k+1)^{4+2\delta}}$成立,其中$\delta$可以是任意小的正常数,则对算法2.7和任意$K \geqslant 0$,有

$$F(x_{K+1}) - F(x^*) \leqslant \frac{4}{(K+2)^2}\left[\tau\|x_0 - x^*\|^2 + \frac{4(1+\delta)}{1+2\delta} + 18\left(\frac{1+\delta}{\delta}\right)^2\right].$$

假设$h(x)$是μ_2-强凸函数. 令$\theta_k = \theta \equiv \dfrac{1}{\dfrac{1}{2} + \sqrt{\dfrac{1}{4} + \dfrac{\tau}{\mu_2}}}$对所有$k$成立,并且(2.42)对$\epsilon_k \leqslant [1-(1-\delta)\theta]^{k+1}$成立. 则对算法2.7和任意$K \geqslant 0$,有

$$F(x_{K+1}) - F(x^*) \leqslant C[1-(1-\delta)\theta]^{K+1},$$

其中$C = 2(F(x_0) - F(x^*)) + (\tau\theta^2 + \theta\mu_2)\|x_0 - x^*\|^2 + \left(\dfrac{2}{\delta\theta} + \dfrac{8}{\delta^2\theta^2}\right)\left(2\sqrt{\dfrac{\tau+\mu_2}{\tau}} + \sqrt{\dfrac{2}{\tau}}\right)^2$.

加速邻近点算法可被看作一个一般化的算法框架. 当应用到随机优化中时,即可得到用于加速常用一阶随机优化算法的 Catalyst [Lin et al., 2018] 框架（见算法 5.4）. 细节请见第 5.1.4 节.

2.6 重启策略

在本节,我们介绍重启策略[O'Donoghue and Candès, 2015]. 在加速梯度法中使用重启策略首先由 [O'Donoghue and Candès, 2015] 提出,其基本

思想是运行算法2.2若干次迭代，然后使用当前迭代点作为初始值重新启动算法，如算法2.8 所示. 重启时，θ_k 重新从1开始递减.

算法 2.8　带重启的加速邻近梯度法

初始化 $\mathbf{x}_{K_0} = \mathbf{x}_0$.
for $t = 1, 2, 3, \cdots, T$ **do**
　使用算法2.2（运行 K_t 次迭代）来最小化 $F(\mathbf{x})$，其中 $\mathbf{x}_{K_{t-1}}$ 是算法2.2的初始值，$\mathbf{x}_{K_t}$ 是输出值.
end for t

重启策略的一个重要特点是即使目标函数不是强凸函数，我们也可以证明基于重启的加速梯度法具有更快的收敛速度 [Necoara et al., 2019]. 具体地，我们引入 Hölderian 误差界条件（Hölderian Error Bound Condition）. 本节只考虑简化的问题(2.16).

定义 2：如果一个函数 $F(\mathbf{x})$ 满足 $\|\mathbf{x}-\bar{\mathbf{x}}\| \leqslant \nu(F(\mathbf{x})-F^*)^{\vartheta}$，其中 $0<\nu<\infty$，$\vartheta \in (0,1]$，$\bar{\mathbf{x}}$ 是 $\mathbf{x}$ 在最优解集 $\mathcal{X}^*$ 上的投影，则称 $F(\mathbf{x})$ 满足 Hölderian 误差界条件.

显然，如果 $F(\mathbf{x})$ 有唯一的最优解 $\mathbf{x}^*$，则 $\bar{\mathbf{x}} = \mathbf{x}^*, \forall \mathbf{x}$.

使用定理1中结论，我们可以给出算法2.8的运行时间，如下述定理所示.

定理 8：假设 $f(\mathbf{x})$ 是 L-光滑凸函数，$h(\mathbf{x})$ 是凸函数，$F(\mathbf{x})$ 满足 Hölderian 误差界条件. 令 $K_t \geqslant 2\nu\sqrt{2L}\left(\dfrac{\sqrt{C}}{2^{t-1}}\right)^{2\vartheta-1}$，其中 $C = F(\mathbf{x}_0) - F^*$. 为了得到满足 $F(\mathbf{x}_{K_T}) - F(\mathbf{x}^*) \leqslant \epsilon$ 的近似解 $\mathbf{x}_{K_T}$，算法2.8只需要如下内循环迭代次数

1. $O\left(\dfrac{\nu\sqrt{L}}{\epsilon^{0.5-\vartheta}}\right)$，如果 $\vartheta < 0.5$，
2. $O\left(\nu\sqrt{L}\log\frac{1}{\epsilon}\right)$，如果 $\vartheta = 0.5$，
3. $O\left(\nu\sqrt{L}\left(\sqrt{C}\right)^{2\vartheta-1}\right)$，如果 $\vartheta > 0.5$.

证明. 我们使用归纳法证明 $F(\mathbf{x}_{K_t}) - F^* \leqslant \dfrac{C}{4^t}$.

假设 $F(\mathbf{x}_{K_{t-1}}) - F^* \leqslant \dfrac{C}{4^{t-1}}$ 成立. 由定理2及 Hölderian 误差界条件，有

$$F(\mathbf{x}_{K_t}) - F^* \leqslant \frac{2L}{(K_t+1)^2}\|\mathbf{x}_{K_{t-1}} - \bar{\mathbf{x}}_{K_{t-1}}\|^2$$

$$
\begin{aligned}
&\leqslant \frac{2L}{(K_t+1)^2}\nu^2\left(F(\mathrm{x}_{K_{t-1}})-F^*\right)^{2\vartheta}\\
&\leqslant \frac{2L}{(K_t+1)^2}\nu^2\left(\frac{C}{4^{t-1}}\right)^{2\vartheta}\\
&\leqslant \frac{C}{4^t},
\end{aligned}
$$

其中我们使用了 $K_t+1 \geqslant \sqrt{8L\nu^2\left(\frac{C}{4^{t-1}}\right)^{2\vartheta-1}}$. 因此我们只需要 $4^T=\frac{C}{\epsilon}$. 因此总的运行时间为

$$
\begin{aligned}
\sum_{t=1}^{T} K_t &\geqslant 2\nu\sqrt{2L}\left(\sqrt{C}\right)^{2\vartheta-1}\sum_{t=0}^{T-1}\left(2^{1-2\vartheta}\right)^t\\
&=\begin{cases}
2\nu\sqrt{2L}\left(\sqrt{C}\right)^{2\vartheta-1}\dfrac{(2^T)^{1-2\vartheta}-1}{2^{1-2\vartheta}-1}, & \text{如果}\vartheta<0.5,\\
2\nu\sqrt{2L}\log_4\dfrac{C}{\epsilon}, & \text{如果}\vartheta=0.5,\\
2\nu\sqrt{2L}\left(\sqrt{C}\right)^{2\vartheta-1}\dfrac{1-(2^T)^{1-2\vartheta}}{1-2^{1-2\vartheta}}, & \text{如果}\vartheta>0.5.
\end{cases}\\
&\geqslant\begin{cases}
2\nu\sqrt{2L}\left(2\sqrt{C}\right)^{2\vartheta-1}\left[\left(\sqrt{\dfrac{C}{\epsilon}}\right)^{1-2\vartheta}-1\right], & \text{如果}\vartheta<0.5,\\
2\nu\sqrt{2L}\log_4\dfrac{C}{\epsilon}, & \text{如果}\vartheta=0.5,\\
2\nu\sqrt{2L}\left(\sqrt{C}\right)^{2\vartheta-1}\left[1-\left(\sqrt{\dfrac{\epsilon}{C}}\right)^{2\vartheta-1}\right], & \text{如果}\vartheta>0.5.
\end{cases}
\end{aligned}
$$

定理得证. □

评注 5：当 $\vartheta=0.5$，$\nu=\sqrt{\frac{2}{\mu}}$ 和 $F(\mathrm{x})$ 有唯一的最优解 x^* 时，Hölderian 误差界条件退化为在 x^* 处的强凸性（见 (A.10)）. 此时算法2.8的复杂度为 $O\left(\sqrt{\frac{L}{\mu}}\log\frac{1}{\epsilon}\right)$, 与定理1中给出的复杂度一致.

2.7 平滑策略

当问题 (2.1) 中的目标函数 f 是非光滑函数时, 我们只能得到次梯度信息并使用次梯度法求解问题, 相应地, 我们只能得到 $O\left(\frac{1}{\sqrt{K}}\right)$ 的收敛速度.

2005年，Nesterov在其经典文献[Nesterov, 2005]中提出了平滑（Smoothing）技术，并使用加速梯度法求解平滑之后的问题，通过小心选取平滑参数，收敛速度可以被提升为$O\left(\frac{1}{K}\right)$. 本节将简要介绍平滑技术.

我们使用Fenchel共轭来平滑一个非光滑函数. 定义

$$f^*(\mathrm{y}) = \max_{\mathrm{x}}\left(\langle \mathrm{x}, \mathrm{y}\rangle - f(\mathrm{x})\right) \tag{2.43}$$

是$f(\mathrm{x})$的Fenchel共轭，则有

$$\mathrm{y} \in \partial f(\mathrm{x}^*), \quad 其中 \quad \mathrm{x}^* = \arg\max_{\mathrm{x}}(\langle \mathrm{x}, \mathrm{y}\rangle - f(\mathrm{x})). \tag{2.44}$$

对闭的（见定义23）凸函数f，由命题14第3条，有

$$f(\mathrm{x}) = \max_{\mathrm{y}}\left(\langle \mathrm{x}, \mathrm{y}\rangle - f^*(\mathrm{y})\right).$$

给函数$f^*(\mathrm{y})$增加一个小的扰动，得到

$$f_\delta^*(\mathrm{y}) = f^*(\mathrm{y}) + \frac{\delta}{2}\|\mathrm{y}\|^2. \tag{2.45}$$

令

$$f_\delta(\mathrm{x}) = \max_{\mathrm{y}}\left(\langle \mathrm{x}, \mathrm{y}\rangle - f_\delta^*(\mathrm{y})\right).$$

下述命题表明$f_\delta(\mathrm{x})$是$f(\mathrm{x})$的一个平滑近似.

命题 1：假设$f(\mathrm{x})$是凸函数，则有

1. $f_\delta(\mathrm{x})$是$\frac{1}{\delta}$-光滑函数.
2. 如果$\delta_1 \geqslant \delta_2$，则有$f_{\delta_1}(\mathrm{x}) \leqslant f_{\delta_2}(\mathrm{x})$.
3. 假设$f(\mathrm{x})$的次梯度有界：$\|\partial f(\mathrm{x})\| \leqslant M$，则有$f(\mathrm{x}) - \frac{\delta M^2}{2} \leqslant f_\delta(\mathrm{x}) \leqslant f(\mathrm{x})$.

证明. 第一个结论可由命题14第4条直接得到.

对第二个结论，我们知道

$$\begin{aligned} f_{\delta_1}^*(\mathrm{y}) &= f^*(\mathrm{y}) + \frac{\delta_1}{2}\|\mathrm{y}\|^2 \\ &\geqslant f^*(\mathrm{y}) + \frac{\delta_2}{2}\|\mathrm{y}\|^2 = f_{\delta_2}^*(\mathrm{y}) \end{aligned}$$

和

$$\begin{aligned} f_{\delta_1}(\mathrm{x}) &= \max_{\mathrm{y}}\left(\langle \mathrm{x},\mathrm{y}\rangle - f_{\delta_1}^*(\mathrm{y})\right) \\ &\leqslant \max_{\mathrm{y}}\left(\langle \mathrm{x},\mathrm{y}\rangle - f_{\delta_2}^*(\mathrm{y})\right) = f_{\delta_2}(\mathrm{x}). \end{aligned}$$

由 (2.44) 和 $\|\partial f(\mathrm{x})\| \leqslant M$，可知 $\|\mathrm{y}\| \leqslant M$，即 $f_\delta^*(\mathrm{y})$ 的定义域有界. 由 (2.45)，有 $f^*(\mathrm{y}) \leqslant f_\delta^*(\mathrm{y}) \leqslant f^*(\mathrm{y}) + \frac{\delta M^2}{2}$. 因此可得

$$f_\delta(\mathrm{x}) \geqslant \max_{\mathrm{y}}\left[\langle \mathrm{x},\mathrm{y}\rangle - \left(f^*(\mathrm{y}) + \frac{\delta M^2}{2}\right)\right] = f(\mathrm{x}) - \frac{\delta M^2}{2}$$

和

$$f_\delta(\mathrm{x}) \leqslant \max_{\mathrm{y}}\left(\langle \mathrm{x},\mathrm{y}\rangle - f^*(\mathrm{y})\right) = f(\mathrm{x}). \qquad \square$$

由命题1可知，$f_\delta(\mathrm{x})$ 满足定理2中的假设. 因此，可以使用算法2.2最小化 $f_\delta(\mathrm{x})$. 令 $\hat{\mathrm{x}}_\delta^* = \arg\min_{\mathrm{x}} f_\delta(\mathrm{x})$，有下述定理.

定理 9：假设 $f(\mathrm{x})$ 是凸函数，并且次梯度有界：$\|\partial f(\mathrm{x})\| \leqslant M$. 令 $L = \frac{M^2}{\epsilon}$，并使用算法2.2最小化 $f_\delta(\mathrm{x})$，其中 $\delta = \frac{\epsilon}{M^2}$.

1. 如果 $f(\mathrm{x})$ 是一般凸函数，我们只需要 $K = \frac{2M\|\mathrm{x}_0 - \hat{\mathrm{x}}_\delta^*\|}{\epsilon}$ 次迭代即可使得 $f(\mathrm{x}_{K+1}) - f(\mathrm{x}^*) \leqslant \epsilon$.
2. 如果 $f(\mathrm{x})$ 是 μ-强凸函数，我们只需要

$$K = \frac{M}{\sqrt{\mu\epsilon}} \log \frac{2(f(\mathrm{x}_0) - f(\mathrm{x}^*)) + \delta M^2 + \mu\|\mathrm{x}_0 - \hat{\mathrm{x}}_\delta^*\|^2}{\epsilon}$$

   次迭代即可使得 $f(\mathrm{x}_{K+1}) - f(\mathrm{x}^*) \leqslant \epsilon$.

证明. 由命题1，可得

$$f(\mathrm{x}_{K+1}) - f(\mathrm{x}^*) \leqslant f_\delta(\mathrm{x}_{K+1}) + \frac{\delta M^2}{2} - f_\delta(\mathrm{x}^*) \leqslant f_\delta(\mathrm{x}_{K+1}) - f_\delta(\hat{\mathrm{x}}_\delta^*) + \frac{\delta M^2}{2}.$$

当 $f(\mathrm{x})$ 是一般凸函数时，$f_\delta(\mathrm{x})$ 也是一般凸函数. 由定理2（$h(\mathrm{x}) \equiv 0$）可得

$$f_\delta(\mathrm{x}_{K+1}) - f_\delta(\hat{\mathrm{x}}_\delta^*) \leqslant \frac{2}{\delta(K+2)^2}\|\mathrm{x}_0 - \hat{\mathrm{x}}_\delta^*\|^2.$$

因此可得

$$f(\mathrm{x}_{K+1})-f(\mathrm{x}^*)\leqslant\frac{2}{\delta(K+2)^2}\|\mathrm{x}_0-\hat{\mathrm{x}}_\delta^*\|^2+\frac{\delta M^2}{2}.$$

令 $\delta=\dfrac{\epsilon}{M^2}$，我们只需要 $K=\dfrac{2M\|\mathrm{x}_0-\hat{\mathrm{x}}_\delta^*\|}{\epsilon}$ 次迭代使得 $f(\mathrm{x}_{K+1})-f(\mathrm{x}^*)\leqslant\epsilon$.

当 $f(\mathrm{x})$ 是 μ-强凸函数时，$f_\delta(\mathrm{x})$ 也是 μ-强凸函数. 由定理2可得

$$\begin{aligned}
&f_\delta(\mathrm{x}_{K+1})-f_\delta(\hat{\mathrm{x}}_\delta^*)\\
\leqslant&\left(1-\sqrt{\mu\delta}\right)^{K+1}\left(f_\delta(\mathrm{x}_0)-f_\delta(\hat{\mathrm{x}}_\delta^*)+\frac{\mu}{2}\|\mathrm{x}_0-\hat{\mathrm{x}}_\delta^*\|^2\right)\\
\leqslant&\left(1-\sqrt{\mu\delta}\right)^{K+1}\left(f(\mathrm{x}_0)-f(\hat{\mathrm{x}}_\delta^*)+\frac{\delta M^2}{2}+\frac{\mu}{2}\|\mathrm{x}_0-\hat{\mathrm{x}}_\delta^*\|^2\right)\\
\leqslant&\exp\left(-(K+1)\sqrt{\mu\delta}\right)\left(f(\mathrm{x}_0)-f(\mathrm{x}^*)+\frac{\delta M^2}{2}+\frac{\mu}{2}\|\mathrm{x}_0-\hat{\mathrm{x}}_\delta^*\|^2\right).
\end{aligned}$$

令 $\delta=\dfrac{\epsilon}{M^2}$，我们只需要 $K=\dfrac{M}{\sqrt{\mu\epsilon}}\log\dfrac{2(f(\mathrm{x}_0)-f(\mathrm{x}^*))+\delta M^2+\mu\|\mathrm{x}_0-\hat{\mathrm{x}}_\delta^*\|^2}{\epsilon}$ 次迭代即可使得 $f(\mathrm{x}_{K+1})-f(\mathrm{x}^*)\leqslant\epsilon$. □

由定理9可知，当 f 是 μ-强凸函数时，使用平滑策略的加速梯度下降法只需要迭代 $O\left(\dfrac{\log 1/\epsilon}{\sqrt{\mu\epsilon}}\right)$ 次即可找到一个 ϵ 精度最优解 x，使得 $f(\mathrm{x})-f(\mathrm{x}^*)\leqslant\epsilon$. [Allen-Zhu and Hazan, 2016] 提出通过求解一系列平滑问题，其中平滑参数 δ 逐步递减，收敛速度可以被提高到 $O\left(\dfrac{1}{\sqrt{\epsilon}}\right)$. [Allen-Zhu and Hazan, 2016] 中的方法如算法2.9所示.

算法 2.9 带平滑的加速邻近梯度法

```
初始化 x_0 和 δ_0.
for k = 1, 2, 3, ···, K do
    使用算法2.2（运行 log 8/√(μδ_{k-1}) 次迭代）来最小化 f_{δ_{k-1}}(x)，其中 x_{k-1} 是算法2.2
    的初始值，x_k 是输出值，
    δ_k = δ_{k-1}/2.
end for k
```

定理 10：假设 $f(\mathrm{x})$ 是 μ-强凸函数，并且次梯度有界：$\|\partial f(\mathrm{x})\|\leqslant M$. 令 $\delta_0=\dfrac{f(\mathrm{x}_0)-f(\mathrm{x}^*)}{M^2}$，则算法2.9总共需要 $O\left(\dfrac{M}{\sqrt{\mu\epsilon}}\right)$ 次内迭代即可使得 $f(\mathrm{x}_K)-$

$f(\mathrm{x}^*) \leqslant \epsilon$.

证明. 令 $\hat{\mathrm{x}}_{\delta_k}^* = \arg\min_{\mathrm{x}} f_{\delta_k}(\mathrm{x})$ 和 $t = \dfrac{\log 8}{\sqrt{\mu\delta_{k-1}}}$. 由定理2,可得

$$
\begin{aligned}
& f_{\delta_{k-1}}(\mathrm{x}_t) - f_{\delta_{k-1}}(\hat{\mathrm{x}}_{\delta_{k-1}}^*) \\
\leqslant & \left(1-\sqrt{\mu\delta_{k-1}}\right)^t \left(f_{\delta_{k-1}}(\mathrm{x}_{k-1}) - f_{\delta_{k-1}}(\hat{\mathrm{x}}_{\delta_{k-1}}^*) + \frac{\mu}{2}\|\mathrm{x}_{k-1} - \hat{\mathrm{x}}_{\delta_{k-1}}^*\|^2\right) \\
\overset{a}{\leqslant} & 2\left(1-\sqrt{\mu\delta_{k-1}}\right)^t \left(f_{\delta_{k-1}}(\mathrm{x}_{k-1}) - f_{\delta_{k-1}}(\hat{\mathrm{x}}_{\delta_{k-1}}^*)\right) \\
\leqslant & 2\exp\left(-t\sqrt{\mu\delta_{k-1}}\right)\left(f_{\delta_{k-1}}(\mathrm{x}_{k-1}) - f_{\delta_{k-1}}(\hat{\mathrm{x}}_{\delta_{k-1}}^*)\right) \\
= & \frac{f_{\delta_{k-1}}(\mathrm{x}_{k-1}) - f_{\delta_{k-1}}(\hat{\mathrm{x}}_{\delta_{k-1}}^*)}{4},
\end{aligned}
$$

其中 $\overset{a}{\leqslant}$ 使用了 $f_{\delta_{k-1}}(\mathrm{x})$ 的 μ-强凸性. 令 $D_{\delta_k} = f_{\delta_k}(\mathrm{x}_k) - f_{\delta_k}(\hat{\mathrm{x}}_{\delta_k}^*)$,则有

$$
\begin{aligned}
D_{\delta_k} &= f_{\delta_k}(\mathrm{x}_k) - f_{\delta_k}(\hat{\mathrm{x}}_{\delta_k}^*) \\
&\leqslant f(\mathrm{x}_k) - f_{\delta_{k-1}}(\hat{\mathrm{x}}_{\delta_k}^*) \\
&\leqslant f_{\delta_{k-1}}(\mathrm{x}_k) + \frac{\delta_{k-1}M^2}{2} - f_{\delta_{k-1}}(\hat{\mathrm{x}}_{\delta_{k-1}}^*) \\
&\leqslant \frac{D_{\delta_{k-1}}}{4} + \frac{\delta_{k-1}M^2}{2},
\end{aligned}
$$

和

$$
D_{\delta_0} \leqslant f(\mathrm{x}_0) - f(\hat{\mathrm{x}}_{\delta_0}^*) + \frac{\delta_0 M^2}{2} \leqslant f(\mathrm{x}_0) - f(\mathrm{x}^*) + \frac{\delta_0 M^2}{2},
$$

其中我们使用了命题1、$f_{\delta_{k-1}}(\hat{\mathrm{x}}_{\delta_k}^*) \geqslant f_{\delta_{k-1}}(\hat{\mathrm{x}}_{\delta_{k-1}}^*)$ 和 $f(\hat{\mathrm{x}}_{\delta_0}^*) \geqslant f(\mathrm{x}^*)$. 由 $\delta_{k-1} = 2\delta_k$ 可得

$$
\begin{aligned}
D_{\delta_K} &\leqslant \frac{D_{\delta_0}}{4^K} + \frac{M^2}{2}\left(\delta_{K-1} + \frac{\delta_{K-2}}{4} + \frac{\delta_{K-3}}{4^2} + \cdots + \frac{\delta_0}{4^{K-1}}\right) \\
&\leqslant \frac{f(\mathrm{x}_0) - f(\mathrm{x}^*)}{4^K} + \frac{M^2}{2}\left(\delta_{K-1} + \frac{\delta_{K-2}}{4} + \frac{\delta_{K-3}}{4^2} + \cdots + \frac{\delta_0}{4^{K-1}} + \frac{\delta_0}{4^K}\right) \\
&= \frac{f(\mathrm{x}_0) - f(\mathrm{x}^*)}{4^K} + M^2\delta_K\left(1 + \frac{1}{2} + \frac{1}{4} + \cdots + \frac{1}{2^{K-1}} + \frac{1}{2^{K+1}}\right) \\
&\leqslant \frac{f(\mathrm{x}_0) - f(\mathrm{x}^*)}{4^K} + 2M^2\delta_K
\end{aligned}
$$

和

$$
f(\mathrm{x}_K) - f(\mathrm{x}^*) \leqslant f_{\delta_K}(\mathrm{x}_K) - f_{\delta_K}(\hat{\mathrm{x}}_{\delta_K}^*) + \frac{\delta_K M^2}{2}
$$

$$
\begin{aligned}
&= D_{\delta_K} + \frac{\delta_K M^2}{2} \\
&\leqslant \frac{f(\mathrm{x}_0) - f(\mathrm{x}^*)}{4^K} + 2M^2\delta_K + \frac{\delta_K M^2}{2} \\
&= \frac{f(\mathrm{x}_0) - f(\mathrm{x}^*)}{4^K} + \frac{5M^2\delta_0}{2^K} \\
&\leqslant 6\frac{f(\mathrm{x}_0) - f(\mathrm{x}^*)}{2^K}.
\end{aligned}
$$

因此,我们只需要 $K=\log_2 \dfrac{6(f(\mathrm{x}_0)-f(\mathrm{x}^*))}{\epsilon}$ 次迭代即可使得 $f(\mathrm{x}_K)-f(\mathrm{x}^*)\leqslant\epsilon$. 因此总的运行时间为

$$
\sum_{k=1}^{K} \frac{\sqrt{2^{k-1}}\log 8}{\sqrt{\mu\delta_0}} = \frac{\log 8}{\sqrt{\mu\delta_0}} \frac{\sqrt{\frac{6(f(\mathrm{x}_0) - f(\mathrm{x}^*))}{\epsilon}} - 1}{\sqrt{2}-1} \leqslant \frac{3M}{\sqrt{\mu\epsilon}}. \qquad \square
$$

2.8 高阶加速方法

如前面章节所示，当目标函数 $f(\mathrm{x})$ 是一阶连续可微函数，并且梯度满足 Lipschitz 连续性质时,加速梯度法比非加速算法收敛更快,其中加速算法和非加速算法都使用了二次正则化（如算法2.2中的 $\|\mathrm{x} - \mathrm{y}^k + \nabla f(\mathrm{y}^k)/L\|^2$ 项）. 类似地，当目标函数 $f(\mathrm{x})$ 是二阶连续可微函数，并且二阶矩阵满足 Lipschitz 连续性质（见定义 20）时，我们可以在加速算法中使用三次正则化（即 $\|\cdot\|^3$ ）,并得到更快的收敛速度 [Nesterov, 2008; Nesterov and Polyak, 2006]. 以此类推，我们可以将三次正则化扩展到高阶正则化 [Baes, 2009; Bubeck et al., 2019]，并期望得到更快的收敛速度. 直觉上，目标函数越光滑，算法的收敛速度应当越快. 在本节，我们简要介绍 [Baes, 2009] 中提出的高阶加速法，如算法2.10 所示，其中 $f^{(m)}(\mathrm{x})$ 为 f 的 m 阶导数，为 m 阶张量. $f^{(m)}(\mathrm{x})$ 作用在 $m-1$ 元组 $[\mathrm{v}_1, \mathrm{v}_2, \cdots, \mathrm{v}_{m-1}]$ 上，就是张量 $f^{(m)}(\mathrm{x})$ 和张量 $\mathrm{v}_1 \otimes \mathrm{v}_2 \otimes \cdots \otimes \mathrm{v}_{m-1}$ 的缩并,结果为一个向量,其中 $\otimes$ 为张量积. 为了保持一致,记 $\nabla f(\mathrm{x})$ 为 $f^{(1)}(\mathrm{x})$. 则 $f(\mathrm{x})$ 在 x_k 处的泰勒展开可以写成

$$
f(\mathrm{x}) = f(\mathrm{x}_k) + \sum_{i=1}^{m} \frac{1}{m!} \left\langle f^{(m)}(\mathrm{x}_k)[\mathrm{x}-\mathrm{x}_k, \cdots, \mathrm{x}-\mathrm{x}_k], \mathrm{x}-\mathrm{x}_k \right\rangle + \cdots.
$$

算法 2.10 m 阶加速方法

初始化 $\mathrm{x}_0 = \mathrm{z}_0$.

for $k = 1, 2, 3, \cdots$ **do**

$\lambda_{k+1} = (1 - \theta_k)\lambda_k$,

$\mathrm{y}_k = \theta_k \mathrm{z}_k + (1 - \theta_k)\mathrm{x}_k$,

$\mathrm{x}_{k+1} = \arg\min_{\mathrm{x}} \left(\sum_{i=1}^{m} \frac{1}{m!} \langle f^{(m)}(\mathrm{x}_k)[\mathrm{x} - \mathrm{x}_k, \cdots, \mathrm{x} - \mathrm{x}_k], \mathrm{x} - \mathrm{x}_k \rangle + \frac{N}{(m+1)!} \|\mathrm{x} - \mathrm{y}_k\|^{m+1} \right)$,

定义 $\phi_{k+1}(\mathrm{x})$ 为 (2.47),

$\mathrm{z}_{k+1} = \arg\min_{\mathrm{x}} \phi_{k+1}(\mathrm{x})$.

end for k

在本节,我们做如下假设.

假设 1: 假设 $f(\mathrm{x})$ 的 m 阶导数是 Lipschitz 连续的:

$$\|f^{(m)}(\mathrm{y}) - f^{(m)}(\mathrm{x})\| \leqslant M\|\mathrm{y} - \mathrm{x}\|.$$

由上述假设,容易验证对所有 x 和 y,有

$$\left\| f^{(1)}(\mathrm{y}) - f^{(1)}(\mathrm{x}) - \sum_{i=2}^{m} \frac{1}{(m-1)!} f^{(m)}(\mathrm{x})[\mathrm{y} - \mathrm{x}, \cdots, \mathrm{y} - \mathrm{x}] \right\| \leqslant \frac{M}{m!} \|\mathrm{y} - \mathrm{x}\|^m.$$

我们使用估计序列技术来证明算法的收敛性. 定义两个序列

$$\lambda_{k+1} = (1 - \theta_k)\lambda_k, \tag{2.46}$$

$$\phi_{k+1}(\mathrm{x}) = (1 - \theta_k)\phi_k(\mathrm{x}) + \theta_k \left[f(\mathrm{x}_{k+1}) + \langle \nabla f(\mathrm{x}_{k+1}), \mathrm{x} - \mathrm{x}_{k+1} \rangle \right], \tag{2.47}$$

其中 $\lambda_0 = 1, \phi_0(\mathrm{x}) = f(\mathrm{x}_0) + \frac{M}{(m+1)!}\|\mathrm{x} - \mathrm{x}_0\|^{m+1}$. 类似于 (2.6) 的证明,容易验证 (2.3) 成立. 因此上述定义满足估计序列的条件. 由引理1可得:如果 $\phi_k^* \geqslant f(\mathrm{x}_k)$ 成立,则有 $f(\mathrm{x}_k) - f(\mathrm{x}^*) \leqslant \lambda_k(\phi_0(\mathrm{x}^*) - f(\mathrm{x}^*))$. 定义

$$\mathrm{z}_k = \arg\min_{\mathrm{x}} \phi_k(\mathrm{x}). \tag{2.48}$$

我们只需要保证 $f(\mathrm{x}_k) \leqslant \phi_k(\mathrm{z}_k)$.

首先给出如下引理.

引理 12: 令 $p \geqslant 2, \rho(\mathrm{x}) = \|\mathrm{x} - \mathrm{x}_0\|^p$,则有

$$\rho(\mathrm{y}) - \rho(\mathrm{x}) - \langle \nabla\rho(\mathrm{x}), \mathrm{y} - \mathrm{x} \rangle \geqslant c_p \|\mathrm{y} - \mathrm{x}\|^p,$$

其中当 $p > 2$ 时, $c_p = \dfrac{p-1}{\left[1 + (2p-3)^{1/(p-2)}\right]^{p-2}}$, 当 $p = 2$ 时, $c_p = 1$.

由 (2.48), 可得如下引理.

引理 13: 由定义 (2.47), 可得

$$\phi_k(\mathrm{x}) \geqslant \phi_k(\mathrm{z}_k) + \lambda_k \chi(\mathrm{x}, \mathrm{z}_k), \forall \mathrm{x}, \tag{2.49}$$

其中 $\chi(\mathrm{x}, \mathrm{y}) = \dfrac{M c_{m+1}}{(m+1)!} \|\mathrm{y} - \mathrm{x}\|^{m+1}$.

证明. 由 $\phi_0(\mathrm{x})$ 的定义及引理12, 可得

$$\phi_0(\mathrm{x}) \geqslant \phi_0(\mathrm{z}_k) + \langle \nabla \phi_0(\mathrm{z}_k), \mathrm{x} - \mathrm{z}_k \rangle + \chi(\mathrm{x}, \mathrm{z}_k).$$

由定义 (2.47), 我们知道

$$\phi_k(\mathrm{x}) = \lambda_k \phi_0(\mathrm{x}) + l_k(\mathrm{x}),$$

其中 $l_k(\mathrm{x})$ 是一个仿射函数. 因此有

$$\begin{aligned}
\phi_k(\mathrm{x}) &\geqslant \lambda_k \phi_0(\mathrm{z}_k) + \langle \lambda_k \nabla \phi_0(\mathrm{z}_k), \mathrm{x} - \mathrm{z}_k \rangle \\
&\quad + \lambda_k \chi(\mathrm{x}, \mathrm{z}_k) + l_k(\mathrm{x}) - l_k(\mathrm{z}_k) + l_k(\mathrm{z}_k) \\
&= \phi_k(\mathrm{z}_k) + \langle \nabla \phi_k(\mathrm{z}_k), \mathrm{x} - \mathrm{z}_k \rangle + \lambda_k \chi(\mathrm{x}, \mathrm{z}_k) \\
&\overset{a}{=} \phi_k(\mathrm{z}_k) + \lambda_k \chi(\mathrm{x}, \mathrm{z}_k),
\end{aligned}$$

其中 $\overset{a}{=}$ 使用了(2.48). □

下面给出用于证明 $f(\mathrm{x}_k) \leqslant \phi_k(\mathrm{z}_k)$ 的一个辅助不等式.

引理 14: 假设序列 $\{\mathrm{x}_k\}_{k \geqslant 0}$ 满足 $f(\mathrm{x}_k) \leqslant \phi_k(\mathrm{z}_k)$, 则有

$$\begin{aligned}
\phi_{k+1}(\mathrm{z}_{k+1}) \geqslant\ & f(\mathrm{x}_{k+1}) + \langle \nabla f(\mathrm{x}_{k+1}), (1-\theta_k)\mathrm{x}_k + \theta_k \mathrm{z}_k - \mathrm{x}_{k+1} \rangle \\
& + \min_{\mathrm{x}} \left(\theta_k \langle \nabla f(\mathrm{x}_{k+1}), \mathrm{x} - \mathrm{z}_k \rangle + \lambda_{k+1} \chi(\mathrm{x}, \mathrm{z}_k)\right).
\end{aligned} \tag{2.50}$$

证明. 由 (2.47), (2.49), $f(\mathrm{x}_k) \leqslant \phi_k(\mathrm{z}_k)$ 和 $f(\mathrm{x})$ 的凸性, 可得

$$\begin{aligned}
\phi_{k+1}(\mathrm{x}) &\geqslant (1-\theta_k)\left[\phi_k(\mathrm{z}_k) + \lambda_k \chi(\mathrm{x}, \mathrm{z}_k)\right] \\
&\quad + \theta_k \left[f(\mathrm{x}_{k+1}) + \langle \nabla f(\mathrm{x}_{k+1}), \mathrm{x} - \mathrm{x}_{k+1} \rangle\right] \\
&\geqslant (1-\theta_k)\left[f(\mathrm{x}_k) + \lambda_k \chi(\mathrm{x}, \mathrm{z}_k)\right] \\
&\quad + \theta_k \left[f(\mathrm{x}_{k+1}) + \langle \nabla f(\mathrm{x}_{k+1}), \mathrm{x} - \mathrm{x}_{k+1} \rangle\right]
\end{aligned}$$

$$
\begin{aligned}
&\geqslant (1-\theta_k)\left[f(\mathrm{x}_{k+1})+\langle\nabla f(\mathrm{x}_{k+1}),\mathrm{x}_k-\mathrm{x}_{k+1}\rangle+\lambda_k\chi(\mathrm{x},\mathrm{z}_k)\right]\\
&\quad+\theta_k\left[f(\mathrm{x}_{k+1})+\langle\nabla f(\mathrm{x}_{k+1}),\mathrm{x}-\mathrm{x}_{k+1}\rangle\right]\\
&=f(\mathrm{x}_{k+1})+\langle\nabla f(\mathrm{x}_{k+1}),(1-\theta_k)\mathrm{x}_k+\theta_k\mathrm{z}_k-\mathrm{x}_{k+1}\rangle\\
&\quad+\theta_k\langle\nabla f(\mathrm{x}_{k+1}),\mathrm{x}-\mathrm{z}_k\rangle+\lambda_{k+1}\chi(\mathrm{x},\mathrm{z}_k).
\end{aligned}
$$

即可证得(2.50). □

我们希望不等式(2.50)右边的最后两项的和非负. 首先给出下述引理. 因该引理证明较简单,我们在此省略其证明.

引理 15: 由 y_k 的定义,可得

$$
\begin{aligned}
&\min_{\mathrm{x}}\left(\theta_k\langle\nabla f(\mathrm{x}_{k+1}),\mathrm{x}-\mathrm{z}_k\rangle+\lambda_{k+1}\chi(\mathrm{x},\mathrm{z}_k)\right)\\
&\geqslant\min_{\mathrm{x}}\left(\langle\nabla f(\mathrm{x}_{k+1}),\mathrm{x}-\mathrm{y}_k\rangle+\frac{\lambda_{k+1}}{\theta_k^{m+1}}\chi(\mathrm{x},\mathrm{y}_k)\right).
\end{aligned}
\tag{2.51}
$$

引理 16: 对任意x,有

$$
\begin{aligned}
&\langle\nabla f(\mathrm{x}_{k+1}),\mathrm{x}-\mathrm{x}_{k+1}\rangle\\
\geqslant &-\frac{M+N}{m!}\|\mathrm{y}_k-\mathrm{x}_{k+1}\|^m\|\mathrm{x}-\mathrm{y}_k\|+\frac{N-M}{m!}\|\mathrm{y}_k-\mathrm{x}_{k+1}\|^{m+1}.
\end{aligned}
$$

证明. 由 x_{k+1} 的最优性条件,可得

$$
\begin{aligned}
&\left\langle f^{(1)}(\mathrm{y}_k)+\cdots+\frac{1}{(m-1)!}f^{(m)}(\mathrm{y}_k)[\mathrm{x}_{k+1}-\mathrm{y}_k,\cdots,\mathrm{x}_{k+1}-\mathrm{y}_k],\mathrm{x}-\mathrm{x}_{k+1}\right\rangle\\
&+\frac{N\|\mathrm{y}_k-\mathrm{x}_{k+1}\|^{m-1}}{m!}\langle\mathrm{x}_{k+1}-\mathrm{y}_k,\mathrm{x}-\mathrm{x}_{k+1}\rangle\geqslant 0,\quad\forall\mathrm{x}.
\end{aligned}
$$

另一方面,由 $f(\mathrm{x})$ 的高阶光滑性,可得

$$
\begin{aligned}
&\left\langle f^{(1)}(\mathrm{y}_k)+\cdots+\frac{1}{(m-1)!}f^{(m)}(\mathrm{y}_k)[\mathrm{x}_{k+1}-\mathrm{y}_k,\cdots,\mathrm{x}_{k+1}-\mathrm{y}_k]-f^{(1)}(\mathrm{x}_{k+1}),\right.\\
&\qquad\left.\mathrm{x}-\mathrm{x}_{k+1}\right\rangle\\
&\leqslant\frac{M}{m!}\|\mathrm{y}_k-\mathrm{x}_{k+1}\|^m\|\mathrm{x}-\mathrm{x}_{k+1}\|\\
&\leqslant\frac{M}{m!}\|\mathrm{y}_k-\mathrm{x}_{k+1}\|^m\left(\|\mathrm{y}_k-\mathrm{x}_{k+1}\|+\|\mathrm{x}-\mathrm{y}_k\|\right).
\end{aligned}
$$

则有

$$
0\leqslant\frac{M}{m!}\|\mathrm{y}_k-\mathrm{x}_{k+1}\|^m\left(\|\mathrm{y}_k-\mathrm{x}_{k+1}\|+\|\mathrm{x}-\mathrm{y}_k\|\right)
$$

$$+\left\langle f^{(1)}(\mathrm{x}_{k+1}), \mathrm{x}-\mathrm{x}_{k+1}\right\rangle+\frac{N\|\mathrm{y}_k-\mathrm{x}_{k+1}\|^{m-1}}{m!}\langle \mathrm{x}_{k+1}-\mathrm{y}_k, \mathrm{x}-\mathrm{x}_{k+1}\rangle.$$

由 $\langle \mathrm{x}_{k+1}-\mathrm{y}_k, \mathrm{x}-\mathrm{x}_{k+1}\rangle = \langle \mathrm{x}_{k+1}-\mathrm{y}_k, (\mathrm{x}-\mathrm{y}_k)-(\mathrm{x}_{k+1}-\mathrm{y}_k)\rangle \leqslant \|\mathrm{x}_{k+1}-\mathrm{y}_k\|\|\mathrm{x}-\mathrm{y}_k\|-\|\mathrm{x}_{k+1}-\mathrm{y}_k\|^2$,可得结论. □

基于以上几个引理,可给出收敛速度的证明.

定理 11: 令 $N=(2m+1)M$, $\theta_k \in (0,1]$ 由方程 $(2m+2)\theta_k^{m+1}=c_{m+1}(1-\theta_k)\lambda_k$ 解得,则对任意 $K \geqslant 0$,有

$$\begin{aligned}
&f(\mathrm{x}_K)-f(\mathrm{x}^*)\\
\leqslant\ &\frac{2m+2}{c_{m+1}}\left(\frac{m+1}{K}\right)^{m+1}\left(f(\mathrm{x}_0)-f(\mathrm{x}^*)+\frac{M}{(m+1)!}\|\mathrm{x}_0-\mathrm{x}^*\|^{m+1}\right).
\end{aligned}$$

证明. 由 (2.50), (2.51) 和 y_k 的定义,我们只需要

$$\langle \nabla f(\mathrm{x}_{k+1}), \mathrm{y}_k-\mathrm{x}_{k+1}\rangle+\min_{\mathrm{x}}\left(\langle \nabla f(\mathrm{x}_{k+1}), \mathrm{x}-\mathrm{y}_k\rangle+\frac{\lambda_{k+1}}{\theta_k^{m+1}}\chi(\mathrm{x}, \mathrm{y}_k)\right) \geqslant 0$$

来保证 $f(\mathrm{x}_{k+1}) \leqslant \phi_{k+1}(\mathrm{z}_{k+1})$. 由于

$$\begin{aligned}
&\langle \nabla f(\mathrm{x}_{k+1}), \mathrm{y}_k-\mathrm{x}_{k+1}\rangle+\min_{\mathrm{x}}\left(\langle \nabla f(\mathrm{x}_{k+1}), \mathrm{x}-\mathrm{y}_k\rangle+\frac{\lambda_{k+1}}{\theta_k^{m+1}}\chi(\mathrm{x}, \mathrm{y}_k)\right)\\
=\ &\min_{\mathrm{x}}\left(\langle \nabla f(\mathrm{x}_{k+1}), \mathrm{x}-\mathrm{x}_{k+1}\rangle+\frac{\lambda_{k+1}}{\theta_k^{m+1}}\chi(\mathrm{x}, \mathrm{y}_k)\right)\\
\geqslant\ &\min_{\mathrm{x}}\left(-\frac{M+N}{m!}\|\mathrm{y}_k-\mathrm{x}_{k+1}\|^m\|\mathrm{x}-\mathrm{y}_k\|\right.\\
&\left.+\frac{N-M}{m!}\|\mathrm{y}_k-\mathrm{x}_{k+1}\|^{m+1}+\frac{\lambda_{k+1}}{\theta_k^{m+1}}\chi(\mathrm{x}, \mathrm{y}_k)\right)\\
=\ &\frac{N-M}{m!}\|\mathrm{y}_k-\mathrm{x}_{k+1}\|^{m+1}\\
&+\min_{t\geqslant 0}\left(-\frac{M+N}{m!}\|\mathrm{y}_k-\mathrm{x}_{k+1}\|^m t+\frac{\lambda_{k+1}}{\theta_k^{m+1}}\frac{Mc_{m+1}}{(m+1)!}t^{m+1}\right)\\
=\ &\frac{\|\mathrm{y}_k-\mathrm{x}_{k+1}\|^{m+1}}{m!}\left[N-M-\frac{m}{m+1}\left(\frac{(M+N)^{m+1}\theta_k^{m+1}}{Mc_{m+1}\lambda_{k+1}}\right)^{1/m}\right].
\end{aligned}$$

该项只要满足下述条件,即可保证非负

$$c_{m+1}\frac{M(N-M)^m}{(M+N)^{m+1}}\left(\frac{m+1}{m}\right)^m \geqslant \frac{\theta_k^{m+1}}{\lambda_{k+1}}.$$

可知当$N=(2m+1)M$时,不等式左边取得最大值$\frac{c_{m+1}}{2m+2}$. 由θ_k的定义,可得$\frac{\theta_k^{m+1}}{\lambda_{k+1}}=\frac{c_{m+1}}{2m+2}$. 由引理17,可得$\lambda_K\leqslant\frac{2m+2}{c_{m+1}}\left(\frac{m+1}{K}\right)^{m+1}$. □

下述引理17是引理3的高阶扩展. 当$p=1$时,引理17退化为引理3.

引理 17: 如果存在$\delta>0$使得$\frac{\theta_k^p}{\lambda_{k+1}}\geqslant\delta$,其中$\lambda_{k+1}$在(2.46)中定义,则对任意$K\geqslant 0$,有

$$\lambda_K\leqslant\left(\frac{p}{p+K\sqrt[p]{\delta}}\right)^p\leqslant\frac{1}{\delta}\left(\frac{p}{K}\right)^p.$$

证明. 由于$\lambda_k\leqslant 1$递减,可得

$$\begin{aligned}\lambda_k-\lambda_{k+1}&=\left(\sqrt[p]{\lambda_k^{p-1}}+\sqrt[p]{\lambda_k^{p-2}\lambda_{k+1}}+\cdots+\sqrt[p]{\lambda_{k+1}^{p-1}}\right)\left(\sqrt[p]{\lambda_k}-\sqrt[p]{\lambda_{k+1}}\right)\\&\leqslant p\sqrt[p]{\lambda_k^{p-1}}\left(\sqrt[p]{\lambda_k}-\sqrt[p]{\lambda_{k+1}}\right).\end{aligned}$$

因此有

$$\frac{1}{\sqrt[p]{\lambda_{k+1}}}-\frac{1}{\sqrt[p]{\lambda_k}}=\frac{\sqrt[p]{\lambda_k}-\sqrt[p]{\lambda_{k+1}}}{\sqrt[p]{\lambda_k\lambda_{k+1}}}\geqslant\frac{\lambda_k-\lambda_{k+1}}{p\lambda_k\sqrt[p]{\lambda_{k+1}}}=\frac{\theta_k\lambda_k}{p\lambda_k\sqrt[p]{\lambda_{k+1}}}\geqslant\frac{\sqrt[p]{\delta}}{p}.$$

从$k=0$加到$k=K-1$,可得

$$\frac{1}{\sqrt[p]{\lambda_K}}-\frac{1}{\sqrt[p]{\lambda_0}}=\frac{1}{\sqrt[p]{\lambda_K}}-1\geqslant K\frac{\sqrt[p]{\delta}}{p},$$

结论得证. □

2.9 从变分的角度解释加速现象

尽管已经有严格的分析证明加速方法具有更快的收敛速度, 但研究者对加速现象背后的机理仍不清楚. 最近,若干文献对加速现象进行了解释和阐述 [Allen-Zhu and Orecchia, 2017; Bubeck et al., 2015; Flammarion and bach, 2015; Lessard et al., 2016; Su et al., 2014]. 在本节,我们介绍 [Wibisono et al., 2016] 中的工作,即从变分的角度解释加速现象.

定义 Bregman 拉格朗日函数

$$L(X,V,t)=\frac{p}{t}t^p\left[D_h\left(X+\frac{t}{p}V,X\right)-Ct^pf(X)\right],$$

该函数是关于位置 X、速度 V 和时间 t 的函数. $D_h(\cdot,\cdot)$ 表示由 $h(\mathrm{x})$ 导出的 Bregman 距离（见定义 26）.

给定一个一般的拉格朗日函数 $L(X,V,t)$, 通过把拉格朗日函数沿曲线 X_t 积分, 定义一个函数 $J(X)=\int L(X_t,\dot{X}_t,t)\mathrm{d}t$. 由变分性质, 该函数最小值点的一个必要条件是满足如下欧拉-拉格朗日方程

$$\frac{\mathrm{d}}{\mathrm{d}t}\left[\frac{\partial L}{\partial V}(X_t,\dot{X}_t,t)\right]=\frac{\partial L}{\partial X}(X_t,\dot{X}_t,t).$$

具体地, 对于 Bregman 拉格朗日函数, 其偏导数为

$$\begin{aligned}
&\frac{\partial L}{\partial X}(X,V,t)=\frac{p}{t}t^p\left[\nabla h\left(X+\frac{t}{p}V\right)-\nabla h(X)-\frac{t}{p}\nabla^2h(X)V-Ct^p\nabla f(X)\right],\\
&\frac{\partial L}{\partial V}(X,V,t)=t^p\left[\nabla h\left(X+\frac{t}{p}V\right)-\nabla h(X)\right].
\end{aligned}$$

因此 Bregman 拉格朗日函数的欧拉-拉格朗日方程是如下二阶微分方程

$$\ddot{X}_t+\frac{p+1}{t}\dot{X}_t+C\frac{p^2}{t^2}t^p\left[\nabla^2h\left(X_t+\frac{t}{p}\dot{X}_t\right)\right]^{-1}\nabla f(X_t)=0. \tag{2.52}$$

我们也可以将 (2.52) 写作如下形式, 其中只要求 ∇h 是可微的,

$$\frac{\mathrm{d}}{\mathrm{d}t}\nabla h\left(X_t+\frac{t}{p}\dot{X}_t\right)=-C\frac{p}{t}t^p\nabla f(X_t). \tag{2.53}$$

我们使用 Lyapunov 函数技巧证明欧拉-拉格朗日方程的解的收敛速度. 定义函数

$$\varepsilon_t=D_h\left(\mathrm{x}^*,X_t+\frac{p}{t}\dot{X}_t\right)+Ct^p(f(X_t)-f(\mathrm{x}^*)).$$

我们有如下收敛速度.

定理 12：欧拉-拉格朗日方程 (2.53) 的解满足

$$f(X_t)-f(\mathrm{x}^*)\leqslant O\left(\frac{1}{Ct^p}\right).$$

证明. 能量函数关于时间的导数为

$$\dot{\varepsilon}_t=-\left\langle\frac{\mathrm{d}}{\mathrm{d}t}\nabla h\left(X_t+\frac{t}{p}\dot{X}_t\right),\mathrm{x}^*-X_t-\frac{t}{p}\dot{X}_t\right\rangle+C\frac{p}{t}t^p(f(X_t)-f(\mathrm{x}^*))$$

$$+ Ct^p \left\langle \nabla f(X_t), \dot{X}_t \right\rangle.$$

如果 X_t 满足 (2.53), 则关于时间的导数简化为

$$\dot{\varepsilon}_t = -C\frac{p}{t}t^p\left(f(\mathrm{x}^*) - f(X_t) - \langle \nabla f(X_t), \mathrm{x}^* - X_t\rangle\right) \leqslant 0.$$

$D_h\left(\mathrm{x}^*, X_t + \frac{p}{t}\dot{X}_t\right) \geqslant 0$ 表明对任意 t, 有 $Ct^p(f(X_t) - f(\mathrm{x}^*)) \leqslant \varepsilon_t \leqslant \varepsilon_{t_0}$. 因此 $f(X_t) - f(\mathrm{x}^*) \leqslant \dfrac{\varepsilon_{t_0}}{Ct^p}$. □

离散化

我们现在考虑微分方程 (2.53) 的离散化. 将二阶方程 (2.53) 写成如下一阶方程组的形式

$$Z_t = X_t + \frac{t}{p}\dot{X}_t, \tag{2.54}$$

$$\frac{\mathrm{d}}{\mathrm{d}t}\nabla h(Z_t) = -Cpt^{p-1}\nabla f(X_t). \tag{2.55}$$

将 X_t 和 Z_t 离散化为序列 x_t 和 z_t, 并令 $\mathrm{x}_t = X_t$, $\mathrm{x}_{t+1} = X_t + \dot{X}_t$, $\mathrm{z}_t = Z_t$, $\mathrm{z}_{t+1} = Z_t + \dot{Z}_t$. 对 (2.54) 使用前向欧拉方法, 可得如下方程

$$\mathrm{z}_t = \mathrm{x}_t + \frac{t}{p}(\mathrm{x}_{t+1} - \mathrm{x}_t). \tag{2.56}$$

类似地, 对 (2.55) 使用后向欧拉方法, 可得 $\nabla h(\mathrm{z}_t) - \nabla h(\mathrm{z}_{t-1}) = -Cpt^{p-1}\nabla f(\mathrm{x}_t)$, 它是如下镜像下降 (Mirror Descent) 问题的最优性条件

$$\mathrm{z}_t = \arg\min_{\mathrm{z}}\left\{Cpt^{p-1}\langle \nabla f(\mathrm{x}_t), \mathrm{z}\rangle + D_h(\mathrm{z}, \mathrm{z}_{t-1})\right\}. \tag{2.57}$$

目前为止, 我们还无法证明算法 (2.56)-(2.57) 的收敛速度. 受算法2.3启发, 我们引入第三个序列 y_t 并考虑如下迭代

$$\mathrm{z}_t = \arg\min_{\mathrm{z}}\left\{Cpt^{\langle p-1\rangle}\langle \nabla f(\mathrm{y}_t), \mathrm{z}\rangle + D_h(\mathrm{z}, \mathrm{z}_{t-1})\right\}, \tag{2.58}$$

$$\mathrm{x}_{t+1} = \frac{p}{t+p}\mathrm{z}_t + \frac{t}{t+p}\mathrm{y}_t, \tag{2.59}$$

其中 $t^{\langle p-1\rangle} = t(t+1)\cdots(t+p-2)$. 算法 (2.58)-(2.59) 具有 $O(1/t^p)$ 收敛速度的充分条件是新序列 y_t 满足如下不等式

$$\langle \nabla f(\mathrm{y}_t), \mathrm{x}_t - \mathrm{y}_t\rangle \geqslant M\|\nabla f(\mathrm{y}_t)\|^{p/(p-1)}, \tag{2.60}$$

其中 $M > 0$ 是一常数.

定理 13：假设 h 是 $p \geqslant 2$ 阶 1-一致凸函数（见定义 16），y_t 满足 (2.60)，则满足 $C \leqslant M^{p-1}/p^p$ 和初始条件 $z_0 = x_0$ 的算法 (2.58)-(2.59) 具有如下收敛速度

$$f(y_t) - f(x^*) \leqslant O\left(\frac{1}{t^p}\right).$$

类比于 Nesterov 的估计函数，定义如下函数

$$\psi_t(x) = Cp\sum_{i=0}^{t} i^{\langle p-1\rangle}[f(y_i) + \langle \nabla f(y_i), x - y_i\rangle] + D_h(x, x_0). \tag{2.61}$$

(2.58) 的最优性条件为

$$\nabla h(z_t) = \nabla h(z_{t-1}) - Cpt^{\langle p-1\rangle}\nabla f(y_t).$$

累加，可得

$$\nabla h(z_t) = \nabla h(z_0) - Cp\sum_{i=0}^{t} i^{\langle p-1\rangle}\nabla f(y_i).$$

由 $x_0 = z_0$，可将上述等式写作 $\nabla \psi_t(z_t) = 0$. 因此可得

$$z_t = \arg\min_{z} \psi_t(z).$$

为了证明定理13，我们需要如下引理.

引理 18：对所有的 $t \geqslant 0$，有

$$\psi_t(z_t) \geqslant Ct^{\langle p\rangle} f(y_t). \tag{2.62}$$

证明. 使用归纳法证明. $k = 0$ 时结论成立，因为不等式两边都是0. 假设 (2.62) 对 t 成立，下面考虑 $t+1$ 的情形.

由于 h 是 p 阶 1-一致凸函数，Bregman 距离 $D_h(x, x_0)$ 也是 1-一致凸函数. 因此估计函数 ψ_t 也是 p 阶 1-一致凸函数. 由于 $\nabla \psi_t(z_t) = 0$，有 $D_{\psi_t}(x, z_t) = \psi_t(x) - \psi_t(z_t)$. 因此对所有 x，有

$$\psi_t(x) = \psi_t(z_t) + D_{\psi_t}(x, z_t) \geqslant \psi_t(z_t) + \frac{1}{p}\|x - z_t\|^p.$$

使用归纳假设 (2.62)，并使用 f 的凸性，可得

$$\psi_t(x) \geqslant Ct^{\langle p\rangle}[f(y_{t+1}) + \langle \nabla f(y_{t+1}), y_t - y_{t+1}\rangle] + \frac{1}{p}\|x - z_t\|^p.$$

将 $Cp(t+1)^{\langle p-1\rangle}[f(y_{t+1}) + \langle \nabla f(y_{t+1}), x - y_{t+1}\rangle]$ 加到等式两边，由 (2.61) 中

$\psi_{t+1}(\mathrm{x})$ 的定义,及(2.59)中 x_{t+1} 的定义,其中 $\tau_t = \dfrac{p(t+1)^{\langle p-1\rangle}}{(t+1)^{\langle p\rangle}} = \dfrac{p}{t+p}$,可得

$$\begin{aligned}\psi_{t+1}(\mathrm{x}) &= \psi_t(\mathrm{x}) + Cp(t+1)^{\langle p-1\rangle}[f(\mathrm{y}_{t+1}) + \langle \nabla f(\mathrm{y}_{t+1}), \mathrm{x} - \mathrm{y}_{t+1}\rangle] \\ &\geqslant C(t+1)^{\langle p\rangle}[f(\mathrm{y}_{t+1}) + \langle \nabla f(\mathrm{y}_{t+1}), \mathrm{x}_{t+1} - \mathrm{y}_{t+1} + \tau_t(\mathrm{x} - \mathrm{z}_t)\rangle] \\ &\quad + \frac{1}{p}\|\mathrm{x} - \mathrm{z}_t\|^p.\end{aligned}$$

对 $\langle \nabla f(\mathrm{y}_{t+1}), \mathrm{x}_{t+1} - \mathrm{y}_{t+1}\rangle$ 使用(2.60),可得

$$\begin{aligned}\psi_{t+1}(\mathrm{x}) &\geqslant C(t+1)^{\langle p\rangle} f(\mathrm{y}_{t+1}) + C(t+1)^{\langle p\rangle} M \|\nabla f(\mathrm{y}_{t+1})\|^{p/(p-1)} \\ &\quad + Cp(t+1)^{\langle p-1\rangle}\langle \nabla f(\mathrm{y}_{t+1}), \mathrm{x} - \mathrm{z}_t\rangle + \frac{1}{p}\|\mathrm{x} - \mathrm{z}_t\|^p. \end{aligned} \tag{2.63}$$

使用 Fenchel-Young 不等式(见命题 15),可得

$$\langle \mathrm{s}, \mathrm{u}\rangle + \frac{1}{p}\|\mathrm{u}\|^p \geqslant -\frac{p-1}{p}\|\mathrm{s}\|^{p/(p-1)},$$

其中 $\mathrm{u} = \mathrm{x} - \mathrm{z}_t$,$\mathrm{s} = Cp(t+1)^{\langle p-1\rangle}\nabla f(\mathrm{y}_{t+1})$. 由(2.63)可得

$$\begin{aligned}\psi_{t+1}(\mathrm{x}) \geqslant C(t+1)^{\langle p\rangle}\Bigg\{& f(\mathrm{y}_{t+1}) + \\ &\left[M - \frac{p-1}{p} p^{p/(p-1)} C^{1/(p-1)} \frac{((t+1)^{\langle p-1\rangle})^{p/(p-1)}}{(t+1)^{\langle p\rangle}}\right] \\ &\cdot \|\nabla f(\mathrm{y}_{t+1})\|^{p/(p-1)}\Bigg\}.\end{aligned}$$

注意 $[(t+1)^{\langle p-1\rangle}]^{p/(p-1)} \leqslant (t+1)^{\langle p\rangle}$. 因此由假设 $C \leqslant M^{p-1}/p^p$,可知括号中的第二项是非负的,因此可得不等式 $\psi_{t+1}(\mathrm{x}) \geqslant C(t+1)^{\langle p\rangle} f(\mathrm{y}_{t+1})$. 由于 x 是任意的,因此对 ψ_{t+1} 的最优解 $\mathrm{x} = \mathrm{z}_{t+1}$ 也成立. 引理得证. □

使用引理18,我们可以给出定理13的证明.

证明. 由于 f 是凸函数,可以给出估计函数 ψ_t 的上界

$$\psi_t(\mathrm{x}) \leqslant Cp\sum_{i=0}^{t} i^{\langle p-1\rangle} f(\mathrm{x}) + D_h(\mathrm{x}, \mathrm{x}_0) = Ct^{\langle p\rangle} f(\mathrm{x}) + D_h(\mathrm{x}, \mathrm{x}_0),$$

其中我们可以使用数学归纳法证明 $p\sum_{i=0}^{t} i^{\langle p-1\rangle} = t^{\langle p\rangle}$, 需要用到 $\sum_{j=p-1}^{t+p-2} C_j^{p-1} = C_{t+p-1}^{p}$ 对 $t = 1, 2, \cdots$ 成立. 上述不等式对所有 x 成立,因此对 f 的最

优解 x^* 也成立. 结合引理18, 由于 z_t 是 ψ_t 的最优解, 可得

$$Ct^{\langle p\rangle}f(\mathrm{y}_t) \leqslant \psi_t(\mathrm{z}_t) \leqslant \psi_t(\mathrm{x}^*) \leqslant Ct^{\langle p\rangle}f(\mathrm{x}^*) + D_h(\mathrm{x}^*, \mathrm{x}_0).$$

移项, 再两边同时除以 $Ct^{\langle p\rangle}$, 可得收敛速度. □

到目前为止, 我们只需要找到 y_t 使得 (2.60) 成立. 为了简化分析, 我们只考虑 $p = 2$ 的情形, 并假设 f 是 1 阶 L-光滑函数. 高阶光滑情形的分析请见 [Wibisono et al., 2016]. 令

$$\mathrm{y}_t = \arg\min_{\mathrm{x}} \left(\langle \nabla f(\mathrm{x}_t), \mathrm{x} \rangle + \frac{1}{4M}\|\mathrm{x} - \mathrm{x}_t\|^2 \right).$$

由最优性条件可得 $\nabla f(\mathrm{x}_t) + \frac{1}{2M}(\mathrm{y}_t - \mathrm{x}_t) = 0$. 由于

$$L^2\|\mathrm{x}_t - \mathrm{y}_t\|^2 \geqslant \|\nabla f(\mathrm{x}_t) - \nabla f(\mathrm{y}_t)\|^2 = \left\| \frac{1}{2M}(\mathrm{y}_t - \mathrm{x}_t) + \nabla f(\mathrm{y}_t) \right\|^2,$$

并令 $2M \leqslant 1/L$, 可得

$$\begin{aligned} \frac{1}{M}\langle \nabla f(\mathrm{y}_t), \mathrm{x}_t - \mathrm{y}_t \rangle &\geqslant \|\nabla f(\mathrm{y}_t)\|^2 + \frac{1}{4M^2}\|\mathrm{y}_t - \mathrm{x}_t\|^2 - L^2\|\mathrm{x}_t - \mathrm{y}_t\|^2 \\ &\geqslant \|\nabla f(\mathrm{y}_t)\|^2, \end{aligned}$$

从而得到当 $p = 2$ 时的 (2.60).

参考文献

Allen-Zhu Zeyuan and Hazan Elad. (2016). Optimal black-box reductions between optimization objectives[C]. In *Advances in Neural Information Processing Systems 29*, pages 1614-1622, Barcelona.

Allen-Zhu Zeyuan and Orecchia Lorenzo. (2017). Linear coupling: An ultimate unification of gradient and mirror descent[C]. In *Proceedings of the 8th Innovations in Theoretical Computer Science*, Berkeley.

Bach Francis, Jenatton Rodolphe, Mairal Julien, and Obozinski Guillaume. (2012). Convex optimization with sparsity-inducing norms[M]. In *Optimization for Machine Learning*, pages 19-53. MIT Press, Cambridge.

Baes Michel. (2009). Estimate sequence methods: extensions and approximations[R]. Technical report, Institute for Operations Research, ETH, Zürich, Switzerland.

Beck Amir and Teboulle Marc. (2009). A fast iterative shrinkage-thresholding algorithm for linear inverse problems[J]. *SIAM J. Imag. Sci.*, 2(1): 183-202.

Bubeck Sébastien, Jiang Qijia, Lee Yin Tat, Li Yuanzhi, and Sidford Aaron. (2019). Near-optimal method for highly smooth convex optimization[C]. In *Proceedings of the 32th Conference on Learning Theory*, pages 492-507, Phoenix.

Bubeck Sébastien, Lee Yin Tat, and Singh Mohit. (2005). A geometric alternative to Nesterov's accelerated gradient descent[R]. *Preprint. arXiv: 1506.08187.*

Chambolle Antonin and Pock Thomas. (2011). A first-order primal-dual algorithm for convex problems with applications to imaging[J]. *J. Math. Imag. Vis.*, 40(1): 120-145.

Chambolle Antonin and Pock Thomas. (2016). On the ergodic convergence rates of a first-order primal-dual algorithm[J]. *Math. Program.*, 159(1-2): 253-287.

Chen Xi, Kim Seyoung, Lin Qihang, Carbonell Jaime G, and Xing Eric P. (2010). Graph-structured multi-task regression and an efficient optimization method for general fused lasso[R]. *Preprint. arXiv: 1005.3579.*

Devolder Olivier, Glineur François, and Nesterov Yurii. (2014). First-order methods of smooth convex optimization with inexact oracle[J]. *Math. Program.*, 146(1-2): 37-75.

Fadili Jalal M and Peyré Gabriel. (2010). Total variation projection with first order schemes[J]. *IEEE Trans. Image Process.*, 20(3): 657-669.

Flammarion Nicolas and Bach Francis. (2015). From averaging to acceleration, there is only a step-size[C]. In *Proceedings of the 28th Conference on Learning Theory*, pages 658-695, Paris.

Ghadimi Euhanna, Feyzmahdavian Hamid Reza, and Johansson Mikael. (2015). Global convergence of the heavy-ball method for convex optimization[C]. In *European Control Conference*, pages 310-315, Linz.

Jacob Laurent, Obozinski Guillaume, and Vert Jean-Philippe. (2009). Group lasso with overlap and graph lasso[C]. In *Proceedings of the 26th International Conference on Machine Learning*, pages 433-440, Montreal.

Lan Guanghui and Zhou Yi. (2018). An optimal randomized incremental gradient method[J]. *Math. Program.*, 171(1-2): 167-215.

Lessard Laurent, Recht Benjamin, and Packard Andrew. (2016). Analysis and design of optimization algorithms via integral quadratic constraints[J]. *SIAM J. Optim.*, 26(1): 57-95.

Lin Hongzhou, Mairal Julien, and Harchaoui Zaid. (2018). Catalyst acceleration for first-order convex optimization: from theory to practice[J]. *J. Math. Learn. Res.*, 18(212): 1-54.

Necoara Ion, Nesterov Yurii, and Glineur Francois. (2019). Linear convergence of first order methods for non-strongly convex optimization[J]. *Math. Program.*, 175(1-2): 69-107.

Nesterov Yurii and Polyak Boris T. (2006). Cubic regularization of Newton's method and its global performance[J]. *Math. Program.*, 108(1): 177-205.

Nesterov Yurii. (1983). A method for unconstrained convex minimization problem with the rate of convergence $O(1/k^2)$[J]. *Sov. Math. Dokl.*, 27(2): 372-376.

Nesterov Yurii. (1988). On an approach to the construction of optimal methods of minimization of smooth convex functions[J]. *Ekonomika I Mateaticheskie Metody*, 24(3): 509-517.

Nesterov Yurii. (2005). Smooth minimization of non-smooth functions[J]. *Math. Program.*, 103(1): 127-152.

Nesterov Yurii. (2008). Accelerating the cubic regularization of Newton's method on convex problems[J]. *Math. Program.*, 181(1): 112-159.

Nesterov Yurii. (2013). Gradient methods for minimizing composite functions[J]. *Math. Program.*, 140(1): 125-161.

Nesterov Yurii. (2018). Lectures on Convex Optimization[M]. 2nd ed. Springer.

O' Donoghue Brendan and Candès Emmanuel. (2015). Adaptive restart for accelerated gradient schemes[J]. *Found. Comput. Math.*, 15(3): 715-732.

Ochs Peter, Brox Thomas, and Pock Thomas. (2015). iPiasco: Inertial proximal algorithm for strongly convex optimization[J]. *J. Math. Imag. Vis.*, 53: 171-181.

Polyak Boris T. (1964). Some methods of speeding up the convergence of iteration methods[J]. *USSR Comput. Math. and Math. Phys.*, 4(5): 1-17.

Schmidt Mark, Roux Nicolas L, and Bach Francis. (2011). Convergence rates of inexact proximal-gradient methods for convex optimization[C]. In *Advances in Neural Information Processing Systems 24*, pages 1458-1466, Granada.

Su Weijie, Boyd Stephen, and Candès Emmanuel. (2014). A differential equation for modeling Nesterov's accelerated gradient method: Theory and insights[C]. In *Advances in Neural Information Processing Systems 27*, pages 2510-2518, Montreal.

Tseng Paul. (2008). On accelerated proximal gradient methods for convex-concave optimization[R]. Technical report, University of Washington, Seattle.

Wibisono Andre, Wilson Ashia C, and Jordan Michael I. (2016). A variational perspective on accelerated methods in optimization[J]. *Proc. Natl. Acad. Sci.*, 113(47): 7351-7358.

第3章 带约束凸优化中的加速算法

除了无约束凸优化问题，加速方法也可用于求解带约束凸优化问题. 在本章，我们将简要介绍如何将加速技巧应用到带约束优化问题上. 本章考虑如下凸优化问题

$$\begin{aligned} \min_{\mathrm{x}\in\mathbb{R}^n} \quad & f(\mathrm{x}), \\ \text{s.t.} \quad & \mathrm{Ax}=\mathrm{b}, \\ & g_i(\mathrm{x}) \leqslant 0, i=1,\cdots,p, \end{aligned} \tag{3.1}$$

其中 $f(\mathrm{x})$ 和 $g_i(\mathrm{x})$ 都是凸函数，$\mathrm{A} \in \mathbb{R}^{m\times n}$. 在本章，我们将介绍罚函数法、拉格朗日乘子法、增广拉格朗日乘子法、交替方向乘子法、原始–对偶算法和Frank-Wolfe算法.

3.1 线性等式约束问题的一些有用结论

考虑问题(3.1)的简单特例，即只有线性等式约束的凸优化问题

$$\begin{aligned} \min_{\mathrm{x}} \quad & f(\mathrm{x}), \\ \text{s.t.} \quad & \mathrm{Ax}=\mathrm{b}. \end{aligned} \tag{3.2}$$

问题(3.2)的对偶问题（见定义30）为

$$\max_{\mathrm{u}} \ d(\mathrm{u}),$$

其中$d(\mathrm{u}) = -f^*(\mathrm{A}^T\mathrm{u})-\langle\mathrm{u},\mathrm{b}\rangle$，$f^*$为$f$的共轭函数. 记$\sigma_1 \geqslant \sigma_2 \geqslant \cdots \geqslant \sigma_r > 0$为A的非零奇异值（见定义6），则$d(\mathrm{u})$有如下性质.

引理 19:

1. 如果 f 是 μ-强凸函数,则 $d(\mathrm{u})$ 是 $\frac{\sigma_1^2}{\mu}$-光滑函数.
2. 如果 f 是 L-光滑函数,则 $-d(\mathrm{u})$ 对所有 $\mathrm{u} \in \mathrm{Span}(\mathrm{A})$ 是 $\frac{\sigma_r^2}{L}$-强凸函数.

证明. 1. 由于 f 是 μ-强凸函数,可知 f^* 是 $1/\mu$-光滑函数(见命题14第4条),因此有

$$\begin{aligned}\|\nabla d(\mathrm{u}) - \nabla d(\mathrm{v})\| =&\|\mathrm{A}\nabla f^*(\mathrm{A}^T\mathrm{u}) - \mathrm{A}\nabla f^*(\mathrm{A}^T\mathrm{v})\|\\ \leqslant&\|\mathrm{A}\|_2\|\nabla f^*(\mathrm{A}^T\mathrm{u}) - \nabla f^*(\mathrm{A}^T\mathrm{v})\|\\ \leqslant&\frac{\|\mathrm{A}\|_2}{\mu}\|\mathrm{A}^T\mathrm{u} - \mathrm{A}^T\mathrm{v}\|\\ \leqslant&\frac{\|\mathrm{A}\|_2^2}{\mu}\|\mathrm{u} - \mathrm{v}\|.\end{aligned}$$

2. 由于 f 是 L-光滑函数,可知 f^* 是 $\frac{1}{L}$-强凸函数,但不一定是可微的(见命题14第4条),因此有

$$\begin{aligned}-\left\langle \hat{\nabla} d(\mathrm{u}) - \hat{\nabla} d(\mathrm{u}'), \mathrm{u} - \mathrm{u}'\right\rangle =&\left\langle \mathrm{A}\hat{\nabla} f^*(\mathrm{A}^T\mathrm{u}) - \mathrm{A}\hat{\nabla} f^*(\mathrm{A}^T\mathrm{u}'), \mathrm{u} - \mathrm{u}'\right\rangle\\ =&\left\langle \hat{\nabla} f^*(\mathrm{A}^T\mathrm{u}) - \hat{\nabla} f^*(\mathrm{A}^T\mathrm{u}'), \mathrm{A}^T\mathrm{u} - \mathrm{A}^T\mathrm{u}'\right\rangle\\ \overset{a}{\geqslant}&\frac{1}{L}\|\mathrm{A}^T\mathrm{u} - \mathrm{A}^T\mathrm{u}'\|^2,\end{aligned}$$

其中 $\hat{\nabla} d(\mathrm{u}) \in \partial d(\mathrm{u}), \hat{\nabla} f^*(\mathrm{u}) \in \partial f^*(\mathrm{u})$,并且 $\overset{a}{\geqslant}$ 使用了命题13. 令 $\mathrm{A} = \mathrm{U}\Sigma\mathrm{V}^T$ 为其瘦型奇异值分解(见定义6). 由于 u 和 u′ 属于 Span(A), 存在 y 使得 $\mathrm{u} - \mathrm{u}' = \mathrm{Ay} = \mathrm{U}\Sigma\mathrm{V}^T\mathrm{y} = \mathrm{Uz}$. 因此可得 $\mathrm{A}^T\mathrm{A} = \mathrm{V}\Sigma^2\mathrm{V}^T, \mathrm{A}\mathrm{A}^T = \mathrm{U}\Sigma^2\mathrm{U}^T$ 和

$$\begin{aligned}\|\mathrm{A}^T\mathrm{u} - \mathrm{A}^T\mathrm{u}'\|^2 =&(\mathrm{u} - \mathrm{u}')^T\mathrm{A}\mathrm{A}^T(\mathrm{u} - \mathrm{u}')\\ =&\mathrm{z}^T\mathrm{U}^T\mathrm{U}\Sigma^2\mathrm{U}^T\mathrm{U}\mathrm{z}\\ =&\mathrm{z}^T\Sigma^2\mathrm{z}\\ \geqslant&\sigma_r^2(\mathrm{A})\|\mathrm{z}\|^2\\ =&\sigma_r^2(\mathrm{A})\|\mathrm{u} - \mathrm{u}'\|^2,\end{aligned}$$

其中我们使用了 $\|\mathrm{u} - \mathrm{u}'\|^2 = \mathrm{z}^T\mathrm{U}^T\mathrm{U}\mathrm{z} = \|\mathrm{z}\|^2$. □

下面介绍关于 KKT 点的一个重要引理.

引理 20: 假设 $f(\mathrm{x})$ 是凸函数, 并令 $(\mathrm{x}^*, \lambda^*)$ 是问题(3.2)的 KKT 点(见定义32),则有 $f(\mathrm{x}) - f(\mathrm{x}^*) + \langle \lambda^*, \mathrm{Ax} - \mathrm{b}\rangle \geqslant 0, \forall \mathrm{x}$.

引理 21：假设 $f(\mathrm{x})$ 是凸函数，$(\mathrm{x}^*, \lambda^*)$ 是问题(3.2)的 KKT 点，如果

$$f(\mathrm{x}) - f(\mathrm{x}^*) + \langle \lambda^*, \mathrm{Ax} - \mathrm{b} \rangle \leqslant \alpha_1,$$
$$\|\mathrm{Ax} - \mathrm{b}\| \leqslant \alpha_2$$

成立，则有

$$-\|\lambda^*\|\alpha_2 \leqslant f(\mathrm{x}) - f(\mathrm{x}^*) \leqslant \|\lambda^*\|\alpha_2 + \alpha_1.$$

最后我们介绍增广拉格朗日函数的若干性质. 令

$$L_\beta(\mathrm{x}, \mathrm{u}) = f(\mathrm{x}) + \langle \mathrm{u}, \mathrm{Ax} - \mathrm{b} \rangle + \frac{\beta}{2}\|\mathrm{Ax} - \mathrm{b}\|^2,$$

并定义

$$d_\beta(\mathrm{u}) = \min_{\mathrm{x}} L_\beta(\mathrm{x}, \mathrm{u}). \tag{3.3}$$

对任意 u，可知 $d(\mathrm{u}) \leqslant d_\beta(\mathrm{u})$. 并且对任意 u，有 $d_\beta(\mathrm{u}) \leqslant f(\mathrm{x}^*)$. 由于 $d(\mathrm{u}^*) = f(\mathrm{x}^*)$，可知 $d(\mathrm{u}^*) = d_\beta(\mathrm{u}^*) = f(\mathrm{x}^*)$. 进一步地，$d_\beta(\mathrm{u})$ 比 $d(\mathrm{u})$ 具有更好的光滑性.

引理 22：令 $\mathcal{D}(\mathrm{u})$ 表示问题 $\min_{\mathrm{x}} L_\beta(\mathrm{x}, \mathrm{u})$ 的最优解集. 则有

1. 对 $\mathcal{D}(\mathrm{u})$ 中的任意 x，Ax 的值是固定的.
2. $d_\beta(\mathrm{u})$ 是可微的，且 $\nabla d_\beta(\mathrm{u}) = \mathrm{Ax}(\mathrm{u}) - \mathrm{b}$，其中 $\mathrm{x}(\mathrm{u}) \in \mathcal{D}(\mathrm{u})$ 是 $\min_{\mathrm{x}} L_\beta(\mathrm{x}, \mathrm{u})$ 的任意最小值点.
3. $d_\beta(\mathrm{u})$ 是 $\frac{1}{\beta}$-光滑的，即

$$\|\nabla d_\beta(\mathrm{u}) - \nabla d_\beta(\mathrm{u}')\| \leqslant \frac{1}{\beta}\|\mathrm{u} - \mathrm{u}'\|.$$

证明. 假设存在 x 和 $\mathrm{x}' \in \mathcal{D}(\mathrm{u})$ 使得 $\mathrm{Ax} \neq \mathrm{Ax}'$，则有 $d_\beta(\mathrm{u}) = L_\beta(\mathrm{x}, \mathrm{u}) = L_\beta(\mathrm{x}', \mathrm{u})$. 由于 $L_\beta(\mathrm{x}, \mathrm{u})$ 关于 x 是凸函数，$\mathcal{D}(\mathrm{u})$ 一定是凸集，从而有 $\overline{\mathrm{x}} = (\mathrm{x} + \mathrm{x}')/2 \in \mathcal{D}(\mathrm{u})$. 由于 f 是凸函数并且 $\|\cdot\|^2$ 是严格凸函数（见定义14），可知

$$\begin{aligned} d_\beta(\mathrm{u}) &= \frac{1}{2}L_\beta(\mathrm{x}, \mathrm{u}) + \frac{1}{2}L_\beta(\mathrm{x}', \mathrm{u}) > f(\overline{\mathrm{x}}) + \langle \mathrm{A}\overline{\mathrm{x}} - \mathrm{b}, \mathrm{u} \rangle + \frac{\beta}{2}\|\mathrm{A}\overline{\mathrm{x}} - \mathrm{b}\|^2 \\ &= L_\beta(\overline{\mathrm{x}}, \mathrm{u}). \end{aligned}$$

这与 $d_\beta(\mathrm{u}) = \min_{\mathrm{x}} L_\beta(\mathrm{x}, \mathrm{u})$ 的定义矛盾. 因此 Ax 的值对 $\mathcal{D}(\mathrm{u})$ 中的任意 x 是固定的. 因此 $\partial d_\beta(\mathrm{u})$ 也是唯一的. 由 Danskin 定理（见定理51），可知 $d_\beta(\mathrm{u})$

是可微的，并且 $\nabla d(\mathrm{u}) = \mathrm{Ax}(\mathrm{u}) - \mathrm{b}$，其中 $\mathrm{x}(\mathrm{u}) \in \mathcal{D}(\mathrm{u})$ 是 $\min_{\mathrm{x}} L_\beta(\mathrm{x}, \mathrm{u})$ 的任意最优解.

令 $\mathrm{x} = \arg\min_{\mathrm{x}} L_\beta(\mathrm{x}, \mathrm{u}), \mathrm{x}' = \arg\min_{\mathrm{x}} L_\beta(\mathrm{x}, \mathrm{u}')$，则有

$$
\begin{aligned}
0 &\in \partial f(\mathrm{x}) + \mathrm{A}^T\mathrm{u} + \beta \mathrm{A}^T(\mathrm{Ax} - \mathrm{b}), \\
0 &\in \partial f(\mathrm{x}') + \mathrm{A}^T\mathrm{u}' + \beta \mathrm{A}^T(\mathrm{Ax}' - \mathrm{b}).
\end{aligned}
$$

由 ∂f 的单调性（见命题13），有

$$
\begin{aligned}
&\left\langle -(\mathrm{A}^T\mathrm{u} + \beta\mathrm{A}^T(\mathrm{Ax} - \mathrm{b})) + (\mathrm{A}^T\mathrm{u}' + \beta\mathrm{A}^T(\mathrm{Ax}' - \mathrm{b})), \mathrm{x} - \mathrm{x}' \right\rangle \geqslant 0 \\
\Rightarrow &\langle \mathrm{u} - \mathrm{u}', \mathrm{Ax} - \mathrm{Ax}' \rangle + \beta \|\mathrm{Ax} - \mathrm{Ax}'\|^2 \leqslant 0 \\
\Rightarrow &\beta \|\mathrm{Ax} - \mathrm{Ax}'\| \leqslant \|\mathrm{u} - \mathrm{u}'\|.
\end{aligned}
$$

因此可得

$$
\|\nabla d_\beta(\mathrm{u}) - \nabla d_\beta(\mathrm{u}')\| = \|\mathrm{Ax} - \mathrm{Ax}'\| \leqslant \frac{1}{\beta}\|\mathrm{u} - \mathrm{u}'\|.
$$

□

3.2 加速罚函数法

罚函数法是求解带约束问题的一个重要方法. 考虑问题(3.2)，罚函数法的基本思想是把问题的约束作为一个惩罚项加到目标函数上[Lan and Monteiro, 2013; Luenberger, 1971; Necoara et al., 2019; Nguyen and Strodiot, 1978; Polyak, 1971]，转而最小化下述无约束问题：

$$
\min_{\mathrm{x}} f(\mathrm{x}) + \frac{\beta}{2}\|\mathrm{Ax} - \mathrm{b}\|^2. \tag{3.4}
$$

一般来说，如果 β 取值 $O\left(\frac{1}{\epsilon}\right)$，并且

$$
f(\mathrm{x}) + \frac{\beta}{2}\|\mathrm{Ax} - \mathrm{b}\|^2 \leqslant \min_{\mathrm{x}}\left(f(\mathrm{x}) + \frac{\beta}{2}\|\mathrm{Ax} - \mathrm{b}\|^2\right) + \epsilon,
$$

则可得 $|f(\mathrm{x}) - f(\mathrm{x}^*)| \leqslant \epsilon, \|\mathrm{Ax} - \mathrm{b}\| \leqslant \epsilon$ [Lan and Monteiro, 2013]. 事实上，令 $(\mathrm{x}^*, \lambda^*)$ 是问题(3.2)的KKT点，则有

$$
\begin{aligned}
f(\mathrm{x}) + \frac{\beta}{2}\|\mathrm{Ax} - \mathrm{b}\|^2 \leqslant \min_{\mathrm{x}}\left(f(\mathrm{x}) + \frac{\beta}{2}\|\mathrm{Ax} - \mathrm{b}\|^2\right) + \epsilon \leqslant f(\mathrm{x}^*) + \epsilon, \\
f(\mathrm{x}^*) = f(\mathrm{x}^*) + \langle \lambda^*, \mathrm{Ax}^* - \mathrm{b} \rangle \leqslant f(\mathrm{x}) + \langle \lambda^*, \mathrm{Ax} - \mathrm{b} \rangle.
\end{aligned}
$$

从而可得

$$f(\mathrm{x})-f(\mathrm{x}^*)\leqslant\epsilon,\quad -\|\lambda^*\|\|\mathrm{Ax}-\mathrm{b}\|\leqslant-\langle\lambda^*,\mathrm{Ax}-\mathrm{b}\rangle\leqslant f(\mathrm{x})-f(\mathrm{x}^*).$$

因此有

$$\frac{\beta}{2}\|\mathrm{Ax}-\mathrm{b}\|^2-\|\lambda^*\|\|\mathrm{Ax}-\mathrm{b}\|\leqslant\epsilon.$$

令 $\beta=O\left(\frac{1}{\epsilon}\right)$,进一步可得

$$\|\mathrm{Ax}-\mathrm{b}\|\leqslant\frac{2\|\lambda^*\|}{\beta}+\sqrt{\frac{2\epsilon}{\beta}}\leqslant\epsilon,\quad -\|\lambda^*\|\epsilon\leqslant f(\mathrm{x})-f(\mathrm{x}^*).$$

因此我们可以使用前面章节介绍的加速梯度法来最小化问题(3.4). 但是,如果直接在惩罚项中设置一个很大的惩罚因子,即 β 很大时,$\frac{\beta}{2}\|\mathrm{Ax}-\mathrm{b}\|^2$ 是病态的(Ill-conditioned). 此时算法往往收敛较慢. 为了解决这个问题,研究者一般采用 Continuation 技术[Lan and Monteiro, 2013],即并非直接求解惩罚因子很大的问题(3.4),而是求解一系列惩罚因子递增的问题(3.4).

在本节,我们介绍一种稍微不同于 Continuation 技术的策略,即在每次迭代中都递增惩罚因子 [Li et al., 2017]. 换句话说,我们使用 Continuation 技术求解一系列子问题,每个子问题只迭代一次,然后增加惩罚因子,求解下一个子问题. 进一步地,我们引入前面章节介绍的加速技巧,具体如算法3.1所示,其中 θ_k、α_k 和 η_k 将在定理15和16 中给出.

算法 3.1 加速罚函数法

初始化 $\mathrm{x}_0=\mathrm{x}_{-1}$.
for $k=0,1,2,3,\cdots$ **do**

$$\mathrm{y}_k=\mathrm{x}_k+\frac{(\eta_k\theta_k-\mu)(1-\theta_{k-1})}{(\eta_k-\mu)\theta_{k-1}}(\mathrm{x}_k-\mathrm{x}_{k-1}),$$

$$\mathrm{x}_{k+1}=\mathrm{y}_k-\frac{1}{\eta_k}\left[\nabla f(\mathrm{y}_k)+\frac{\beta}{\alpha_k}\mathrm{A}^T(\mathrm{Ay}_k-\mathrm{b})\right].$$

end for k

下面给出关于加速罚函数法收敛速度的定理及证明.

引理 23: 假设序列 $\{\alpha_k\}_{k=0}^{\infty}$ 和 $\{\theta_k\}_{k=0}^{\infty}$ 满足 $\frac{1-\theta_k}{\alpha_k}=\frac{1}{\alpha_{k-1}}$. 定义

$$\overline{\lambda}_{k+1}=\frac{\beta}{\alpha_k}(\mathrm{Ay}_k-\mathrm{b}),$$

$$\lambda_{k+1} = \frac{\beta}{\alpha_k}(\mathrm{Ax}_{k+1} - \mathrm{b}),$$
$$\mathrm{w}_{k+1} = \frac{1}{\theta_k}\mathrm{x}_{k+1} - \frac{1-\theta_k}{\theta_k}\mathrm{x}_k. \tag{3.5}$$

则有

$$\lambda_{k+1} - \lambda_k = \frac{\beta}{\alpha_k}\left[\mathrm{Ax}_{k+1} - (1-\theta_k)\mathrm{Ax}_k - \theta_k\mathrm{b}\right], \tag{3.6}$$
$$\frac{\alpha_k}{2\beta}\|\lambda_{k+1} - \overline{\lambda}_{k+1}\|^2 \leqslant \frac{\beta\|\mathrm{A}^T\mathrm{A}\|_2}{2\alpha_k}\|\mathrm{x}_{k+1} - \mathrm{y}_k\|^2, \tag{3.7}$$
$$\mathrm{w}_k = \frac{\eta_k - \mu}{\eta_k\theta_k - \mu}\mathrm{y}_k - \frac{\eta_k(1-\theta_k)}{\eta_k\theta_k - \mu}\mathrm{x}_k. \tag{3.8}$$

证明. 对于第一个关系式,我们有

$$\begin{aligned}\lambda_{k+1} - \lambda_k &= \frac{\beta}{\alpha_k}(\mathrm{Ax}_{k+1} - \mathrm{b}) - \frac{\beta}{\alpha_{k-1}}(\mathrm{Ax}_k - \mathrm{b})\\ &= \frac{\beta}{\alpha_k}(\mathrm{Ax}_{k+1} - \mathrm{b}) - \frac{\beta(1-\theta_k)}{\alpha_k}(\mathrm{Ax}_k - \mathrm{b})\\ &= \frac{\beta}{\alpha_k}\left[\mathrm{Ax}_{k+1} - (1-\theta_k)\mathrm{Ax}_k - \theta_k\mathrm{b}\right].\end{aligned}$$

对于第二个关系式,有

$$\frac{\alpha_k}{2\beta}\|\lambda_{k+1} - \overline{\lambda}_{k+1}\|^2 = \frac{\alpha_k}{2\beta}\left\|\frac{\beta}{\alpha_k}\mathrm{A}(\mathrm{x}_{k+1} - \mathrm{y}_k)\right\|^2 \leqslant \frac{\beta\|\mathrm{A}^T\mathrm{A}\|_2}{2\alpha_k}\|\mathrm{x}_{k+1} - \mathrm{y}_k\|^2.$$

第三个关系式可由 y_k 的定义直接得到. □

下面定理给出了算法3.1的收敛速度.

定理 14: 假设 $f(\mathrm{x})$ 是 L-光滑、μ-强凸函数. 令 $\{\alpha_k\}_{k=0}^{\infty}$ 是一个递减序列, $\frac{1}{\alpha_{-1}} = 0, \alpha_k \geqslant 0$. 定义 θ_k 和 η_k 满足 $\frac{1-\theta_k}{\alpha_k} = \frac{1}{\alpha_{k-1}}$ 和 $\eta_k = L + \frac{\beta\|\mathrm{A}^T\mathrm{A}\|_2}{\alpha_k}$. 假设下述两个不等式成立:

$$\frac{\eta_{k-1}\theta_{k-1}^2}{2\alpha_{k-1}} \geqslant \frac{\eta_k\theta_k^2 - \mu\theta_k}{2\alpha_k}, \qquad \theta_k \geqslant \frac{\mu}{\eta_k}, \tag{3.9}$$

则对算法3.1有

$$|f(\mathrm{x}_{K+1}) - f(\mathrm{x}^*)| \leqslant O(\alpha_K), \quad \|\mathrm{Ax}_{K+1} - \mathrm{b}\| \leqslant O(\alpha_K).$$

证明. 由算法3.1第2步,有

$$0 = \nabla f(\mathrm{y}_k) + \mathrm{A}^T\overline{\lambda}_{k+1} + \eta_k(\mathrm{x}_{k+1} - \mathrm{y}_k).$$

由 f 的光滑性及强凸性,有

$$
\begin{aligned}
f(\mathrm{x}_{k+1}) \leqslant & f(\mathrm{y}_k) + \langle \nabla f(\mathrm{y}_k), \mathrm{x}_{k+1} - \mathrm{y}_k \rangle + \frac{L}{2}\|\mathrm{x}_{k+1} - \mathrm{y}_k\|^2 \\
\leqslant & f(\mathrm{x}) - \frac{\mu}{2}\|\mathrm{x} - \mathrm{y}_k\|^2 + \langle \nabla f(\mathrm{y}_k), \mathrm{x}_{k+1} - \mathrm{x} \rangle + \frac{L}{2}\|\mathrm{x}_{k+1} - \mathrm{y}_k\|^2 \\
= & f(\mathrm{x}) - \frac{\mu}{2}\|\mathrm{x} - \mathrm{y}_k\|^2 + \left\langle \mathrm{A}^T \overline{\lambda}_{k+1}, \mathrm{x} - \mathrm{x}_{k+1} \right\rangle \\
& + \eta_k \langle \mathrm{x}_{k+1} - \mathrm{y}_k, \mathrm{x} - \mathrm{x}_{k+1} \rangle + \frac{L}{2}\|\mathrm{x}_{k+1} - \mathrm{y}_k\|^2 \\
= & f(\mathrm{x}) + \left\langle \mathrm{A}^T \overline{\lambda}_{k+1}, \mathrm{x} - \mathrm{x}_{k+1} \right\rangle + \eta_k \langle \mathrm{x}_{k+1} - \mathrm{y}_k, \mathrm{x} - \mathrm{y}_k \rangle \\
& - \frac{\mu}{2}\|\mathrm{x} - \mathrm{y}_k\|^2 - \left(\frac{L}{2} + \frac{\beta\|\mathrm{A}^T\mathrm{A}\|_2}{\alpha_k}\right)\|\mathrm{x}_{k+1} - \mathrm{y}_k\|^2.
\end{aligned}
$$

令 $\mathrm{x} = \mathrm{x}_k$ 和 $\mathrm{x} = \mathrm{x}^*$, 可得两个不等式, 对第一个不等式左右两边同时乘以 $1 - \theta_k$,对第二个不等式左右两边同时乘以 θ_k,相加,可得

$$
\begin{aligned}
& f(\mathrm{x}_{k+1}) - (1-\theta_k) f(\mathrm{x}_k) - \theta_k f(\mathrm{x}^*) \\
\leqslant & \left\langle \overline{\lambda}_{k+1}, \theta_k \mathrm{A}\mathrm{x}^* + (1-\theta_k)\mathrm{A}\mathrm{x}_k - \mathrm{A}\mathrm{x}_{k+1} \right\rangle \\
& + \eta_k \langle \mathrm{x}_{k+1} - \mathrm{y}_k, \theta_k \mathrm{x}^* + (1-\theta_k)\mathrm{x}_k - \mathrm{y}_k \rangle \\
& - \frac{\mu\theta_k}{2}\|\mathrm{x}^* - \mathrm{y}_k\|^2 - \left(\frac{L}{2} + \frac{\beta\|\mathrm{A}^T\mathrm{A}\|_2}{\alpha_k}\right)\|\mathrm{x}_{k+1} - \mathrm{y}_k\|^2.
\end{aligned}
$$

将 $\langle \lambda^*, \mathrm{A}\mathrm{x}_{k+1} - (1-\theta_k)\mathrm{A}\mathrm{x}_k - \theta_k \mathrm{A}\mathrm{x}^* \rangle$ 加到不等式两边,并使用 $\mathrm{A}\mathrm{x}^* = \mathrm{b}$, 可得

$$
\begin{aligned}
& f(\mathrm{x}_{k+1}) - f(\mathrm{x}^*) + \langle \lambda^*, \mathrm{A}\mathrm{x}_{k+1} - \mathrm{b} \rangle \\
& - (1-\theta_k)\left(f(\mathrm{x}_k) - f(\mathrm{x}^*) + \langle \lambda^*, \mathrm{A}\mathrm{x}_k - \mathrm{b} \rangle\right) \\
\leqslant & \left\langle \overline{\lambda}_{k+1} - \lambda^*, \theta_k \mathrm{A}\mathrm{x}^* + (1-\theta_k)\mathrm{A}\mathrm{x}_k - \mathrm{A}\mathrm{x}_{k+1} \right\rangle \\
& + \eta_k \langle \mathrm{x}_{k+1} - \mathrm{y}_k, \theta_k \mathrm{x}^* + (1-\theta_k)\mathrm{x}_k - \mathrm{y}_k \rangle \\
& - \frac{\mu\theta_k}{2}\|\mathrm{x}^* - \mathrm{y}_k\|^2 - \left(\frac{L}{2} + \frac{\beta\|\mathrm{A}^T\mathrm{A}\|_2}{\alpha_k}\right)\|\mathrm{x}_{k+1} - \mathrm{y}_k\|^2 \\
\overset{a}{=} & \frac{\alpha_k}{\beta}\left\langle \overline{\lambda}_{k+1} - \lambda^*, \lambda_k - \lambda_{k+1} \right\rangle \\
& + \frac{\eta_k}{2}\left(\|\theta_k \mathrm{x}^* + (1-\theta_k)\mathrm{x}_k - \mathrm{y}_k\|^2 - \|\theta_k \mathrm{x}^* + (1-\theta_k)\mathrm{x}_k - \mathrm{x}_{k+1}\|^2\right) \\
& - \frac{\mu\theta_k}{2}\|\mathrm{x}^* - \mathrm{y}_k\|^2 - \frac{\beta\|\mathrm{A}^T\mathrm{A}\|_2}{2\alpha_k}\|\mathrm{y}_k - \mathrm{x}_{k+1}\|^2 \\
\overset{b}{=} & \frac{\alpha_k}{2\beta}\left(\|\lambda_k - \lambda^*\|^2 - \|\lambda_{k+1} - \lambda^*\|^2 - \|\overline{\lambda}_{k+1} - \lambda_k\|^2 + \|\lambda_{k+1} - \overline{\lambda}_{k+1}\|^2\right)
\end{aligned}
$$

$$
\begin{aligned}
&+\frac{\eta_k\theta_k^2}{2}\left(\left\|\mathbf{x}^*+\frac{1-\theta_k}{\theta_k}\mathbf{x}_k-\frac{1}{\theta_k}\mathbf{y}_k\right\|^2-\left\|\mathbf{x}^*+\frac{1-\theta_k}{\theta_k}\mathbf{x}_k-\frac{1}{\theta_k}\mathbf{x}_{k+1}\right\|^2\right)\\
&-\frac{\mu\theta_k}{2}\|\mathbf{x}^*-\mathbf{y}_k\|^2-\frac{\beta\|\mathbf{A}^T\mathbf{A}\|_2}{2\alpha_k}\|\mathbf{y}_k-\mathbf{x}_{k+1}\|^2\\
\overset{c}{\leqslant}&\frac{\alpha_k}{2\beta}\left(\|\lambda_k-\lambda^*\|^2-\|\lambda_{k+1}-\lambda^*\|^2-\|\bar{\lambda}_{k+1}-\lambda_k\|^2\right)-\frac{\mu\theta_k}{2}\|\mathbf{x}^*-\mathbf{y}_k\|^2\\
&+\frac{\eta_k\theta_k^2}{2}\left(\left\|\mathbf{x}^*+\frac{1-\theta_k}{\theta_k}\mathbf{x}_k-\frac{1}{\theta_k}\mathbf{y}_k\right\|^2-\|\mathbf{w}_{k+1}-\mathbf{x}^*\|^2\right),
\end{aligned}
$$

其中$\overset{a}{=}$使用了(3.6)和(A.1),$\overset{b}{=}$使用了(A.3),$\overset{c}{\leqslant}$使用了(3.7)和(3.5). 考虑

$$
\begin{aligned}
&\frac{\eta_k\theta_k^2}{2}\left\|\mathbf{x}^*+\frac{1-\theta_k}{\theta_k}\mathbf{x}_k-\frac{1}{\theta_k}\mathbf{y}_k\right\|^2\\
=&\frac{\eta_k\theta_k^2}{2}\left\|\frac{\mu}{\eta_k\theta_k}(\mathbf{x}^*-\mathbf{y}_k)+\left(1-\frac{\mu}{\eta_k\theta_k}\right)\left(\mathbf{x}^*+\frac{\eta_k(1-\theta_k)}{\eta_k\theta_k-\mu}\mathbf{x}_k-\frac{\eta_k-\mu}{\eta_k\theta_k-\mu}\mathbf{y}_k\right)\right\|^2\\
\overset{a}{\leqslant}&\frac{\mu\theta_k}{2}\|\mathbf{x}^*-\mathbf{y}_k\|^2+\frac{\theta_k(\eta_k\theta_k-\mu)}{2}\left\|\mathbf{x}^*+\frac{\eta_k(1-\theta_k)}{\eta_k\theta_k-\mu}\mathbf{x}_k-\frac{\eta_k-\mu}{\eta_k\theta_k-\mu}\mathbf{y}_k\right\|^2\\
\overset{b}{=}&\frac{\mu\theta_k}{2}\|\mathbf{x}^*-\mathbf{y}_k\|^2+\frac{\theta_k(\eta_k\theta_k-\mu)}{2}\|\mathbf{w}_k-\mathbf{x}^*\|^2,
\end{aligned}
$$

其中$\overset{a}{\leqslant}$使用了$\|\cdot\|^2$的凸性,$\overset{b}{=}$使用了(3.8). 因此有

$$
\begin{aligned}
&f(\mathbf{x}_{k+1})-f(\mathbf{x}^*)+\langle\lambda^*,\mathbf{A}\mathbf{x}_{k+1}-\mathbf{b}\rangle\\
&-(1-\theta_k)\left(f(\mathbf{x}_k)-f(\mathbf{x}^*)+\langle\lambda^*,\mathbf{A}\mathbf{x}_k-\mathbf{b}\rangle\right)\\
\leqslant&\frac{\alpha_k}{2\beta}\left(\|\lambda_k-\lambda^*\|^2-\|\lambda_{k+1}-\lambda^*\|^2\right)+\frac{\theta_k(\eta_k\theta_k-\mu)}{2}\|\mathbf{w}_k-\mathbf{x}^*\|^2\\
&-\frac{\eta_k\theta_k^2}{2}\|\mathbf{w}_{k+1}-\mathbf{x}^*\|^2.
\end{aligned}
$$

将两边同时除以α_k并使用$\frac{1-\theta_k}{\alpha_k}=\frac{1}{\alpha_{k-1}}$和(3.9),可得

$$
\begin{aligned}
&\frac{1}{\alpha_k}\left(f(\mathbf{x}_{k+1})-f(\mathbf{x}^*)+\langle\lambda^*,\mathbf{A}\mathbf{x}_{k+1}-\mathbf{b}\rangle+\frac{\eta_k\theta_k^2}{2}\|\mathbf{w}_{k+1}-\mathbf{x}^*\|^2\right)\\
&+\frac{1}{2\beta}\|\lambda_{k+1}-\lambda^*\|^2\\
\leqslant&\frac{1}{\alpha_{k-1}}\left(f(\mathbf{x}_k)-f(\mathbf{x}^*)+\langle\lambda^*,\mathbf{A}\mathbf{x}_k-\mathbf{b}\rangle+\frac{\eta_{k-1}\theta_{k-1}^2}{2}\|\mathbf{w}_k-\mathbf{x}^*\|^2\right)\\
&+\frac{1}{2\beta}\|\lambda_k-\lambda^*\|^2.
\end{aligned}
$$

因此可得

$$\begin{aligned}&\frac{1}{\alpha_K}\left(f(\mathrm{x}_{K+1})-f(\mathrm{x}^*)+\langle\lambda^*,\mathrm{A}\mathrm{x}_{K+1}-\mathrm{b}\rangle+\frac{\eta_K\theta_K^2}{2}\|\mathrm{w}_{K+1}-\mathrm{x}^*\|^2\right)\\&+\frac{1}{2\beta}\|\lambda_{K+1}-\lambda^*\|^2\\\leqslant&\frac{1}{2\beta}\|\lambda_0-\lambda^*\|^2,\end{aligned}$$

其中我们使用了 $\frac{1}{\alpha_{-1}}=0$. 由引理20可得

$$\begin{aligned}f(\mathrm{x}_{K+1})-f(\mathrm{x}^*)+\langle\lambda^*,\mathrm{A}\mathrm{x}_{K+1}-\mathrm{b}\rangle\leqslant&\frac{\alpha_K\|\lambda_0-\lambda^*\|^2}{2\beta},\\\|\lambda_{K+1}-\lambda^*\|\leqslant&\|\lambda_0-\lambda^*\|.\end{aligned}$$

由于 $\left\|\frac{\beta}{\alpha_K}(\mathrm{A}\mathrm{x}_{K+1}-\mathrm{b})\right\|=\|\lambda_{K+1}\|\leqslant\|\lambda_{K+1}-\lambda^*\|+\|\lambda^*\|\leqslant\|\lambda_0-\lambda^*\|+\|\lambda^*\|$,可得

$$\|\mathrm{A}\mathrm{x}_{K+1}-\mathrm{b}\|\leqslant\frac{\|\lambda_0-\lambda^*\|+\|\lambda^*\|}{\beta}\alpha_K.$$

由引理21,结论得证. □

3.2.1 一般凸目标函数

对一般凸和强凸目标函数,我们可以分别给出 α_k 的具体设置,并相应地给出算法的收敛速度. 首先考虑一般凸目标函数,并证明 $O\left(\frac{1}{K}\right)$ 的收敛速度.

定理 15: 假设 $f(\mathrm{x})$ 是 L-光滑凸函数,令 $\alpha_k=\theta_k=\frac{1}{k+1}$,则假设(3.9)成立,并有

$$|f(\mathrm{x}_{K+1})-f(\mathrm{x}^*)|\leqslant O(1/K)\ \text{和}\ \|\mathrm{A}\mathrm{x}_{K+1}-\mathrm{b}\|\leqslant O(1/K).$$

证明. 如果 $\mu=0$, $\alpha_k=\theta_k$, 则(3.9)退化为 $\eta_k\theta_k\leqslant\eta_{k-1}\theta_{k-1}$ 和 $\theta_k\geqslant 0$, 由 $0\leqslant\theta_k<\theta_{k-1}$ 和 η_k 的定义可知其成立. 由 $\frac{1-\theta_k}{\alpha_k}=\frac{1}{\alpha_{k-1}}$ 和 $\frac{1}{\alpha_{-1}}=0$, 可得 $\alpha_k=\frac{1}{k+1}$. 因此有 $\|\mathrm{A}\mathrm{x}_{K+1}-\mathrm{b}\|\leqslant O(1/K)$ 和 $|f(\mathrm{x}_{K+1})-f(\mathrm{x}^*)|\leqslant O(1/K)$. □

3.2.2 强凸目标函数

下面考虑强凸目标函数,并证明 $O\left(\frac{1}{K^2}\right)$ 的收敛速度.

定理 16: 假设 $f(\mathrm{x})$ 是 L-光滑、μ-强凸函数，令 $\frac{1-\theta_k}{\theta_k^2} = \frac{1}{\theta_{k-1}^2}$，$\alpha_k = \theta_k^2$，$\theta_0 = 1$，$\frac{\mu^2}{4L\|\mathrm{A}^T\mathrm{A}\|_2} \leqslant \beta \leqslant \frac{\mu}{\|\mathrm{A}^T\mathrm{A}\|_2}$，则假设(3.9)成立，并有

$$|f(\mathrm{x}_{K+1}) - f(\mathrm{x}^*)| \leqslant O\left(1/K^2\right) \text{ 和 } \|\mathrm{A}\mathrm{x}_{K+1} - \mathrm{b}\| \leqslant O\left(1/K^2\right).$$

证明. 若 $\mu > 0$，$\alpha_k = \theta_k^2$，则(3.9)退化为 $\eta_k - \mu/\theta_k \leqslant \eta_{k-1}$ 和 $L\theta_k + \frac{\beta\|\mathrm{A}^T\mathrm{A}\|_2}{\theta_k} \geqslant \mu$. 考虑

$$\begin{aligned}\eta_k - \mu/\theta_k - \eta_{k-1} &= L + \frac{\beta\|\mathrm{A}^T\mathrm{A}\|_2}{\alpha_k} - \mu/\theta_k - \left(L + \frac{\beta\|\mathrm{A}^T\mathrm{A}\|_2}{\alpha_{k-1}}\right) \\ &= \beta\|\mathrm{A}^T\mathrm{A}\|_2\left(\frac{1}{\alpha_k} - \frac{1}{\alpha_{k-1}}\right) - \mu/\theta_k \\ &= \frac{\beta\|\mathrm{A}^T\mathrm{A}\|_2 - \mu}{\theta_k},\end{aligned}$$

其中我们使用了 $\frac{1}{\alpha_k} - \frac{1}{\alpha_{k-1}} = \frac{\theta_k}{\alpha_k} = \frac{1}{\theta_k}$. 因此如果 $\beta \leqslant \frac{\mu}{\|\mathrm{A}^T\mathrm{A}\|_2}$ 成立，则有 $\eta_k - \mu/\theta_k \leqslant \eta_{k-1}$.

接下来考虑 $L\theta_k + \frac{\beta\|\mathrm{A}^T\mathrm{A}\|_2}{\theta_k} \geqslant \mu$. 当 $\beta \geqslant \frac{\theta_k\mu - L\theta_k^2}{\|\mathrm{A}^T\mathrm{A}\|_2}$ 成立时，该结论成立. 由于 $\theta\mu - L\theta^2 \leqslant \frac{\mu^2}{4L}, \forall\theta$，我们只需要 $\beta \geqslant \frac{\mu^2}{4L\|\mathrm{A}^T\mathrm{A}\|_2}$. 因此最终可得 $\frac{\mu^2}{4L\|\mathrm{A}^T\mathrm{A}\|_2} \leqslant \beta \leqslant \frac{\mu}{\|\mathrm{A}^T\mathrm{A}\|_2}$. 由于 $\theta_0 = 1$，$\frac{1-\theta_k}{\theta_k^2} = \frac{1}{\theta_{k-1}^2}$，由引理3，易得 $\theta_k \leqslant \frac{2}{k+2}$ 和 $\alpha_k \leqslant \frac{4}{(k+2)^2}$. 因此有

$$\|\mathrm{A}\mathrm{x}_{K+1} - \mathrm{b}\| \leqslant O\left(1/K^2\right) \quad \text{和} \quad |f(\mathrm{x}_{K+1}) - f(\mathrm{x}^*)| \leqslant O\left(1/K^2\right).$$

□

3.3 加速拉格朗日乘子法

在本节，我们考虑更一般的问题(3.1)，并使用前面章节介绍的方法最大化其拉格朗日对偶问题(A.13). 当 $f(\mathrm{x})$ 是 μ-强凸函数，并且每个 g_i 的次梯度有界时，由 Danskin 定理[Bertsekas, 1999]（见定理51），可知 $d(\mathrm{u},\mathrm{v})$ 是可微（见引理22）凸函数，并满足

$$\nabla d(\mathrm{u},\mathrm{v}) = \left[(\mathrm{A}\mathrm{x}^*(\mathrm{u},\mathrm{v}) - \mathrm{b})^T, g_1(\mathrm{x}^*(\mathrm{u},\mathrm{v})), \cdots, g_p(\mathrm{x}^*(\mathrm{u},\mathrm{v}))\right]^T, \quad (3.10)$$

其中 $x^*(u,v) = \arg\min_x L(x,u,v)$. 因此有

$$\begin{aligned} d(u,v) &= f(x^*(u,v)) + \langle u, Ax^*(u,v) - b\rangle + \sum_{i=1}^{p} v_i g_i(x^*(u,v)) \\ &= f(x^*(u,v)) + \langle \lambda, \nabla d(u,v)\rangle, \end{aligned} \tag{3.11}$$

其中 $\lambda = (u,v)$，并且由 [Lu and Johansson, 2016] 中命题3.3，可知 $d(u,v)$ 满足 Lipschitz 连续条件

$$\|\nabla d(u,v) - \nabla d(u',v')\| \leqslant L\|(u,v)-(u',v')\|, \quad \forall (u,v),(u',v') \in \mathcal{D},$$

其中

$$L = \frac{\sqrt{p+1}\max\{\|A\|_2, \max_i L_{g_i}\}}{\mu}\sqrt{\|A\|_2^2 + \sum_{i=1}^{m} L_{g_i}^2},$$

L_{g_i} 是 $\|\partial g_i\|$ 的上界. 因此我们可以使用梯度上升法或加速梯度上升法最大化 $d(u,v)$. 拉格朗日乘子法使用梯度上升法最大化对偶函数来求解问题 (3.1)，每次迭代执行如下操作：

$$\lambda_{k+1} = \mathrm{Proj}_{\lambda\in\mathcal{D}}(\lambda_k + \beta\nabla d(\lambda_k)),$$

其中 Proj 是投影算子. 进一步地，我们可以使用加速梯度法求解对偶问题，并得到加速拉格朗日乘子法[Lu and Johansson, 2016]，具体如算法3.2所示，其中在对偶空间我们使用算法2.3，而不是算法2.2，这是因为需要保证 μ_k、μ_k 和 $\lambda_k \in \mathcal{D}$，而算法2.2无法保证这一点.

算法 3.2 加速拉格朗日乘子法

初始化 $\mu_0 = \mu_0 = \lambda_0$.

for $k = 0,1,2,3,\cdots$ **do**

$\mu_k = (1-\theta_k)\lambda_k + \theta_k\mu_k,$

$\mu_{k+1} = \mathrm{Proj}_{\mu\in\mathcal{D}}\left(\mu_k + \frac{1}{\theta_k L}\nabla d(\mu_k)\right),$

$\lambda_{k+1} = (1-\theta_k)\lambda_k + \theta_k\mu_{k+1}.$

end for k

由定理3，可得如下对偶空间的收敛速度.

定理 17: 假设 $f(x)$ 是 μ-强凸函数，$\|\partial g_i\| \leqslant L_{g_i}$. 令 $\theta_0 = 1$，$\theta_k = \dfrac{\sqrt{\theta_{k-1}^4 + 4\theta_{k-1}^2} - \theta_{k-1}^2}{2}$，则对算法3.2，有

$$-d(\lambda_{K+1}) + d(\lambda^*) \leqslant \frac{2L}{(K+2)^2}\|\lambda_0 - \lambda^*\|^2.$$

3.3.1 原始问题的解

在求解问题(3.1)时，我们不仅需要建立算法在对偶空间的收敛速度，也需要建立算法在原始空间的收敛速度. 本节介绍 [Lu and Johansson, 2016] 中关于原始空间收敛速度的工作.

引理 24: 对任意 $\mathrm{x} = \arg\min_{\mathrm{x}} L(\mathrm{x}, \mathrm{u}, \mathrm{v})$，有

$$\|\mathrm{Ax} - \mathrm{b}\|^2 + \sum_{i=1}^{p}(\max\{0, g_i(\mathrm{x})\})^2 \leqslant \frac{2}{L}[d(\lambda^*) - d(\lambda)],$$

$$f(\mathrm{x}^*) - f(\mathrm{x}) \leqslant \|\lambda^*\|_\infty \sqrt{\frac{2(p+m)}{L}[d(\lambda^*) - d(\lambda)]},$$

$$f(\mathrm{x}) - f(\mathrm{x}^*) \leqslant 2[d(\lambda^*) - d(\lambda)] + \|\lambda\|_\infty \sqrt{2L(p+m)[d(\lambda^*) - d(\lambda)]}.$$

证明. 令 $A(\lambda) = \left\{i > m : \lambda_i + \frac{1}{L}\nabla_i d(\lambda) < 0\right\}$ 和 $I(\lambda) = \{1, 2, \cdots, m+p\} \backslash \mathrm{A}(\lambda)$ 分别表示向 $\mathcal{D}$ 的投影是激活的（Active）和非激活的（Inactive），则有

$$\begin{aligned}
& d(\lambda^*) - d(\lambda) \\
\geqslant & d\left(\mathrm{Proj}_{\mathcal{D}}\left(\lambda + \frac{1}{L}\nabla d(\lambda)\right)\right) - d(\lambda) \\
\overset{a}{\geqslant} & \left\langle \nabla d(\lambda), \mathrm{Proj}_{\mathcal{D}}\left(\lambda + \frac{1}{L}\nabla d(\lambda)\right) - \lambda \right\rangle - \frac{L}{2}\left\|\mathrm{Proj}_{\mathcal{D}}\left(\lambda + \frac{1}{L}\nabla d(\lambda)\right) - \lambda\right\|^2 \\
\overset{b}{=} & \sum_{i \in A(\lambda)} \left(-\langle \nabla_i d(\lambda), \lambda_i \rangle - \frac{L}{2}\lambda_i^2\right) + \sum_{i \in I(\lambda)} \frac{1}{2L}\|\nabla_i d(\lambda)\|^2 \\
\overset{c}{\geqslant} & \sum_{i \in A(\lambda)} \left(-\frac{1}{2}\langle \nabla_i d(\lambda), \lambda_i \rangle\right) + \sum_{i \in I(\lambda)} \frac{1}{2L}\|\nabla_i d(\lambda)\|^2 \qquad (3.12a) \\
\overset{d}{\geqslant} & \sum_{i \in I(\lambda)} \frac{1}{2L}\|\nabla_i d(\lambda)\|^2 \qquad (3.12b) \\
\overset{e}{=} & \frac{1}{2L}\|\mathrm{Ax} - \mathrm{b}\|^2 + \frac{1}{2L}\sum_{i > m, i \in I(\lambda)} (g_{i-m}(\mathrm{x}))^2 \\
\overset{f}{\geqslant} & \frac{1}{2L}\|\mathrm{Ax} - \mathrm{b}\|^2 + \frac{1}{2L}\sum_{i=1}^{p}(\max\{0, g_i(\mathrm{x})\})^2,
\end{aligned}$$

其中 $\overset{a}{\geqslant}$ 使用了凹函数 $d(\lambda)$ 的 L-光滑性. $\overset{b}{=}$ 使用了如下性质：若 $i \in A(\lambda)$，则 $\mathrm{Proj}_{\mathcal{D}}\left(\lambda_i + \frac{1}{L}\nabla_i d(\lambda)\right) = 0$，而若 $i \in I(\lambda)$，则 $\mathrm{Proj}_{\mathcal{D}}\left(\lambda_i + \frac{1}{L}\nabla_i d(\lambda)\right) = \lambda_i + \frac{1}{L}\nabla_i d(\lambda)$. $\overset{c}{\geqslant}$ 使用了如下性质：对 $i \in A(\lambda)$，由于 $\left\langle \lambda_i, \lambda_i + \frac{1}{L}\nabla_i d(\lambda)\right\rangle \leqslant 0$，

有 $\lambda_i^2 \leqslant \left\langle \lambda_i, -\frac{1}{L}\nabla_i d(\lambda) \right\rangle$. $\overset{d}{\geqslant}$使用了如下性质：对 $i \in A(\lambda)$，有 $\langle \nabla_i d(\lambda), \lambda_i \rangle \leqslant$ $-L\lambda_i^2 \leqslant 0$. $\overset{e}{=}$使用了(3.10). $\overset{f}{\geqslant}$使用了 $g_{i-m}(\mathrm{x}) \geqslant 0 \Rightarrow i \in I(\lambda)$. 由

$$\begin{aligned}\sum_{i\in I(\lambda)} \|\nabla_i d(\lambda)\|^2 \geqslant & \frac{1}{|I(\lambda)|}\left(\sum_{i\in I(\lambda)} |\nabla_i d(\lambda)|\right)^2 \\ \geqslant & \frac{1}{p+m}\left(\frac{1}{\|\lambda\|_\infty}\sum_{i\in I(\lambda)}\langle \nabla_i d(\lambda), \lambda_i\rangle\right)^2\end{aligned}$$

和(3.12b)，可得

$$\sum_{i\in I(\lambda)} -\langle \nabla_i d(\lambda), \lambda_i \rangle \leqslant \|\lambda\|_\infty \sqrt{2L(p+m)[d(\lambda^*) - d(\lambda)]}.$$

由(3.12a)有

$$\sum_{i\in A(\lambda)} -\langle \nabla_i d(\lambda), \lambda_i \rangle \leqslant 2[d(\lambda^*) - d(\lambda)].$$

因此由(3.11)和强对偶性（见命题16第3条），有

$$\begin{aligned} f(\mathrm{x}) - f(\mathrm{x}^*) &= -\langle \lambda, \nabla d(\lambda)\rangle + d(\lambda) - d(\lambda^*) \\ &\leqslant -\langle \lambda, \nabla d(\lambda)\rangle \\ &\leqslant 2[d(\lambda^*) - d(\lambda)] + \|\lambda\|_\infty \sqrt{2L(p+m)[d(\lambda^*) - d(\lambda)]}. \end{aligned}$$

另一方面，有

$$\begin{aligned} f(\mathrm{x}^*) &\overset{a}{=} f(\mathrm{x}^*) + \langle \mathrm{u}^*, \mathrm{A}\mathrm{x}^* - \mathrm{b}\rangle + \sum_{i=1}^{p} \mathrm{v}_i^* g_i(\mathrm{x}^*) \\ &\overset{b}{\leqslant} f(\mathrm{x}) + \langle \mathrm{u}^*, \mathrm{A}\mathrm{x} - \mathrm{b}\rangle + \sum_{i=1}^{p} \mathrm{v}_i^* g_i(\mathrm{x}) \\ &\overset{c}{\leqslant} f(\mathrm{x}) + \langle \mathrm{u}^*, \mathrm{A}\mathrm{x} - \mathrm{b}\rangle + \sum_{i=1}^{p} \mathrm{v}_i^* \max\{0, g_i(\mathrm{x})\} \\ &\leqslant f(\mathrm{x}) + \sqrt{p+m}\|\lambda^*\|_\infty \sqrt{\|\mathrm{A}\mathrm{x} - \mathrm{b}\|^2 + \sum_{i=1}^{p}(\max\{0, g_i(\mathrm{x})\})^2}, \end{aligned}$$

其中 $\overset{a}{=}$使用了KKT条件（见定义32），$\overset{b}{\leqslant}$使用了

$$\mathrm{x}^* = \operatorname*{arg\,min}_{\mathrm{x}} \left(f(\mathrm{x}) + \langle \mathrm{u}^*, \mathrm{A}\mathrm{x} - \mathrm{b}\rangle + \sum_{i=1}^{m} \mathrm{v}_i^* g_i(\mathrm{x}) \right),$$

$\overset{c}{\leqslant}$使用了 $\mathrm{v}_i^* \geqslant 0$. □

由引理24，可知若算法在对偶空间具有 $O\left(\frac{1}{K^2}\right)$ 的收敛速度，其在原始空间只有 $O\left(\frac{1}{K}\right)$ 的收敛速度. 即原始空间的收敛速度慢于对偶空间的收敛速度. 进一步地，原始空间的收敛速度可以通过对原始空间的解做加权平均来提升，细节请见 [Li and Lin, 2020; Necoara and Nedelcu, 2014; Necoara and Patrascu, 2016; Patrinos and Bemporad, 2013; Tseng, 2008].

3.3.2 加速增广拉格朗日乘子法

在第3.3节，我们使用加速梯度法求解对偶问题. 在本节我们考虑增广拉格朗日函数，并求解简化问题(3.3)，即使用加速梯度法最大化 $d_\beta(\mathrm{u})$. 引理22表明，无论 f 是否为强凸函数，$d_\beta(\mathrm{u})$ 都是光滑函数. 这是增广拉格朗日乘子法相比拉格朗日乘子法的优势. 具体地，当在对偶空间使用算法2.6时，有如下迭代：

$$\begin{aligned}\tilde{\lambda}_k &= \lambda_k + \frac{\theta_k(1-\theta_{k-1})}{\theta_{k-1}}(\lambda_k - \lambda_{k-1}),\\ \lambda_{k+1} &= \tilde{\lambda}_k + \beta\tilde{\nabla} d_\beta(\tilde{\lambda}_k),\end{aligned} \tag{3.13}$$

其中 $\tilde{\nabla} d_\beta(\tilde{\lambda}_k)$ 表示带误差的梯度，即我们允许真实梯度 $\nabla d_\beta(\tilde{\lambda}_k)$ 有一定的误差. 由定理6，我们需要第 2 步满足

$$\left\|\nabla d_\beta(\tilde{\lambda}_k) - \tilde{\nabla} d_\beta(\tilde{\lambda}_k)\right\| \leqslant \frac{1}{(k+1)^{2+\delta}}\sqrt{\frac{1}{2\beta}}.$$

定义

$$\mathrm{x}_{k+1}^* = \operatorname*{arg\,min}_{\mathrm{x}}\left(f(\mathrm{x}) + \langle\tilde{\lambda}_k, \mathrm{Ax} - \mathrm{b}\rangle + \frac{\beta}{2}\|\mathrm{Ax}-\mathrm{b}\|^2\right),$$

则有 $\nabla d_\beta(\tilde{\lambda}_k) = \mathrm{Ax}_{k+1}^* - \mathrm{b}$. 定义 $\tilde{\nabla} d_\beta(\tilde{\lambda}_k) = \mathrm{Ax}_{k+1} - \mathrm{b}$，则只需要

$$\left\|\mathrm{Ax}_{k+1}^* - \mathrm{Ax}_{k+1}\right\|^2 \leqslant \frac{1}{(k+1)^{2+\delta}}\sqrt{\frac{1}{2\beta}}. \tag{3.14}$$

由迭代(3.13)可给出加速增广拉格朗日乘子法 [He and Yuan, 2010]，具体如算法3.3所示. 由定理6可以直接给出算法3.3 在对偶空间的收敛速度. 算法在原始空间的收敛速度可由引理24给出.

算法 3.3 加速增广拉格朗日乘子法

初始化 $\mathrm{x}_0 = \mathrm{x}_{-1}, \theta_0 = 1$.
for $k = 0, 1, 2, 3, \cdots$, **do**

$\tilde{\lambda}_k = \lambda_k + \frac{\theta_k(1-\theta_{k-1})}{\theta_{k-1}}(\lambda_k - \lambda_{k-1})$,

$\mathrm{x}_{k+1} \approx \arg\min_{\mathrm{x}} \left(f(\mathrm{x}) + \langle \tilde{\lambda}_k, \mathrm{Ax} - \mathrm{b} \rangle + \frac{\beta}{2}\|\mathrm{Ax} - \mathrm{b}\|^2\right)$,

$\lambda_{k+1} = \tilde{\lambda}_k + \beta(\mathrm{Ax}_{k+1} - \mathrm{b})$.

end for k

定理 18: 假设 $f(\mathrm{x})$ 是凸函数. 令 $\theta_0 = 1$, $\theta_{k+1} = \frac{\sqrt{\theta_k^4 + 4\theta_k^2} - \theta_k^2}{2}$, 并且 (3.14) 成立,其中 δ 是任意小的正常数,则对算法3.3,有

$$d_\beta(\lambda^*) - d_\beta(\lambda_{K+1}) \leqslant \frac{4}{(K+2)^2}\left[\frac{1}{\beta}\|\lambda_0 - \lambda^*\|^2 + \frac{4(1+\delta)}{1+2\delta} + 18\left(\frac{1+\delta}{\delta}\right)^2\right].$$

3.4 交替方向乘子法及非遍历意义下的加速算法

在本节,我们考虑如下带线性约束的目标函数可分(Separable)的凸优化问题:

$$\min_{\mathrm{x,y}} f(\mathrm{x}) + g(\mathrm{y}), \quad \text{s.t.} \quad \mathrm{Ax} + \mathrm{By} = \mathrm{b}. \tag{3.15}$$

引入增广拉格朗日函数

$$L_\beta(\mathrm{x}, \mathrm{y}, \lambda) = f(\mathrm{x}) + g(\mathrm{y}) + \langle \mathrm{Ax} + \mathrm{By} - \mathrm{b}, \lambda \rangle + \frac{\beta}{2}\|\mathrm{Ax} + \mathrm{By} - \mathrm{b}\|^2.$$

交替方向乘子法(ADMM)是求解问题(3.15)的经典方法,应用广泛 [Boyd et al., 2011; Esser et al., 2010; Lin et al., 2010, 2015]. 该算法交替更新 x, y 和 λ, 即首先在原始空间更新 x 和 y, 然后在对偶空间更新 λ, 交替进行, 具体如算法3.4所示. 当 f 和 g 的邻近映射没有闭式解, 或 A 和 B 不是列正交矩阵时, 求解子问题的代价可能会很高. 为了解决这个问题, 研究者提出了线性化 ADMM, 即线性化增广项 $\|\mathrm{Ax} + \mathrm{By} - \mathrm{b}\|^2$ 及复杂的 f 和 g[He et al., 2002; Lin et al., 2015; Shefi and Teboulle, 2014; Wang and Yuan, 2012], 使得子问题容易求解, 比如具有闭式解. 为了描述简单, 本节只介绍原始的 ADMM.

算法 3.4 交替方向乘子法（ADMM）

for $k = 0, 1, 2, 3, \cdots,$ **do**

$\mathrm{x}_{k+1} = \arg\min_{\mathrm{x}} L_{\beta_k}(\mathrm{x}, \mathrm{y}_k, \lambda_k),$

$\mathrm{y}_{k+1} = \arg\min_{\mathrm{y}} L_{\beta_k}(\mathrm{x}_{k+1}, \mathrm{y}, \lambda_k),$

$\lambda_{k+1} = \lambda_k + \beta_k(\mathrm{A}\mathrm{x}_{k+1} + \mathrm{B}\mathrm{y}_{k+1} - \mathrm{b}).$

end for k

在本节，我们主要考虑 ADMM 算法在不同情况下的收敛速度[⊖]. 首先给出若干引理，第一个引理给出了 ADMM 算法前两步的最优性条件和 KKT 条件.

引理 25： 对算法3.4，有

$$
\begin{aligned}
0 &\in \partial f(\mathrm{x}_{k+1}) + \mathrm{A}^T\lambda_k + \beta_k \mathrm{A}^T(\mathrm{A}\mathrm{x}_{k+1} + \mathrm{B}\mathrm{y}_k - \mathrm{b}),\\
0 &\in \partial g(\mathrm{y}_{k+1}) + \mathrm{B}^T\lambda_k + \beta_k \mathrm{B}^T(\mathrm{A}\mathrm{x}_{k+1} + \mathrm{B}\mathrm{y}_{k+1} - \mathrm{b}), \quad (3.16)\\
\lambda_{k+1} - \lambda_k &= \beta_k(\mathrm{A}\mathrm{x}_{k+1} + \mathrm{B}\mathrm{y}_{k+1} - \mathrm{b}), \quad (3.17)\\
0 &\in \partial f(\mathrm{x}^*) + \mathrm{A}^T\lambda^*,\\
0 &\in \partial g(\mathrm{y}^*) + \mathrm{B}^T\lambda^*, \quad (3.18)\\
\mathrm{A}\mathrm{x}^* + \mathrm{B}\mathrm{y}^* &= \mathrm{b}. \quad (3.19)
\end{aligned}
$$

定义两个变量

$$
\begin{aligned}
\hat{\nabla} f(\mathrm{x}_{k+1}) &= -\mathrm{A}^T\lambda_k - \beta_k \mathrm{A}^T(\mathrm{A}\mathrm{x}_{k+1} + \mathrm{B}\mathrm{y}_k - \mathrm{b}),\\
\hat{\nabla} g(\mathrm{y}_{k+1}) &= -\mathrm{B}^T\lambda_k - \beta_k \mathrm{B}^T(\mathrm{A}\mathrm{x}_{k+1} + \mathrm{B}\mathrm{y}_{k+1} - \mathrm{b}).
\end{aligned}
$$

则有 $\hat{\nabla} f(\mathrm{x}_{k+1}) \in \partial f(\mathrm{x}_{k+1}), \hat{\nabla} g(\mathrm{y}_{k+1}) \in \partial g(\mathrm{y}_{k+1})$，并进一步有如下引理.

引理 26： 对算法3.4，有

$$
\left\langle \hat{\nabla} g(\mathrm{y}_{k+1}), \mathrm{y}_{k+1} - \mathrm{y} \right\rangle = -\left\langle \lambda_{k+1}, \mathrm{B}\mathrm{y}_{k+1} - \mathrm{B}\mathrm{y} \right\rangle \quad (3.20)
$$

和

$$
\begin{aligned}
&\left\langle \hat{\nabla} f(\mathrm{x}_{k+1}), \mathrm{x}_{k+1} - \mathrm{x} \right\rangle + \left\langle \hat{\nabla} g(\mathrm{y}_{k+1}), \mathrm{y}_{k+1} - \mathrm{y} \right\rangle\\
= &-\left\langle \lambda_{k+1}, \mathrm{A}\mathrm{x}_{k+1} + \mathrm{B}\mathrm{y}_{k+1} - \mathrm{A}\mathrm{x} - \mathrm{B}\mathrm{y} \right\rangle\\
&+\beta_k \left\langle \mathrm{B}\mathrm{y}_{k+1} - \mathrm{B}\mathrm{y}_k, \mathrm{A}\mathrm{x}_{k+1} - \mathrm{A}\mathrm{x} \right\rangle. \quad (3.21)
\end{aligned}
$$

⊖ 第3.4.1~3.4.4节介绍的四种情况需要不同的假设，它们不是加速的算法，相互之间不能比较. 但第3.4.5节介绍的算法是真正意义上加速的.

证明. 由(3.17)可得

$$
\begin{aligned}
&\left\langle \hat{\nabla} f(\mathrm{x}_{k+1}), \mathrm{x}_{k+1} - \mathrm{x} \right\rangle \\
=& -\left\langle \mathrm{A}^T \lambda_k + \beta_k \mathrm{A}^T (\mathrm{A}\mathrm{x}_{k+1} + \mathrm{B}\mathrm{y}_k - \mathrm{b}), \mathrm{x}_{k+1} - \mathrm{x} \right\rangle \\
=& -\langle \lambda_{k+1}, \mathrm{A}\mathrm{x}_{k+1} - \mathrm{A}\mathrm{x} \rangle + \beta_k \langle \mathrm{B}\mathrm{y}_{k+1} - \mathrm{B}\mathrm{y}_k, \mathrm{A}\mathrm{x}_{k+1} - \mathrm{A}\mathrm{x} \rangle
\end{aligned}
$$

和

$$
\left\langle \hat{\nabla} g(\mathrm{y}_{k+1}), \mathrm{y}_{k+1} - \mathrm{y} \right\rangle = -\langle \lambda_{k+1}, \mathrm{B}\mathrm{y}_{k+1} - \mathrm{B}\mathrm{y} \rangle .
$$

相加,可得(3.21). □

引理 **27**: 对算法3.4,有

$$
\langle \lambda_{k+1} - \lambda_k, \mathrm{B}\mathrm{y}_{k+1} - \mathrm{B}\mathrm{y}_k \rangle \leqslant 0.
$$

证明. 由(3.20)得

$$
\left\langle \hat{\nabla} g(\mathrm{y}_k), \mathrm{y}_k - \mathrm{y} \right\rangle + \langle \lambda_k, \mathrm{B}\mathrm{y}_k - \mathrm{B}\mathrm{y} \rangle = 0. \tag{3.22}
$$

在(3.20)中令 $\mathrm{y} = \mathrm{y}_k$,在(3.22)中令 $\mathrm{y} = \mathrm{y}_{k+1}$,相加,可得

$$
\left\langle \hat{\nabla} g(\mathrm{y}_{k+1}) - \hat{\nabla} g(\mathrm{y}_k), \mathrm{y}_{k+1} - \mathrm{y}_k \right\rangle + \langle \lambda_{k+1} - \lambda_k, \mathrm{B}\mathrm{y}_{k+1} - \mathrm{B}\mathrm{y}_k \rangle = 0.
$$

使用∂g的单调性(见命题13),结论得证. □

如下引理给出了ADMM算法的单调性.

引理 **28**: 令 $\beta_k = \beta, \forall k$,对算法3.4,有

$$
\begin{aligned}
&\frac{1}{2\beta}\|\lambda_{k+1} - \lambda_k\|^2 + \frac{\beta}{2}\|\mathrm{B}\mathrm{y}_{k+1} - \mathrm{B}\mathrm{y}_k\|^2 \\
\leqslant& \frac{1}{2\beta}\|\lambda_k - \lambda_{k-1}\|^2 + \frac{\beta}{2}\|\mathrm{B}\mathrm{y}_k - \mathrm{B}\mathrm{y}_{k-1}\|^2.
\end{aligned}
$$

证明. 由(3.21)可得

$$
\begin{aligned}
&\left\langle \hat{\nabla} f(\mathrm{x}_k), \mathrm{x}_k - \mathrm{x} \right\rangle + \left\langle \hat{\nabla} g(\mathrm{y}_k), \mathrm{y}_k - \mathrm{y} \right\rangle \\
=& -\langle \lambda_k, \mathrm{A}\mathrm{x}_k + \mathrm{B}\mathrm{y}_k - \mathrm{A}\mathrm{x} - \mathrm{B}\mathrm{y} \rangle + \beta \langle \mathrm{B}\mathrm{y}_k - \mathrm{B}\mathrm{y}_{k-1}, \mathrm{A}\mathrm{x}_k - \mathrm{A}\mathrm{x} \rangle .
\end{aligned} \tag{3.23}
$$

在(3.21)中令 $(\mathrm{x}, \mathrm{y}, \lambda) = (\mathrm{x}_k, \mathrm{y}_k, \lambda_k)$, 在(3.23)中令 $(\mathrm{x}, \mathrm{y}, \lambda) = (\mathrm{x}_{k+1}, \mathrm{y}_{k+1},$

$\lambda_{k+1})$,相加,并使用(3.17),可得

$$
\begin{aligned}
&\left\langle \hat{\nabla} f(\mathrm{x}_{k+1}) - \hat{\nabla} f(\mathrm{x}_k), \mathrm{x}_{k+1} - \mathrm{x}_k \right\rangle + \left\langle \hat{\nabla} g(\mathrm{y}_{k+1}) - \hat{\nabla} g(\mathrm{y}_k), \mathrm{y}_{k+1} - \mathrm{y}_k \right\rangle \\
= & -\langle \lambda_{k+1} - \lambda_k, \mathrm{Ax}_{k+1} + \mathrm{By}_{k+1} - \mathrm{Ax}_k - \mathrm{By}_k \rangle \\
& + \beta \langle \mathrm{By}_{k+1} - \mathrm{By}_k - (\mathrm{By}_k - \mathrm{By}_{k-1}), \mathrm{Ax}_{k+1} - \mathrm{Ax}_k \rangle \\
= & -\frac{1}{\beta} \langle \lambda_{k+1} - \lambda_k, \lambda_{k+1} - \lambda_k - (\lambda_k - \lambda_{k-1}) \rangle \\
& + \langle \mathrm{By}_{k+1} - \mathrm{By}_k - (\mathrm{By}_k - \mathrm{By}_{k-1}), \lambda_{k+1} - \lambda_k - \beta \mathrm{By}_{k+1} - (\lambda_k - \lambda_{k-1} - \beta \mathrm{By}_k) \rangle \\
\overset{a}{=} & \frac{1}{2\beta} \left[\|\lambda_k - \lambda_{k-1}\|^2 - \|\lambda_{k+1} - \lambda_k\|^2 - \|\lambda_{k+1} - \lambda_k - (\lambda_k - \lambda_{k-1})\|^2 \right] \\
& + \frac{\beta}{2} \left[\|\mathrm{By}_k - \mathrm{By}_{k-1}\|^2 - \|\mathrm{By}_{k+1} - \mathrm{By}_k\|^2 \right. \\
& \left. - \|\mathrm{By}_{k+1} - \mathrm{By}_k - (\mathrm{By}_k - \mathrm{By}_{k-1})\|^2 \right] \\
& + \langle \mathrm{By}_{k+1} - \mathrm{By}_k - (\mathrm{By}_k - \mathrm{By}_{k-1}), \lambda_{k+1} - \lambda_k - (\lambda_k - \lambda_{k-1}) \rangle \\
= & \frac{1}{2\beta} \left(\|\lambda_k - \lambda_{k-1}\|^2 - \|\lambda_{k+1} - \lambda_k\|^2 \right) \\
& + \frac{\beta}{2} \left(\|\mathrm{By}_k - \mathrm{By}_{k-1}\|^2 - \|\mathrm{By}_{k+1} - \mathrm{By}_k\|^2 \right) \\
& - \left[\frac{1}{2\beta} \|\lambda_{k+1} - \lambda_k - (\lambda_k - \lambda_{k-1})\|^2 + \frac{\beta}{2} \|\mathrm{By}_{k+1} - \mathrm{By}_k - (\mathrm{By}_k - \mathrm{By}_{k-1})\|^2 \right. \\
& \left. - \langle \mathrm{By}_{k+1} - \mathrm{By}_k - (\mathrm{By}_k - \mathrm{By}_{k-1}), \lambda_{k+1} - \lambda_k - (\lambda_k - \lambda_{k-1}) \rangle \right] \\
\leqslant & \frac{1}{2\beta} \left(\|\lambda_k - \lambda_{k-1}\|^2 - \|\lambda_{k+1} - \lambda_k\|^2 \right) \\
& + \frac{\beta}{2} \left(\|\mathrm{By}_k - \mathrm{By}_{k-1}\|^2 - \|\mathrm{By}_{k+1} - \mathrm{By}_k\|^2 \right),
\end{aligned}
$$

其中 $\overset{a}{=}$ 使用了(A.1). 使用 ∂f 和 ∂g 的单调性(见命题13),结论得证. □

由引理26可得如下结论，进而可得引理30. ADMM算法的收敛速度可由引理30直接得到.

引理 29：对算法3.4,有

$$
\begin{aligned}
&\left\langle \hat{\nabla} f(\mathrm{x}_{k+1}), \mathrm{x}_{k+1} - \mathrm{x}^* \right\rangle + \left\langle \hat{\nabla} g(\mathrm{y}_{k+1}), \mathrm{y}_{k+1} - \mathrm{y}^* \right\rangle + \langle \lambda^*, \mathrm{Ax}_{k+1} + \mathrm{By}_{k+1} - \mathrm{b} \rangle \\
\leqslant & \frac{1}{2\beta_k} \|\lambda_k - \lambda^*\|^2 - \frac{1}{2\beta_k} \|\lambda_{k+1} - \lambda^*\|^2 - \frac{1}{2\beta_k} \|\lambda_{k+1} - \lambda_k\|^2 \\
& + \frac{\beta_k}{2} \|\mathrm{By}_k - \mathrm{By}^*\|^2 - \frac{\beta_k}{2} \|\mathrm{By}_{k+1} - \mathrm{By}^*\|^2 - \frac{\beta_k}{2} \|\mathrm{By}_{k+1} - \mathrm{By}_k\|^2.
\end{aligned}
$$

证明. 在(3.21)中令 $(\mathrm{x}, \mathrm{y}, \lambda) = (\mathrm{x}^*, \mathrm{y}^*, \lambda^*)$,在等式两边同时加上 $\langle \lambda^*, \mathrm{Ax}_{k+1} +$

$\mathrm{By}_{k+1}-\mathrm{b}\rangle$,并使用(3.17)、(3.19)及引理60中的等式,可得

$$
\begin{aligned}
&\left\langle\hat{\nabla} f(\mathrm{x}_{k+1}), \mathrm{x}_{k+1}-\mathrm{x}^*\right\rangle+\left\langle\hat{\nabla} g(\mathrm{y}_{k+1}), \mathrm{y}_{k+1}-\mathrm{y}^*\right\rangle \\
&+\langle\lambda^*, \mathrm{Ax}_{k+1}+\mathrm{By}_{k+1}-\mathrm{b}\rangle \\
=&-\langle\lambda_{k+1}-\lambda^*, \mathrm{Ax}_{k+1}+\mathrm{By}_{k+1}-\mathrm{b}\rangle+\beta_k\langle\mathrm{By}_{k+1}-\mathrm{By}_k, \mathrm{Ax}_{k+1}-\mathrm{Ax}^*\rangle \\
=&-\frac{1}{\beta_k}\langle\lambda_{k+1}-\lambda^*, \lambda_{k+1}-\lambda_k\rangle+\langle\mathrm{By}_{k+1}-\mathrm{By}_k, \lambda_{k+1}-\lambda_k\rangle \\
&-\beta_k\langle\mathrm{By}_{k+1}-\mathrm{By}_k, \mathrm{By}_{k+1}-\mathrm{By}^*\rangle \\
\stackrel{a}{=}&\frac{1}{2\beta_k}\|\lambda_k-\lambda^*\|^2-\frac{1}{2\beta_k}\|\lambda_{k+1}-\lambda^*\|^2-\frac{1}{2\beta_k}\|\lambda_{k+1}-\lambda_k\|^2 \\
&+\frac{\beta_k}{2}\|\mathrm{By}_k-\mathrm{By}^*\|^2-\frac{\beta_k}{2}\|\mathrm{By}_{k+1}-\mathrm{By}^*\|^2-\frac{\beta_k}{2}\|\mathrm{By}_{k+1}-\mathrm{By}_k\|^2 \\
&+\langle\mathrm{By}_{k+1}-\mathrm{By}_k, \lambda_{k+1}-\lambda_k\rangle,
\end{aligned}\tag{3.24}
$$

其中$\stackrel{a}{=}$使用了(A.1). 由引理27,结论得证. □

引理 30: 假设$f(\mathrm{x})$和$g(\mathrm{y})$是凸函数,则对算法3.4,有

$$
\begin{aligned}
&f(\mathrm{x}_{k+1})+g(\mathrm{y}_{k+1})-f(\mathrm{x}^*)-g(\mathrm{y}^*)+\langle\lambda^*, \mathrm{Ax}_{k+1}+\mathrm{By}_{k+1}-\mathrm{b}\rangle \\
\leqslant&\frac{1}{2\beta_k}\|\lambda_k-\lambda^*\|^2-\frac{1}{2\beta_k}\|\lambda_{k+1}-\lambda^*\|^2+\frac{\beta_k}{2}\|\mathrm{By}_k-\mathrm{By}^*\|^2 \\
&-\frac{\beta_k}{2}\|\mathrm{By}_{k+1}-\mathrm{By}^*\|^2.
\end{aligned}\tag{3.25}
$$

若进一步假设$g(\mathrm{y})$是μ-强凸函数,则有

$$
\begin{aligned}
&f(\mathrm{x}_{k+1})+g(\mathrm{y}_{k+1})-f(\mathrm{x}^*)-g(\mathrm{y}^*)+\langle\lambda^*, \mathrm{Ax}_{k+1}+\mathrm{By}_{k+1}-\mathrm{b}\rangle \\
\leqslant&\frac{1}{2\beta_k}\|\lambda_k-\lambda^*\|^2-\frac{1}{2\beta_k}\|\lambda_{k+1}-\lambda^*\|^2 \\
&+\frac{\beta_k}{2}\|\mathrm{By}_k-\mathrm{By}^*\|^2-\frac{\beta_k}{2}\|\mathrm{By}_{k+1}-\mathrm{By}^*\|^2-\frac{\mu}{2}\|\mathrm{y}_{k+1}-\mathrm{y}^*\|^2.
\end{aligned}\tag{3.26}
$$

若进一步假设$g(\mathrm{y})$是L-光滑函数,则有

$$
\begin{aligned}
&f(\mathrm{x}_{k+1})+g(\mathrm{y}_{k+1})-f(\mathrm{x}^*)-g(\mathrm{y}^*)+\langle\lambda^*, \mathrm{Ax}_{k+1}+\mathrm{By}_{k+1}-\mathrm{b}\rangle \\
\leqslant&\frac{1}{2\beta_k}\|\lambda_k-\lambda^*\|^2-\frac{1}{2\beta_k}\|\lambda_{k+1}-\lambda^*\|^2 \\
&+\frac{\beta_k}{2}\|\mathrm{By}_k-\mathrm{By}^*\|^2-\frac{\beta_k}{2}\|\mathrm{By}_{k+1}-\mathrm{By}^*\|^2 \\
&-\frac{1}{2L}\|\nabla g(\mathrm{y}_{k+1})-\nabla g(\mathrm{y}^*)\|^2.
\end{aligned}\tag{3.27}
$$

证明. 使用引理29证明上述结论. 由 $f(\mathrm{x})$ 和 $\mathrm{g}(\mathrm{y})$ 的凸性, 可得

$$
\begin{aligned}
& f(\mathrm{x}_{k+1}) + \mathrm{g}(\mathrm{y}_{k+1}) - f(\mathrm{x}^*) - \mathrm{g}(\mathrm{y}^*) + \langle \lambda^*, \mathrm{A}\mathrm{x}_{k+1} + \mathrm{B}\mathrm{y}_{k+1} - \mathrm{b} \rangle \\
\overset{a}{\leqslant} & \left\langle \hat{\nabla} f(\mathrm{x}_{k+1}), \mathrm{x}_{k+1} - \mathrm{x}^* \right\rangle + \left\langle \hat{\nabla} \mathrm{g}(\mathrm{y}_{k+1}), \mathrm{y}_{k+1} - \mathrm{y}^* \right\rangle + \langle \lambda^*, \mathrm{A}\mathrm{x}_{k+1} + \mathrm{B}\mathrm{y}_{k+1} - \mathrm{b} \rangle \\
\leqslant & \frac{1}{2\beta_k} \|\lambda_k - \lambda^*\|^2 - \frac{1}{2\beta_k} \|\lambda_{k+1} - \lambda^*\|^2 \\
& + \frac{\beta_k}{2} \|\mathrm{B}\mathrm{y}_k - \mathrm{B}\mathrm{y}^*\|^2 - \frac{\beta_k}{2} \|\mathrm{B}\mathrm{y}_{k+1} - \mathrm{B}\mathrm{y}^*\|^2.
\end{aligned}
$$

当 $\mathrm{g}(\mathrm{y})$ 是强凸函数时, 在 $\overset{a}{\leqslant}$ 的左边会多出一项 $\frac{\mu}{2}\|\mathrm{y}_{k+1} - \mathrm{y}^*\|^2$ (见 (A.9)), 因此可得 (3.26). 当 $\mathrm{g}(\mathrm{y})$ 是 L-光滑函数时, 在 $\overset{a}{\leqslant}$ 的左边会多出一项 $\frac{1}{2L}\|\nabla \mathrm{g}(\mathrm{y}_{k+1}) - \nabla \mathrm{g}(\mathrm{y}^*)\|^2$ (见 (A.7)), 因此可得(3.27). □

基于上述性质, 可以给出 ADMM 算法的收敛速度. 下面我们分四种情况讨论. 另外, 我们也给出算法非遍历 (Non-ergodic) 意义下的收敛速度. 非遍历意义下的收敛性是考察 x_k 离最优解的差, 而遍历 (Ergodic) 意义下的收敛性则是考察迭代序列 $\{\mathrm{x}_k\}$ 的平均离最优解的差.

3.4.1 情形 1: 一般凸和非光滑目标函数

首先考虑 f 和 g 都是一般凸且非光滑的情形. 在这种情况下, [He and Yuan, 2012] 证明了遍历意义下 $O\left(\frac{1}{K}\right)$ 的收敛速度, 如下述定理所示.

定理 19: 假设 $f(\mathrm{x})$ 和 $\mathrm{g}(\mathrm{y})$ 是凸函数, 令 $\beta_k = \beta, \forall k$, 则对算法3.4, 有

$$
\begin{aligned}
& |f(\hat{\mathrm{x}}_{K+1}) + \mathrm{g}(\hat{\mathrm{y}}_{K+1}) - f(\mathrm{x}^*) - \mathrm{g}(\mathrm{y}^*)| \\
\leqslant & \frac{1}{K+1} \left(\frac{1}{2\beta} \|\lambda_0 - \lambda^*\|^2 + \frac{\beta}{2} \|\mathrm{B}\mathrm{y}_0 - \mathrm{B}\mathrm{y}^*\|^2 \right) \\
& + \frac{\|\lambda^*\|}{K+1} \left(\frac{2}{\beta} \|\lambda_0 - \lambda^*\| + \|\mathrm{B}\mathrm{y}_0 - \mathrm{B}\mathrm{y}^*\| \right),
\end{aligned}
$$

$$
\begin{aligned}
& \|\mathrm{A}\hat{\mathrm{x}}_{K+1} + \mathrm{B}\hat{\mathrm{y}}_{K+1} - \mathrm{b}\| \\
\leqslant & \frac{1}{K+1} \left(\frac{2}{\beta} \|\lambda_0 - \lambda^*\| + \|\mathrm{B}\mathrm{y}_0 - \mathrm{B}\mathrm{y}^*\| \right),
\end{aligned}
$$

其中 $\hat{\mathrm{x}}_{K+1} = \frac{1}{K+1} \sum_{k=1}^{K+1} \mathrm{x}_k, \hat{\mathrm{y}}_{K+1} = \frac{1}{K+1} \sum_{k=1}^{K+1} \mathrm{y}_k$.

证明. 将(3.25)从$k=0$加到$k=K$,两边同时除以$K+1$,并使用$f(\mathrm{x})$和$g(\mathrm{y})$的凸性,可得

$$
\begin{aligned}
&f(\hat{\mathrm{x}}_{K+1})+g(\hat{\mathrm{y}}_{K+1})-f(\mathrm{x}^*)-g(\mathrm{y}^*)+\langle\lambda^*,\mathrm{A}\hat{\mathrm{x}}_{K+1}+\mathrm{B}\hat{\mathrm{y}}_{K+1}-\mathrm{b}\rangle\\
\leqslant&\frac{1}{K+1}\left(\frac{1}{2\beta}\|\lambda_0-\lambda^*\|^2-\frac{1}{2\beta}\|\lambda_{K+1}-\lambda^*\|^2+\frac{\beta}{2}\|\mathrm{B}\mathrm{y}_0-\mathrm{B}\mathrm{y}^*\|^2\right).
\end{aligned}
$$

由引理20可知上述不等式左边是非负的，因此可得$\|\lambda_{K+1}-\lambda^*\|^2\leqslant\|\lambda_0-\lambda^*\|^2+\beta^2\|\mathrm{B}\mathrm{y}_0-\mathrm{B}\mathrm{y}^*\|^2$. 由(3.17)可得

$$
\begin{aligned}
\|\mathrm{A}\hat{\mathrm{x}}_{K+1}+\mathrm{B}\hat{\mathrm{y}}_{K+1}-\mathrm{b}\|=&\frac{1}{\beta(K+1)}\left\|\sum_{k=0}^{K}(\lambda_{k+1}-\lambda_k)\right\|\\
=&\frac{1}{\beta(K+1)}\|\lambda_{K+1}-\lambda_0\|\\
\leqslant&\frac{1}{\beta(K+1)}\left(2\|\lambda_0-\lambda^*\|+\beta\|\mathrm{B}\mathrm{y}_0-\mathrm{B}\mathrm{y}^*\|\right).
\end{aligned}
$$

由引理21,结论得证. □

[Lu et al., 2016; Ouyang et al., 2015]研究了在一个目标函数是光滑函数而另一个目标函数是非光滑函数情形下的加速ADMM算法,此时ADMM算法可被部分加速,收敛速度为$O\left(\frac{L}{K^2}+\frac{1}{K}\right)$. 此时,若常数$L$较大,其对算法早期迭代收敛速度的影响较大. 但算法整体的收敛速度仍然是$O\left(\frac{1}{K}\right)$.

3.4.2 情形2:强凸和非光滑目标函数

当g是强凸函数时，收敛速度可通过递增参数β_k被提升到$O\left(\frac{1}{K^2}\right)$[Xu, 2017]. 此时我们并没有用到无约束优化中的加速技巧，例如外推. 通过与前面的证明相比,可以看到唯一的不同是我们用到了递增的惩罚系数[⊖].

定理 20： 假设$f(\mathrm{x})$是凸函数，$g(\mathrm{y})$是μ-强凸函数. 令$\beta_{k+1}^2\leqslant\beta_k^2+\frac{\mu}{\|\mathrm{B}\|_2^2}\beta_k$，$\hat{\mathrm{x}}_K=\left(\sum_{k=0}^{K}\beta_k\right)^{-1}\sum_{k=0}^{K}\beta_k\mathrm{x}_{k+1}$, $\hat{\mathrm{y}}_K=\left(\sum_{k=0}^{K}\beta_k\right)^{-1}\sum_{k=0}^{K}\beta_k\mathrm{y}_{k+1}$,则有

$$
|f(\hat{\mathrm{x}}_{K+1})+g(\hat{\mathrm{y}}_{K+1})-f(\mathrm{x}^*)-g(\mathrm{y}^*)|
$$

⊖ 事实上,更快的收敛速度是由于做了更强的假设,而不是由于使用了加速技巧.

$$\leqslant \frac{1}{\sum_{k=0}^{K}\beta_k}\left(\frac{1}{2}\|\lambda_0-\lambda^*\|^2+\frac{\beta_0^2}{2}\|\mathrm{By}_0-\mathrm{By}^*\|^2\right)$$

$$+\frac{\|\lambda^*\|}{\sum_{k=0}^{K}\beta_k}\left(2\|\lambda_0-\lambda^*\|+\beta_0\|\mathrm{By}_0-\mathrm{By}^*\|\right),$$

$$\|\mathrm{A}\hat{\mathrm{x}}_{K+1}+\mathrm{B}\hat{\mathrm{y}}_{K+1}-\mathrm{b}\| \leqslant \frac{1}{\sum_{k=0}^{K}\beta_k}\left(2\|\lambda_0-\lambda^*\|+\beta_0\|\mathrm{By}_0-\mathrm{By}^*\|\right).$$

证明. 对(3.26)两边同时乘以β_k并使用$\|\mathrm{y}_{k+1}-\mathrm{y}^*\|^2 \geqslant \frac{1}{\|\mathrm{B}\|_2^2}\|\mathrm{By}_{k+1}-\mathrm{By}^*\|^2$. 可得

$$\begin{aligned}
&\beta_k\left(f(\mathrm{x}_{k+1})+g(\mathrm{y}_{k+1})-f(\mathrm{x}^*)-g(\mathrm{y}^*)+\langle\lambda^*,\mathrm{Ax}_{k+1}+\mathrm{By}_{k+1}-\mathrm{b}\rangle\right)\\
\leqslant&\frac{1}{2}\|\lambda_k-\lambda^*\|^2-\frac{1}{2}\|\lambda_{k+1}-\lambda^*\|^2+\frac{\beta_k^2}{2}\|\mathrm{By}_k-\mathrm{By}^*\|^2\\
&-\left(\frac{\beta_k^2}{2}+\frac{\mu\beta_k}{2\|\mathrm{B}\|_2^2}\right)\|\mathrm{By}_{k+1}-\mathrm{By}^*\|^2\\
\leqslant&\frac{1}{2}\|\lambda_k-\lambda^*\|^2-\frac{1}{2}\|\lambda_{k+1}-\lambda^*\|^2+\frac{\beta_k^2}{2}\|\mathrm{By}_k-\mathrm{By}^*\|^2-\frac{\beta_{k+1}^2}{2}\|\mathrm{By}_{k+1}-\mathrm{By}^*\|^2.
\end{aligned}$$

从$k=0$加到$k=K$,两边同时除以$\sum_{k=0}^{K}\beta_k$,可得

$$\begin{aligned}
&f(\hat{\mathrm{x}}_K)+g(\hat{\mathrm{y}}_K)-f(\mathrm{x}^*)-g(\mathrm{y}^*)+\langle\lambda^*,\mathrm{A}\hat{\mathrm{x}}_K+\mathrm{B}\hat{\mathrm{y}}_K-\mathrm{b}\rangle\\
\leqslant&\frac{1}{\sum_{k=0}^{K}\beta_k}\left(\frac{1}{2}\|\lambda_0-\lambda^*\|^2-\frac{1}{2}\|\lambda_{K+1}-\lambda^*\|^2+\frac{\beta_0^2}{2}\|\mathrm{By}_0-\mathrm{By}^*\|^2\right).
\end{aligned}$$

类似于定理19的证明,可得

$$\begin{aligned}
\|\mathrm{A}\hat{\mathrm{x}}_{K+1}+\mathrm{B}\hat{\mathrm{y}}_{K+1}-\mathrm{b}\| &= \frac{1}{\sum_{k=0}^{K}\beta_k}\left\|\sum_{k=0}^{K}(\lambda_{k+1}-\lambda_k)\right\|\\
&=\frac{1}{\sum_{k=0}^{K}\beta_k}\|\lambda_{K+1}-\lambda_0\|\\
&\leqslant\frac{1}{\sum_{k=0}^{K}\beta_k}\left(2\|\lambda_0-\lambda^*\|+\beta_0\|\mathrm{By}_0-\mathrm{By}^*\|\right).
\end{aligned}$$

类似于定理19中的推导,结论得证. □

通过下述引理,可以得到ADMM算法在此情形下的收敛速度为$O\left(\frac{1}{K^2}\right)$.

引理 31: 令$\beta_k=\frac{\mu(k+1)}{3\|\mathrm{B}\|_2^2}$,则$\{\beta_k\}$满足$\beta_{k+1}^2\leqslant\beta_k^2+\frac{\mu}{\|\mathrm{B}\|_2^2}\beta_k$和$\frac{1}{\sum_{k=0}^{K}\beta_k}\leqslant\frac{6\|\mathrm{B}\|_2^2}{\mu(K+1)^2}$.

3.4.3 情形3:一般凸和光滑目标函数

考虑g是光滑函数,f和g都是一般凸函数的情形. 我们介绍 [Tian and Yuan, 2019] 中的结论.

定理 21: 假设$f(\mathrm{x})$和$\mathrm{g(y)}$是凸函数,$\mathrm{g(y)}$是L-光滑函数. 令$\frac{1}{2\beta_k^2}+\frac{\sigma^2}{2L\beta_k}\geqslant\frac{1}{2\beta_{k+1}^2}$, $\hat{\mathrm{x}}_K=\left(\sum_{k=0}^{K}\frac{1}{\beta_k}\right)^{-1}\sum_{k=0}^{K}\frac{1}{\beta_k}\mathrm{x}_{k+1}$, $\hat{\mathrm{y}}_K=\left(\sum_{k=0}^{K}\frac{1}{\beta_k}\right)^{-1}\sum_{k=0}^{K}\frac{1}{\beta_k}\mathrm{y}_{k+1}$, 其中$\sigma=\sigma_{\min}(\mathrm{B})$,则有

$$
\begin{aligned}
&f(\hat{\mathrm{x}}_{K+1})+g(\hat{\mathrm{y}}_{K+1})-f(\mathrm{x}^*)-g(\mathrm{y}^*)+\langle\lambda^*,\mathrm{A}\hat{\mathrm{x}}_{K+1}+\mathrm{B}\hat{\mathrm{y}}_{K+1}-\mathrm{b}\rangle\\
\leqslant&\frac{1}{\sum\limits_{k=0}^{K}\frac{1}{\beta_k}}\left(\frac{1}{2\beta_0^2}\|\lambda_0-\lambda^*\|^2+\frac{1}{2}\|\mathrm{By}_0-\mathrm{By}^*\|^2\right),\\
&\|\lambda_{K+1}-\lambda^*\|^2\\
\leqslant&\beta_{K+1}^2\left(\frac{1}{\beta_0^2}\|\lambda_0-\lambda^*\|^2+\|\mathrm{By}_0-\mathrm{By}^*\|^2\right).
\end{aligned}
$$

证明. 由$\|\mathrm{B}^T\lambda\|\geqslant\sigma\|\lambda\|$(其中$\sigma=\sigma_{\min}(\mathrm{B})$)、(3.16)、(3.17)、(3.18),可得

$$
\begin{aligned}
\frac{\sigma^2}{2L}\|\lambda_{k+1}-\lambda^*\|^2&\leqslant\frac{1}{2L}\|\mathrm{B}^T(\lambda_{k+1}-\lambda^*)\|^2\\
&=\frac{1}{2L}\|\mathrm{B}^T(\lambda_k-\lambda^*)+\beta_k\mathrm{B}^T(\mathrm{Ax}_{k+1}+\mathrm{By}_{k+1}-\mathrm{b})\|^2\\
&=\frac{1}{2L}\|\nabla g(\mathrm{y}_{k+1})+\mathrm{B}^T\lambda^*\|^2\\
&=\frac{1}{2L}\|\nabla g(\mathrm{y}_{k+1})-\nabla g(\mathrm{y}^*)\|^2.
\end{aligned}\tag{3.28}
$$

将(3.27)两边同时除以β_k,并使用(3.28)和$\frac{1}{2\beta_k^2}+\frac{\sigma^2}{2L\beta_k}\geqslant\frac{1}{2\beta_{k+1}^2}$,可得

$$\begin{aligned}
&\frac{1}{\beta_k}\left(f(\mathrm{x}_{k+1})+g(\mathrm{y}_{k+1})-f(\mathrm{x}^*)-g(\mathrm{y}^*)+\langle\lambda^*,\mathrm{A}\mathrm{x}_{k+1}+\mathrm{B}\mathrm{y}_{k+1}-\mathrm{b}\rangle\right)\\
\leqslant&\frac{1}{2\beta_k^2}\|\lambda_k-\lambda^*\|^2-\left(\frac{1}{2\beta_k^2}+\frac{\sigma^2}{2L\beta_k}\right)\|\lambda_{k+1}-\lambda^*\|^2\\
&+\frac{1}{2}\|\mathrm{B}\mathrm{y}_k-\mathrm{B}\mathrm{y}^*\|^2-\frac{1}{2}\|\mathrm{B}\mathrm{y}_{k+1}-\mathrm{B}\mathrm{y}^*\|^2\\
\leqslant&\frac{1}{2\beta_k^2}\|\lambda_k-\lambda^*\|^2-\frac{1}{2\beta_{k+1}^2}\|\lambda_{k+1}-\lambda^*\|^2\\
&+\frac{1}{2}\|\mathrm{B}\mathrm{y}_k-\mathrm{B}\mathrm{y}^*\|^2-\frac{1}{2}\|\mathrm{B}\mathrm{y}_{k+1}-\mathrm{B}\mathrm{y}^*\|^2.
\end{aligned}$$

从$k=0$加到$k=K$,并在两边同时除以$\sum_{k=0}^K\frac{1}{\beta_k}$,可得

$$\begin{aligned}
&f(\hat{\mathrm{x}}_{K+1})+g(\hat{\mathrm{y}}_{K+1})-f(\mathrm{x}^*)-g(\mathrm{y}^*)+\langle\lambda^*,\mathrm{A}\hat{\mathrm{x}}_{K+1}+\mathrm{B}\hat{\mathrm{y}}_{K+1}-\mathrm{b}\rangle\\
\leqslant&\frac{1}{\sum\limits_{k=0}^K\frac{1}{\beta_k}}\left(\frac{1}{2\beta_0^2}\|\lambda_0-\lambda^*\|^2-\frac{1}{2\beta_{K+1}^2}\|\lambda_{K+1}-\lambda^*\|^2+\frac{1}{2}\|\mathrm{B}\mathrm{y}_0-\mathrm{B}\mathrm{y}^*\|^2\right).
\end{aligned}$$

定理得证. □

通过下述引理,可以看到当B是行满秩时,收敛速度为$O\left(\frac{1}{K^2}\right)$.

引理 32: 假设$\sigma>0$并令$\frac{1}{\beta_k}=\frac{\sigma^2(k+1)}{3L}$,则$\{\beta_k\}$满足$\frac{1}{2\beta_k^2}+\frac{\sigma^2}{2L\beta_k}\geqslant\frac{1}{2\beta_{k+1}^2}$和$\frac{1}{\sum_{k=0}^K\frac{1}{\beta_k}}\leqslant\frac{6L}{\sigma^2(K+1)^2}$.

与前面小节讨论的情形不同的是,定理21并没有度量当前目标函数值到最优目标函数值的误差,以及约束的误差. 事实上,正如下面所讨论,尽管[Tian and Yuan, 2019]证明了算法的收敛性,但约束误差的收敛速度可能会很慢,而不是“加速”. 我们介绍这一小节内容仅仅是为了完整讨论各个情形下的收敛速度.

评注 6: 与定理20的不同之处在于,

$$\|\mathrm{A}\hat{\mathrm{x}}_{K+1}+\mathrm{B}\hat{\mathrm{y}}_{K+1}-\mathrm{b}\|=\left\|\frac{\sum\limits_{k=0}^K\frac{1}{\beta_k}(\mathrm{A}\mathrm{x}_{k+1}+\mathrm{B}\mathrm{y}_{k+1}-\mathrm{b})}{\sum\limits_{k=0}^K\frac{1}{\beta_k}}\right\|$$

$$
\begin{aligned}
&= \frac{1}{\sum_{k=0}^{K} \frac{1}{\beta_k}} \left\| \sum_{k=0}^{K} \frac{\lambda_{k+1}-\lambda_k}{\beta_k^2} \right\| \\
&\leqslant \frac{1}{\sum\limits_{k=0}^{K} \frac{1}{\beta_k}} \sum_{k=0}^{K} \frac{\|\lambda_k-\lambda^*\| + \|\lambda_{k+1}-\lambda^*\|}{\beta_k^2} \\
&\lesssim \frac{1}{\sum\limits_{k=0}^{K} \frac{1}{\beta_k}} \sum_{k=0}^{K} \frac{2C}{\beta_k} = 2C,
\end{aligned}
$$

其中我们令 $C = \sqrt{\frac{1}{\beta_0^2}\|\lambda_0-\lambda^*\|^2 + \|\mathrm{By}_0 - \mathrm{By}^*\|^2}$. 这说明 $\|\mathrm{A}\hat{\mathrm{x}}_{K+1}+\mathrm{B}\hat{\mathrm{y}}_{K+1}-\mathrm{b}\|$ 可能并不递减. 类似地，有 $\|\mathrm{Ax}_{K+1} + \mathrm{By}_{K+1} - \mathrm{b}\| = \frac{\|\lambda_K - \lambda_{K+1}\|}{\beta_K} \lesssim 2C$. 造成该现象的原因是我们使用了递减的 $\{\beta_k\}$.

3.4.4 情形 4：强凸和光滑目标函数

我们考虑最后一种情形，即 g 既是强凸函数又是光滑函数. 此时通过巧妙地选择惩罚系数可以得到更快的收敛速度 [Giselsson and Boyd, 2017]. 类似于前面情形，我们仍然没有使用任何加速技巧.

定理 22： 假设 $f(\mathrm{x})$ 是凸函数，$g(\mathrm{y})$ 是 μ-强凸函数且 L-光滑. 假设 $\|\mathrm{B}^T\lambda\| \geqslant \sigma\|\lambda\|, \forall\lambda$，其中 $\sigma = \sigma_{\min}(\mathrm{B}) > 0$. 令 $\beta_k = \beta = \frac{\sqrt{\mu L}}{\sigma\|\mathrm{B}\|_2}$，则有

$$
\begin{aligned}
&\frac{1}{2\beta}\|\lambda_{k+1}-\lambda^*\|^2 + \frac{\beta}{2}\|\mathrm{By}_{k+1}-\mathrm{By}^*\|^2 \\
\leqslant &\frac{1}{1+\frac{1}{2}\sqrt{\frac{\mu}{L}}\frac{\sigma}{\|\mathrm{B}\|_2}} \left(\frac{1}{2\beta}\|\lambda_k-\lambda^*\|^2 + \frac{\beta}{2}\|\mathrm{By}_k-\mathrm{By}^*\|^2 \right).
\end{aligned}
$$

证明. 由 (3.26)、(3.27)、(3.28) 和引理20，可得

$$
\begin{aligned}
\frac{\mu}{2\|\mathrm{B}\|_2^2}\|\mathrm{By}_{k+1}-\mathrm{By}^*\|^2 \leqslant\ & \frac{1}{2\beta}\|\lambda_k-\lambda^*\|^2 - \frac{1}{2\beta}\|\lambda_{k+1}-\lambda^*\|^2 \\
&+ \frac{\beta}{2}\|\mathrm{By}_k-\mathrm{By}^*\|^2 - \frac{\beta}{2}\|\mathrm{By}_{k+1}-\mathrm{By}^*\|^2 \qquad (3.29)
\end{aligned}
$$

和

$$
\frac{\sigma^2}{2L}\|\lambda_{k+1}-\lambda^*\|^2 \leqslant \frac{1}{2\beta}\|\lambda_k-\lambda^*\|^2 - \frac{1}{2\beta}\|\lambda_{k+1}-\lambda^*\|^2
$$

$$+\frac{\beta}{2}\|\mathrm{By}_k-\mathrm{By}^*\|^2-\frac{\beta}{2}\|\mathrm{By}_{k+1}-\mathrm{By}^*\|^2. \tag{3.30}$$

将(3.30)两边同时乘以t,将(3.29)两边同时乘以$1-t$,相加,可得

$$\left(\frac{\sigma^2 t}{2L}+\frac{1}{2\beta}\right)\|\lambda_{k+1}-\lambda^*\|^2+\left[\frac{\beta}{2}+\frac{\mu(1-t)}{2\|\mathrm{B}\|_2^2}\right]\|\mathrm{By}_{k+1}-\mathrm{By}^*\|^2$$
$$\leqslant\frac{1}{2\beta}\|\lambda_k-\lambda^*\|^2+\frac{\beta}{2}\|\mathrm{By}_k-\mathrm{By}^*\|^2.$$

令$\frac{\sigma^2\beta t}{L}=\frac{\mu(1-t)}{\beta\|\mathrm{B}\|_2^2}$,可得$t=\frac{\mu L}{\mu L+\|\mathrm{B}\|_2^2\sigma^2\beta^2}$和

$$\left(\frac{\mu\beta\sigma^2}{\mu L+\|\mathrm{B}\|_2^2\sigma^2\beta^2}+1\right)\left(\frac{1}{2\beta}\|\lambda_{k+1}-\lambda^*\|^2+\frac{\beta}{2}\|\mathrm{By}_{k+1}-\mathrm{By}^*\|^2\right)$$
$$\leqslant\frac{1}{2\beta}\|\lambda_k-\lambda^*\|^2+\frac{\beta}{2}\|\mathrm{By}_k-\mathrm{By}^*\|^2.$$

令$\beta=\frac{\sqrt{\mu L}}{\sigma\|\mathrm{B}\|_2}$, 即最大化$\frac{\mu\beta\sigma^2}{\mu L+\|\mathrm{B}\|_2^2\sigma^2\beta^2}+1$, 可得$\frac{1}{\frac{\mu\beta\sigma^2}{\mu L+\|\mathrm{B}\|_2^2\sigma^2\beta^2}+1}=\frac{1}{1+\frac{1}{2}\sqrt{\frac{\mu}{L}}\frac{\sigma}{\|\mathrm{B}\|_2}}$. □

定理22表明收敛速度是线性的.

3.4.5 非遍历意义收敛速度

在定理19、20、21中,收敛速度都是遍历意义下的. 在本节我们考虑非遍历意义收敛速度. 我们只考虑f和g都是一般凸函数并且非光滑的情形.

3.4.5.1 原始 ADMM

首先给出原始ADMM算法非遍历意义下$O\left(\frac{1}{\sqrt{K}}\right)$的收敛速度. 相关结论首先出自 [He and Yuan, 2015],后被 [Davis and Yin, 2016] 扩展.

定理 23: 令$\beta_k=\beta,\forall k$,对算法3.4,有

$$-\|\lambda^*\|\sqrt{\frac{C}{\beta(K+1)}} \leqslant f(\mathrm{x}_{K+1})+g(\mathrm{y}_{K+1})-f(\mathrm{x}^*)-g(\mathrm{y}^*)$$
$$\leqslant \frac{C}{K+1}+\frac{2C}{\sqrt{K+1}}+\|\lambda^*\|\sqrt{\frac{C}{\beta(K+1)}},$$
$$\|\mathrm{Ax}_{K+1}+\mathrm{By}_{K+1}-\mathrm{b}\| \leqslant \sqrt{\frac{C}{\beta(K+1)}},$$

其中 $C=\frac{1}{\beta}\|\lambda_0-\lambda^*\|^2+\beta\|\mathrm{By}_0-\mathrm{By}^*\|^2$.

证明. 由引理28, 可知 $\frac{1}{2\beta}\|\lambda_{k+1}-\lambda_k\|^2+\frac{\beta}{2}\|\mathrm{By}_{k+1}-\mathrm{By}_k\|^2$ 是递减的. 由引理20、29及 f 和 g 的凸性, 可得

$$\begin{aligned}
&\frac{1}{2\beta}\|\lambda_{k+1}-\lambda_k\|^2+\frac{\beta}{2}\|\mathrm{By}_{k+1}-\mathrm{By}_k\|^2\\
\leqslant\ &\frac{1}{2\beta}\|\lambda_k-\lambda^*\|^2-\frac{1}{2\beta}\|\lambda_{k+1}-\lambda^*\|^2\\
&+\frac{\beta}{2}\|\mathrm{By}_k-\mathrm{By}^*\|^2-\frac{\beta}{2}\|\mathrm{By}_{k+1}-\mathrm{By}^*\|^2. \qquad (3.31)
\end{aligned}$$

从 $k=0$ 加到 $k=K$, 可得

$$\begin{aligned}
&\frac{1}{\beta}\|\lambda_{K+1}-\lambda_K\|^2+\beta\|\mathrm{By}_{K+1}-\mathrm{By}_K\|^2\\
\leqslant&\frac{1}{K+1}\left(\frac{1}{\beta}\|\lambda_0-\lambda^*\|^2+\beta\|\mathrm{By}_0-\mathrm{By}^*\|^2\right).
\end{aligned}$$

因此可得

$$\beta\|\mathrm{Ax}_{K+1}+\mathrm{By}_{K+1}-\mathrm{b}\|=\|\lambda_{K+1}-\lambda_K\|\leqslant\sqrt{\frac{\beta C}{K+1}},$$
$$\|\mathrm{By}_{K+1}-\mathrm{By}_K\|\leqslant\sqrt{\frac{C}{\beta(K+1)}}.$$

另一方面, 由(3.31)可得

$$\begin{aligned}
&\frac{1}{2\beta}\|\lambda_{k+1}-\lambda^*\|^2+\frac{\beta}{2}\|\mathrm{By}_{k+1}-\mathrm{By}^*\|^2\\
\leqslant\ &\frac{1}{2\beta}\|\lambda_k-\lambda^*\|^2+\frac{\beta}{2}\|\mathrm{By}_k-\mathrm{By}^*\|^2\\
\leqslant\ &\frac{1}{2\beta}\|\lambda_0-\lambda^*\|^2+\frac{\beta}{2}\|\mathrm{By}_0-\mathrm{By}^*\|^2=\frac{1}{2}C.
\end{aligned}$$

因此可得

$$\|\lambda_{K+1}-\lambda^*\| \leqslant \sqrt{\beta C},$$
$$\|\mathrm{B}\mathrm{y}_{K+1}-\mathrm{B}\mathrm{y}^*\| \leqslant \sqrt{\frac{C}{\beta}}.$$

由(3.24)及f和g的凸性,可得

$$\begin{aligned}
& f(\mathrm{x}_{K+1})-f(\mathrm{x}^*)+g(\mathrm{y}_{K+1})-g(\mathrm{y}^*)+\langle\lambda^*,\mathrm{A}\mathrm{x}_{K+1}+\mathrm{B}\mathrm{y}_{K+1}-\mathrm{b}\rangle \\
\leqslant & \frac{1}{\beta}\|\lambda_{K+1}-\lambda^*\|\|\lambda_{K+1}-\lambda_K\|+\|\mathrm{B}\mathrm{y}_{K+1}-\mathrm{B}\mathrm{y}_K\|\|\lambda_{K+1}-\lambda_K\| \\
& +\beta\|\mathrm{B}\mathrm{y}_{K+1}-\mathrm{B}\mathrm{y}_K\|\|\mathrm{B}\mathrm{y}_{K+1}-\mathrm{B}\mathrm{y}^*\| \\
\leqslant & \frac{C}{K+1}+\frac{2C}{\sqrt{K+1}}.
\end{aligned}$$

由引理21,结论得证. □

3.4.5.2 加速 ADMM:使用外推及递增的惩罚系数

现在我们考虑更快的非遍历意义下$O\left(\frac{1}{K}\right)$的收敛速度. 为了给出非遍历意义下的加速收敛速度, [Li and Lin, 2019] 使用了外推技巧,并逐渐递增惩罚系数,如算法3.5所示.

算法 3.5 加速 ADMM(Acc-ADMM)

初始化 $\theta_0=1$.

for $k=1,2,3,\cdots,$ **do**

通过 $\frac{1-\theta_k}{\theta_k}=\frac{1}{\theta_{k-1}}-\tau$ 计算 θ_k,

$$\mathrm{v}_k=\mathrm{y}_k+\frac{\theta_k(1-\theta_{k-1})}{\theta_{k-1}}(\mathrm{y}_k-\mathrm{y}_{k-1}),$$

$$\mathrm{x}_{k+1}=\operatorname{argmin}_{\mathrm{x}}\left(f(\mathrm{x})+\langle\lambda_k,\mathrm{A}\mathrm{x}\rangle+\frac{\beta}{2\theta_k}\|\mathrm{A}\mathrm{x}+\mathrm{B}\mathrm{v}_k-\mathrm{b}\|^2\right),$$

$$\mathrm{y}_{k+1}=\operatorname{argmin}_{\mathrm{y}}\left(g(\mathrm{y})+\langle\lambda_k,\mathrm{B}\mathrm{y}\rangle+\frac{\beta}{2\theta_k}\|\mathrm{A}\mathrm{x}_{k+1}+\mathrm{B}\mathrm{y}-\mathrm{b}\|^2\right),$$

$$\lambda_{k+1}=\lambda_k+\beta\tau(\mathrm{A}\mathrm{x}_{k+1}+\mathrm{B}\mathrm{y}_{k+1}-\mathrm{b}).$$

end for k

定义辅助变量

$$\bar{\lambda}_{k+1}=\lambda_k+\frac{\beta}{\theta_k}\left(\mathrm{A}\mathrm{x}^{k+1}+\mathrm{B}\mathrm{v}^k-\mathrm{b}\right),$$
$$\hat{\lambda}_k=\lambda_k+\frac{\beta(1-\theta_k)}{\theta_k}\left(\mathrm{A}\mathrm{x}_k+\mathrm{B}\mathrm{y}_k-\mathrm{b}\right),$$

$$z_{k+1} = \frac{1}{\theta_k} y_{k+1} - \frac{1-\theta_k}{\theta_k} y_k,$$

并令 θ_k 满足 $\frac{1-\theta_{k+1}}{\theta_{k+1}} = \frac{1}{\theta_k} - \tau, \theta_0 = 1, \theta_{-1} = 1/\tau$. 首先给出如下引理

引理 33：对 $\bar{\lambda}_{k+1}$、$\hat{\lambda}_k$、λ_k、z_{k+1}、y_{k+1}、v_k 和 θ_k，有

$$\hat{\lambda}_{k+1} - \hat{\lambda}_k = \frac{\beta}{\theta_k}\left[Ax_{k+1} + By_{k+1} - b - (1-\theta_k)(Ax_k + By_k - b)\right],$$

$$\left\|\hat{\lambda}_{k+1} - \bar{\lambda}_{k+1}\right\| = \frac{\beta}{\theta_k}\|By_{k+1} - Bv_k\|,$$

$$\hat{\lambda}_{K+1} - \hat{\lambda}_0 = \frac{\beta}{\theta_K}(Ax_{K+1} + By_{K+1} - b) + \beta\tau\sum_{k=1}^{K}(Ax_k + By_k - b),$$

$$v_k - (1-\theta_k)y_k = \theta_k z_k.$$

证明. 由 $\hat{\lambda}_k$ 和 λ_{k+1} 的定义及 $\frac{1-\theta_{k+1}}{\theta_{k+1}} = \frac{1}{\theta_k} - \tau$，可得

$$\begin{aligned}
\hat{\lambda}_{k+1} =& \lambda_{k+1} + \beta\frac{1-\theta_{k+1}}{\theta_{k+1}}(Ax_{k+1} + By_{k+1} - b)\\
=& \lambda_{k+1} + \beta\left(\frac{1}{\theta_k} - \tau\right)(Ax_{k+1} + By_{k+1} - b)\\
=& \lambda_k + \beta\tau(Ax_{k+1} + By_{k+1} - b) + \beta\left(\frac{1}{\theta_k} - \tau\right)(Ax_{k+1} + By_{k+1} - b)\\
=& \lambda_k + \frac{\beta}{\theta_k}(Ax_{k+1} + By_{k+1} - b) \qquad (3.32a)\\
=& \hat{\lambda}_k - \beta\frac{1-\theta_k}{\theta_k}(Ax_k + By_k - b) + \frac{\beta}{\theta_k}(Ax_{k+1} + By_{k+1} - b) \qquad (3.32b)\\
=& \hat{\lambda}_k + \frac{\beta}{\theta_k}\left[Ax_{k+1} + By_{k+1} - b - (1-\theta_k)(Ax_k + By_k - b)\right].
\end{aligned}$$

另一方面，由 (3.32a) 和 $\bar{\lambda}_{k+1}$ 的定义，可得

$$\left\|\hat{\lambda}_{k+1} - \bar{\lambda}_{k+1}\right\|_2 = \frac{\beta}{\theta_k}\|B(y_{k+1} - v_k)\|_2.$$

由 (3.32b)、$\frac{1-\theta_k}{\theta_k} = \frac{1}{\theta_{k-1}} - \tau$ 和 $\frac{1}{\theta_{-1}} = \tau$，可得

$$
\begin{aligned}
\hat{\lambda}_{K+1}-\hat{\lambda}_0 &= \sum_{k=0}^{K}\left(\hat{\lambda}_{k+1}-\hat{\lambda}_k\right)\\
&=\beta\sum_{k=0}^{K}\left[\frac{1}{\theta_k}(\mathrm{Ax}_{k+1}+\mathrm{By}_{k+1}-\mathrm{b})-\frac{1-\theta_k}{\theta_k}(\mathrm{Ax}_k+\mathrm{By}_k-\mathrm{b})\right]\\
&=\beta\sum_{k=0}^{K}\left[\frac{1}{\theta_k}(\mathrm{Ax}_{k+1}+\mathrm{By}_{k+1}-\mathrm{b})-\frac{1}{\theta_{k-1}}(\mathrm{Ax}_k+\mathrm{By}_k-\mathrm{b})\right.\\
&\quad\left.+\tau(\mathrm{Ax}_k+\mathrm{By}_k-\mathrm{b})\right]\\
&=\frac{\beta}{\theta_K}(\mathrm{Ax}_{K+1}+\mathrm{By}_{K+1}-\mathrm{b})+\beta\tau\sum_{k=1}^{K}(\mathrm{Ax}_k+\mathrm{By}_k-\mathrm{b}).
\end{aligned}
$$

对最后一个等式,有

$$
\begin{aligned}
(1-\theta_k)\mathrm{y}_k+\theta_k\mathrm{z}_k &= (1-\theta_k)\mathrm{y}_k+\frac{\theta_k}{\theta_{k-1}}\left[\mathrm{y}_k-(1-\theta_{k-1})\mathrm{y}_{k-1}\right]\\
&=\mathrm{y}_k+\frac{\theta_k(1-\theta_{k-1})}{\theta_{k-1}}(\mathrm{y}_k-\mathrm{y}_{k-1}).
\end{aligned}
$$

等式右边为 v_k 的定义. □

下述引理类似于无约束优化中的引理4.

引理 34: 假设 $f(\mathrm{x})$ 和 $g(\mathrm{y})$ 是一般凸函数,则对算法3.5,有

$$
\begin{aligned}
& f(\mathrm{x}_{k+1})+g(\mathrm{y}_{k+1})-f(\mathrm{x})-g(\mathrm{y})\\
\leqslant & -\left\langle\overline{\lambda}_{k+1},\mathrm{Ax}_{k+1}+\mathrm{By}_{k+1}-\mathrm{Ax}-\mathrm{By}\right\rangle\\
& -\frac{\beta}{\theta_k}\left\langle\mathrm{By}_{k+1}-\mathrm{Bv}_k,\mathrm{By}_{k+1}-\mathrm{By}\right\rangle.
\end{aligned}
\tag{3.33}
$$

证明. 令

$$
\hat{\nabla}f(\mathrm{x}_{k+1})\equiv-\mathrm{A}^T\lambda_k-\frac{\beta}{\theta_k}\mathrm{A}^T(\mathrm{Ax}_{k+1}+\mathrm{Bv}_k-\mathrm{b})=-\mathrm{A}^T\overline{\lambda}_{k+1},
$$

$$
\begin{aligned}
\hat{\nabla}g(\mathrm{y}_{k+1}) &\equiv -\mathrm{B}^T\lambda_k-\frac{\beta}{\theta_k}\mathrm{B}^T(\mathrm{Ax}_{k+1}+\mathrm{By}_{k+1}-\mathrm{b})\\
&=-\mathrm{B}^T\overline{\lambda}_{k+1}-\frac{\beta}{\theta_k}\mathrm{B}^T\mathrm{B}(\mathrm{y}_{k+1}-\mathrm{v}_k).
\end{aligned}
$$

对算法3.5, 有 $\hat{\nabla}f(\mathrm{x}_{k+1})\in\partial f(\mathrm{x}_{k+1})$ 和 $\hat{\nabla}g(\mathrm{y}_{k+1})\in\partial g(\mathrm{y}_{k+1})$. 由 f 和 g 的凸性,有

$$
f(\mathrm{x}_{k+1})-f(\mathrm{x})\leqslant\left\langle\hat{\nabla}f(\mathrm{x}_{k+1}),\mathrm{x}_{k+1}-\mathrm{x}\right\rangle=-\left\langle\overline{\lambda}_{k+1},\mathrm{Ax}_{k+1}-\mathrm{Ax}\right\rangle
$$

和

$$
\begin{aligned}
g(\mathrm{y}_{k+1})-g(\mathrm{y}) &\leqslant \left\langle \hat{\nabla} g(\mathrm{y}_{k+1}), \mathrm{y}_{k+1}-\mathrm{y}\right\rangle \\
&= -\left\langle \bar{\lambda}_{k+1}, \mathrm{B}\mathrm{y}_{k+1}-\mathrm{B}\mathrm{y}\right\rangle - \frac{\beta}{\theta_k}\left\langle \mathrm{B}\mathrm{y}_{k+1}-\mathrm{B}\mathrm{v}_k, \mathrm{B}\mathrm{y}_{k+1}-\mathrm{B}\mathrm{y}\right\rangle .
\end{aligned}
$$

相加,结论得证. □

下述引理是证明非遍历意义下$O\left(\frac{1}{K}\right)$收敛速度的关键.

引理 35: 假设 $f(\mathrm{x})$ 和 $g(\mathrm{y})$ 是凸函数,由引理33中的定义,对算法3.5,有

$$
\begin{aligned}
& f(\mathrm{x}_{K+1})+g(\mathrm{y}_{K+1})-f(\mathrm{x}^*)-g(\mathrm{y}^*)+\langle \lambda^*, \mathrm{A}\mathrm{x}_{K+1}+\mathrm{B}\mathrm{y}_{K+1}-\mathrm{b}\rangle \\
\leqslant\ & \theta_K\left(\frac{1}{2\beta}\|\hat{\lambda}_0-\lambda^*\|^2+\frac{\beta}{2}\|\mathrm{B}\mathrm{z}_0-\mathrm{B}\mathrm{y}^*\|^2\right)
\end{aligned} \tag{3.34}
$$

和

$$
\begin{aligned}
& \left\|\frac{1}{\theta_K}(\mathrm{A}\mathrm{x}_{K+1}+\mathrm{B}\mathrm{y}_{K+1}-\mathrm{b})+\tau\sum_{k=1}^{K}(\mathrm{A}\mathrm{x}_k+\mathrm{B}\mathrm{y}_k-\mathrm{b})\right\| \\
\leqslant\ & \frac{2}{\beta}\|\hat{\lambda}_0-\lambda^*\|+\|\mathrm{B}\mathrm{z}_0-\mathrm{B}\mathrm{y}^*\| .
\end{aligned} \tag{3.35}
$$

证明. 在(3.33)中分别取 $\mathrm{x}=\mathrm{x}^*$ 和 $\mathrm{x}=\mathrm{x}_k$,可得两个不等式,对第一个不等式两边同时乘以 θ_k,对第二个不等式两边同时乘以 $1-\theta_k$,相加,并使用 $\mathrm{A}\mathrm{x}^*+\mathrm{B}\mathrm{y}^*=\mathrm{b}$,可得

$$
\begin{aligned}
& f(\mathrm{x}_{k+1})+g(\mathrm{y}_{k+1})-(1-\theta_k)(f(\mathrm{x}_k)+g(\mathrm{y}_k))-\theta_k(f(\mathrm{x}^*)+g(\mathrm{y}^*)) \\
\leqslant & -\left\langle \bar{\lambda}_{k+1}, \mathrm{A}\mathrm{x}_{k+1}+\mathrm{B}\mathrm{y}_{k+1}-\mathrm{b}-(1-\theta_k)(\mathrm{A}\mathrm{x}_k+\mathrm{B}\mathrm{y}_k-\mathrm{b})\right\rangle \\
& -\frac{\beta}{\theta_k}\left\langle \mathrm{B}\mathrm{y}_{k+1}-\mathrm{B}\mathrm{v}_k, \mathrm{B}\mathrm{y}_{k+1}-(1-\theta_k)\mathrm{B}\mathrm{y}_k-\theta_k\mathrm{B}\mathrm{y}^*\right\rangle .
\end{aligned}
$$

两边同时除以 θ_k,将

$$
\left\langle \lambda^*, \frac{1}{\theta_k}(\mathrm{A}\mathrm{x}_{k+1}+\mathrm{B}\mathrm{y}_{k+1}-\mathrm{b})-\frac{1-\theta_k}{\theta_k}(\mathrm{A}\mathrm{x}_k+\mathrm{B}\mathrm{y}_k-\mathrm{b})\right\rangle
$$

同时加到不等式两边,并使用 $\mathrm{A}\mathrm{x}-\mathrm{A}\mathrm{x}^*=\mathrm{A}\mathrm{x}-\mathrm{b}+\mathrm{B}\mathrm{y}^*$ 及引理33 和引理60,可得

$$
\begin{aligned}
&\frac{1}{\theta_k}(f(\mathrm{x}_{k+1})+g(\mathrm{y}_{k+1})-f(\mathrm{x}^*)-g(\mathrm{y}^*)+\langle\lambda^*,\mathrm{Ax}_{k+1}+\mathrm{By}_{k+1}-\mathrm{b}\rangle)\\
&-\frac{1-\theta_k}{\theta_k}(f(\mathrm{x}_k)+g(\mathrm{y}_k)-f(\mathrm{x}^*)-g(\mathrm{y}^*)+\langle\lambda^*,\mathrm{Ax}_k+\mathrm{By}_k-\mathrm{b}\rangle)\\
\leqslant&-\frac{1}{\beta}\left\langle\overline{\lambda}_{k+1}-\lambda^*,\hat{\lambda}_{k+1}-\hat{\lambda}_k\right\rangle\\
&-\frac{\beta}{\theta_k^2}\langle\mathrm{By}_{k+1}-\mathrm{Bv}_k,\mathrm{By}_{k+1}-(1-\theta_k)\mathrm{By}_k-\theta_k\mathrm{By}^*\rangle\\
\overset{a}{=}&\frac{1}{2\beta}\left(\|\hat{\lambda}_k-\lambda^*\|^2-\|\hat{\lambda}_{k+1}-\lambda^*\|^2-\|\hat{\lambda}_k-\overline{\lambda}_{k+1}\|^2+\|\hat{\lambda}_{k+1}-\overline{\lambda}_{k+1}\|^2\right)\\
&+\frac{\beta}{2\theta_k^2}\left(\|\mathrm{Bv}_k-(1-\theta_k)\mathrm{By}_k-\theta_k\mathrm{By}^*\|^2-\|\mathrm{By}_{k+1}-(1-\theta_k)\mathrm{By}_k-\theta_k\mathrm{By}^*\|^2\right.\\
&\left.-\|\mathrm{By}_{k+1}-\mathrm{Bv}_k\|^2\right)\\
\leqslant&\frac{1}{2\beta}\left(\|\hat{\lambda}_k-\lambda^*\|^2-\|\hat{\lambda}_{k+1}-\lambda^*\|^2\right)+\frac{\beta}{2}\left(\|\mathrm{Bz}_k-\mathrm{By}^*\|^2-\|\mathrm{Bz}_{k+1}-\mathrm{By}^*\|^2\right),
\end{aligned}
$$

其中 $\overset{a}{=}$ 使用了(A.3)和(A.1). 使用 $\frac{1-\theta_k}{\theta_k}=\frac{1}{\theta_{k-1}}-\tau$ 和 $\theta_{-1}=1/\tau$,从 $k=0$ 加到 $k=K$,可得

$$
\begin{aligned}
&\frac{1}{\theta_K}(f(\mathrm{x}_{K+1})+g(\mathrm{y}_{K+1})-f(\mathrm{x}^*)-g(\mathrm{y}^*)+\langle\lambda^*,\mathrm{Ax}_{K+1}+\mathrm{By}_{K+1}-\mathrm{b}\rangle)\\
&+\tau\sum_{k=1}^{K}(f(\mathrm{x}_k)+g(\mathrm{y}_k)-f(\mathrm{x}^*)-g(\mathrm{y}^*)+\langle\lambda^*,\mathrm{Ax}_k+\mathrm{By}_k-\mathrm{b}\rangle)\\
\leqslant&\frac{1}{2\beta}\left(\|\hat{\lambda}_0-\lambda^*\|^2-\|\hat{\lambda}_{K+1}-\lambda^*\|^2\right)+\frac{\beta}{2}\|\mathrm{Bz}_0-\mathrm{By}^*\|^2.
\end{aligned}
$$

由引理20,可得

$$
\begin{aligned}
&\frac{1}{\theta_K}(f(\mathrm{x}_{K+1})+g(\mathrm{y}_{K+1})-f(\mathrm{x}^*)-g(\mathrm{y}^*)+\langle\lambda^*,\mathrm{Ax}_{K+1}+\mathrm{By}_{K+1}-\mathrm{b}\rangle)\\
\leqslant&\frac{1}{2\beta}\left(\|\hat{\lambda}_0-\lambda^*\|^2-\|\hat{\lambda}_{K+1}-\lambda^*\|^2\right)+\frac{\beta}{2}\|\mathrm{Bz}_0-\mathrm{By}^*\|^2.
\end{aligned}
$$

因此可得(3.34)和

$$
\begin{aligned}
\|\hat{\lambda}_{K+1}-\lambda^*\|&\leqslant\sqrt{\|\hat{\lambda}_0-\lambda^*\|^2+\beta^2\|\mathrm{Bz}_0-\mathrm{By}^*\|^2}\\
&\leqslant\|\hat{\lambda}_0-\lambda^*\|+\beta\|\mathrm{Bz}_0-\mathrm{By}^*\|.
\end{aligned}
$$

从而可得

$$
\|\hat{\lambda}_{K+1}-\hat{\lambda}_0\|\leqslant 2\|\hat{\lambda}_0-\lambda^*\|+\beta\|\mathrm{Bz}_0-\mathrm{By}^*\|.
$$

由引理33可得(3.35). □

我们需要考虑约束误差 $\|\mathrm{Ax}+\mathrm{By}-\mathrm{b}\|$ 的递减速度,而不是(3.35). 下述引理为我们提供了一个重要的工具.

引理 36: 考虑序列 $\{\mathrm{a}_k\}_{k=1}^{\infty}$,如果 $\{\mathrm{a}_k\}$ 满足

$$\left\|[1/\tau+K(1/\tau-1)]\mathrm{a}_{K+1}+\sum_{k=1}^{K}\mathrm{a}_k\right\|\leqslant c,\quad \forall K=0,1,2,\cdots,$$

其中 $0<\tau<1$,则对所有 $K=1,2,\cdots$,有 $\left\|\sum_{k=1}^{K}\mathrm{a}_k\right\|<c$.

证明. 令 $\mathrm{s}_K=\sum_{k=1}^{K}\mathrm{a}_k,\forall K\geqslant 1,\mathrm{s}_0=0$. 则对每一个 $K\geqslant 0$,存在 c_{K+1},其每一个元素满足 $(\mathrm{c}_{K+1})_i\geqslant 0$,并且

$$-(\mathrm{c}_{K+1})_i\leqslant[1/\tau+K(1/\tau-1)](\mathrm{a}_{K+1})_i+(\mathrm{s}_K)_i\leqslant(\mathrm{c}_{K+1})_i,$$

和 $\|\mathrm{c}_{K+1}\|=c$. 则有

$$\frac{-(\mathrm{c}_{K+1})_i-(\mathrm{s}_K)_i}{1/\tau+K(1/\tau-1)}\leqslant(\mathrm{a}_{K+1})_i\leqslant\frac{(\mathrm{c}_{K+1})_i-(\mathrm{s}_K)_i}{1/\tau+K(1/\tau-1)},\quad \forall K\geqslant 0,$$

其中我们使用了 $1/\tau>1$ 和 $1/\tau+K(1/\tau-1)>0$. 因此对所有 $K\geqslant 0$,有

$$\begin{aligned}(\mathrm{s}_{K+1})_i=&(\mathrm{a}_{K+1})_i+(\mathrm{s}_K)_i\\ \leqslant&\frac{(\mathrm{c}_{K+1})_i-(\mathrm{s}_K)_i}{1/\tau+K(1/\tau-1)}+(\mathrm{s}_K)_i\\ =&\frac{(\mathrm{c}_{K+1})_i}{1/\tau+K(1/\tau-1)}+\frac{(K+1)(1/\tau-1)}{1/\tau+K(1/\tau-1)}(\mathrm{s}_K)_i.\end{aligned}$$

通过递推,有

$$\begin{aligned}&(\mathrm{s}_{K+1})_i\\ \leqslant&\frac{(\mathrm{c}_{K+1})_i}{1/\tau+K(1/\tau-1)}\\ &+\frac{(K+1)(1/\tau-1)}{1/\tau+K(1/\tau-1)}\frac{(\mathrm{c}_K)_i}{1/\tau+(K-1)(1/\tau-1)}\\ &+\frac{(K+1)(1/\tau-1)}{1/\tau+K(1/\tau-1)}\frac{K(1/\tau-1)}{1/\tau+(K-1)(1/\tau-1)}\frac{(\mathrm{c}_{K-1})_i}{1/\tau+(K-2)(1/\tau-1)}\\ &+\cdots\\ &+\left[\prod_{j=2}^{K+1}\frac{j(1/\tau-1)}{1/\tau+(j-1)(1/\tau-1)}\right]\left[\frac{(\mathrm{c}_1)_i}{1/\tau+0(1/\tau-1)}+\frac{1/\tau-1}{1/\tau+0(1/\tau-1)}(\mathrm{s}_0)_i\right]\\ =&\sum_{k=1}^{K+1}\frac{(\mathrm{c}_k)_i}{1/\tau+(k-1)(1/\tau-1)}\prod_{j=k+1}^{K+1}\frac{j(1/\tau-1)}{1/\tau+(j-1)(1/\tau-1)},\end{aligned}$$

其中我们令 $\prod_{j=K+2}^{K+1} \frac{j(1/\tau-1)}{1/\tau+(j-1)(1/\tau-1)} = 1$. 定义

$$r_k = \frac{1}{1/\tau+(k-1)(1/\tau-1)} \prod_{j=k+1}^{K+1} \frac{j(1/\tau-1)}{1/\tau+(j-1)(1/\tau-1)},$$
$$\forall k = 1,2,\cdots,K+1.$$

则有 $r_k > 0$ 和 $(\mathrm{s}_{K+1})_i \leqslant \sum_{k=1}^{K+1} r_k(\mathrm{c}_k)_i$. 类似地, 同样有 $(\mathrm{s}_{K+1})_i \geqslant -\sum_{k=1}^{K+1} r_k(\mathrm{c}_k)_i$. 因此可得

$$|(\mathrm{s}_{K+1})_i| \leqslant \sum_{k=1}^{K+1} r_k(\mathrm{c}_k)_i.$$

进一步定义

$$R_K = \sum_{k=1}^{K} \frac{1}{1/\tau+(k-1)(1/\tau-1)} \prod_{j=k+1}^{K} \frac{j(1/\tau-1)}{1/\tau+(j-1)(1/\tau-1)} = \sum_{k=1}^{K} r_k,$$

则有

$$R_1 = \sum_{k=1}^{1} \frac{1}{1/\tau+(k-1)(1/\tau-1)} \prod_{j=k+1}^{1} \frac{j(1/\tau-1)}{1/\tau+(j-1)(1/\tau-1)} = \tau,$$

和

$$\begin{aligned}
&R_{K+1}\\
=&\frac{1}{1/\tau+K(1/\tau-1)} + \sum_{k=1}^{K} \frac{1}{1/\tau+(k-1)(1/\tau-1)}\\
&\prod_{j=k+1}^{K+1} \frac{j(1/\tau-1)}{1/\tau+(j-1)(1/\tau-1)}\\
=&\frac{1}{1/\tau+K(1/\tau-1)} + \frac{(K+1)(1/\tau-1)}{1/\tau+K(1/\tau-1)}\\
&\sum_{k=1}^{K} \frac{1}{1/\tau+(k-1)(1/\tau-1)} \prod_{j=k+1}^{K} \frac{j(1/\tau-1)}{1/\tau+(j-1)(1/\tau-1)}\\
=&\frac{1}{1/\tau+K(1/\tau-1)} + \frac{(K+1)(1/\tau-1)}{1/\tau+K(1/\tau-1)} R_K.
\end{aligned}$$

下面,我们通过归纳法证明 $R_K < 1, \forall K \geqslant 1$. 容易验证 $R_1 = \tau < 1$. 假设 $R_K < 1$ 成立,则有

$$R_{K+1} < \frac{1}{1/\tau+K(1/\tau-1)} + \frac{(K+1)(1/\tau-1)}{1/\tau+K(1/\tau-1)} = 1.$$

因此通过归纳法，可得 $R_K < 1, \forall K \geqslant 1$.

因此，对所有 $K \geqslant 0$，有

$$[(\mathrm{s}_{K+1})_i]^2 \leqslant \left(\sum_{k=1}^{K+1} r_k\right)^2 \left(\frac{\sum_{k=1}^{K+1} r_k (\mathrm{c}_k)_i}{\sum_{k=1}^{K+1} r_k}\right)^2 \leqslant \left(\sum_{k=1}^{K+1} r_k\right)^2 \frac{\sum_{k=1}^{K+1} r_k ((\mathrm{c}_k)_i)^2}{\sum_{k=1}^{K+1} r_k}$$

$$< \sum_{k=1}^{K+1} r_k ((\mathrm{c}_k)_i)^2,$$

其中我们使用了 x^2 的凸性和 $\sum_{k=1}^{K+1} r_k = R_{K+1} < 1$. 因此可得

$$\|\mathrm{s}_{K+1}\|^2 = \sum_i ((\mathrm{s}_{K+1})_i)^2 < \sum_{k=1}^{K+1} r_k \sum_i ((\mathrm{c}_k)_i)^2 = \sum_{k=1}^{K+1} r_k c^2 < c^2,$$

其中我们使用了 $\|\mathrm{c}_k\| = c, \forall k \geqslant 1$ 和 $\sum_{k=1}^{K+1} r_k = R_{K+1} < 1$. 因此有 $\left\|\sum_{k=1}^{K+1} \mathrm{a}_k\right\| = \|\mathrm{s}_{K+1}\| < c, \forall K \geqslant 0$. □

基于上述结论，我们可以给出最终的收敛速度.

定理 24：假设 $f(\mathrm{x})$ 和 $g(\mathrm{y})$ 是凸函数. 对算法3.5，有

$$-\frac{2C_1\|\lambda^*\|}{1+K(1-\tau)} \leqslant f(\mathrm{x}_{K+1}) + g(\mathrm{y}_{K+1}) - f(\mathrm{x}^*) - g(\mathrm{y}^*)$$

$$\leqslant \frac{2C_1\|\lambda^*\|}{1+K(1-\tau)} + \frac{C_2}{1+K(1-\tau)},$$

和

$$\|\mathrm{Ax}_{K+1} + \mathrm{By}_{K+1} - \mathrm{b}\| \leqslant \frac{2C_1}{1+K(1-\tau)},$$

其中 $C_1 = \frac{2}{\beta}\|\hat{\lambda}_0 - \lambda^*\| + \|\mathrm{Bz}_0 - \mathrm{By}^*\|$ 和 $C_2 = \frac{1}{2\beta}\|\hat{\lambda}_0 - \lambda^*\|^2 + \frac{\beta}{2}\|\mathrm{Bz}_0 - \mathrm{By}^*\|^2$.

证明. 由 $\frac{1}{\theta_k} = \frac{1}{\theta_{k-1}} + 1 - \tau = \frac{1}{\theta_0} + k(1-\tau)$，可得 $\theta_k = \frac{1}{\frac{1}{\theta_0} + k(1-\tau)} = \frac{1}{1+k(1-\tau)}$. 为了方便描述，令 $\mathrm{a}_k = \mathrm{Ax}_k + \mathrm{By}_k - \mathrm{b}$. 则由 (3.35)，可得

$$\left\|[1/\tau + K(1/\tau - 1)]\mathrm{a}_{K+1} + \sum_{k=1}^{K} \mathrm{a}_k\right\|$$

$$\leqslant \frac{1}{\tau}\left(\frac{2}{\beta}\|\hat{\lambda}_0 - \hat{\lambda}^*\| + \|\mathrm{Bz}_0 - \mathrm{By}^*\|\right) \equiv \frac{1}{\tau}C_1, \quad \forall K = 0, 1, \cdots. \tag{3.36}$$

由引理36，可得 $\left\|\sum_{k=1}^{K}\mathrm{a}_k\right\| \leqslant \frac{1}{\tau}C_1, \forall K = 1, 2, \cdots$. 因此有 $\|\mathrm{a}_{K+1}\| \leqslant \frac{2\frac{1}{\tau}C_1}{1/\tau + K(1/\tau - 1)}, \forall K = 1, 2, \cdots$. 进一步地，在 (3.36) 中取 $K = 0$，可得 $\|\mathrm{a}_1\| \leqslant C_1 \leqslant \frac{2\frac{1}{\tau}C_1}{1/\tau + 0(1/\tau - 1)}$. 因此有

$$\|\mathrm{Ax}_{K+1} + \mathrm{By}_{K+1} - \mathrm{b}\| \leqslant \frac{2C_1}{1 + K(1-\tau)}, \forall K = 0, 1, \cdots.$$

由(3.34)和引理21,结论得证. □

3.5 原始–对偶算法

在本节,我们考虑下述凸凹鞍点问题

$$\min_{\mathrm{x}}\max_{\mathrm{y}} L(\mathrm{x},\mathrm{y}) \equiv \langle \mathrm{Kx}, \mathrm{y}\rangle + g(\mathrm{x}) - h(\mathrm{y}).$$

问题(3.2)是该问题的一个特例. 原始–对偶算法[Chambolle and Pock, 2011, 2016; Esser et al., 2010; Pock et al., 2009]是求解该问题的经典算法. [Pock et al., 2009]使用原始–对偶算法来最小化 Mumford-Shah 泛函的凸松弛. [Esser et al., 2010] 研究了求解更一般问题的原始–对偶算法并建立了和其他算法的联系. [Chambolle and Pock, 2011] 证明了原始–对偶算法的若干收敛速度,而[Chambolle and Pock, 2016]做了更详细的分析. 原始–对偶算法具体如算法3.6所示,本节主要介绍[Chambolle and Pock, 2011]中给出的若干收敛速度.

算法 3.6 原始–对偶算法

初始化 $\bar{\mathrm{x}}_0 = \mathrm{x}_0 = \mathrm{x}_{-1}$.
for $k = 0, 1, 2, 3, \cdots$ **do**

  $\mathrm{y}_{k+1} = \operatorname{arg\,min}_{\mathrm{y}}\left(h(\mathrm{y}) - \langle \mathrm{K}\bar{\mathrm{x}}_k, \mathrm{y}\rangle + \frac{1}{2\sigma_k}\|\mathrm{y} - \mathrm{y}_k\|^2\right)$,

  $\mathrm{x}_{k+1} = \operatorname{arg\,min}_{\mathrm{x}}\left(g(\mathrm{x}) + \langle \mathrm{Kx}, \mathrm{y}_{k+1}\rangle + \frac{1}{2\tau_k}\|\mathrm{x} - \mathrm{x}_k\|^2\right)$,

  $\bar{\mathrm{x}}_{k+1} = \mathrm{x}_{k+1} + \theta_k(\mathrm{x}_{k+1} - \mathrm{x}_k)$.

end for k

令 $(\mathrm{x}^*,\mathrm{y}^*)$ 是问题的鞍点. 引入原始–对偶间隙(Primal-Dual Gap):

$$G(\mathrm{x},\mathrm{y})=L(\mathrm{x},\mathrm{y}^*)-L(\mathrm{x}^*,\mathrm{y}).$$

我们使用原始–对偶间隙来度量算法的收敛速度. 首先给出下述一般化结论.

引理 37: 假设 g 和 h 是强凸函数,强凸系数分别为 μ_g 和 μ_h. 则对算法3.6,有

$$\begin{aligned}
&L(\mathrm{x}_{k+1},\mathrm{y}^*)-L(\mathrm{x}^*,\mathrm{y}_{k+1})\\
\leqslant&\frac{1}{2\tau_k}\|\mathrm{x}^*-\mathrm{x}_k\|^2-\left(\frac{1}{2\tau_k}+\frac{\mu_g}{2}\right)\|\mathrm{x}^*-\mathrm{x}_{k+1}\|^2-\frac{1}{2\tau_k}\|\mathrm{x}_{k+1}-\mathrm{x}_k\|^2\\
&+\frac{1}{2\sigma_k}\|\mathrm{y}^*-\mathrm{y}_k\|^2-\left(\frac{1}{2\sigma_k}+\frac{\mu_h}{2}\right)\|\mathrm{y}^*-\mathrm{y}_{k+1}\|^2-\frac{1}{2\sigma_k}\|\mathrm{y}_{k+1}-\mathrm{y}_k\|^2\\
&+\langle \mathrm{Kx}_{k+1}-\mathrm{Kx}_k,\mathrm{y}^*-\mathrm{y}_{k+1}\rangle-\theta_{k-1}\langle \mathrm{Kx}_k-\mathrm{Kx}_{k-1},\mathrm{y}^*-\mathrm{y}_k\rangle\\
&+\theta_{k-1}\langle \mathrm{Kx}_k-\mathrm{Kx}_{k-1},\mathrm{y}_{k+1}-\mathrm{y}_k\rangle.
\end{aligned}$$

证明. 由最优性条件,有

$$\begin{aligned}
&0\in\partial h(\mathrm{y}_{k+1})-\mathrm{K}\bar{\mathrm{x}}_k+\frac{1}{\sigma_k}(\mathrm{y}_{k+1}-\mathrm{y}_k),\\
&0\in\partial g(\mathrm{x}_{k+1})+\mathrm{K}^T\mathrm{y}_{k+1}+\frac{1}{\tau_k}(\mathrm{x}_{k+1}-\mathrm{x}_k).
\end{aligned}$$

由于 h 是 μ_h-强凸函数, g 是 μ_g-强凸函数,有

$$\begin{aligned}
h(\mathrm{y})\geqslant&h(\mathrm{y}_{k+1})-\frac{1}{\sigma_k}\langle \mathrm{y}_{k+1}-\mathrm{y}_k,\mathrm{y}-\mathrm{y}_{k+1}\rangle+\left\langle \mathrm{K}\bar{\mathrm{x}}_k,\mathrm{y}-\mathrm{y}_{k+1}\right\rangle\\
&+\frac{\mu_h}{2}\|\mathrm{y}-\mathrm{y}_{k+1}\|^2,\\
g(\mathrm{x})\geqslant&g(\mathrm{x}_{k+1})-\frac{1}{\tau_k}\langle \mathrm{x}_{k+1}-\mathrm{x}_k,\mathrm{x}-\mathrm{x}_{k+1}\rangle-\left\langle \mathrm{K}^T\mathrm{y}_{k+1},\mathrm{x}-\mathrm{x}_{k+1}\right\rangle\\
&+\frac{\mu_g}{2}\|\mathrm{x}-\mathrm{x}_{k+1}\|^2.
\end{aligned}$$

相加,并使用(A.2),有

$$\begin{aligned}
&g(\mathrm{x})+h(\mathrm{y})\\
\geqslant&g(\mathrm{x}_{k+1})+h(\mathrm{y}_{k+1})-\left\langle \mathrm{K}^T\mathrm{y}_{k+1},\mathrm{x}-\mathrm{x}_{k+1}\right\rangle+\left\langle \mathrm{K}\bar{\mathrm{x}}_k,\mathrm{y}-\mathrm{y}_{k+1}\right\rangle\\
&+\frac{1}{2\sigma_k}\left(\|\mathrm{y}_{k+1}-\mathrm{y}_k\|^2+\|\mathrm{y}-\mathrm{y}_{k+1}\|^2-\|\mathrm{y}-\mathrm{y}_k\|^2\right)\\
&+\frac{1}{2\tau_k}\left(\|\mathrm{x}_{k+1}-\mathrm{x}_k\|^2+\|\mathrm{x}-\mathrm{x}_{k+1}\|^2-\|\mathrm{x}-\mathrm{x}_k\|^2\right)\\
&+\frac{\mu_g}{2}\|\mathrm{x}-\mathrm{x}_{k+1}\|^2+\frac{\mu_h}{2}\|\mathrm{y}-\mathrm{y}_{k+1}\|^2.
\end{aligned}$$

取$\mathbf{x}=\mathbf{x}^*,\mathbf{y}=\mathbf{y}^*$,重新组合各项,可得

$$\begin{aligned}
&L(\mathbf{x}_{k+1},\mathbf{y}^*)-L(\mathbf{x}^*,\mathbf{y}_{k+1})\\
\leqslant&\frac{1}{2\tau_k}\|\mathbf{x}^*-\mathbf{x}_k\|^2-\left(\frac{1}{2\tau_k}+\frac{\mu_g}{2}\right)\|\mathbf{x}^*-\mathbf{x}_{k+1}\|^2-\frac{1}{2\tau_k}\|\mathbf{x}_{k+1}-\mathbf{x}_k\|^2\\
&+\frac{1}{2\sigma_k}\|\mathbf{y}^*-\mathbf{y}_k\|^2-\left(\frac{1}{2\sigma_k}+\frac{\mu_h}{2}\right)\|\mathbf{y}^*-\mathbf{y}_{k+1}\|^2-\frac{1}{2\sigma_k}\|\mathbf{y}_{k+1}-\mathbf{y}_k\|^2\\
&+\langle\mathbf{K}\mathbf{x}_{k+1},\mathbf{y}^*\rangle-\langle\mathbf{K}\mathbf{x}^*,\mathbf{y}_{k+1}\rangle+\langle\mathbf{y}_{k+1},\mathbf{K}\mathbf{x}^*-\mathbf{K}\mathbf{x}_{k+1}\rangle-\left\langle\mathbf{K}\bar{\mathbf{x}}_k,\mathbf{y}^*-\mathbf{y}_{k+1}\right\rangle.
\end{aligned}$$

由于

$$\begin{aligned}
&\langle\mathbf{K}\mathbf{x}_{k+1},\mathbf{y}^*\rangle-\langle\mathbf{K}\mathbf{x}^*,\mathbf{y}_{k+1}\rangle+\langle\mathbf{y}_{k+1},\mathbf{K}\mathbf{x}^*-\mathbf{K}\mathbf{x}_{k+1}\rangle-\left\langle\mathbf{K}\bar{\mathbf{x}}_k,\mathbf{y}^*-\mathbf{y}_{k+1}\right\rangle\\
=&\left\langle\mathbf{K}\mathbf{x}_{k+1}-\mathbf{K}\bar{\mathbf{x}}_k,\mathbf{y}^*-\mathbf{y}_{k+1}\right\rangle\\
=&\langle\mathbf{K}\mathbf{x}_{k+1}-\mathbf{K}\mathbf{x}_k,\mathbf{y}^*-\mathbf{y}_{k+1}\rangle-\theta_{k-1}\langle\mathbf{K}\mathbf{x}_k-\mathbf{K}\mathbf{x}_{k-1},\mathbf{y}^*-\mathbf{y}_{k+1}\rangle\\
=&\langle\mathbf{K}\mathbf{x}_{k+1}-\mathbf{K}\mathbf{x}_k,\mathbf{y}^*-\mathbf{y}_{k+1}\rangle-\theta_{k-1}\langle\mathbf{K}\mathbf{x}_k-\mathbf{K}\mathbf{x}_{k-1},\mathbf{y}^*-\mathbf{y}_k\rangle\\
&+\theta_{k-1}\langle\mathbf{K}\mathbf{x}_k-\mathbf{K}\mathbf{x}_{k-1},\mathbf{y}_{k+1}-\mathbf{y}_k\rangle,
\end{aligned}$$

结论得证. □

3.5.1 情形1:两个函数均非强凸

首先考虑g和h都是一般凸的情形. 下述定理给出了$O\left(\frac{1}{K}\right)$的收敛速度.

定理 25: 令$\hat{\mathbf{x}}_K=\frac{1}{K+1}\sum_{k=0}^{K}\mathbf{x}_{k+1}$, $\hat{\mathbf{y}}_K=\frac{1}{K+1}\sum_{k=0}^{K}\mathbf{y}_{k+1}$, $\theta_k=1,\forall k$, $\sigma_k=\tau_k=\sigma\leqslant\frac{1}{\|\mathbf{K}\|_2}$,则对算法3.6,有

$$L(\hat{\mathbf{x}}_K,\mathbf{y}^*)-L(\mathbf{x}^*,\hat{\mathbf{y}}_K)\leqslant\frac{1}{2\sigma(K+1)}\left(\|\mathbf{x}_0-\mathbf{x}^*\|^2+\|\mathbf{y}_0-\mathbf{y}^*\|^2\right).$$

证明. 由引理37,有

$$\begin{aligned}
&L(\mathbf{x}_{k+1},\mathbf{y}^*)-L(\mathbf{x}^*,\mathbf{y}_{k+1})\\
\leqslant&\frac{1}{2\sigma}\left(\|\mathbf{x}^*-\mathbf{x}_k\|^2-\|\mathbf{x}^*-\mathbf{x}_{k+1}\|^2+\|\mathbf{y}^*-\mathbf{y}_k\|^2-\|\mathbf{y}^*-\mathbf{y}_{k+1}\|^2\right)\\
&-\frac{1}{2\sigma}\|\mathbf{x}_{k+1}-\mathbf{x}_k\|^2-\frac{1}{2\sigma}\|\mathbf{y}_{k+1}-\mathbf{y}_k\|^2\\
&+\langle\mathbf{K}\mathbf{x}_{k+1}-\mathbf{K}\mathbf{x}_k,\mathbf{y}^*-\mathbf{y}_{k+1}\rangle-\langle\mathbf{K}\mathbf{x}_k-\mathbf{K}\mathbf{x}_{k-1},\mathbf{y}^*-\mathbf{y}_k\rangle\\
&+\langle\mathbf{K}\mathbf{x}_k-\mathbf{K}\mathbf{x}_{k-1},\mathbf{y}_{k+1}-\mathbf{y}_k\rangle.
\end{aligned}$$

由

$$
\begin{aligned}
\langle \mathrm{Kx}_k - \mathrm{Kx}_{k-1}, \mathrm{y}_{k+1} - \mathrm{y}_k \rangle &\leqslant \|\mathrm{K}\|_2 \|\mathrm{x}_k - \mathrm{x}_{k-1}\| \|\mathrm{y}_{k+1} - \mathrm{y}_k\| \\
&\leqslant \frac{\|\mathrm{K}\|_2}{2} \|\mathrm{x}_k - \mathrm{x}_{k-1}\|^2 + \frac{\|\mathrm{K}\|_2}{2} \|\mathrm{y}_{k+1} - \mathrm{y}_k\|^2,
\end{aligned}
$$

可得

$$
\begin{aligned}
& L(\mathrm{x}_{k+1}, \mathrm{y}^*) - L(\mathrm{x}^*, \mathrm{y}_{k+1}) \\
\leqslant & \frac{1}{2\sigma} \left(\|\mathrm{x}_k - \mathrm{x}^*\|^2 + \|\mathrm{y}_k - \mathrm{y}^*\|^2 - \|\mathrm{x}_{k+1} - \mathrm{x}^*\|^2 - \|\mathrm{y}_{k+1} - \mathrm{y}^*\|^2 \right) \\
& + \langle \mathrm{Kx}_{k+1} - \mathrm{Kx}_k, \mathrm{y}^* - \mathrm{y}_{k+1} \rangle - \langle \mathrm{Kx}_k - \mathrm{Kx}_{k-1}, \mathrm{y}^* - \mathrm{y}_k \rangle \\
& + \frac{\|\mathrm{K}\|_2}{2} \left(\|\mathrm{x}_k - \mathrm{x}_{k-1}\|^2 - \|\mathrm{x}_{k+1} - \mathrm{x}_k\|^2 \right).
\end{aligned}
$$

从 $k=0$ 加到 $k=K$，使用 $\mathrm{x}_0 = \mathrm{x}_{-1}$，两边同时除以 $K+1$，并使用 g 和 h 的凸性，可得

$$
\begin{aligned}
& L(\hat{\mathrm{x}}_K, \mathrm{y}^*) - L(\mathrm{x}^*, \hat{\mathrm{y}}_K) \\
\leqslant & \frac{1}{K+1} \left(\frac{1}{2\sigma} \|\mathrm{x}_0 - \mathrm{x}^*\|^2 + \frac{1}{2\sigma} \|\mathrm{y}_0 - \mathrm{y}^*\|^2 \right. \\
& \left. - \frac{1}{2\sigma} \|\mathrm{y}_{K+1} - \mathrm{y}^*\|^2 + \|\mathrm{K}\|_2 \|\mathrm{x}_{K+1} - \mathrm{x}_K\| \|\mathrm{y}^* - \mathrm{y}_{K+1}\| - \frac{\|\mathrm{K}\|_2}{2} \|\mathrm{x}_{K+1} - \mathrm{x}_K\|^2 \right) \\
\leqslant & \frac{1}{2\sigma(K+1)} \left(\|\mathrm{x}_0 - \mathrm{x}^*\|^2 + \|\mathrm{y}_0 - \mathrm{y}^*\|^2 \right).
\end{aligned}
$$

定理得证. □

当其中一个目标函数是光滑函数时，[Chen et al., 2014] 提出了加速原始-对偶算法. 类似于第3.4.1节介绍的加速 ADMM 算法，[Chen et al., 2014] 同样可以部分加速原始-对偶算法，但整体的收敛速度仍为 $O\left(\frac{1}{K}\right)$.

3.5.2 情形 2：只有一个函数强凸

我们只介绍 $\mu_g > 0, \mu_h = 0$ 的情形. 当 h 是强凸函数时，可将问题转化为研究 $-\min_{\mathrm{x}} \max_{\mathrm{y}} L(\mathrm{x}, \mathrm{y})$.

下面考虑 g 是强凸函数的情形. 此时收敛速度可以被提高到 $O\left(\frac{1}{K^2}\right)$. ⊖

定理 26：假设 g 是 μ_g-强凸函数，令

$$
\hat{\mathrm{x}}_K = \left(\sum_{k=0}^{K} \frac{1}{\tau_k} \right)^{-1} \sum_{k=0}^{K} \frac{1}{\tau_k} \mathrm{x}_{k+1}, \quad \hat{\mathrm{y}}_K = \left(\sum_{k=0}^{K} \frac{1}{\tau_k} \right)^{-1} \sum_{k=0}^{K} \frac{1}{\tau_k} \mathrm{y}_{k+1},
$$

⊖ 类似于第3.4.2节的介绍，更快的收敛速度是由于做了更强的假设，而不是由于使用了加速技巧.

$\tau_k = \dfrac{3}{(k+1)\mu_g}, \theta_k = \dfrac{\tau_{k+1}}{\tau_k}, \sigma_k = \dfrac{1}{\tau_k\|\mathrm{K}\|_2^2}$,则对算法3.6,有

$$\begin{aligned}&L(\hat{\mathrm{x}}_K, \mathrm{y}^*) - L(\mathrm{x}^*, \hat{\mathrm{y}}_K)\\ &\leqslant \frac{3}{\mu_g(K+1)^2}\left(\frac{\mu_g^2}{9}\|\mathrm{x}_0 - \mathrm{x}^*\|^2 + \|\mathrm{K}\|_2^2\|\mathrm{y}_0 - \mathrm{y}^*\|^2\right).\end{aligned} \tag{3.37}$$

证明. 由引理37并使用

$$\begin{aligned}\theta_{k-1}\langle \mathrm{Kx}_k - \mathrm{Kx}_{k-1}, \mathrm{y}_{k+1} - \mathrm{y}_k\rangle \leqslant &\frac{\|\mathrm{K}\|_2^2\theta_{k-1}^2\sigma_k}{2}\|\mathrm{x}_k - \mathrm{x}_{k-1}\|^2\\ &+\frac{1}{2\sigma_k}\|\mathrm{y}_{k+1} - \mathrm{y}_k\|^2,\end{aligned} \tag{3.38}$$

可得

$$\begin{aligned}&L(\mathrm{x}_{k+1}, \mathrm{y}^*) - L(\mathrm{x}^*, \mathrm{y}_{k+1})\\ &\leqslant \frac{1}{2\tau_k}\|\mathrm{x}^* - \mathrm{x}_k\|^2 - \left(\frac{1}{2\tau_k} + \frac{\mu_g}{2}\right)\|\mathrm{x}^* - \mathrm{x}_{k+1}\|^2\\ &\quad+\frac{1}{2\sigma_k}\|\mathrm{y}^* - \mathrm{y}_k\|^2 - \frac{1}{2\sigma_k}\|\mathrm{y}^* - \mathrm{y}_{k+1}\|^2\\ &\quad+\frac{\|\mathrm{K}\|_2^2\theta_{k-1}^2\sigma_k}{2}\|\mathrm{x}_k - \mathrm{x}_{k-1}\|^2 - \frac{1}{2\tau_k}\|\mathrm{x}_{k+1} - \mathrm{x}_k\|^2\\ &\quad+\langle \mathrm{Kx}_{k+1} - \mathrm{Kx}_k, \mathrm{y}^* - \mathrm{y}_{k+1}\rangle - \theta_{k-1}\langle \mathrm{Kx}_k - \mathrm{Kx}_{k-1}, \mathrm{y}^* - \mathrm{y}_k\rangle.\end{aligned} \tag{3.39}$$

令

$$\begin{aligned}&\frac{1}{\tau_k} + \mu_g \geqslant \frac{\tau_k}{\tau_{k+1}^2},\\ &\tau_{k+1}\sigma_{k+1} = \tau_k\sigma_k = \cdots = \tau_0\sigma_0 = \frac{1}{\|\mathrm{K}\|_2^2},\ \theta_{k-1} = \frac{\tau_k}{\tau_{k-1}},\end{aligned} \tag{3.40}$$

并在(3.39)两边同时除以 τ_k,可得

$$\begin{aligned}&\frac{1}{\tau_k}L(\mathrm{x}_{k+1}, \mathrm{y}^*) - \frac{1}{\tau_k}L(\mathrm{x}^*, \mathrm{y}_{k+1})\\ &\leqslant \frac{1}{2\tau_k^2}\|\mathrm{x}^* - \mathrm{x}_k\|^2 - \frac{1}{2\tau_{k+1}^2}\|\mathrm{x}^* - \mathrm{x}_{k+1}\|^2 + \frac{1}{2\sigma_k\tau_k}\|\mathrm{y}^* - \mathrm{y}_k\|^2\\ &\quad-\frac{1}{2\sigma_{k+1}\tau_{k+1}}\|\mathrm{y}^* - \mathrm{y}_{k+1}\|^2 + \frac{1}{2\tau_{k-1}^2}\|\mathrm{x}_k - \mathrm{x}_{k-1}\|^2 - \frac{1}{2\tau_k^2}\|\mathrm{x}_{k+1} - \mathrm{x}_k\|^2\\ &\quad+\frac{1}{\tau_k}\langle \mathrm{Kx}_{k+1} - \mathrm{Kx}_k, \mathrm{y}^* - \mathrm{y}_{k+1}\rangle - \frac{1}{\tau_{k-1}}\langle \mathrm{Kx}_k - \mathrm{Kx}_{k-1}, \mathrm{y}^* - \mathrm{y}_k\rangle,\end{aligned} \tag{3.41}$$

其中我们使用了

$$\frac{\|\mathrm{K}\|_2^2\theta_{k-1}^2\sigma_k}{2\tau_k} = \frac{\|\mathrm{K}\|_2^2\tau_k\sigma_k}{2\tau_{k-1}^2} = \frac{1}{2\tau_{k-1}^2}.$$

将(3.41)从 $k=0$ 加到 $k=K$，注意 $\mathrm{x}_0=\mathrm{x}_{-1}$，使用 f、g、h 的凸性及 $\hat{\mathrm{x}}_K$ 和 $\hat{\mathrm{y}}_K$ 的定义，可得

$$\begin{aligned}
&\left(\sum_{k=0}^{K}\frac{1}{\tau_k}\right)[L(\hat{\mathrm{x}}_K,\mathrm{y}^*)-L(\mathrm{x}^*,\hat{\mathrm{y}}_K)]\\
\leqslant&\frac{1}{2\tau_0^2}\|\mathrm{x}_0-\mathrm{x}^*\|^2+\frac{1}{2\sigma_0\tau_0}\|\mathrm{y}_0-\mathrm{y}^*\|^2-\frac{\|\mathrm{K}\|_2^2}{2}\|\mathrm{y}_{K+1}-\mathrm{y}^*\|^2\\
&+\frac{\|\mathrm{K}\|_2}{\tau_K}\|\mathrm{x}_{K+1}-\mathrm{x}_K\|\|\mathrm{y}^*-\mathrm{y}_{K+1}\|-\frac{1}{2\tau_K^2}\|\mathrm{x}_{K+1}-\mathrm{x}_K\|^2\\
\leqslant&\frac{1}{2\sigma_0\tau_0}\|\mathrm{y}_0-\mathrm{y}^*\|^2+\frac{1}{2\tau_0^2}\|\mathrm{x}_0-\mathrm{x}^*\|^2.
\end{aligned}$$

参数 τ_k、θ_k、σ_k 的选择满足要求(3.40)，结论得证. □

3.5.3 情形 3：两个函数均强凸

最后，我们考虑 g 和 h 都是强凸函数的情形.

定理 27: 假设 g 是 μ_g-强凸函数，h 是 μ_h-强凸函数，令 $\theta_k=\theta=\dfrac{1}{1+\dfrac{\sqrt{\mu_g\mu_h}}{\|\mathrm{K}\|_2}}$，$\forall k$，$\hat{\mathrm{x}}_K=\left(\sum\limits_{k=0}^{K}\dfrac{1}{\theta^k}\right)^{-1}\sum\limits_{k=0}^{K}\dfrac{1}{\theta^k}\mathrm{x}_{k+1}$，$\hat{\mathrm{y}}_K=\left(\sum\limits_{k=0}^{K}\dfrac{1}{\theta^k}\right)^{-1}\sum\limits_{k=0}^{K}\dfrac{1}{\theta^k}\mathrm{y}_{k+1}$，$\sigma_k=\sigma=\dfrac{1}{\|\mathrm{K}\|_2}\sqrt{\dfrac{\mu_g}{\mu_h}}$，$\tau_k=\tau=\dfrac{1}{\|\mathrm{K}\|_2}\sqrt{\dfrac{\mu_h}{\mu_g}}$，则有

$$L(\hat{\mathrm{x}}_K,\mathrm{y}^*)-L(\mathrm{x}^*,\hat{\mathrm{y}}_K)\leqslant\theta^K\left(\frac{1}{2\tau}\|\mathrm{x}^*-\mathrm{x}_0\|^2+\frac{1}{2\sigma}\|\mathrm{y}^*-\mathrm{y}_0\|^2\right).$$

证明. 由引理37，并使用(3.38)，其中令 $\theta_{k-1}=\theta$，可得

$$\begin{aligned}
&L(\mathrm{x}_{k+1},\mathrm{y}^*)-L(\mathrm{x}^*,\mathrm{y}_{k+1})\\
\leqslant&\frac{1}{2\tau}\|\mathrm{x}^*-\mathrm{x}_k\|^2-\left(\frac{1}{2\tau}+\frac{\mu_g}{2}\right)\|\mathrm{x}^*-\mathrm{x}_{k+1}\|^2+\frac{1}{2\sigma}\|\mathrm{y}^*-\mathrm{y}_k\|^2\\
&-\left(\frac{1}{2\sigma}+\frac{\mu_h}{2}\right)\|\mathrm{y}^*-\mathrm{y}_{k+1}\|^2+\frac{\|\mathrm{K}\|_2^2\theta^2\sigma}{2}\|\mathrm{x}_k-\mathrm{x}_{k-1}\|^2-\frac{1}{2\tau}\|\mathrm{x}_{k+1}-\mathrm{x}_k\|^2\\
&+\langle\mathrm{K}\mathrm{x}_{k+1}-\mathrm{K}\mathrm{x}_k,\mathrm{y}^*-\mathrm{y}_{k+1}\rangle-\theta\langle\mathrm{K}\mathrm{x}_k-\mathrm{K}\mathrm{x}_{k-1},\mathrm{y}^*-\mathrm{y}_k\rangle.
\end{aligned}$$

令

$$\frac{1}{2\theta\tau}\leqslant\frac{1}{2\tau}+\frac{\mu_g}{2},\qquad\frac{1}{2\theta\sigma}\leqslant\frac{1}{2\sigma}+\frac{\mu_h}{2},\qquad\|\mathrm{K}\|_2^2\theta\sigma\leqslant\frac{1}{\tau},$$

其满足τ、σ、θ的定义

$$
\begin{aligned}
& L(\mathrm{x}_{k+1},\mathrm{y}^*)-L(\mathrm{x}^*,\mathrm{y}_{k+1}) \\
\leqslant & \frac{1}{2\tau}\|\mathrm{x}^*-\mathrm{x}_k\|^2+\frac{1}{2\sigma}\|\mathrm{y}^*-\mathrm{y}_k\|^2-\frac{1}{\theta}\left(\frac{1}{2\tau}\|\mathrm{x}^*-\mathrm{x}_{k+1}\|^2+\frac{1}{2\sigma}\|\mathrm{y}^*-\mathrm{y}_{k+1}\|^2\right) \\
& +\frac{\theta}{2\tau}\|\mathrm{x}_k-\mathrm{x}_{k-1}\|^2-\frac{1}{2\tau}\|\mathrm{x}_{k+1}-\mathrm{x}_k\|^2 \\
& +\langle \mathrm{K}\mathrm{x}_{k+1}-\mathrm{K}\mathrm{x}_k,\mathrm{y}^*-\mathrm{y}_{k+1}\rangle-\theta\langle \mathrm{K}\mathrm{x}_k-\mathrm{K}\mathrm{x}_{k-1},\mathrm{y}^*-\mathrm{y}_k\rangle .
\end{aligned}
$$

将两边同时除以θ^k,可得

$$
\begin{aligned}
& \frac{1}{\theta^k}L(\mathrm{x}_{k+1},\mathrm{y}^*)-\frac{1}{\theta^k}L(\mathrm{x}^*,\mathrm{y}_{k+1}) \\
\leqslant & \frac{1}{\theta^k}\left(\frac{1}{2\tau}\|\mathrm{x}^*-\mathrm{x}_k\|^2+\frac{1}{2\sigma}\|\mathrm{y}^*-\mathrm{y}_k\|^2\right) \\
& -\frac{1}{\theta^{k+1}}\left(\frac{1}{2\tau}\|\mathrm{x}^*-\mathrm{x}_{k+1}\|^2+\frac{1}{2\sigma}\|\mathrm{y}^*-\mathrm{y}_{k+1}\|^2\right) \\
& +\frac{1}{\theta^{k-1}}\frac{1}{2\tau}\|\mathrm{x}_k-\mathrm{x}_{k-1}\|^2-\frac{1}{\theta^k}\frac{1}{2\tau}\|\mathrm{x}_{k+1}-\mathrm{x}_k\|^2 \\
& +\frac{1}{\theta^k}\langle \mathrm{K}\mathrm{x}_{k+1}-\mathrm{K}\mathrm{x}_k,\mathrm{y}^*-\mathrm{y}_{k+1}\rangle-\frac{1}{\theta^{k-1}}\langle \mathrm{K}\mathrm{x}_k-\mathrm{K}\mathrm{x}_{k-1},\mathrm{y}^*-\mathrm{y}_k\rangle .
\end{aligned}
$$

从$k=0$加到$k=K$,使用$\mathrm{x}_0=\mathrm{x}_{-1}$及$f$和$g$的凸性,可得

$$
\begin{aligned}
& \left(\sum_{k=0}^{K}\frac{1}{\theta^k}\right)[L(\hat{\mathrm{x}}_K,\mathrm{y}^*)-L(\mathrm{x}^*,\hat{\mathrm{y}}_K)] \\
\leqslant & \frac{1}{2\tau}\|\mathrm{x}^*-\mathrm{x}_0\|^2+\frac{1}{2\sigma}\|\mathrm{y}^*-\mathrm{y}_0\|^2 \\
& -\frac{1}{\theta^K}\frac{1}{2\tau}\|\mathrm{x}_{K+1}-\mathrm{x}_K\|^2-\frac{1}{\theta^{K+1}}\frac{1}{2\sigma}\|\mathrm{y}^*-\mathrm{y}_{K+1}\|^2 \\
& +\frac{1}{\theta^K}\langle \mathrm{K}\mathrm{x}_{K+1}-\mathrm{K}\mathrm{x}_K,\mathrm{y}^*-\mathrm{y}_{K+1}\rangle .
\end{aligned}
$$

使用$\|\mathrm{K}\|_2^2\theta\sigma\leqslant\frac{1}{\tau}$和$\sum_{k=0}^{K}\frac{1}{\theta^k}>\frac{1}{\theta^K}$,结论得证. □

3.6　Frank-Wolfe 算法

Frank-Wolfe算法 [Frank and Wolfe, 1956] 也叫条件梯度法,用于求解带集合约束的凸优化问题. 该方法迭代地求解一系列线性优化问题并保证迭代点始终在约束凸集里. 该算法避免了投影步骤,优势在于保持了解的"稀疏性",即解是有限个约束集的极点(见定义11)的线性组合. 因此,该算法适用于求解稀疏和低秩优化问题. Frank-Wolfe算法最近几年在矩阵填充、

结构化SVM、目标跟踪、稀疏PCA、度量学习等问题上被广泛使用（例如[Jaggi and Sulovsk, 2010]）.

对一般凸的优化问题，Frank-Wolfe算法的收敛速度是$O(1/K)$[Jaggi, 2013]. 在本节，我们介绍[Garber and Hazan, 2015]中的工作，即在更强假设下，Frank-Wolfe算法的收敛速度可被提高到$O(1/K^2)$（由于该速度是在更强假设下得到的，我们并不称其为“加速”）. 具体地，我们需要假设目标函数是光滑函数，并满足二次函数增长条件（Quadratic Functional Growth Condition），且约束集合是强凸集.

定义 3 – **二次函数增长条件**：如果函数f满足

$$f(\mathrm{x})-f(\mathrm{x}^*)\geqslant\frac{\mu}{2}\|\mathrm{x}-\mathrm{x}^*\|^2,\quad\forall\mathrm{x}\in\mathcal{K},$$

其中x^*是$f(\mathrm{x})$在集合$\mathcal{K}$上的最小值点，则称其在集合$\mathcal{K}$上满足二次函数增长条件.

如果f在$\mathcal{K}$上是强凸函数（这表明$\mathcal{K}$是一个凸集），该函数自然满足二次函数增长条件. 因此二次函数增长条件是比强凸弱的条件. 另一个需要介绍的概念是强凸集. 令$\|\cdot\|$和$\|\cdot\|^*$是$\mathbb{R}^n$上的一对对偶范数（见定义8）.

定义 4 – **强凸集**：如果凸集$\mathcal{K}\subset\mathbb{R}^n$满足如下条件：对任意$\mathrm{x}\in\mathcal{K}$，$\mathrm{y}\in\mathcal{K}$，$\gamma\in[0,1]$及任意满足$\|\mathrm{z}\|=1$的向量$\mathrm{z}\in\mathbb{R}^n$，有

$$\gamma\mathrm{x}+(1-\gamma)\mathrm{y}+\frac{\alpha\gamma(1-\gamma)}{2}\|\mathrm{x}-\mathrm{y}\|^2\mathrm{z}\in\mathcal{K},$$

则称该凸集$\mathcal{K}$是关于$\|\cdot\|$的α-强凸集.

许多稀疏和低秩优化中的集合都是强凸集[Garber and Hazan, 2015]，例如ℓ_p范数单位球和Schatten-p范数单位球，其中$p\in(1,2]$.

考虑一般的带集合约束的凸问题

$$\min_{\mathrm{x}} f(\mathrm{x}),\quad \text{s.t.}\quad \mathrm{x}\in\mathcal{K}.$$

做如下假设.

假设 2：

1. $f(\mathrm{x})$满足二次函数增长条件.
2. $f(\mathrm{x})$是L-光滑函数.
3. $\mathcal{K}$是$\alpha_{\mathcal{K}}$-强凸集.

Frank-Wolfe 算法如算法3.7所示. 可以看到 x_{k+1} 是 x_k 和 p_k 的凸组合，其中 $\mathrm{p}_k \in \mathcal{K}$. 因此通过归纳法易证 $\mathrm{x}_k \in \mathcal{K}, \forall k \geqslant 0$. 在传统 Frank-Wolfe 算法里，$\eta_k = \dfrac{2}{k+2}$[Jaggi, 2013]. 这里为了证明需要我们给出一个更复杂的设置.

算法 3.7 更快的 Frank-Wolfe 算法

初始化 $\mathrm{x}_0 \in \mathcal{K}$.
for $k = 0, 1, 2, 3, \cdots$ **do**
  $\mathrm{p}_k = \operatorname{argmin}_{\mathrm{p}\in\mathcal{K}} \langle \mathrm{p}, \nabla f(\mathrm{x}_k)\rangle$,
  $\eta_k = \min\left\{1, \dfrac{\alpha_{\mathcal{K}}\|\nabla f(\mathrm{x}_k)\|^*}{4L}\right\}$,
  $\mathrm{x}_{k+1} = \mathrm{x}_k + \eta_k(\mathrm{p}_k - \mathrm{x}_k)$.
end for k

首先在下述引理中证明 $h_k = f(\mathrm{x}_k) - f(\mathrm{x}^*)$ 在每次迭代中是递减的.

引理 38： 若假设2成立，则对算法3.7，有

$$h_{k+1} \leqslant h_k \max\left\{\frac{1}{2}, 1 - \frac{\alpha_{\mathcal{K}}\|\nabla f(\mathrm{x}_k)\|^*}{8L}\right\}.$$

证明. 由 p_k 的最优性条件，有

$$\langle \mathrm{p}_k - \mathrm{x}_k, \nabla f(\mathrm{x}_k)\rangle \leqslant \langle \mathrm{x}^* - \mathrm{x}_k, \nabla f(\mathrm{x}_k)\rangle \leqslant f(\mathrm{x}^*) - f(\mathrm{x}_k) = -h_k.$$

记$\mathrm{w}_k = \operatorname{argmin}_{\|\mathrm{w}\|=1} \langle \mathrm{w}, \nabla f(\mathrm{x}_k)\rangle$，则有 $\langle \mathrm{w}, \nabla f(\mathrm{x}_k)\rangle = -\|\nabla f(\mathrm{x}_k)\|^*$. 使用 $\mathcal{K}$ 的强凸性，有 $\tilde{\mathrm{p}}_k = \dfrac{1}{2}(\mathrm{p}_k + \mathrm{x}_k) + \dfrac{\alpha_{\mathcal{K}}}{8}\|\mathrm{x}_k - \mathrm{p}_k\|^2 \mathrm{w}_k \in \mathcal{K}$. 因此有

$$\begin{aligned}
\langle \mathrm{p}_k - \mathrm{x}_k, \nabla f(\mathrm{x}_k)\rangle &\leqslant \langle \tilde{\mathrm{p}}_k - \mathrm{x}_k, \nabla f(\mathrm{x}_k)\rangle \\
&= \frac{1}{2}\langle \mathrm{p}_k - \mathrm{x}_k, \nabla f(\mathrm{x}_k)\rangle + \frac{\alpha_{\mathcal{K}}\|\mathrm{x}_k - \mathrm{p}_k\|^2}{8}\langle \mathrm{w}_k, \nabla f(\mathrm{x}_k)\rangle \\
&\leqslant -\frac{1}{2}h_k - \frac{\alpha_{\mathcal{K}}\|\mathrm{x}_k - \mathrm{p}_k\|^2}{8}\|\nabla f(\mathrm{x}_k)\|^*.
\end{aligned} \tag{3.42}$$

另一方面，由 f 的光滑性，有

$$f(\mathrm{x}_{k+1}) \leqslant f(\mathrm{x}_k) + \eta_k \langle \mathrm{p}_k - \mathrm{x}_k, \nabla f(\mathrm{x}_k)\rangle + \frac{L\eta_k^2}{2}\|\mathrm{p}_k - \mathrm{x}_k\|^2.$$

从两边同时减去 $f(\mathrm{x}^*)$，有

$$h_{k+1} \leqslant h_k + \eta_k \langle \mathrm{p}_k - \mathrm{x}_k, \nabla f(\mathrm{x}_k)\rangle + \frac{L\eta_k^2}{2}\|\mathrm{p}_k - \mathrm{x}_k\|^2.$$

代入(3.42),得到

$$h_{k+1} \leqslant h_k\left(1-\frac{\eta_k}{2}\right)+\frac{\|\mathrm{p}_k-\mathrm{x}_k\|^2}{2}\left(L\eta_k^2-\frac{\eta_k\alpha_{\mathcal{K}}\|\nabla f(\mathrm{x}_k)\|^*}{4}\right).$$

若 $\dfrac{\alpha_{\mathcal{K}}\|\nabla f(\mathrm{x}_k)\|^*}{4} \geqslant L$,则有 $\eta_k = 1$. 因此有

$$h_{k+1} \leqslant \frac{h_k}{2}.$$

否则,有 $\eta_k = \dfrac{\alpha_{\mathcal{K}}\|\nabla f(\mathrm{x}_k)\|^*}{4L}$,从而

$$h_{k+1} \leqslant h_k\left(1-\frac{\alpha_{\mathcal{K}}\|\nabla f(\mathrm{x}_k)\|^*}{8L}\right).$$

引理得证. □

基于引理38,我们可以证明 Frank-Wolfe 算法的收敛速度.

定理 28: 若假设2成立,令 $M = \dfrac{\alpha_{\mathcal{K}}\sqrt{\mu}}{8\sqrt{2}L}$,并记 $D = \max_{\mathrm{x},\mathrm{y}\in\mathcal{K}}\|\mathrm{x}-\mathrm{y}\|$ 为 $\mathcal{K}$ 的直径,对算法3.7,有

$$f(\mathrm{x}_k)-f(\mathrm{x}^*) \leqslant \frac{\max\left\{\frac{9}{2}LD^2, 4(f(\mathrm{x}_0)-f(\mathrm{x}^*)), 18M^{-2}\right\}}{(k+2)^2}.$$

证明. 由二次函数增长条件,有

$$f(\mathrm{x})-f(\mathrm{x}^*) \geqslant \frac{\mu}{2}\|\mathrm{x}-\mathrm{x}^*\|^2.$$

因此有

$$\begin{aligned}
f(\mathrm{x})-f(\mathrm{x}^*) &\leqslant \langle \mathrm{x}-\mathrm{x}^*, \nabla f(\mathrm{x})\rangle \\
&\leqslant \|\mathrm{x}-\mathrm{x}^*\|\|\nabla f(\mathrm{x})\|^* \\
&\leqslant \sqrt{\frac{2}{\mu}(f(\mathrm{x})-f(\mathrm{x}^*))}\|\nabla f(\mathrm{x})\|^*.
\end{aligned}$$

进而有

$$\sqrt{\frac{\mu}{2}(f(\mathrm{x})-f(\mathrm{x}^*))} \leqslant \|\nabla f(\mathrm{x})\|^*.$$

使用引理38,可得

$$h_{k+1} \leqslant h_k \max\left\{\frac{1}{2}, 1-M\sqrt{h_k}\right\}. \tag{3.43}$$

接下来使用归纳法证明$h_k \leqslant \frac{C}{(k+2)^2}$，其中$C = \max\left\{\frac{9}{2}LD^2, 4(f(\mathrm{x}_0) - f(\mathrm{x}^*)), 18M^{-2}\right\}$. 易知当$k=0$时该结论成立. 假设$h_k \leqslant \frac{C}{(k+2)^2}$对$k=t$成立. 下面考虑$k=t+1$.

如果$\frac{1}{2} \geqslant 1 - M\sqrt{h_t}$成立,则有

$$h_{t+1} \leqslant \frac{h_t}{2} \leqslant \frac{C}{2(t+2)^2} \leqslant \frac{C}{(t+3)^2}.$$

如果$\frac{1}{2} < 1 - M\sqrt{h_t}$和$h_t \leqslant \frac{C}{2(t+2)^2}$成立,类似于上面的分析,有

$$h_{t+1} \leqslant h_t \leqslant \frac{C}{2(t+2)^2} \leqslant \frac{C}{(t+3)^2}.$$

如果$\frac{1}{2} < 1 - M\sqrt{h_t}$和$h_t > \frac{C}{2(t+2)^2}$成立,由(3.43)有

$$\begin{aligned} h_{t+1} &\leqslant h_t\left(1 - M\sqrt{h_t}\right) \\ &\leqslant \frac{C}{(t+2)^2}\left(1 - M\sqrt{\frac{C}{2}}\frac{1}{t+2}\right) \\ &\leqslant \frac{C}{(t+2)^2}\left(1 - \frac{3}{t+2}\right) \leqslant \frac{C}{(t+3)^2}. \end{aligned}$$

定理得证. □

参考文献

Bertsekas Dimitri P. (1999). Nonlinear Programming[M]. 2nd ed. Athena Scientific, Belmont, MA.

Boyd Stephen, Parikh Neal, Chu Eric, Peleato Borja, and Eckstein Jonathan. (2011). Distributed optimization and statistical learning via the alternating direction method of multipliers[J]. *Found. Trends Math. Learn.*, 3(1): 1-122.

Chambolle Antonin and Pock Thomas. (2011). A first-order primal-dual algorithm for convex problems with applications to imaging[J]. *J. Math. Imag. Vis.*, 40(1): 120-145.

Chambolle Antonin and Pock Thomas. (2016). On the ergodic convergence rates of a first-order primal-dual algorithm[J]. *Math. Program.*, 159(1-2): 253-287.

Chen Yunmei, Lan Guanghui, and Ouyang Yuyuan. (2014). Optimal primal-dual methods for a class of saddle point problems[J]. *SIAM J. Optim.*, 24(4): 1779-1814.

Davis Damek and Yin Wotao. (2016). Convergence rate analysis of several splitting schemes[M]. In *Splitting Methods in Communication, Imaging, Science, and Engineering*, pages 115-163. Springer, New York.

Esser Ernie, Zhang Xiaoqun, and Chan Tony F. (2010). A general framework for a class of first order primaldual algorithms for convex optimization in imaging science[J]. *SIAM J. Imag. Sci.*, 3(4): 1015-1046.

Frank Marguerite and Wolfe Philip. (1956). An algorithm for quadratic programming[J]. *Nav. Res. Logist. Q.*, 3(1-2): 95-110.

Garber Dan and Hazan Elad. (2015). Faster rates for the Frank-Wolfe method over strongly-convex sets[C]. In *Proceedings of the 32nd International Conference on Machine Learning*, pages 541-549, Garber.

Giselsson Pontus and Boyd Stephen. (2017). Linear convergence and metric selection in Douglas Rachford splitting and ADMM[J]. *IEEE. Trans. Automat. Contr.*, 62(2): 532-544.

He Bingsheng and Yuan Xiaoming. (2010). On the acceleration of augmented Lagrangian method for linearly constrained optimization[J]. *Optimization online. Preprint*, 3.

He Bingsheng and Yuan Xiaoming. (2012). On the $O(1/t)$ convergence rate of the Douglas-Rachford alternating direction method[J]. *SIAM J. Numer. Anal.*, 50(2): 700-709.

He Bingsheng and Yuan Xiaoming. (2015). On non-ergodic convergence rate of Douglas-Rachford alternating directions method of multipliers[J]. *Numer. Math.*, 130(3): 567-577.

He Bingsheng, Liao Li-Zhi, Han Deren, and Yang Hai. (2002). A new inexact alternating directions method for monotone variational inequalities[J]. *Math. Program.*, 92(1): 103-118.

Jaggi Martin. (2013). Revisting Frank-Wolfe: projection free sparse covnex optimization[C]. In *Proceedings of the 30th International Conference on Machine Learning*, pages 427-435, Atlanta.

Jaggi Martin and Sulovsk Marek. (2010). A simple algorithm for nuclear norm regularized problems[C]. In *Proceedings of the 27th International Conference on Machine Learning*, pages 471-478, Haifa.

Lan Guanghui and Monteiro Renato DC. (2013). Iteration-complexity of first-order penalty methods for convex programming[J]. *Math. Program.*, 138(1-2):115-139.

Li Huan and Lin Zhouchen. (2019). Accelerated alternating direction method of multipliers: an optimal $O(1/K)$ nonergodic analysis[J]. *J. Sci. Comput.*, 79(2): 671-699.

Li Huan and Lin Zhouchen. (2020). On the complexity analysis of the primal solutions for the accelerated randomized dual coordinate ascent[J]. *J. Mach. Learn. Res.*, 21(33): 1-45.

Li Huan, Fang Cong, and Lin Zhouchen. (2017). Convergence rates analysis of the quadratic penalty method and its applications to decentralized distributed optimization[R]. *Preprint. arXiv*: 1711.10802.

Lin Zhouchen, Chen Minming, and Ma Yi. (2010). The augmented Lagrange multiplier method for exact recovery of corrupted low-rank matrices[R]. *Preprint. arXiv*: 1009. 5055.

Lin Zhouchen, Liu Risheng, and Li Huan. (2015). Linearized alternating direction method with parallel splitting and adaptive penalty for separable convex programs in machine learning[J]. *Mach. Learn.*, 99(2): 287-325.

Lu Canyi, Li Huan, Lin Zhouchen, and Yan Shuicheng. (2016). Fast proximal linearized alternating direction method of multiplier with parallel splitting[C]. In *Proceedings of the 30th AAAI Conference on Artificial Intelligence*, pages 739-745, Phoenix.

Lu Jie and Johansson Mikael. (2016). Convergence analysis of approximate primal solutions in dual first-order methods[J]. *SIAM J. Optim.*, 26(4): 2430-2467.

Luenberger David G. (1971). Convergence rate of a penalty-function scheme[J]. *J. Optim. Theory Appl.*, 7 (1): 39-51.

Necoara Ion and Nedelcu Valentin. (2014). Rate analysis of inexact dual first-order methods application to dual decomposition[J]. *IEEE. Trans. Automat. Contr.*, 59(5): 1232-1243.

Necoara Ion and Patrascu Andrei. (2016). Iteration complexity analysis of dual first-order methods for conic convex programming[J]. *Optim. Methods Softw.*, 31(3): 645-678.

Necoara Ion, Patrascu Andrei, and Glineur Francois. (2019). Complexity of first-order inexact Lagrangian and penalty methods for conic convex programming[J]. *Optim. Methods Softw.*, 34(2): 305-335.

Nguyen V Hien and Strodiot J-J. (1978). Convergence rate results for a penalty function method[M]. In *Optimization Techniques*, pages 101-106. Springer.

Ouyang Yuyuan, Chen Yunmei, Lan Guanghui, and Pasiliao Jr Eduardo. (2015). An accelerated linearized alternating direction method of multipliers[J]. *SIAM J. Imag. Sci.*, 8(1): 644-681.

Patrinos Panagiotis and Bemporad Alberto. (2013). An accelerated dual gradient projection algorithm for embedded linear model predictive control[J]. *IEEE. Trans. Automat. Contr.*, 59(1): 18-33.

Pock Thomas, Cremers Daniel, Bischof Horst, and Chambolle Antonin. (2009). An algorithm for minimizing the Mumford-Shah functional[C]. In *Proceedings of the 12th International Conference on Computer Vision*, pages 1133-1140, Kyoto.

Polyak Boris T. (1971). The convergence rate of the penalty function method[J]. *USSR Comput. Math. and Math. Phys.*, 11(1): 1-12.

Shefi Ron and Teboulle Marc. (2014). Rate of convergence analysis of decomposition methods based on the proximal method of multipliers for convex minimization[J]. *SIAM J. Optim.*, 24(1): 269-297.

Tian Wenyi and Yuan Xiaoming. (2019). An alternating direction method of multipliers with a worst-case $o(1/n^2)$ convergence rate[J]. *Math. Comput.*, 88(318): 1685-1713.

Tseng Paul. (2008). On accelerated proximal gradient methods for convex-concave optimization[R]. Technical report, University of Washington, Seattle.

Wang Xiangfeng and Yuan Xiaoming. (2012). The linearized alternating direction method of multipliers for Dantzig selector[J]. *SIAM J. Sci. Comput.*, 34(5): 2792-2811.

Xu Yangyang. (2017). Accelerated first-order primal-dual proximal methods for linearly constrained composite convex programming[J]. *SIAM J. Optim.*, 27(3): 1459-1484.

第4章 非凸优化中的加速梯度算法

非凸优化方法在机器学习领域应用广泛. 在本章,我们考虑非凸优化中的加速梯度法. 本章介绍的内容包括在 Kurdyka-Łojasiewicz (KŁ) 条件(见定义42)下算法的收敛性,怎么快速达到一阶临界点,以及怎么快速逃离鞍点.

4.1 带冲量的邻近梯度法

考虑下述复合优化问题

$$\min_{\mathbf{x}} F(\mathbf{x}) \equiv f(\mathbf{x}) + g(\mathbf{x}), \tag{4.1}$$

其中 f 是非凸光滑函数,g 是非凸函数(允许非光滑). 在稀疏和低秩优化中,除了使用 ℓ_1 范数和核范数作为凸正则化项外,研究者也使用诸多非凸正则化项,比如 ℓ_p 范数 [Foucart and Lai, 2009]、Capped-ℓ_1 罚函数 [Zhang, 2010b]、Log-Sum 罚函数 [Candès et al., 2008]、Minimax Concave 罚函数 [Zhang, 2010a]、Geman 罚函数 [Geman and Yang, 1995]、平滑截断的绝对偏差(Smoothly Clipped Absolute Deviation)[Fan and Li, 2001] 和 Schatten-p 范数 [Mohan and Fazel, 2012].

求解问题(4.1)的典型算法包括广义迭代收缩与阈值算法(Generalized Iterative Shrinkage and Thresholding, GIST)[Gong et al., 2013]、带冲量的前向反向算法 [Boţ et al., 2016]、iPiano [Ochs et al., 2014] 和带冲量的邻近梯度法 [Li et al., 2017]. 其中 GIST 是一般的邻近梯度法,后三者都可视为带冲量的邻近梯度法. 加速邻近梯度法[Ghadimi and Lan, 2016; Li and Lin, 2015; Nesterov et al., 2018] 也可用于求解问题(4.1),不仅能够保证算法收敛

到一阶临界点，而且当问题是凸问题时，算法仍可保证加速. 作为比较，[Boţ et al., 2016; Li et al., 2017; Ochs et al., 2014] 中的带冲量的邻近梯度法无法保证算法在求解凸问题时能够加速.

KŁ 条件 [Attouch et al., 2010, 2013; Bolte et al., 2014] 是分析非凸优化问题的有力工具，在 KŁ 条件下，可以保证整个序列是收敛的，而不仅仅是子序列收敛. 另外，当 KŁ 条件中使用的去奇异函数（Desingularizing Function，见定义41）φ 具有某些特殊形式时，可以给出相应的收敛速度 [Frankel et al., 2015].

在本节，我们介绍 [Li et al., 2017] 中的方法，如算法 4.1 所示，并给出算法在求解一般非凸问题时的收敛性，然后给出算法在 KŁ 条件下更强的收敛性.

算法 4.1 带冲量的邻近梯度法

初始化 $y_0 = x_0, \beta \in (0,1)$ 和 $\eta < \dfrac{1}{L}$.
for $k = 0, 1, 2, 3, \cdots$ **do**
  $x_k = \mathrm{Prox}_{\eta g}(y_k - \eta \nabla f(y_k))$,
  $v_k = x_k + \beta(x_k - x_{k-1})$,
  if $F(x_k) \leqslant F(v_k)$ **then**
    $y_{k+1} = x_k$,
  else
    $y_{k+1} = v_k$.
  end if
end for k

在本节，我们做如下假设.

假设 3：

1) $f(x)$ 是 L-光滑的正常函数（Proper Function，见定义36），$g(x)$ 是下半连续函数（Lower Semicontinuous Function，见定义37），并且是正常函数.
2) $F(x)$ 是强制函数（Coercive Function，见定义38）.
3) $F(x)$ 满足 KŁ 条件.

4.1.1 收敛性理论

首先给出算法4.1的一般性的收敛性理论，即证明迭代序列的每一个聚点（Accumulation Point）都是临界点.

定理 29：若假设3中第1条和第2条成立，令 $\eta < \frac{1}{L}$，则由算法4.1产生的序列 $\{\mathrm{x}_k\}$ 满足

1. $\{\mathrm{x}_k\}$ 是有界序列.
2. 序列 $\{\mathrm{x}_k\}$ 的聚点的集合 Ω 是紧集（Compact Set，见定义33），并且 F 在该紧集内是常数.
3. Ω 中所有元素都是 $F(\mathrm{x})$ 的临界点.

证明. 由 f 的 L-光滑性，有

$$\begin{aligned}
F(\mathrm{x}_k) \leqslant & g(\mathrm{x}_k) + f(\mathrm{y}_k) + \langle \nabla f(\mathrm{y}_k), \mathrm{x}_k - \mathrm{y}_k \rangle + \frac{L}{2}\|\mathrm{x}_k - \mathrm{y}_k\|^2 \\
\overset{a}{\leqslant} & g(\mathrm{y}_k) - \langle \nabla f(\mathrm{y}_k), \mathrm{x}_k - \mathrm{y}_k \rangle - \frac{1}{2\eta}\|\mathrm{x}_k - \mathrm{y}_k\|^2 \\
& + f(\mathrm{y}_k) + \langle \nabla f(\mathrm{y}_k), \mathrm{x}_k - \mathrm{y}_k \rangle + \frac{L}{2}\|\mathrm{x}_k - \mathrm{y}_k\|^2 \\
= & F(\mathrm{y}_k) - \left(\frac{1}{2\eta} - \frac{L}{2}\right)\|\mathrm{x}_k - \mathrm{y}_k\|^2 \\
= & F(\mathrm{y}_k) - \alpha\|\mathrm{x}_k - \mathrm{y}_k\|^2,
\end{aligned}$$

其中 $\alpha = \frac{1}{2\eta} - \frac{L}{2}$，$\overset{a}{\leqslant}$ 中使用了 x_k 的定义，因此有

$$\begin{aligned}
g(\mathrm{x}_k) + \frac{1}{2\eta}\|\mathrm{x}_k - (\mathrm{y}_k - \eta\nabla f(\mathrm{y}_k))\|^2 \leqslant & g(\mathrm{y}_k) + \frac{1}{2\eta}\|\mathrm{y}_k - (\mathrm{y}_k - \eta\nabla f(\mathrm{y}_k))\|^2 \\
= & g(\mathrm{y}_k) + \frac{1}{2\eta}\|\eta\nabla f(\mathrm{y}_k)\|^2.
\end{aligned}$$

因此可得

$$F(\mathrm{y}_{k+1}) \leqslant F(\mathrm{x}_k) \leqslant F(\mathrm{y}_k) - \alpha\|\mathrm{x}_k - \mathrm{y}_k\|^2 \leqslant F(\mathrm{x}_{k-1}) - \alpha\|\mathrm{x}_k - \mathrm{y}_k\|^2. \tag{4.2}$$

由 $F(\mathrm{x}) > -\infty$，可得 $F(\mathrm{x}_k)$ 和 $F(\mathrm{y}_k)$ 收敛到同样的极限 F^*，即

$$\lim_{k\to\infty} F(\mathrm{x}_k) = \lim_{k\to\infty} F(\mathrm{y}_k) = F^*. \tag{4.3}$$

另一方面，对任意 k，有 $F(\mathrm{x}_k) \leqslant F(\mathrm{x}_0)$ 和 $F(\mathrm{y}_k) \leqslant F(\mathrm{x}_0)$. 因此 $\{\mathrm{x}_k\}$ 和 $\{\mathrm{y}_k\}$ 是有界的，并且其聚点也是有界的. 由 (4.2)，可得

$$\alpha\|\mathrm{x}_k - \mathrm{y}_k\|^2 \leqslant F(\mathrm{y}_k) - F(\mathrm{y}_{k+1}).$$

从 $k = 0$ 加到 ∞，可得

$$\alpha\sum_{k=0}^{\infty}\|\mathrm{x}_k - \mathrm{y}_k\|^2 \leqslant F(\mathrm{y}_0) - \inf F < \infty.$$

进而可得 $\|x_k - y_k\| \to 0$. 因此 $\{x_k\}$ 和 $\{y_k\}$ 具有同样的聚点集 Ω. 由于 Ω 是闭的且有界的,因此 Ω 是紧集.

定义

$$u_k = \nabla f(x_k) - \nabla f(y_k) - \frac{1}{\eta}(x_k - y_k).$$

由最优性条件,有

$$-\nabla f(y_k) - \frac{1}{\eta}(x_k - y_k) \in \partial g(x_k).$$

则有

$$u_k = \nabla f(x_k) - \nabla f(y_k) - \frac{1}{\eta}(x_k - y_k) \in \partial F(x_k).$$

进而可得

$$\begin{aligned}\|u_k\| &= \left\|\nabla f(x_k) - \nabla f(y_k) - \frac{1}{\eta}(x_k - y_k)\right\| \\ &\leqslant \left(L + \frac{1}{\eta}\right)\|y_k - x_k\| \to 0.\end{aligned} \tag{4.4}$$

考虑任意 $z \in \Omega$,并且令 $x_k \to z$、$y_k \to z$(有必要时可以取子序列). 由邻近映射定义,有

$$\begin{aligned}&\langle \nabla f(y_k), x_k - y_k\rangle + \frac{1}{2\eta}\|x_k - y_k\|^2 + g(x_k) \\ \leqslant &\langle \nabla f(y_k), z - y_k\rangle + \frac{1}{2\eta}\|z - y_k\|^2 + g(z).\end{aligned}$$

在两边同时取 lim sup,并使用 $x_k - y_k \to 0$ 和 $y_k \to z$,可得 $\limsup_{k\to\infty} g(x_k) \leqslant g(z)$. 由于 g 是下半连续函数及 $x_k \to z$, 可得 $\liminf_{k\to\infty} g(x_k) \geqslant g(z)$. 结合上述两个不等式, 可得 $\lim_{k\to\infty} g(x_k) = g(z)$. 由 f 的连续性, 可得 $\lim_{k\to\infty} f(x_k) = f(z)$. 因此有 $\lim_{k\to\infty} F(x_k) = F(z)$. 由 (4.3) 中结论 $\lim_{k\to\infty} F(x_k) = F^*$,可得

$$F(z) = F^*, \forall z \in \Omega.$$

因此 F 在紧集 Ω 上是常数.

现在我们已经证明了 $x_k \to z$、$F(x_k) \to F(z)$ 及 $\partial F(x_k) \ni u_k \to 0$. 由极限次微分的定义(见定义39),可得对所有 $z \in \Omega$,有 $0 \in \partial F(z)$. □

使用 KŁ 性质,我们可以得到更强的收敛性结论. 即算法产生的整个序列都收敛到临界点,而不仅仅是子序列收敛到临界点.

定理 30：若假设3中第 1~3 条成立，令 $\eta < \dfrac{1}{L}$，则由算法4.1产生的序列 $\{\mathrm{x}_k\}$ 收敛到临界点 $\mathrm{x}^* \in \Omega$.

证明. 由 (4.2)，可得

$$F(\mathrm{x}_k) \leqslant F(\mathrm{x}_{k-1}) - \alpha\|\mathrm{x}_k - \mathrm{y}_k\|^2.$$

进一步地，由 (4.4)，有

$$\mathrm{dist}(0, \partial F(\mathrm{x}_k)) \leqslant \left(\frac{1}{\eta} + L\right)\|\mathrm{x}_k - \mathrm{y}_k\|.$$

在定理29中，我们已经证明了 $F(\mathrm{x}_{k+1}) \leqslant F(\mathrm{x}_k)$、$F(\mathrm{x}_k) \to F^*$ 及 $\mathrm{dist}(\mathrm{x}_k, \Omega) \to 0$. 因此对任意 $\epsilon > 0$ 及 $\delta > 0$，存在 K_0 使得

$$\mathrm{x}_k \in \{\mathrm{x}, \mathrm{dist}(\mathrm{x}, \Omega) \leqslant \epsilon\} \cap [F^* < F(\mathrm{x}) < F^* + \delta], \forall k \geqslant K_0.$$

由一致 KŁ 性质（见引理62），存在去奇异函数 φ 使得

$$\varphi'(F(\mathrm{x}_k) - F^*)\mathrm{dist}(0, \partial F(\mathrm{x}_k)) \geqslant 1. \tag{4.5}$$

因此有

$$\varphi'(F(\mathrm{x}_k) - F^*) \geqslant \frac{1}{\mathrm{dist}(0, \partial F(\mathrm{x}_k))} \geqslant \frac{1}{\left(\dfrac{1}{\eta} + L\right)\|\mathrm{x}_k - \mathrm{y}_k\|}.$$

另一方面，由于 φ 是凹函数，有

$$\begin{aligned}\varphi(F(\mathrm{x}_{k+1}) - F^*) \leqslant& \varphi(F(\mathrm{x}_k) - F^*) + \varphi'(F(\mathrm{x}_k) - F^*)(F(\mathrm{x}_{k+1}) - F(\mathrm{x}_k))\\ \leqslant& \varphi(F(\mathrm{x}_k) - F^*) + \frac{F(\mathrm{x}_{k+1}) - F(\mathrm{x}_k)}{\left(\dfrac{1}{\eta} + L\right)\|\mathrm{x}_k - \mathrm{y}_k\|}\\ \leqslant& \varphi(F(\mathrm{x}_k) - F^*) - \frac{\alpha\|\mathrm{x}_{k+1} - \mathrm{y}_{k+1}\|^2}{\left(\dfrac{1}{\eta} + L\right)\|\mathrm{x}_k - \mathrm{y}_k\|}.\end{aligned}$$

因此有

$$\|\mathrm{x}_{k+1} - \mathrm{y}_{k+1}\| \leqslant \sqrt{c\|\mathrm{x}_k - \mathrm{y}_k\|(\Psi_k - \Psi_{k+1})} \leqslant \frac{1}{2}\|\mathrm{x}_k - \mathrm{y}_k\| + \frac{c}{2}(\Psi_k - \Psi_{k+1}),$$

其中 $c = \dfrac{\frac{1}{\eta} + L}{\alpha}$，$\Psi_k = \varphi(F(\mathrm{x}_k) - F^*)$. 从 $k = 1$ 加到 ∞，有

$$\sum_{k=2}^{\infty}\|\mathrm{x}_k - \mathrm{y}_k\| \leqslant \|\mathrm{x}_1 - \mathrm{y}_1\| + c\Psi_1.$$

由算法4.1中 y_k 定义，有 $\|x_k - y_k\| = \|x_k - x_{k-1}\|$ 或者 $\|x_k - y_k\| = \|x_k - x_{k-1} - \beta(x_{k-1} - x_{k-2})\|$. 因此有 $\|x_k - x_{k-1}\| - \beta\|x_{k-1} - x_{k-2}\| \leqslant \|x_k - y_k\|$. 故有

$$\sum_{k=2}^{\infty} \|x_k - x_{k-1}\| - \sum_{k=1}^{\infty} \beta\|x_k - x_{k-1}\| \leqslant \|x_1 - y_1\| + c\Psi_1.$$

进而有

$$(1-\beta)\sum_{k=2}^{\infty} \|x_k - x_{k-1}\| \leqslant \beta\|x_1 - x_0\| + \|x_1 - y_1\| + c\Psi_1.$$

因此 $\{x_k\}$ 是一个柯西序列（Cauchy Sequence），故是收敛序列. 由定理29第3条，结论得证. □

进一步地，使用KŁ性质，可以给出算法4.1的收敛速度. 作为比较，对于一般的非凸问题，梯度下降法的收敛速度为 $\min_{0\leqslant k\leqslant K} \|\mathrm{dist}(0, \partial F(x_k))\|^2 \leqslant O(1/K)$ [Nesterov, 2018].

定理 31：若假设3中第1~3条成立，并且去奇异函数 φ 形如 $\varphi(t) = \dfrac{C}{\theta}t^{\theta}$，其中 $C > 0, \theta \in (0,1]$. 令 $F^* = F(x)$（x为 Ω 中的任意点），$r_k = F(x_k) - F^*$，$\eta < \dfrac{1}{L}$，则由算法4.1产生的序列 $\{x_k\}$ 满足

1. 若 $\theta = 1$，则存在 k_1 使得对所有 $k > k_1$，有 $F(x_k) = F^*$，即算法在有限步内终止;
2. 若 $\theta \in \left[\dfrac{1}{2}, 1\right)$，则存在 k_2 使得对所有 $k > k_2$，有
$$F(x_k) - F^* \leqslant \left(\frac{d_1 C^2}{1 + d_1 C^2}\right)^{k-k_2} r_{k_2};$$
3. 若 $\theta \in \left(0, \dfrac{1}{2}\right)$，则存在 k_3 使得对所有 $k > k_3$，有
$$F(x_k) - F^* \leqslant \left[\frac{C}{(k-k_3)d_2(1-2\theta)}\right]^{\frac{1}{1-2\theta}},$$

其中 $d_1 = \left(\dfrac{1}{\eta} + L\right)^2 \Big/ \left(\dfrac{1}{2\eta} - \dfrac{L}{2}\right)$, $d_2 = \min\left\{\dfrac{1}{2d_1 C}, \dfrac{C}{1-2\theta}\left(2^{\frac{2\theta-1}{2\theta-2}} - 1\right) \cdot r_0^{2\theta-1}\right\}$.

证明. 在证明中我们假设对所有 k，有 $F(x_k) \neq F^*$. 由 (4.5)，对所有 $k > k_0$，有

$$
\begin{aligned}
1 \leqslant & [\varphi'(F(x_k) - F^*)\text{dist}(0, \partial F(x_k))]^2 \\
\leqslant & [\varphi'(r_k)]^2 \left(\frac{1}{\eta} + L\right)^2 \|x_k - y_k\|^2 \\
\leqslant & [\varphi'(r_k)]^2 \left(\frac{1}{\eta} + L\right)^2 \frac{F(x_{k-1}) - F(x_k)}{\alpha} \\
= & d_1[\varphi'(r_k)]^2(r_{k-1} - r_k).
\end{aligned}
$$

由于 φ 具有形式 $\varphi(t) = \frac{C}{\theta}t^{\theta}$，可得 $\varphi'(t) = Ct^{\theta-1}$. 因此有

$$
1 \leqslant d_1 C^2 r_k^{2\theta-2}(r_{k-1} - r_k). \tag{4.6}
$$

情形 1：$\theta = 1$.

此时 (4.6) 变为

$$
1 \leqslant d_1 C^2(r_k - r_{k+1}).
$$

由 $r_k \to 0$、$d_1 > 0$ 及 $C > 0$，可得矛盾. 因此存在 k_1，对所有 $k > k_1$，有 $r_k = 0$. 即算法在有限步内终止.

情形 2：$\theta \in \left[\frac{1}{2}, 1\right)$.

此时 $0 < 2 - 2\theta \leqslant 1$. 由于 $r_k \to 0$，存在 $\hat{k}_3$ 使得对所有 $k > \hat{k}_3$，有 $r_k^{2-2\theta} \geqslant r_k$. 因此 (4.6) 变为

$$
r_k \leqslant d_1 C^2(r_{k-1} - r_k).
$$

因此对所有 $k_2 > \max\{k_0, \hat{k}_3\}$，可得

$$
r_k \leqslant \frac{d_1 C^2}{1 + d_1 C^2} r_{k-1}.
$$

于是

$$
r_k \leqslant \left(\frac{d_1 C^2}{1 + d_1 C^2}\right)^{k-k_2} r_{k_2}.
$$

情形 3：$\theta \in \left(0, \frac{1}{2}\right)$.

此时 $2\theta - 2 \in (-2, -1)$ 并且 $2\theta - 1 \in (-1, 0)$. 由于 $r_{k-1} > r_k$，可得 $r_{k-1}^{2\theta-2} < r_k^{2\theta-2}$ 和 $r_0^{2\theta-1} < \cdots < r_{k-1}^{2\theta-1} < r_k^{2\theta-1}$.

定义 $\phi(t) = \frac{C}{1-2\theta}t^{2\theta-1}$，则有 $\phi'(t) = -Ct^{2\theta-2}$.

如果 $r_k^{2\theta-2} \leqslant 2r_{k-1}^{2\theta-2}$，则对所有 $k > k_0$，有

$$
\begin{aligned}
\phi(r_k) - \phi(r_{k-1}) = \int_{r_{k-1}}^{r_k} \phi'(t)dt &= C\int_{r_k}^{r_{k-1}} t^{2\theta-2}dt \\
&\geqslant C(r_{k-1} - r_k)r_{k-1}^{2\theta-2} \\
&\geqslant \frac{C}{2}(r_{k-1} - r_k)r_k^{2\theta-2} \overset{a}{\geqslant} \frac{1}{2d_1C},
\end{aligned}
$$

其中 $\overset{a}{\geqslant}$ 使用了(4.6).

如果 $r_k^{2\theta-2} \geqslant 2r_{k-1}^{2\theta-2}$，则有 $r_k^{2\theta-1} \geqslant 2^{\frac{2\theta-1}{2\theta-2}} r_{k-1}^{2\theta-1}$ 及

$$
\begin{aligned}
\phi(r_k) - \phi(r_{k-1}) &= \frac{C}{1-2\theta}\left(r_k^{2\theta-1} - r_{k-1}^{2\theta-1}\right) \\
&\geqslant \frac{C}{1-2\theta}\left(2^{\frac{2\theta-1}{2\theta-2}} - 1\right)r_{k-1}^{2\theta-1} \\
&= qr_{k-1}^{2\theta-1} \geqslant qr_0^{2\theta-1},
\end{aligned}
$$

其中 $q = \frac{C}{1-2\theta}\left(2^{\frac{2\theta-1}{2\theta-2}} - 1\right)$. 令 $d_2 = \min\left\{\frac{1}{2d_1C}, qr_0^{2\theta-1}\right\}$，则对所有 $k > k_0$，有

$$
\phi(r_k) - \phi(r_{k-1}) \geqslant d_2.
$$

于是

$$
\phi(r_k) \geqslant \phi(r_k) - \phi(r_{k_0}) = \sum_{i=k_0+1}^{k} [\phi(r_i) - \phi(r_{i-1})] \geqslant (k - k_0)d_2.
$$

因此可得

$$
r_k^{2\theta-1} \geqslant \frac{(k-k_0)d_2(1-2\theta)}{C}.
$$

于是

$$
r_k \leqslant \left[\frac{C}{(k-k_0)d_2(1-2\theta)}\right]^{\frac{1}{1-2\theta}}.
$$

令 $k_3 = k_0$，可得

$$
F(\mathrm{x}_k) - F^* = r_k \leqslant \left[\frac{C}{(k-k_3)d_2(1-2\theta)}\right]^{\frac{1}{1-2\theta}}, \forall k \geqslant k_3.
$$

□

4.1.2 单调加速邻近梯度法

在本节，我们介绍求解非凸问题的另一种加速梯度法：单调加速邻近梯度法（简称单调 APG）[Li and Lin, 2015]. 该算法具体如算法4.2所示. 算法4.2首先比较加速邻近梯度下降步和非加速邻近梯度下降步，选取目标函数更小的作为下一次迭代点. 与算法4.1的不同在于，算法4.2可以保证当目标函数是凸函数时，算法具有 $O\left(\frac{1}{K^2}\right)$ 的加速收敛速度，而算法4.1如果没有假设 KŁ 条件则没有收敛速度的分析. 然而当满足 KŁ 条件而去奇异函数为一般函数时，算法4.2无法保证整个序列收敛到临界点，即定理30中结论；当去奇异函数形如 $\varphi(t) = \frac{C}{\theta}t^{\theta}$ 时，定理31中的结论对算法4.2仍成立 [Li and Lin, 2015].

算法 4.2 单调加速邻近梯度法（单调 APG）

初始化 $\mathrm{y}_0 = \mathrm{x}_0, \beta \in (0,1)$ 和 $\eta < \frac{1}{L}$.

for $k = 0, 1, 2, 3, \cdots$ **do**

$$\mathrm{y}_k = \mathrm{x}_k + \frac{t_{k-1}}{t_k}(\mathrm{z}_k - \mathrm{x}_k) + \frac{t_{k-1}-1}{t_k}(\mathrm{x}_k - \mathrm{x}_{k-1}),$$

$$\mathrm{z}_{k+1} = \mathrm{Prox}_{\alpha_y g}(\mathrm{y}_k - \alpha_y \nabla f(\mathrm{y}_k)),$$

$$\mathrm{v}_{k+1} = \mathrm{Prox}_{\alpha_x g}(\mathrm{x}_k - \alpha_x \nabla f(\mathrm{x}_k)),$$

$$t_{k+1} = \frac{\sqrt{4t_k^2+1}+1}{2},$$

$$\mathrm{x}_{k+1} = \begin{cases} \mathrm{z}_{k+1}, & \text{如果} F(\mathrm{z}_{k+1}) \leqslant F(\mathrm{v}_{k+1}), \\ \mathrm{v}_{k+1}, & \text{否则}. \end{cases}$$

end for k

4.2 快速收敛到临界点

尽管算法4.1使用了冲量技巧，但尚无理论表明该算法的收敛速度比梯度下降法更快. 近年来，研究对非凸问题有理论保证的加速梯度法（AGD）成为一个热点问题，比如如何快速到达临界点和如何快速逃离鞍点. 在本节，我们将介绍加速梯度法如何快速收敛到临界点[Carmon et al., 2017].

在下面章节，我们将介绍非凸加速梯度法的两个重要组成部分：能够检测强凸性质的加速梯度下降法（AGD）及负曲率下降法（Negative Curvature Descent，NCD）.

4.2.1 能够检测强凸性质的 AGD

我们首先介绍 AGD 的一个变种，该算法可以检测目标函数的强凸性质，具体如算法4.3所示，它包含两个子函数 Certify-Progress() 和 Find-Witness-Pair(). 假设 f 是 L-光滑函数，并且有可能是 σ-强凸函数（需要用函数 Find-Witness-Pair() 检测）. 使用 Nesterov 加速梯度下降法（AGD，即算法2.1）

算法 4.3 AGD-Until-Guilty($f, \mathrm{x}_0, \epsilon, L, \sigma$)

令 $\kappa = L/\sigma, \omega = \dfrac{\sqrt{\kappa}-1}{\sqrt{\kappa}+1}$ 和 $\mathrm{y}_0 = \mathrm{x}_0$,
for $t = 1, 2, 3, \cdots$ **do**
  $\mathrm{x}_t = \mathrm{y}_{t-1} - \dfrac{1}{L}\nabla f(\mathrm{y}_{t-1})$,
  $\mathrm{y}_t = \mathrm{x}_t + \omega(\mathrm{x}_t - \mathrm{x}_{t-1})$,
  $\mathrm{w}_t \leftarrow$Certify-Progress($f, \mathrm{x}_0, \mathrm{x}_t, L, \sigma, \kappa, t$).
  if $\mathrm{w}_t \neq$ null **then**
    $(\mathrm{u}, \mathrm{v}) \leftarrow$Find-Witness-Pair($f, \mathrm{x}_{0:t}, \mathrm{y}_{0:t}, \mathrm{w}_t, \sigma$),
    返回 $(\mathrm{x}_{0:t}, \mathrm{y}_{0:t}, \mathrm{u}, \mathrm{v})$.
  end if
  if $\|\nabla f(\mathrm{x}_t)\| \leqslant \epsilon$ **then**
    返回 $(\mathrm{x}_{0:t}, \mathrm{y}_{0:t}$,null).
  end if
end for t
****

function Certify-Progress($f, \mathrm{x}_0, \mathrm{x}_t, L, \sigma, \kappa, t$)
if $f(\mathrm{x}_t) > f(\mathrm{x}_0)$ **then**
  返回 x_0.
end if
$\mathrm{w}_t = \mathrm{x}_t - \dfrac{1}{L}\nabla f(\mathrm{x}_t)$,
if $\|\nabla f(\mathrm{x}_t)\|^2 > 2L\left(1-\dfrac{1}{\sqrt{\kappa}}\right)^t \psi(\mathrm{w}_t)$ **then**
  返回 w_t.
else
  返回 null.
end if
****

function Find-Witness-Pair($f, \mathrm{x}_{0:t}, \mathrm{y}_{0:t}, \mathrm{w}_t, \sigma$)
for $j = 0, 1, \cdots, t-1$ **do**
  for $\mathrm{u} = \mathrm{x}_j, \mathrm{w}_t$ **do**
    if $f(\mathrm{u}) < f(\mathrm{y}_j) + \langle \nabla f(\mathrm{y}_j), \mathrm{u} - \mathrm{y}_j \rangle + \dfrac{\sigma}{2}\|\mathrm{u} - \mathrm{y}_j\|^2$ **then**
      返回 $(\mathrm{u}, \mathrm{y}_j)$.
    end if
  end for u
end for j

求解问题. 在每次迭代,算法调用 Certify-Progress() 判断是要执行下一次迭代, 还是终止算法. 具体地, Certify-Progress() 检测梯度的范数是否是指数衰减的(这是强凸函数的特性,因此可用于检测强凸性), 如果不是, Find-Witness-Pair() 输出 u 和 v,其中 f 的 σ-强凸性在此两点处不满足. 否则,算法继续执行,直到找到点 x 满足 $\|\nabla f(\mathrm{x})\| \leqslant \epsilon$.

算法4.3基于经典 AGD 的下述性质,该性质可由定理2的证明过程得到,其中我们只需要将 x^* 替换为 w.

引理 39: 令 f 是 L-光滑函数. 如果序列 $\{\mathrm{x}_j\}$、$\{\mathrm{y}_j\}$ 和 w 满足

$$\begin{aligned} f(\mathrm{x}_j) &\geqslant f(\mathrm{y}_j) + \langle \nabla f(\mathrm{y}_j), \mathrm{x}_j - \mathrm{y}_j \rangle + \frac{\sigma}{2}\|\mathrm{x}_j - \mathrm{y}_j\|^2, \\ f(\mathrm{w}) &\geqslant f(\mathrm{y}_j) + \langle \nabla f(\mathrm{y}_j), \mathrm{w} - \mathrm{y}_j \rangle + \frac{\sigma}{2}\|\mathrm{w} - \mathrm{y}_j\|^2, \end{aligned} \quad j = 0, 1, \cdots, t-1, \tag{4.7}$$

则有

$$f(\mathrm{x}_t) - f(\mathrm{w}) \leqslant \left(1 - \frac{1}{\sqrt{\kappa}}\right)^t \psi(\mathrm{w}), \tag{4.8}$$

其中 $\psi(\mathrm{w}) = f(\mathrm{x}_0) - f(\mathrm{w}) + \frac{\sigma}{2}\|\mathrm{x}_0 - \mathrm{w}\|^2$.

令 $\mathrm{w} = \mathrm{w}_t = \mathrm{x}_t - \frac{1}{L}\nabla f(\mathrm{x}_t)$, 可得 $\frac{1}{2L}\|\nabla f(\mathrm{x}_t)\|^2 \leqslant f(\mathrm{x}_t) - f(\mathrm{w}_t)$(见命题8中的(A.6)). 结合(4.8),可得

$$\frac{1}{2L}\|\nabla f(\mathrm{x}_t)\|^2 \leqslant \left(1 - \frac{1}{\sqrt{\kappa}}\right)^t \psi(\mathrm{w}_t).$$

如果 Certify-Progress() 总是告诉我们可以执行下一步,则有 $f(\mathrm{w}_t) \leqslant f(\mathrm{x}_t) \leqslant f(\mathrm{x}_0)$. 由强制性假设(当 $f(\mathrm{w}_t)$ 有界时, w_t 也有界), 可知 $\|\mathrm{w}_t - \mathrm{x}_0\|$ 是有界的,即 $\|\mathrm{w}_t - \mathrm{x}_0\| \leqslant C$,进而有 $\psi(\mathrm{w}_t) \leqslant f(\mathrm{x}_0) - f(\mathrm{x}^*) + \sigma C^2/2$. 因此 $\|\nabla f(\mathrm{x}_t)\|$ 是指数递减的,并且算法4.3最终会终止.

基于上述结论,可以给出算法4.3的复杂度,如下述引理所述.

引理 40: 令 f 是 L-光滑函数, t 是算法4.3的终止迭代数,则 t 满足

$$t \leqslant 1 + \max\left\{0, \sqrt{\frac{L}{\sigma}} \log\left(\frac{2L\psi(\mathrm{w}_{t-1})}{\epsilon^2}\right)\right\}. \tag{4.9}$$

如果 $\mathrm{w}_t \neq \mathrm{null}$, 则有 $(\mathrm{u}, \mathrm{v}) \neq \mathrm{null}$, 并且存在 $\mathrm{v} = \mathrm{y}_j$, $\mathrm{u} = \mathrm{x}_j$, 或者 $\mathrm{u} = \mathrm{w}_t$, $0 \leqslant j < t$,使得

$$f(\mathrm{u}) < f(\mathrm{v}) + \langle \nabla f(\mathrm{v}), \mathrm{u} - \mathrm{v} \rangle + \frac{\sigma}{2}\|\mathrm{u} - \mathrm{v}\|^2. \tag{4.10}$$

进一步地，有

$$\max\{f(\mathrm{x}_1),\cdots,f(\mathrm{x}_{t-1}),f(\mathrm{u})\}\leqslant f(\mathrm{x}_0). \tag{4.11}$$

证明. 由于算法4.3没有在第 $t-1$ 次迭代终止，因此有

$$\epsilon^2 \overset{a}{<} \|\nabla f(\mathrm{x}_{t-1})\|^2 \overset{b}{\leqslant} 2L\left(1-\frac{1}{\sqrt{\kappa}}\right)^{t-1}\psi(\mathrm{w}_{t-1}) \leqslant 2Le^{-(t-1)/\sqrt{\kappa}}\psi(\mathrm{w}_{t-1}),$$

其中 $\overset{a}{<}$ 使用了如下性质：当算法不终止时，AGD-Until-Guilty() 中第二个 'if' 条件不成立，$\overset{b}{\leqslant}$ 使用了算法 Certify-Progress() 的第二个 'if' 条件不成立. 因此可得(4.9).

当 $\mathrm{w}_t \neq \mathrm{null}$ 时，假设

$$f(\mathrm{u}) \geqslant f(\mathrm{v}) + \langle \nabla f(\mathrm{v}), \mathrm{u}-\mathrm{v}\rangle + \frac{\sigma}{2}\|\mathrm{u}-\mathrm{v}\|^2$$

对所有 $\mathrm{v}=\mathrm{y}_j, \mathrm{u}=\mathrm{x}_j$ 或者 $\mathrm{u}=\mathrm{w}_t, 0\leqslant j<t$ 成立，即(4.7)对 $\mathrm{w}=\mathrm{w}_t$ 成立. 假设 $\mathrm{w}_t=\mathrm{x}_0$，则有

$$f(\mathrm{x}_t)-f(\mathrm{w}_t) \overset{a}{>} 0 \overset{b}{=} \left(1-\frac{1}{\sqrt{\kappa}}\right)^t \psi(\mathrm{w}_t),$$

其中 $\overset{a}{>}$ 是因为 Certify-Progress() 的第一个 'if' 条件被激活，$\overset{b}{=}$ 使用了 $\psi(\mathrm{w}_t)=\psi(\mathrm{x}_0)=0$. 这与(4.8)矛盾. 类似地，假设 $\mathrm{w}_t=\mathrm{x}_t-\frac{1}{L}\nabla f(\mathrm{x}_t)$，则有

$$f(\mathrm{x}_t)-f(\mathrm{w}_t) \geqslant \frac{1}{2L}\|\nabla f(\mathrm{x}_t)\|^2 \overset{a}{>} \left(1-\frac{1}{\sqrt{\kappa}}\right)^t \psi(\mathrm{w}_t),$$

同样与(4.8)矛盾，其中 $\overset{a}{>}$ 是因为 Certify-Progress() 中的第二个 'if' 条件被激活. 因此一定存在某个 y_j 和 x_j 或者 w_t，使得(4.7)不成立. 因此 Find-Witness-Pair() 总会输出某 $(\mathrm{u},\mathrm{v})\neq \mathrm{null}$.

由 Certify-Progress() 中的第一个 'if' 条件，可知 $f(\mathrm{x}_s)\leqslant f(\mathrm{x}_0), s=0,1,\cdots,t-1$. 如果对某个 $0\leqslant s\leqslant t-1$，有 $\mathrm{u}=\mathrm{x}_s$，则 $f(\mathrm{u})\leqslant f(\mathrm{x}_0)$ 自然成立. 如果 $\mathrm{u}=\mathrm{w}_t$，则 Certify-Progress() 中的第一个 'if' 条件被激活，即 $f(\mathrm{x}_t)\leqslant f(\mathrm{x}_0)$. 因此有 $f(\mathrm{w}_t)\leqslant f(\mathrm{x}_t)\leqslant f(\mathrm{x}_0)$. 因此(4.11)成立. □

4.2.2 负曲率下降算法

下面介绍用负曲率下降算法（NCD）来降低目标函数值，具体描述如算法4.4所示. 该算法有如下性质.

算法 4.4 Exploit-NC-Pair$(f, \mathrm{u}, \mathrm{v}, \eta)$

$\delta = \dfrac{\mathrm{u}-\mathrm{v}}{\|\mathrm{u}-\mathrm{v}\|}$,
$\mathrm{u}_+ = \mathrm{u} + \eta\delta$,
$\mathrm{u}_- = \mathrm{u} - \eta\delta$,
返回 $\mathrm{z} = \arg\min_{\mathrm{u}_+,\mathrm{u}_-} f(\mathrm{z})$.

引理 41：令 f 是 L_1-光滑函数，并且海森矩阵 L_2-Lipschitz 连续（见定义20），u 和 v 满足

$$f(\mathrm{u}) < f(\mathrm{v}) + \langle \nabla f(\mathrm{v}), \mathrm{u}-\mathrm{v}\rangle - \frac{\sigma}{2}\|\mathrm{u}-\mathrm{v}\|^2. \tag{4.12}$$

如果 $\|\mathrm{u}-\mathrm{v}\| \leqslant \dfrac{\sigma}{2L_2}$ 和 $\eta \leqslant \dfrac{\sigma}{L_2}$ 成立，则对算法4.4，有

$$f(\mathrm{z}) \leqslant f(\mathrm{u}) - \frac{\sigma\eta^2}{12}.$$

证明. 由 (4.12) 及基本的微积分知识，有

$$\begin{aligned}
&-\frac{\sigma}{2}\|\mathrm{u}-\mathrm{v}\|^2\\
&\geqslant f(\mathrm{u}) - f(\mathrm{v}) - \langle \nabla f(\mathrm{v}), \mathrm{u}-\mathrm{v}\rangle\\
&= \int_0^1 \langle \nabla f(\mathrm{v} + t(\mathrm{u}-\mathrm{v})), \mathrm{u}-\mathrm{v}\rangle \mathrm{d}t - \langle \nabla f(\mathrm{v}), \mathrm{u}-\mathrm{v}\rangle\\
&= \int_0^{\|\mathrm{u}-\mathrm{v}\|} \langle \nabla f(\mathrm{v}+\tau\delta), \delta\rangle \mathrm{d}\tau - \|\mathrm{u}-\mathrm{v}\| \langle \nabla f(\mathrm{v}), \delta\rangle\\
&= \int_0^{\|\mathrm{u}-\mathrm{v}\|} \langle \nabla f(\mathrm{v}+\tau\delta) - \nabla f(\mathrm{v}), \delta\rangle \mathrm{d}\tau\\
&= \int_0^{\|\mathrm{u}-\mathrm{v}\|} \left(\int_0^{\tau} \delta^T \nabla^2 f(\mathrm{v}+\theta\delta)\delta \mathrm{d}\theta \right) \mathrm{d}\tau\\
&\geqslant \frac{\|\mathrm{u}-\mathrm{v}\|^2}{2} c,
\end{aligned}$$

其中$\delta = \dfrac{\mathrm{u}-\mathrm{v}}{\|\mathrm{u}-\mathrm{v}\|}$, $c = \min_{0\leqslant\tau\leqslant\|\mathrm{u}-\mathrm{v}\|}\{\delta^T \nabla f^2(\mathrm{v}+\tau\delta)\delta\}$, 则由以上不等式有 $c \leqslant -\sigma$. 另一方面，有

$$\begin{aligned}
\delta^T \nabla^2 f(\mathrm{u})\delta - c &= \delta^T \left(\nabla^2 f(\mathrm{u}) - \nabla^2 f(\mathrm{v} + \tau^*(\mathrm{u}-\mathrm{v})) \right) \delta\\
&\leqslant \|\nabla^2 f(\mathrm{u}) - \nabla^2 f(\mathrm{v} + \tau^*(\mathrm{u}-\mathrm{v}))\|
\end{aligned}$$

$$\leqslant L_2\|\mathrm{u}-[\mathrm{v}+\tau^*(\mathrm{u}-\mathrm{v})]\|\leqslant L_2\|\mathrm{u}-\mathrm{v}\|.$$

因此可得 $\delta^T\nabla^2 f(\mathrm{u})\delta\leqslant-\dfrac{\sigma}{2}$. 另一方面,由(8)可得

$$\begin{aligned}f(\mathrm{u}_\pm)\leqslant&f(\mathrm{u})+\langle\nabla f(\mathrm{u}),\mathrm{u}_\pm-\mathrm{u}\rangle+\frac{1}{2}(\mathrm{u}_\pm-\mathrm{u})^T\nabla f^2(\mathrm{u})(\mathrm{u}_\pm-\mathrm{u})\\&+\frac{L_2}{6}\|\mathrm{u}_\pm-\mathrm{u}\|^3\\=&f(\mathrm{u})\pm\langle\nabla f(\mathrm{u}),\delta\rangle+\frac{\eta^2}{2}\delta^T\nabla^2 f(\mathrm{u})\delta+\frac{L_2}{6}|\eta|^3\\\leqslant&f(\mathrm{u})\pm\langle\nabla f(\mathrm{u}),\delta\rangle-\frac{\sigma\eta^2}{12},\end{aligned}$$

其中我们使用了 $\eta\leqslant\dfrac{\sigma}{L_2}$. 由于 $\pm\langle\nabla f(\mathrm{u}),\delta\rangle$ 对 u_+ 或者 u_- 中的某一个必须是负的,因此有 $f(\mathrm{z})\leqslant f(\mathrm{u})-\dfrac{\sigma\eta^2}{12}$. □

4.2.3 非凸加速算法

现在我们可以结合上两节内容，给出相应的非凸加速算法，具体如算法4.5所示. 当 f 是几乎凸（Almost Convex）函数时 [Carmon et al., 2017]，即满足

$$f(\mathrm{u})\geqslant f(\mathrm{v})+\langle\nabla f(\mathrm{v}),\mathrm{u}-\mathrm{v}\rangle-\frac{\sigma}{2}\|\mathrm{u}-\mathrm{v}\|^2,\tag{4.13}$$

函数 $\hat{f}$ 是 $\dfrac{\sigma}{2}$-强凸函数,并且 AGD-Until-Guilty 输出 x_t,且满足 $\|\nabla\hat{f}(\mathrm{x}_t)\|\leqslant\epsilon$ 及 $(\mathrm{u},\mathrm{v})\neq\mathrm{null}$. 另一方面,当 f 不满足(4.13),即“完全非凸”时,我们可以使用 Exploit-NC-Pair 寻找新的下降方向.

下述引理用于验证 Exploit-NC-Pair() 的条件.

引理 42: 令 f 是 L_1-光滑函数,并且 $\tau>0$. 在算法4.5中,如果 $(\mathrm{u},\mathrm{v})\neq\mathrm{null}$ 并且 $f(\mathrm{b}_1)\geqslant f(\mathrm{x}_0)-\sigma\tau^2$,则有 $\|\mathrm{u}-\mathrm{v}\|\leqslant4\tau$.

证明. 由于 p_{k-1} 是 AGD-Until-Guilty() 中 $\hat{f}$ 的初始点，有 $\mathrm{p}_{k-1}=\mathrm{x}_0$. 由(4.11)，有 $\hat{f}(\mathrm{x}_i)\leqslant\hat{f}(\mathrm{x}_0)=f(\mathrm{x}_0),i=1,\cdots,t-1$. 由 $f(\mathrm{x}_i)\geqslant f(\mathrm{b}_1)\geqslant f(\mathrm{x}_0)-\sigma\tau^2$,有

$$\sigma\|\mathrm{x}_i-\mathrm{x}_0\|^2=\hat{f}(\mathrm{x}_i)-f(\mathrm{x}_i)\leqslant f(\mathrm{x}_0)-f(\mathrm{x}_i)\leqslant\sigma\tau^2,$$

算法 4.5 用于快速到达临界点的非凸 AGD, NC-AGD-CP($f, \mathrm{p}_0, \epsilon, L_1, \sigma, \eta$)

for $k = 1, 2, 3, \cdots, K$ **do**

$\hat{f}(\mathrm{x}) = f(\mathrm{x}) + \sigma\|\mathrm{x} - \mathrm{p}_{k-1}\|^2$,

$(\mathrm{x}_{0:t}, \mathrm{y}_{0:t}, \mathrm{u}, \mathrm{v}) \leftarrow$AGD-Until-Guilty($\hat{f}, \mathrm{p}_{k-1}, \frac{\epsilon}{10}, L_1 + 2\sigma, \sigma$).

if $(\mathrm{u}, \mathrm{v}) = \mathrm{null}$ **then**

$\mathrm{p}_k = \mathrm{x}_t$.

else

$\mathrm{b}_1 = \arg\min_{\mathrm{x}\in\{\mathrm{u},\mathrm{x}_0,\cdots,\mathrm{x}_t\}} f(\mathrm{x})$,

$\mathrm{b}_2 =$ Exploit-NC-Pair($f, \mathrm{u}, \mathrm{v}, \eta$),

$\mathrm{p}_k = \arg\min_{\mathrm{x}\in\{\mathrm{b}_1,\mathrm{b}_2\}} f(\mathrm{x})$.

end if

if $\|\nabla f(\mathrm{p}_k)\| \leqslant \epsilon$ **then**

返回 p_k.

end if

end for k

从而得到 $\|\mathrm{x}_i - \mathrm{x}_0\| \leqslant \tau$. 由 $\hat{f}(\mathrm{u}) \leqslant \hat{f}(\mathrm{x}_0)$ 和 $f(\mathrm{u}) \geqslant f(\mathrm{b}_1)$, 可得 $\|\mathrm{u} - \mathrm{x}_0\| \leqslant \tau$. 由 $\mathrm{y}_i = \mathrm{x}_i + \omega(\mathrm{x}_i - \mathrm{x}_{i-1})$, 可得

$$\|\mathrm{y}_i - \mathrm{x}_0\| \leqslant (1+\omega)\|\mathrm{x}_i - \mathrm{x}_0\| + \omega\|\mathrm{x}_{i-1} - \mathrm{x}_0\| \leqslant 3\tau.$$

由于 $\mathrm{v} = \mathrm{y}_i$ 对某个 i 成立（见引理40）, 我们有 $\|\mathrm{u}-\mathrm{v}\| \leqslant \|\mathrm{u}-\mathrm{x}_0\| + \|\mathrm{y}_i - \mathrm{x}_0\| \leqslant 4\tau$. □

下述核心引理描述了算法4.5迭代一次之后的下降性质.

引理 43: 令 f 是 L_1-光滑函数, 并且海森矩阵 L_2-Lipschitz 连续, 令 $\eta = \frac{\sigma}{L_2}$, 则当 $k \leqslant K-1$ 时, 算法4.5有

$$f(\mathrm{p}_k) \leqslant f(\mathrm{p}_{k-1}) - \min\left\{\frac{\epsilon^2}{5\sigma}, \frac{\sigma^3}{64L_2^2}\right\}. \tag{4.14}$$

证明. 情形1: $(\mathrm{u}, \mathrm{v}) = \mathrm{null}$. 此时, $\mathrm{p}_k = \mathrm{x}_k$ 并且 $\|\nabla \hat{f}(\mathrm{p}_k)\| \leqslant \epsilon/10$. 另一方面, $\|\nabla f(\mathrm{p}_k)\| > \epsilon$, 因此有

$$9\epsilon/10 \leqslant \|\nabla f(\mathrm{p}_k)\| - \|\nabla \hat{f}(\mathrm{p}_k)\| \leqslant \|\nabla f(\mathrm{p}_k) - \nabla \hat{f}(\mathrm{p}_k)\| = 2\sigma\|\mathrm{p}_k - \mathrm{p}_{k-1}\|.$$

另外, 也有 $\hat{f}(\mathrm{p}_k) = \hat{f}(\mathrm{x}_k) \leqslant \hat{f}(\mathrm{x}_0) = \hat{f}(\mathrm{p}_{k-1}) = f(\mathrm{p}_{k-1})$. 因此

$$f(\mathrm{p}_k) = \hat{f}(\mathrm{p}_k) - \sigma\|\mathrm{p}_k - \mathrm{p}_{k-1}\|^2 \leqslant f(\mathrm{p}_{k-1}) - \sigma\left(\frac{9\epsilon}{20\sigma}\right)^2 \leqslant f(\mathrm{p}_{k-1}) - \frac{\epsilon^2}{5\sigma}.$$

情形 2：$(\mathrm{u},\mathrm{v}) \neq$ null. 由 (4.10) 可得

$$\hat{f}(\mathrm{u}) < \hat{f}(\mathrm{v}) + \langle \nabla \hat{f}(\mathrm{v}), \mathrm{u}-\mathrm{v}\rangle + \frac{\sigma}{2}\|\mathrm{u}-\mathrm{v}\|^2.$$

进而有

$$\begin{aligned} & f(\mathrm{v}) + \langle \nabla f(\mathrm{v}), \mathrm{u}-\mathrm{v}\rangle - \frac{\sigma}{2}\|\mathrm{u}-\mathrm{v}\|^2 - f(\mathrm{u}) \\ =& \hat{f}(\mathrm{v}) + \langle \nabla \hat{f}(\mathrm{v}), \mathrm{u}-\mathrm{v}\rangle + \frac{\sigma}{2}\|\mathrm{u}-\mathrm{v}\|^2 - \hat{f}(\mathrm{u}) > 0. \end{aligned}$$

因此 u 和 v 满足引理41中的条件. 如果 $f(\mathrm{b}_1) \leqslant f(\mathrm{x}_0) - \frac{\sigma^3}{64L_2^2}$，则结论得证. 如果 $f(\mathrm{b}_1) > f(\mathrm{x}_0) - \frac{\sigma^3}{64L_2^2}$，由引理42，有 $\|\mathrm{u}-\mathrm{v}\| \leqslant \frac{\sigma}{2L_2}$. 因此由引理41，可得

$$f(\mathrm{b}_2) \leqslant f(\mathrm{u}) - \frac{\sigma^3}{12L_2^2} \leqslant f(\mathrm{p}_{k-1}) - \frac{\sigma^3}{12L_2^2},$$

其中我们使用了 $f(\mathrm{u}) \leqslant \hat{f}(\mathrm{u}) \leqslant \hat{f}(\mathrm{x}_0) = f(\mathrm{p}_{k-1})$. □

使用上述引理，可证加速收敛的结论.

定理 32： 令 f 是 L_1-光滑函数，并且海森矩阵 L_2-Lipschitz 连续，$\Delta = f(\mathrm{p}_0) - \inf_{\mathrm{z}} f(\mathrm{z})$，$\sigma = 2\sqrt{L_2\epsilon}$，则算法4.5在最多

$$O\left(\frac{L_1^{1/2}L_2^{1/4}\Delta}{\epsilon^{7/4}}\log\frac{(L_1+\sqrt{L_2\epsilon})\Delta}{\epsilon^2}\right)$$

次梯度计算内可以找到点 p_K，使得 $\|\nabla f(\mathrm{p}_K)\| \leqslant \epsilon$.

证明. 由 (4.14)，有

$$\begin{aligned} \Delta \geqslant f(\mathrm{p}_0) - f(\mathrm{p}_{K-1}) = \sum_{k=1}^{K-1}[f(\mathrm{p}_{k-1}) - f(\mathrm{p}_k)] &\geqslant (K-1)\min\left\{\frac{\epsilon^2}{5\sigma}, \frac{\sigma^3}{64L_2^2}\right\} \\ &\geqslant (K-1)\frac{\epsilon^{3/2}}{10L_2^{1/2}}. \end{aligned}$$

因此有

$$K \leqslant 1 + 10\frac{L_2^{1/2}\Delta}{\epsilon^{3/2}}.$$

由 (4.9)，其中 $\hat{f}$ 的 Lipschitz 常数为 $L = L_1 + 2\sigma = L_2 + 4\sqrt{L_2\epsilon}$，则有

$$\begin{aligned} T \leqslant & 1 + \max\left\{0, \sqrt{\frac{L_1+4\sqrt{L_2\epsilon}}{2\sqrt{L_2\epsilon}}}\log\left(\frac{2(L_1+4\sqrt{L_2\epsilon})\psi(\mathrm{w}_{T-1})}{\epsilon^2}\right)\right\} \\ =& O\left(\frac{L_1^{1/2}}{L_2^{1/4}\epsilon^{1/4}}\log\frac{(L_1+\sqrt{L_2\epsilon})\Delta}{\epsilon^2}\right), \end{aligned}$$

其中我们使用了

$$\psi(\mathrm{z}) = \hat{f}(\mathrm{x}_0) - \hat{f}(\mathrm{z}) + \frac{\sigma}{2}\|\mathrm{z}-\mathrm{x}_0\|^2 \stackrel{a}{=} f(\mathrm{x}_0) - f(\mathrm{z}) - \frac{\sigma}{2}\|\mathrm{z}-\mathrm{x}_0\|^2 \stackrel{b}{\leqslant} \Delta,$$

其中 $\stackrel{a}{=}$ 使用了 $\mathrm{x}_0 = \mathrm{p}_{k-1}$、$\hat{f}(\mathrm{x}_0) = f(\mathrm{x}_0)$ 和 $\hat{f}(\mathrm{z}) = f(\mathrm{z}) + \sigma\|\mathrm{z}-\mathrm{x}_0\|^2$，$\stackrel{b}{\leqslant}$ 使用了 (4.14) 中 $f(\mathrm{x}_0) = f(\mathrm{p}_{k-1}) \leqslant f(\mathrm{p}_0)$. 因此总的梯度计算次数为

$$KT = O\left(\frac{L_1^{1/2}L_2^{1/4}\Delta}{\epsilon^{7/4}}\log\frac{(L_1+\sqrt{L_2\epsilon})\Delta}{\epsilon^2}\right).$$

□

4.3 快速逃离鞍点

在上一节，我们介绍了如何快速收敛到临界点. 临界点可能是局部极小点、局部极大点和鞍点. 因此，我们不仅需要保证收敛到临界点，同时需要保证算法不会停在鞍点处. 机器学习领域的研究者们已经分析证明了随机梯度法[Ge et al., 2015]、梯度下降法 [Lee et al., 2016]、扰动梯度法 [Jin et al., 2017]、扰动加速梯度法 [Agarwal et al., 2017; Carmon et al., 2018; Jin et al., 2018] 等方法都可以避开鞍点. 在本节，我们介绍 [Carmon et al., 2018] 中的工作. 类似于第4.2节，本节首先介绍用于逃离鞍点的加速梯度下降法的两个重要组成部分，然后给出逃离鞍点的复杂度.

4.3.1 几乎凸的情形

我们首先给出 (A.6) 和 (A.11) 的一个直接推论.

引理 44: 假设 f 是 γ-强凸、L-光滑函数，则有

$$2\gamma(f(\mathrm{x}) - f(\mathrm{x}^*)) \leqslant \|\nabla f(\mathrm{x})\|^2 \leqslant 2L(f(\mathrm{x}) - f(\mathrm{x}^*)).$$

考虑 f 是 σ-几乎凸的情形（见 (4.13) 的定义）. 类似于算法4.5，我们可以在 f 上增加一个正则化项 $\sigma\|\mathrm{x}-\mathrm{y}\|^2$，得到 σ-强凸函数，然后使用加速梯度下降法（AGD，即算法2.1）快速求解. 具体形式如算法4.6所述. 算法4.6的目标是找到 z_j 使得 $\|\nabla f(\mathrm{z}_j)\| \leqslant \epsilon$. 在算法4.6里，我们调用 AGD 来最小化一个 σ-强凸、$(L+2\sigma)$-光滑的函数 g_j，初始点选为 z_j，使得 $g_j(\mathrm{z}_{j+1}) - \min_{\mathrm{z}} g_j(\mathrm{z}) \leqslant \frac{(\epsilon')^2}{2L+4\sigma}$.

算法 4.6 几乎凸 AGD，AC-AGD($f, z_1, \epsilon, \sigma, L$)

for $j = 1, 2, 3, \cdots, J$ **do**
  如果 $\|\nabla f(z_j)\| \leqslant \epsilon$，则返回 z_j，
  定义 $g_j(z) = f(z) + \sigma\|z - z_j\|^2$ 和 $\epsilon' = \epsilon\sqrt{\sigma/[50(L+2\sigma)]}$，
  $z_{j+1} = \mathrm{AGD}(g_j, z_j, (\epsilon')^2/(2L+4\sigma), L+2\sigma, \sigma)$.
end for k

引理 45：假设 f 是 σ-几乎凸、L-光滑函数. 则算法4.6终止最多需要迭代

$$\left[1 + \frac{5\sigma}{\epsilon^2}(f(z_1) - f(z_J))\right] O\left(\sqrt{\frac{L}{\sigma}}\log 1/\epsilon\right) \tag{4.15}$$

次.

证明. g_j 是 σ-强凸、$(L+2\sigma)$-光滑函数. 则由定理1可知，在 $O\left(\sqrt{\kappa}\log\frac{2L+4\sigma}{(\epsilon')^2}\right) = O(\sqrt{\kappa}\log 1/\epsilon')$ 次迭代之后，有 $g_j(z_{j+1}) - \min_z g_j(z) \leqslant \frac{(\epsilon')^2}{2L+4\sigma}$ 和

$$\|\nabla g_j(z_{j+1})\| \overset{a}{\leqslant} \sqrt{2(L+2\sigma)\frac{(\epsilon')^2}{2L+4\sigma}} = \epsilon' = \epsilon\sqrt{\frac{\sigma}{50(L+2\sigma)}} \leqslant \frac{\epsilon}{10},$$

其中 $\overset{a}{\leqslant}$ 使用了引理44.

另一方面，对所有 $j < J$，有 $\|\nabla g_j(z_j)\| = \|\nabla f(z_j)\| \geqslant \epsilon$. 因此有 $\|\nabla g_j(z_{j+1})\|^2 < \frac{\sigma\epsilon^2}{L+2\sigma} \leqslant \frac{\sigma}{L+2\sigma}\|\nabla g_j(z_j)\|^2$ 及

$$g_j(z_{j+1}) - g_j(z_j^*) \leqslant \frac{1}{2\sigma}\|\nabla g_j(z_{j+1})\|^2 \leqslant \frac{1}{2(L+2\sigma)}\|\nabla g_j(z_j)\|^2 \leqslant g_j(z_j) - g_j(z_j^*),$$

其中 $z_j^* = \arg\min_z g_j(z)$，并且我们使用了引理44. 因此有 $g_j(z_{j+1}) \leqslant g_j(z_j)$ 和

$$\begin{aligned} f(z_{j+1}) = g_j(z_{j+1}) - \sigma\|z_{j+1} - z_j\|^2 &\leqslant g_j(z_j) - \sigma\|z_{j+1} - z_j\|^2 \\ &= f(z_j) - \sigma\|z_{j+1} - z_j\|^2. \end{aligned} \tag{4.16}$$

从 $j = 1$ 加到 $J - 1$，有

$$\sigma\sum_{j=1}^{J-1}\|z_{j+1} - z_j\|^2 \leqslant f(z_1) - f(z_J).$$

另一方面，由

$$2\sigma\|z_{j+1} - z_j\| = \|\nabla f(z_{j+1}) - \nabla g_j(z_{j+1})\|$$

$$\geqslant \|\nabla f(\mathbf{z}_{j+1})\| - \|\nabla g_j(\mathbf{z}_{j+1})\| \geqslant \epsilon - \frac{\epsilon}{10},$$

有

$$f(\mathbf{z}_1) - f(\mathbf{z}_J) \geqslant \sigma(J-1)\frac{0.81\epsilon^2}{4\sigma^2} \geqslant (J-1)\frac{\epsilon^2}{5\sigma}. \tag{4.17}$$

因此有 $J \leqslant 1 + \frac{5\sigma}{\epsilon^2}(f(\mathbf{z}_1) - f(\mathbf{z}_J))$，并且总迭代次数为

$$\left[1 + \frac{5\sigma}{\epsilon^2}(f(\mathbf{z}_1) - f(\mathbf{z}_J))\right] O\left(\sqrt{\frac{L}{\sigma}}\log 1/\epsilon\right). \tag{4.18}$$

□

4.3.2　完全非凸情形

当 f 完全非凸时，即满足 (4.12)，类似于算法4.5，我们使用负曲率方向作为下降方向. 在本节，我们的目标和第4.2节的目标不同，相应地，本节的负曲率下降算法与算法4.4也有所不同. 我们需要它能够保证下述性质：

如果 f 是 L_1-光滑函数，并且 $\lambda_{\min}(\nabla^2 f(\mathbf{x})) \leqslant -\alpha$，其中 $\alpha > 0$ 是一个很小的常数，则我们可以在 $O\left(\sqrt{\frac{L_1}{\alpha}}\log 1/\delta'\right)$ 次迭代内至少以概率 $1-\delta'$ 找到一个 $\mathbf{v}$ 使得 $\|\mathbf{v}\| = 1$ 和 $\mathbf{v}^T\nabla^2 f(\mathbf{x})\mathbf{v} \leqslant -\frac{1}{2}\alpha$.

上述性质是 Carmon et al. [2018] 推论 2.7 的直接结果. 很多寻找和最大特征值对应的特征向量的方法，例如 Lanczos 方法 [Kuczyński and Woźniakowski, 1992] 和带噪声的加速梯度法[Jin et al., 2018]，都满足上述性质. 基于满足上述性质的寻找和最大特征值对应的特征向量的算法，我们可以给出负曲率下降算法（NCD），具体如算法4.7所示.

算法 4.7　负曲率下降算法，$\mathrm{NCD}(f, \mathbf{z}_1, L_2, \alpha, \delta)$

令 $\delta' = \dfrac{\delta}{1 + \frac{12L_2^2}{\alpha^3}[f(\mathbf{z}_1) - \min_{\mathbf{z}} f(\mathbf{z})]}$.

for $j = 1, 2, 3, \cdots, J$ **do**

　如果 $\lambda_{\min}(\nabla^2 f(\mathbf{z}_j)) \geqslant -\alpha$，则返回 $\mathbf{z}_j$，
　至少以概率 $1-\delta'$ 找到满足 $\|\mathbf{v}_j\| = 1$ 和 $\mathbf{v}_j^T\nabla^2 f(\mathbf{z}_j)\mathbf{v}_j \leqslant -\frac{1}{2}\alpha$ 的 $\mathbf{v}_j$，

　$\mathbf{z}_{j+1} = \mathbf{z}_j - \eta_j\mathbf{v}_j$，其中 $\eta_j = \dfrac{2\left|\mathbf{v}_j^T\nabla^2 f(\mathbf{z}_j)\mathbf{v}_j\right|}{L_2}\mathrm{sign}\left(\mathbf{v}_j^T\nabla f(\mathbf{z}_j)\right)$.

end for j

我们在下述引理中给出算法4.7的复杂度保证.

引理 46：假设 f 的梯度 L_1-Lipschitz 连续，并且海森矩阵 L_2-Lipschitz 连续，则算法4.7至少以概率 $1-\delta$ 在最多

$$\left[1+\frac{12L_2^2}{\alpha^3}(f(\mathrm{z}_1)-f(\mathrm{z}_J))\right]O\left(\sqrt{\frac{L_1}{\alpha}}\log 1/\delta'\right)$$

次迭代内终止.

证明. 由于 f 的海森矩阵 L_2-Lipschitz 连续，由命题 10，有

$$f(\mathrm{z}_j-\eta_j\mathrm{v}_j)-f(\mathrm{z}_j)+\eta_j\mathrm{v}_j^T\nabla f(\mathrm{z}_j)-\frac{\eta_j^2}{2}\mathrm{v}_j^T\nabla^2 f(\mathrm{z}_j)\mathrm{v}_j\leqslant\frac{L_2\eta_j^3}{6}\|\mathrm{v}_j\|^3.$$

由 η_j 的定义，有 $\eta_j\mathrm{v}_j^T\nabla f(\mathrm{z}_j)\geqslant 0$. 因此有

$$\begin{aligned}f(\mathrm{z}_{j+1})-f(\mathrm{z}_j)&\leqslant\frac{\eta_j^2}{2}\mathrm{v}_j^T\nabla^2 f(\mathrm{z}_j)\mathrm{v}_j+\frac{L_2|\eta_j|^3}{6}\|\mathrm{v}_j\|^3\\&=-\frac{2\left|\mathrm{v}_j^T\nabla^2 f(\mathrm{z}_j)\mathrm{v}_j\right|^3}{3L_2^2}\leqslant-\frac{\alpha^3}{12L_2^2}.\end{aligned}\tag{4.19}$$

从 $j=1$ 累加到 $J-1$，有

$$(J-1)\frac{\alpha^3}{12L_2^2}\leqslant f(\mathrm{z}_1)-f(\mathrm{z}_J).\tag{4.20}$$

因此有

$$J\leqslant 1+\frac{12L_2^2}{\alpha^3}[f(\mathrm{z}_1)-f(\mathrm{z}_J)].$$

由于失败的概率满足 $J\delta'\leqslant\delta$，因此总的迭代次数为

$$\left[1+\frac{12L_2^2}{\alpha^3}(f(\mathrm{z}_1)-f(\mathrm{z}_J))\right]O\left(\sqrt{\frac{L_1}{\alpha}}\log 1/\delta'\right).$$

□

4.3.3 非凸加速梯度下降法

基于上述两个组件，我们可以给出用于逃离鞍点的非凸加速梯度下降法（NC-AGD），具体如算法4.8所示. 算法复杂度如定理33所述. 类似于算法4.5，算法4.8交替调用 NCD 和 AC-AGD. 由于 NCD 会停在目标函数 f 局部几乎凸的点处，因此我们需要找到一个全局几乎凸的函数 $f_k(\mathrm{x})$，细节请见第4.3.3.1节.

算法 4.8 用于逃离鞍点的非凸 AGD，NC-AGD-SP(f,L_1,L_2,ϵ,δ,Δ_f)

令 $\alpha=\sqrt{L_2\epsilon}, K=1+\dfrac{15\sqrt{L_2}\Delta_f}{\epsilon^{3/2}}$ 和 $\delta''=\dfrac{\delta}{K}$.
for $k=1,2,3,\cdots,K$ **do**
  $\hat{\mathrm{x}}_k=\mathrm{NCD}(f,\mathrm{x}_k,L_2,\alpha,\delta'')$,
  如果 $\|\nabla f(\hat{\mathrm{x}}_k)\|\leqslant\epsilon$，则返回 $\hat{\mathrm{x}}_k$，
  取 $f_k(\mathrm{x})=f(\mathrm{x})+L_1([\|\mathrm{x}-\hat{\mathrm{x}}_k\|-\alpha/L_2]_+)^2$，
  $\mathrm{x}_{k+1}=\text{AC-AGD}(f_k,\hat{\mathrm{x}}_k,\epsilon/2,3\alpha,5L_1)$.
end for k

定理 33: 假设 f 的梯度 L_1-Lipschitz 连续，海森矩阵 L_2-Lipschitz 连续. 令 $\alpha=\sqrt{L_2\epsilon}$，则算法4.8至少以概率 $1-\delta$ 在

1. $1+\dfrac{15\sqrt{L_2}\Delta_f}{\epsilon^{3/2}}$ 次外循环内终止，
2. $O\left(\dfrac{L_2^{1/4}L_1^{1/2}\Delta_f}{\epsilon^{7/4}}\log\dfrac{1}{\delta^{1/3}\epsilon}\right)$ 的总迭代次数内终止，

使得 $\|\nabla f(\mathrm{x}_k)\|\leqslant\epsilon,\lambda_{\min}(\nabla^2 f(\mathrm{x}_k))\geqslant-\sqrt{\epsilon}$，其中 $\Delta_f=f(\hat{\mathrm{x}}_1)-\min_{\mathrm{x}}f(\mathrm{x})$.

下面我们分三步证明定理33.

4.3.3.1 从局部几乎凸到全局几乎凸

下述引理告诉我们如何将一个局部几乎凸函数转换成一个全局几乎凸函数.

引理 47: 令 $f_k(\mathrm{x})=f(\mathrm{x})+L_1\left(\left[\|\mathrm{x}-\hat{\mathrm{x}}_k\|-\dfrac{\alpha}{L_2}\right]_+\right)^2$，其中 $[x]_+=\max(x,0)$. 如果 $\lambda_{\min}\nabla^2 f(\hat{\mathrm{x}}_k)\geqslant-\alpha$，则 f_k 是 3α-几乎凸、$5L_1$-光滑函数.

证明. 令 $\rho(\mathrm{x})=L_1\left(\left[\|\mathrm{x}\|-\dfrac{\alpha}{L_2}\right]_+\right)^2$，则有

$$\nabla\rho(\mathrm{x})=2L_1\frac{\mathrm{x}}{\|\mathrm{x}\|}\left[\|\mathrm{x}\|-\frac{\alpha}{L_2}\right]_+.$$

可知 $\nabla\rho(\mathrm{x})$ 是连续的，$\nabla\rho(\mathrm{x})$ 除了点 $\|\mathrm{x}\|=\dfrac{\alpha}{L_2}$ 之外是可微的，当 $\|\mathrm{x}\|<\dfrac{\alpha}{L_2}$ 时，$\nabla^2\rho(\mathrm{x})=0$，当 $\|\mathrm{x}\|>\dfrac{\alpha}{L_2}$ 时，$\nabla^2\rho(\mathrm{x})=2L_1\left[\mathrm{I}+\dfrac{\alpha}{L_2}\left(\dfrac{\mathrm{x}\mathrm{x}^T}{\|\mathrm{x}\|^3}-\dfrac{\mathrm{I}}{\|\mathrm{x}\|}\right)\right]$. 因此当 $\|\mathrm{x}\|>\dfrac{\alpha}{L_2}$ 时，我们有

$$\nabla^2\rho(\mathrm{x}) \succeq 2L_1\left(\mathrm{I}-\frac{\alpha}{L_2}\frac{\mathrm{I}}{\|\mathrm{x}\|}\right)\succeq 0,$$
$$\nabla^2\rho(\mathrm{x}) \preceq 2L_1\left(\mathrm{I}+\frac{\alpha}{L_2}\frac{\mathrm{x}\mathrm{x}^T}{\|\mathrm{x}\|^3}\right)\preceq 2L_1\left(\mathrm{I}+\frac{\alpha}{L_2}\frac{\mathrm{I}}{\|\mathrm{x}\|}\right)\preceq 4L_1\mathrm{I}.$$

因此 $f_k(\mathrm{x})$ 是 $5L_1$-光滑函数.

当 $\|\mathrm{x}-\hat{\mathrm{x}}_k\| > \frac{2\alpha}{L_2}$ 时,有

$$\nabla^2 f_k(\mathrm{x}) \succeq \nabla^2 f(\mathrm{x}) + 2L_1\left(\mathrm{I}-\frac{\alpha}{L_2}\frac{\mathrm{I}}{\|\mathrm{x}-\hat{\mathrm{x}}_k\|}\right)\succ 0.$$

当 $\|\mathrm{x}-\hat{\mathrm{x}}_k\| \leqslant \frac{2\alpha}{L_2}$ 时,有

$$\nabla^2 f(\mathrm{x}) \overset{a}{\succeq} \nabla^2 f(\hat{\mathrm{x}}_k) - L_2\|\mathrm{x}-\hat{\mathrm{x}}_k\|\mathrm{I} \succeq -3\alpha\mathrm{I},$$

其中 $\overset{a}{\succeq}$ 使用了 $\nabla^2 f$ 的 Lipschitz 连续性. 因此有

$$\nabla^2 f_k(\mathrm{x}) \succeq \nabla^2 f(\mathrm{x}) \succeq -3\alpha\mathrm{I}.$$

即 $f_k(\mathrm{x})$ 是 3α-几乎凸函数. □

4.3.3.2 外循环

我们在下述引理中给出算法4.8的外循环复杂度.

引理 48: 假设 f 的梯度 L_1-Lipschitz 连续, 海森矩阵 L_2-Lipschitz 连续. 令 $\alpha=\sqrt{L_2\epsilon}$,则算法4.8在最多 $1+\frac{15\sqrt{L_2}\Delta_f}{\epsilon^{3/2}}$ 次外循环内终止.

证明. 对于NCD,有

$$\frac{\alpha^3}{12L_2^2} \leqslant f(\mathrm{z}_1)-f(\mathrm{z}_2) \leqslant f(\mathrm{z}_1)-f(\mathrm{z}_J),$$

其中我们使用了(4.19),因此有

$$\frac{\alpha^3}{12L_2^2} \leqslant f(\mathrm{x}_k)-f(\hat{\mathrm{x}}_k). \tag{4.21}$$

对于AC-AGD,有 $f_k(\mathrm{x}_{k+1}) \leqslant f_k(\hat{\mathrm{x}}_k)$、$f_k(\hat{\mathrm{x}}_k)=f(\hat{\mathrm{x}}_k)$ 和 $f_k(\mathrm{x}_{k+1}) \geqslant f(\mathrm{x}_{k+1})$, 其中我们使用了(4.16)及 f_k 的定义. 因此有 $f(\mathrm{x}_{k+1}) \leqslant f(\hat{\mathrm{x}}_k)$ 及

$$\frac{\alpha^3}{12L_2^2} \leqslant f(\hat{\mathrm{x}}_{k-1})-f(\hat{\mathrm{x}}_k),$$

其中我们使用了(4.21). 从$k=2$加到K,有

$$(K-1)\frac{\alpha^3}{12L_2^2} \leqslant f(\hat{\mathrm{x}}_1) - f(\hat{\mathrm{x}}_K).$$

因此有

$$\begin{aligned} K &\leqslant 1 + \frac{12L_2^2}{\alpha^3}(f(\hat{\mathrm{x}}_1) - f(\hat{\mathrm{x}}_K)) \leqslant 1 + \frac{12L_2^2}{\alpha^3}(f(\hat{\mathrm{x}}_1) - \min_{\mathrm{x}} f(\mathrm{x})) \\ &= 1 + \frac{12L_2^2\Delta_f}{\alpha^3} = 1 + \frac{12\sqrt{L_2}\Delta_f}{\epsilon^{3/2}}. \end{aligned} \tag{4.22}$$

另一方面,对AC-AGD,有

$$\frac{\epsilon^2}{15\alpha} \leqslant f_k(\mathrm{z}_1) - f_k(\mathrm{z}_2) \leqslant f_k(\mathrm{z}_1) - f_k(\mathrm{z}_J),$$

其中我们使用了(4.17)和$\sigma = 3\alpha$. 因此有

$$\begin{aligned} \frac{\epsilon^2}{15\alpha} &\leqslant f_k(\hat{\mathrm{x}}_k) - f_k(\mathrm{x}_{k+1}) = f(\hat{\mathrm{x}}_k) - f_k(\mathrm{x}_{k+1}) \leqslant f(\hat{\mathrm{x}}_k) - f(\mathrm{x}_{k+1}) \\ &\overset{a}{\leqslant} f(\hat{\mathrm{x}}_k) - f(\hat{\mathrm{x}}_{k+1}), \end{aligned}$$

其中$\overset{a}{\leqslant}$使用了(4.21). 从$k=1$加到$K-1$,有

$$(K-1)\frac{\epsilon^2}{15\alpha} \leqslant f(\hat{\mathrm{x}}_1) - f(\hat{\mathrm{x}}_K) \leqslant \Delta_f.$$

因此有

$$K \leqslant 1 + \frac{15\alpha\Delta_f}{\epsilon^2} = 1 + \frac{15\sqrt{L_2}\Delta_f}{\epsilon^{3/2}}. \tag{4.23}$$

比较(4.22)和上式,上式可保证NCD和AC-AGD两个函数都终止. □

4.3.3.3 内循环

下面我们考虑内循环,进而可以直接得到定理33的第二个结论.

引理 49: 假设f的梯度L_1-Lipschitz连续,海森矩阵L_2-Lipschitz连续. 令$\alpha = \sqrt{L_2\epsilon}$,则算法4.8在最多

$$O\left(\frac{L_1^{1/2}L_2^{1/4}\Delta_f}{\epsilon^{7/4}}\log\frac{1}{\delta^{1/3}\epsilon}\right)$$

次内循环内终止.

证明. 考虑NCD的内循环. 记 j_k 表示第 k 次外循环的内循环数. 由 (4.20),有

$$\begin{aligned}\sum_{k=1}^{K}(j_k-1) &\leqslant \sum_{k=1}^{K}\frac{12L_2^2}{\alpha^3}(f(\mathrm{x}_k)-f(\hat{\mathrm{x}}_k))\\ &\leqslant \sum_{k=1}^{K}\frac{12L_2^2}{\alpha^3}(f(\hat{\mathrm{x}}_{k-1})-f(\hat{\mathrm{x}}_k))\\ &=\frac{12L_2^2}{\alpha^3}(f(\hat{\mathrm{x}}_0)-f(\hat{\mathrm{x}}_K))\leqslant \frac{12L_2^2\Delta_f}{\alpha^3}.\end{aligned}$$

因此有

$$\sum_{k=1}^{K} j_k \leqslant \frac{12L_2^2\Delta_f}{\alpha^3}+K\leqslant \frac{27\sqrt{L_2}\Delta_f}{\epsilon^{3/2}}+1,$$

因此NCD的总内循环数为

$$\frac{27\sqrt{L_2}\Delta_f}{\epsilon^{3/2}}O\left(\sqrt{\frac{L_1}{\alpha}}\log 1/\delta''\right)=O\left(\frac{L_1^{1/2}L_2^{1/4}\Delta_f}{\epsilon^{7/4}}\log\frac{1}{\delta^{1/3}\epsilon}\right), \tag{4.24}$$

其中我们使用了如下事实：算法4.7中定义的 δ' 实际上是算法4.8中的 δ''、$K=O(\epsilon^{-3/2})$、$\delta'=O(\delta\alpha^3)$ 和 $\alpha=\sqrt{L_2\epsilon}$,因此 $\delta''=\delta'/K=O(\delta\epsilon^3)$.

下面,我们考虑AC-AGD的内循环. 由 (4.18),可得总的内循环数为

$$\begin{aligned}&\sum_{k=1}^{K-1}\left[\sqrt{\frac{L_1}{\alpha}}+\frac{5\sqrt{L_1\alpha}}{\epsilon^2}(f(\hat{\mathrm{x}}_k)-f(\mathrm{x}_{k+1}))\right]\log 1/\epsilon\\ \leqslant&\sum_{k=1}^{K-1}\left[\sqrt{\frac{L_1}{\alpha}}+\frac{5\sqrt{L_1\alpha}}{\epsilon^2}(f(\hat{\mathrm{x}}_k)-f(\hat{\mathrm{x}}_{k+1}))\right]\log 1/\epsilon\\ \leqslant&\left(K\sqrt{\frac{L_1}{\alpha}}+\frac{5\Delta_f\sqrt{L_1\alpha}}{\epsilon^2}\right)\log 1/\epsilon\\ \overset{a}{\leqslant}&\frac{20L_1^{1/2}L_2^{1/4}\Delta_f}{\epsilon^{7/4}}\log 1/\epsilon,\end{aligned} \tag{4.25}$$

其中我们省略了常数项, $\overset{a}{\leqslant}$ 使用了(4.23)和 $\alpha=\sqrt{L_2\epsilon}$. 将 (4.24) 和 (4.25) 相加,并使用 $\alpha=\sqrt{L_2\epsilon}$,可知算法4.8的内循环数为

$$O\left(\frac{L_1^{1/2}L_2^{1/4}\Delta_f}{\epsilon^{7/4}}\log\frac{1}{\delta^{1/3}\epsilon}\right).$$

□

参考文献

Agarwal Naman, Allen-Zhu Zeyuan, Bullins Brian, Hazan Elad, and Ma Tengyu. (2017). Finding approximate local minima for nonconvex optimization in linear time[C]. In *Proceedings of the 49th Annual ACM SIGACT Symposium on Theory of Computing*, pages 1195-1199, Montreal.

Attouch Hédy, Bolte Jérôme, Redont Patrick, and Soubeyran Antoine. (2010). Proximal alternating minimization and projection methods for nonconvex problems: an approach based on the Kurdyka-Łojasiewicz inequality[J]. *Math. Oper. Res.*, 35(2): 438-457.

Attouch Hedy, Bolte Jérôme, and Svaiter Benar Fux. (2013). Convergence of descent methods for semialgebraic and tame problems: proximal algorithms, forward-backward splitting, and regularized Gauss-Seidel methods[J]. *Math. Program.*, 137(1-2): 91-129.

Bolte Jérôme, Sabach Shoham, and Teboulle Marc. (2014). Proximal alternating linearized minimization for nonconvex and nonsmooth problems[J]. *Math. Program.*, 146(1-2): 459-494.

Boţ Radu Ioan, Csetnek Ernö Robert, and László Szilárd Csaba. (2016). An inertial forward-backward algorithm for the minimization of the sum of two nonconvex functions[J]. *EURO. J. Comput. Optim.*, 4(1): 3-25.

Candès Emmanuel J, Wakin Michael B, and Boyd Stephen P. (2008). Enhancing sparsity by reweighted l_1 minimization[J]. *J. Fourier Anal. Appl.*, 14(5): 877-905.

Carmon Yair, Duchi John C, Hinder Oliver, and Sidford Aaron. (2017). Convex until proven guilty: dimension-free acceleration of gradient descent on non-convex functions[C]. In *Proceedings of the 34th International Conference on Machine Learning*, pages 654-663, Sydney.

Carmon Yair, Duchi John C, Hinder Oliver, and Sidford Aaron. (2018). Accelerated methods for nonconvex optimization[J]. *SIAM J. Optim.*, 28(2): 1751-1772.

Fan Jianqing and Li Runze. (2001). Variable selection via nonconcave penalized likelihood and its oracle properties[J]. *J. Am. Stat. Assoc.*, 96(456): 1348-1360.

Foucart Simon and Lai Ming-Jun. (2009). Sparsest solutions of underdetermined linear systems via l_q minimization for $0 < q \leqslant 1$[J]. *Appl. Comput. Harmon. Anal.*, 26(3): 395-407.

Frankel Pierre, Garrigos Guillaume, and Peypouquet Juan. (2015). Splitting methods with variable metric for Kurdyka-Łojasiewicz functions and general convergence rates[J]. *J. Optim. Theory Appl.*, 165 (3): 874-900.

Ge Rong, Huang Furong, Jin Chi, and Yuan Yang. (2015). Escaping from saddle points-online stochastic gradient for tensor decomposition[C]. In *Proceedings of the 28th Conference on Learning Theory*, pages 797-842, Paris.

Geman Donald and Yang Chengda. (1995). Nonlinear image recovery with half-quadratic regularization[J]. *IEEE Trans. Image Process.*, 4(7): 932-946.

Ghadimi Saeed and Lan Guanghui. (2016). Accelerated gradient methods for nonconvex nonlinear and stochastic programming[J]. *Math. Program.*, 156(1-2): 59-99.

Gong Pinghua, Zhang Changshui, Lu Zhaosong, Huang Jianhua, and Ye Jieping. (2013). A general iterative shrinkage and thresholding algorithm for non-convex regularized optimization problems[C]. In *Proceedings of the 30th International Conference on Machine Learning*, pages 37-45, Atlanta.

Jin Chi, Ge Rong, Netrapalli Praneeth, Kakade Sham M, and Jordan Michael I. (2017). How to escape saddle points efficiently[C]. In *Proceedings of the 34th International Conference on Machine Learning*, pages 1724-1732, Sydney.

Jin Chi, Netrapalli Praneeth, and Jordan Michael I. (2018). Accelerated gradient descent escapes saddle points faster than gradient descent[C]. In *Proceedings of the 31th Conference On Learning Theory*, pages 1042-1085, Stockholm.

Kuczyński Jacek and Woźniakowski Henryk. (1992). Estimating the largest eigenvalue by the power and Lanczos algorithms with a random start[J]. *SIAM J. Matrix Anal. Appl.*, 13(4): 1094-1122.

Lee Jason D, Simchowitz Max, Jordan Michael I, and Recht Benjamin. (2016). Gradient descent only converges to minimizers[C]. In *Proceedings of the 29th Conference on Learning Theory*, pages 1246-1257, New York.

Li Huan and Lin Zhouchen. (2015). Accelerated proximal gradient methods for nonconvex programming[C]. In *Advances in Neural Information Processing Systems 28*, pages 379-387, Montreal.

Li Qunwei, Zhou Yi, Liang Yingbin, and Varshney Pramod K. (2017). Convergence analysis of proximal gradient with momentum for nonconvex optimization[C]. In *Proceedings of the 34th International Conference on Machine Learning*, pages 2111-2119, Sydney.

Mohan Karthik and Fazel Maryam. (2012). Iterative reweighted algorithms for matrix rank minimization[J]. *J. Math. Learn. Res.*, 13(1): 3441-3473.

Nesterov Yurii, Gasnikov Alexander, Guminov Sergey, and Dvurechensky Pavel. (2018). Primal-dual accelerated gradient descent with line search for convex and nonconvex optimization problems[R]. *Preprint. arXiv*: 1809. 05895.

Nesterov Yurii. (2018). Lectures on Convex Optimization[M]. 2nd ed. Springer.

Ochs Peter, Chen Yunjin, Brox Thomas, and Pock Thomas. (2014). iPiano: Inertial proximal algorithm for nonconvex optimization[J]. *SIAM J. Imag. Sci.*, 7(2): 1388-1419.

Zhang Cun-Hui. (2010a). Nearly unbiased variable selection under minimax concave penalty[J]. *Ann. Stat.*, 38(2): 894-942.

Zhang Tong. (2010b). Analysis of multi-stage convex relaxation for sparse regularization[J]. *J. Math. Learn. Res.*, 11: 1081-1107.

第 5 章　加速随机算法

对于许多统计与机器学习问题，其数学模型可以被表达为如下优化问题

$$\min_{\mathbf{x}} f(\mathbf{x}) \equiv \mathbb{E}[F(\mathbf{x};\xi)], \tag{5.1}$$

其中 $F(\mathbf{x};\xi)$ 是一个以随机变量 ξ 为下标的随机函数. 在许多问题中，$f(\mathbf{x})$ 是函数和的形式. 如果我们将每个随机函数表示为 $f_i(\mathbf{x})$，那么 (5.1) 可以被写成

$$\min_{\mathbf{x}} f(\mathbf{x}) \equiv \frac{1}{n}\sum_{i=1}^{n} f_i(\mathbf{x}), \tag{5.2}$$

其中 n 是子函数的个数. 当 n 有限时，问题(5.2) 是一个离线（Offline）问题，例如经验风险最小化（Empirical Risk Minimization，ERM）问题. n 也可以是无穷的，我们把这种问题称为在线（Online）问题.

对于问题 (5.2)，获取目标函数的全梯度可能需要很大的计算开销，尤其当 n 非常大的时候. 当 n 为无穷时，计算全梯度甚至是不可能的. 取而代之的一种方式是使用一个或几个随机子函数的梯度来估计整体的梯度. 这一类求解问题 (5.2) 的方法被称为随机算法. 它们有如下的特性：

1. 在理论上，许多收敛性质以期望（概率）的形式给出.
2. 在实践中，这些算法往往比确定性算法要快得多.

由于在迭代过程中我们要获取每个子函数的梯度，所以求解问题的时间复杂度可以通过获取子函数梯度的总次数来衡量. 正式地，我们定义增量一阶访问（Incremental First-order Oracle, IFO）次数如下.

定义 5：对于问题 (5.2)，一次增量一阶访问为随机选取一个下标 $i \in [n]$ 和点 $\mathbf{x} \in \mathbb{R}^d$，返回 $(f_i(\mathbf{x}), \nabla f_i(\mathbf{x}))$.

在第 2 章中，我们展示了冲量加速技巧可以加速确定性算法. 一个自然的问题就是：冲量加速技巧能否加速随机算法？在回答这个问题之前，我们首

先将关注点放在随机算法本身. 分析随机算法的主要难点在什么地方?一个确定的回答是:主要难点在于梯度的噪声. 事实上,带噪梯度的方差在迭代过程中不能收敛到 0,这将使得收敛速度大大降低. 所以我们可能会问:冲量技巧能否消除噪声带来的负面作用?不幸的是,据目前的结果,冲量技巧并不能帮助降低带噪梯度的方差,反而会积累噪声. 真正能够帮助减轻噪声负面作用的技巧叫作方差缩减(Variance Reduction, VR)[Johnson and Zhang, 2013]. 当我们使用该技巧时,算法可以被近似转化成一个确定性算法,然后进一步融合冲量技巧. 现在我们可以回答刚才提出的第一个问题:在一些情况下(但并不是全部,例如 n 非常大时),将冲量技巧与方差缩减技巧融合可以使得算法有更快的收敛速度. 但是,冲量技巧会积累噪声,故在使用冲量后,我们要设法降低带噪梯度的方差. 对于随机算法,在每步迭代过程中,我们可以考虑计算一批样本的梯度来估计整体梯度. 当使用冲量技巧后,可容忍的批样本的大小可以大幅增加,这对分布式算法有很大帮助(见第 6 章).

总体来说,加速随机算法由如下两步完成:

1. 使用方差缩减技巧将算法转变成一个"几乎确定"的算法.
2. 融合冲量技巧使算法获得更快的收敛速度.

对于随机算法,我们总结冲量技巧的优势如下:

1. 当 n 充分小时,在阶上提升随机算法的收敛速度.
2. 在分布式优化时,可以增大批样本的大小.

在如下的几个小节,我们将具体介绍对于不同性质的目标函数 $f(\mathrm{x})$,如何使用冲量技巧来加速算法. 我们将考虑如下三种情况:

1. 每个 $f_i(\mathrm{x})$ 都是凸函数,我们称为各自凸(Individually Convex, IC)情况.
2. $f_i(\mathrm{x})$ 可能是非凸的,但 $f(\mathrm{x})$ 是凸函数,我们称为各自非凸(Individually Non-convex, INC)情况.
3. $f(\mathrm{x})$ 非凸(Non-convex, NC)情况.

最后,我们将结果拓展到带线性约束的优化问题.

5.1 各自凸情况

我们考虑问题 (5.2) 的更一般形式:

$$\min_{\mathrm{x}} F(\mathrm{x}) \equiv h(\mathrm{x}) + \frac{1}{n}\sum_{i=1}^{n} f_i(\mathrm{x}), \tag{5.3}$$

其中 $h(\mathrm{x})$ 和 $f_i(\mathrm{x})$ 对于 $i \in [n]$ 是凸函数，$h(\mathrm{x})$ 的邻近映射容易计算，并且 n 是有限的.

5.1.1 加速随机坐标下降算法

为了使用 n 的有限性，我们可以在对偶空间求解 (5.3)．如此一来，n 变成了对偶变量的维数，而对偶变量的每次坐标更新对应于计算一次子函数的梯度. 我们首先介绍加速随机坐标下降（Accelerated Stochastic Coordinate Descent, ASCD）算法[Fercoq and Richtárik, 2015; Lin et al., 2014; Nesterov, 2012]，之后我们将介绍如何使用它求解问题 (5.3). ASCD 首先在文献 [Nesterov, 2012] 中被提出，之后文献 [Fercoq and Richtárik, 2015; Lin et al., 2014] 中考虑了带非光滑项使用邻近映射处理问题的情况. 在不影响读者理解冲量技巧的前提下，我们稍微滥用一下符号，把 ASCD 求解的问题写成

$$\min_{\mathrm{x} \in \mathbb{R}^n} F(\mathrm{x}) \equiv h(\mathrm{x}) + f(\mathrm{x}), \tag{5.4}$$

其中 $f(\mathrm{x})$ 有 L_c-坐标 Lipschitz 连续的梯度（见定义 19），$h(\mathrm{x})$ 有坐标分离结构，即 $h(\mathrm{x}) = \sum_{i=1}^{n} h_i(\mathrm{x}_i)$，其中 $\mathrm{x} = (\mathrm{x}_1^T, \cdots, \mathrm{x}_n^T)^T$，并且 $f(\mathrm{x})$ 和 $h_i(\mathrm{x})$ 都是凸的.

随机坐标下降算法能够有效求解问题 (5.4). 算法在每步迭代时随机选择一个坐标 x_{i_k} 使目标函数充分下降，并保持其他坐标不变. 具体地，算法在每步迭代时考虑求解如下子问题：

$$\delta = \operatorname*{arg\,min}_{\delta} \left(h_{i_k}(\mathrm{x}_{i_k}^k + \delta) + \left\langle \nabla_{i_k} f(\mathrm{x}^k), \delta \right\rangle + \frac{n\theta_k}{2\gamma} \delta^2 \right),$$

其中 $\nabla_{i_k} f(\mathrm{x})$ 表示函数 f 在 x 的梯度的第 i_k 个坐标的值. 我们融合冲量技巧，得到加速随机坐标下降法，算法细节见算法 5.1.

算法 5.1 加速随机坐标下降（ASCD）[Fercoq and Richtárik, 2015]

输入 θ_k，步长 $\gamma = \frac{1}{L_c}$，$\mathrm{x}^0 = 0$ 和 $\mathrm{z}^0 = 0$.
for $k = 0, 1, 2, \cdots, K$ **do**
$\mathrm{y}^k = (1 - \theta_k)\mathrm{x}^k + \theta_k \mathrm{z}^k$,
随机从 $[n]$ 中选择坐标 i_k,
$\delta = \operatorname{arg\,min}_{\delta} \left(h_{i_k}(\mathrm{z}_{i_k}^k + \delta) + \left\langle \nabla_{i_k} f(\mathrm{y}^k), \delta \right\rangle + \frac{n\theta_k}{2\gamma} \delta^2 \right)$,
$\mathrm{z}_{i_k}^{k+1} = \mathrm{z}_{i_k}^k + \delta$，保持其他坐标不变,
$\mathrm{x}^{k+1} = (1 - \theta_k)\mathrm{x}^k + n\theta_k \mathrm{z}^{k+1} - (n-1)\theta_k \mathrm{z}^k$.
end for k
输出 x^{K+1}.

我们给出算法5.1的收敛性分析. 证明来源于 [Fercoq and Richtárik, 2015].

引理 50: 如果 $\theta_0 \leqslant \dfrac{1}{n}$ 且对所有 $k \geqslant 0$, $\theta_k \geqslant 0$ 且单调非增, 那么 x^k 是 $\mathrm{z}^0, \cdots, \mathrm{z}^k$ 的凸组合, 即有: $\mathrm{x}^k = \sum_{i=0}^{k} e_{k,i}\mathrm{z}^i$, 其中 $e_{0,0} = 1$, $e_{1,0} = 1 - n\theta_0$, $e_{1,1} = n\theta$,且对于 $k > 1$,有

$$e_{k+1,i} = \begin{cases} (1-\theta_k)e_{k,i}, & i \leqslant k-1, \\ n(1-\theta_k)\theta_{k-1} + \theta_k - n\theta_k, & i = k, \\ n\theta_k, & i = k+1. \end{cases} \tag{5.5}$$

令 $\hat{h}_k = \sum_{i=0}^{k} e_{k,i}h(\mathrm{z}^i)$,我们有

$$\mathbb{E}_{i_k}(\hat{h}_{k+1}) = (1-\theta_k)\hat{h}_k + \theta_k \sum_{i_k=1}^{n} h_{i_k}(\mathrm{z}_{i_k}^{k+1}), \tag{5.6}$$

其中 $\mathbb{E}_{i_k}$ 表示给定 x^k 和 z^k 对随机数 i_k 求条件期望.

证明. 我们首先证明 $e_{k+1,i}$. $k = 0$ 和 1 的情况可以由观察得到. 下面我们证明 (5.5). 因为

$$\begin{aligned} \mathrm{x}^{k+1} &\overset{a}{=} (1-\theta_k)\mathrm{x}^k + \theta_k\mathrm{z}^k + n\theta_k(\mathrm{z}^{k+1} - \mathrm{z}^k) \\ &= (1-\theta_k)\sum_{i=0}^{k} e_{k,i}\mathrm{z}^i + \theta_k\mathrm{z}^k + n\theta_k(\mathrm{z}^{k+1} - \mathrm{z}^k) \\ &= (1-\theta_k)\sum_{i=0}^{k-1} e_{k,i}\mathrm{z}^i + \left[(1-\theta_k)e_{k,k} + \theta_k - n\theta_k\right]\mathrm{z}^k + n\theta_k\mathrm{z}^{k+1}, \end{aligned}$$

其中 $\overset{a}{=}$ 利用了算法5.1 的第 5 步. 比较结果,我们有 (5.5). 接着,我们证明凸组合的性质. 通过归纳法, 容易证明权重的和为 1, 且 $0 \leqslant (1-\theta_k)e_{k,j} \leqslant 1$, $0 \leqslant n\theta_k \leqslant 1$. 所以 $(1-\theta_k)e_{k,k} + \theta_k - n\theta_k = n(1-\theta_k)\theta_{k-1} + \theta_k - n\theta_k \leqslant 1$. 另一方面,我们有

$$n(1-\theta_k)\theta_{k-1} + \theta_k - n\theta_k \geqslant n(1-\theta_k)\theta_k + \theta_k - n\theta_k = \theta_k(1-n\theta_k) \geqslant 0.$$

对于 (5.6),我们有

$$\mathbb{E}_{i_k}\hat{h}_{k+1} \overset{a}{=} \sum_{i=0}^{k} e_{k+1,i}h(\mathrm{z}^i) + \mathbb{E}_{i_k}\left[n\theta_k h(\mathrm{z}^{k+1})\right]$$

$$
\begin{aligned}
&= \sum_{i=0}^{k} e_{k+1,i} h(\mathrm{z}^i) + \frac{1}{n} \sum_{i_k} n\theta_k \left(h_{i_k}(\mathrm{z}_{i_k}^{k+1}) + \sum_{j \neq i_k} h_j(\mathrm{z}_j^k) \right) \\
&= \sum_{i=0}^{k} e_{k+1,i} h(\mathrm{z}^i) + \theta_k \sum_{i_k} h_{i_k}(\mathrm{z}_{i_k}^{k+1}) + (n-1)\theta_k h(\mathrm{z}^k) \\
&\stackrel{b}{=} \sum_{i=0}^{k-1} e_{k+1,i} h(\mathrm{z}^i) + [n(1-\theta_k)\theta_{k-1} + \theta_k - n\theta_k] h(\mathrm{z}^k) \\
&\quad + (n-1)\theta_k h(\mathrm{z}^k) + \theta_k \sum_{i_k} h_{i_k}(\mathrm{z}_{i_k}^{k+1}) \\
&= \sum_{i=0}^{k-1} e_{k+1,i} h(\mathrm{z}^i) + n(1-\theta_k)\theta_{k-1} h(\mathrm{z}^k) + \theta_k \sum_{i_k} h_{i_k}(\mathrm{z}_{i_k}^{k+1}) \\
&\stackrel{c}{=} \sum_{i=0}^{k-1} e_{k,i}(1-\theta_k) h(\mathrm{z}^i) + (1-\theta_k) e_{k,k} h(\mathrm{z}^k) + \theta_k \sum_{i_k} h_{i_k}(\mathrm{z}_{i_k}^{k+1}) \\
&= \sum_{i=0}^{k} e_{k,i}(1-\theta_k) h(\mathrm{z}^i) + \theta_k \sum_{i_k} h_{i_k}(\mathrm{z}_{i_k}^{k+1}) \\
&= (1-\theta_k)\hat{h}_k + \theta_k \sum_{i_k} h_{i_k}(\mathrm{z}_{i_k}^{k+1}),
\end{aligned}
$$

其中 $\stackrel{a}{=}$ 使用了 $e_{k+1,k+1} = n\theta_k$，$\stackrel{b}{=}$ 使用了 $e_{k+1,k} = n(1-\theta_k)\theta_{k-1} + \theta_k - n\theta_k$，$\stackrel{c}{=}$ 对于 $i \leqslant k-1$ 使用了 $e_{k+1,i} = (1-\theta_k)e_{k,i}$ 和 $e_{k,k} = n\theta_{k-1}$. □

定理 34：对于算法5.1，设置 $\theta_k = \dfrac{2}{2n+k}$，我们有 x^k 是 $\mathrm{z}^0, \cdots, \mathrm{z}^k$ 的凸组合，且对任意 $K \geqslant 0$，有

$$
\begin{aligned}
&\frac{\mathbb{E}F(\mathrm{x}^{K+1}) - F(\mathrm{x}^*)}{\theta_K^2} + \frac{n^2 L_c}{2} \mathbb{E}\|\mathrm{z}^{K+1} - \mathrm{x}^*\|^2 \\
\leqslant &\frac{F(\mathrm{x}^0) - F(\mathrm{x}^*)}{\theta_{-1}^2} + \frac{n^2 L_c}{2} \|\mathrm{z}^0 - \mathrm{x}^*\|^2.
\end{aligned} \tag{5.7}
$$

当 $h(\mathrm{x})$ 是 μ-强凸的且 $0 \leqslant \mu \leqslant L_c$ 时，设置 $\theta_k = \dfrac{-\frac{\mu}{L_c} + \sqrt{\mu^2/L_c^2 + 4\mu/L_c}}{2n} \sim O\left(\dfrac{\sqrt{\mu/L_c}}{n}\right)$，简记为 θ，则对任意 $K \geqslant 0$，我们有

$$
\begin{aligned}
&\mathbb{E}F(\mathrm{x}^{K+1}) - F(\mathrm{x}^*) \\
\leqslant &(1-\theta)^{K+1} \left(F(\mathrm{x}^0) - F(\mathrm{x}^*) + \frac{n^2\theta^2 L_c + n\theta\mu}{2} \left\|\mathrm{z}^0 - \mathrm{x}^*\right\|^2 \right).
\end{aligned} \tag{5.8}
$$

证明. 可以验证 θ_k 满足引理 50. 我们首先考虑函数值. 通过算法5.1第 3-4 步中 $\mathrm{z}_{i_k}^{k+1}$ 的最优性条件,我们有

$$n\theta_k(\mathrm{z}_{i_k}^{k+1} - \mathrm{z}_{i_k}^k) + \gamma\nabla_{i_k} f(\mathrm{y}^k) + \gamma\xi_{i_k}^k = 0, \tag{5.9}$$

其中 $\xi_{i_k}^k \in \partial h_{i_k}(\mathrm{z}_{i_k}^{k+1})$. 由算法5.1第 1 步和第 5 步,我们有

$$\mathrm{x}^{k+1} = \mathrm{y}^k + n\theta_k(\mathrm{z}^{k+1} - \mathrm{z}^k). \tag{5.10}$$

将 (5.10) 代入 (5.9),我们有

$$\mathrm{x}_{i_k}^{k+1} - \mathrm{y}_{i_k}^k + \gamma\nabla_{i_k} f(\mathrm{y}^k) + \gamma\xi_{i_k}^k = 0. \tag{5.11}$$

由于 f 在坐标 i_k 有 L_c-坐标 Lipschitz 连续的梯度(见 (A.4)),x^{k+1} 和 y^k 只在第 i_k 个坐标不同,我们有

$$\begin{aligned}
f(\mathrm{x}^{k+1}) &\overset{a}{\leqslant} f(\mathrm{y}^k) + \left\langle \nabla_{i_k} f(\mathrm{y}^k), \mathrm{x}_{i_k}^{k+1} - \mathrm{y}_{i_k}^k \right\rangle + \frac{L_c}{2}\left(\mathrm{x}_{i_k}^{k+1} - \mathrm{y}_{i_k}^k\right)^2 \\
&\overset{b}{=} f(\mathrm{y}^k) - \gamma\left\langle \nabla_{i_k} f(\mathrm{y}^k), \nabla_{i_k} f(\mathrm{y}^k) + \xi_{i_k}^k \right\rangle + \frac{L_c}{2}\left(\mathrm{x}_{i_k}^{k+1} - \mathrm{y}_{i_k}^k\right)^2 \\
&\overset{c}{=} f(\mathrm{y}^k) - \gamma\left\langle \nabla_{i_k} f(\mathrm{y}^k) + \xi_{i_k}^k, \nabla_{i_k} f(\mathrm{y}^k) + \xi_{i_k}^k \right\rangle + \frac{L_c}{2}\left(\mathrm{x}_{i_k}^{k+1} - \mathrm{y}_{i_k}^k\right)^2 \\
&\quad +\gamma\left\langle \xi_{i_k}^k, \nabla_{i_k} f(\mathrm{y}^k) + \xi_{i_k}^k \right\rangle \\
&\overset{d}{=} f(\mathrm{y}^k) - \frac{\gamma}{2}\left(\frac{\mathrm{x}_{i_k}^{k+1} - \mathrm{y}_{i_k}^k}{\gamma}\right)^2 - \left\langle \xi_{i_k}^k, \mathrm{x}_{i_k}^{k+1} - \mathrm{y}_{i_k}^k \right\rangle,
\end{aligned} \tag{5.12}$$

其中 $\overset{a}{\leqslant}$ 使用了命题 9,$\overset{b}{=}$ 使用了 (5.11),$\overset{c}{=}$ 中插入了 $\gamma\left\langle \xi_{i_k}^k, \nabla_{i_k} f(\mathrm{y}^k) + \xi_{i_k}^k \right\rangle$,$\overset{d}{=}$ 使用了 $\gamma = \dfrac{1}{L_c}$.

接着我们分析 $\left\|\mathrm{z}^{k+1} - \mathrm{x}^*\right\|^2$. 我们有

$$\begin{aligned}
\frac{n^2}{2\gamma}\left\|\theta_k \mathrm{z}^{k+1} - \theta_k \mathrm{x}^*\right\|^2 &= \frac{n^2}{2\gamma}\left\|\theta_k \mathrm{z}^k - \theta_k \mathrm{x}^* + \theta_k \mathrm{z}^{k+1} - \theta_k \mathrm{z}^k\right\|^2 \\
&= \frac{n^2}{2\gamma}\left\|\theta_k \mathrm{z}^k - \theta_k \mathrm{x}^*\right\|^2 + \frac{n^2}{2\gamma}\left(\theta_k \mathrm{z}_{i_k}^{k+1} - \theta_k \mathrm{z}_{i_k}^k\right)^2 \\
&\quad +\frac{n^2}{\gamma}\left\langle \theta_k\left(\mathrm{z}_{i_k}^{k+1} - \mathrm{z}_{i_k}^k\right), \theta_k \mathrm{z}_{i_k}^k - \theta_k \mathrm{x}_{i_k}^* \right\rangle \\
&\overset{a}{=} \frac{n^2}{2\gamma}\left\|\theta_k \mathrm{z}^k - \theta_k \mathrm{x}^*\right\|^2 + \frac{1}{2\gamma}\left(\mathrm{x}_{i_k}^{k+1} - \mathrm{y}_{i_k}^k\right)^2 \\
&\quad -n\left\langle \nabla_{i_k} f(\mathrm{y}^k) + \xi_{i_k}^k, \theta_k \mathrm{z}_{i_k}^k - \theta_k \mathrm{x}_{i_k}^* \right\rangle,
\end{aligned} \tag{5.13}$$

其中 $\stackrel{a}{=}$ 使用了 (5.9) 和 (5.10).

对 (5.13) 求期望,我们有

$$\begin{aligned}
&\frac{n^2}{2\gamma}\mathbb{E}_{i_k}\left\|\theta_k\mathrm{z}^{k+1}-\theta_k\mathrm{x}^*\right\|^2\\
=&\frac{n^2}{2\gamma}\left\|\theta_k\mathrm{z}^k-\theta_k\mathrm{x}^*\right\|^2+\frac{1}{2\gamma n}\sum_{i_k=1}^n\left(\mathrm{x}_{i_k}^{k+1}-\mathrm{y}_{i_k}^k\right)^2-\left\langle\nabla f(\mathrm{y}^k),\theta_k\mathrm{z}^k-\theta_k\mathrm{x}^*\right\rangle\\
&-\sum_{i_k=1}^n\left\langle\xi_{i_k}^k,\theta_k\mathrm{z}_{i_k}^k-\theta_k\mathrm{x}_{i_k}^*\right\rangle.
\end{aligned}\tag{5.14}$$

由算法5.1第1步,我们有

$$\begin{aligned}
-\left\langle\nabla f(\mathrm{y}^k),\theta_k\mathrm{z}^k-\theta_k\mathrm{x}^*\right\rangle&=\left\langle\nabla f(\mathrm{y}^k),(1-\theta_k)\mathrm{x}^k+\theta_k\mathrm{x}^*-\mathrm{y}^k\right\rangle\\
&\stackrel{a}{\leqslant}(1-\theta_k)f(\mathrm{x}^k)+\theta_kf(\mathrm{x}^*)-f(\mathrm{y}^k),
\end{aligned}\tag{5.15}$$

其中 $\stackrel{a}{\leqslant}$ 使用了 f 的凸性. 对 (5.12) 求期望并加上 (5.14) 和 (5.15),我们有

$$\begin{aligned}
\mathbb{E}_{i_k}f(\mathrm{x}^{k+1})\leqslant&(1-\theta_k)f(\mathrm{x}^k)+\theta_kf(\mathrm{x}^*)\\
&-\sum_{i_k=1}^n\left\langle\xi_{i_k}^k,\theta_k\mathrm{z}_{i_k}^k-\theta_k\mathrm{x}_{i_k}^*+\frac{1}{n}\left(\mathrm{x}_{i_k}^{k+1}-\mathrm{y}_{i_k}^k\right)\right\rangle\\
&+\frac{n^2}{2\gamma}\left\|\theta_k\mathrm{z}^k-\theta_k\mathrm{x}^*\right\|^2-\frac{n^2}{2\gamma}\mathbb{E}_{i_k}\left\|\theta_k\mathrm{z}^{k+1}-\theta_k\mathrm{x}^*\right\|^2\\
\stackrel{a}{=}&(1-\theta_k)f(\mathrm{x}^k)+\theta_kf(\mathrm{x}^*)-\sum_{i_k=1}^n\left\langle\xi_{i_k}^k,\theta_k\mathrm{z}_{i_k}^{k+1}-\theta_k\mathrm{x}_{i_k}^*\right\rangle\\
&+\frac{n^2}{2\gamma}\left\|\theta_k\mathrm{z}^k-\theta_k\mathrm{x}^*\right\|^2-\frac{n^2}{2\gamma}\mathbb{E}_{i_k}\left\|\theta_k\mathrm{z}^{k+1}-\theta_k\mathrm{x}^*\right\|^2,
\end{aligned}$$

其中 $\stackrel{a}{=}$ 使用了 (5.10).

利用 h_{i_k} 的强凸性 ($\mu\geqslant0$),我们有

$$\theta_k\left\langle\xi_{i_k}^k,\mathrm{x}_{i_k}^*-\mathrm{z}_{i_k}^{k+1}\right\rangle\leqslant\theta_kh_{i_k}(\mathrm{x}_{i_k}^*)-\theta_kh_{i_k}(\mathrm{z}_{i_k}^{k+1})-\frac{\mu\theta_k}{2}\left(\mathrm{z}_{i_k}^{k+1}-\mathrm{x}_{i_k}^*\right)^2.\tag{5.16}$$

另一方面,分析期望,我们有

$$\begin{aligned}
\mathbb{E}_{i_k}\left\|\mathrm{z}^{k+1}-\mathrm{x}^*\right\|^2&=\frac{1}{n}\sum_{i_k=1}^n\left[\left(\mathrm{z}_{i_k}^{k+1}-\mathrm{x}_{i_k}^*\right)^2+\sum_{j\neq i_k}\left(\mathrm{z}_j^{k+1}-\mathrm{x}_j^*\right)^2\right]\\
&\stackrel{a}{=}\frac{1}{n}\sum_{i_k=1}^n\left[\left(\mathrm{z}_{i_k}^{k+1}-\mathrm{x}_{i_k}^*\right)^2+\sum_{j\neq i_k}\left(\mathrm{z}_j^k-\mathrm{x}_j^*\right)^2\right]
\end{aligned}$$

$$= \frac{1}{n}\sum_{i_k=1}^{n}\left(\mathrm{z}_{i_k}^{k+1}-\mathrm{x}_{i_k}^{*}\right)^2+\frac{n-1}{n}\left\|\mathrm{z}^k-\mathrm{x}^*\right\|^2, \quad (5.17)$$

其中 $\overset{a}{=}$ 使用了 $\mathrm{z}_j^{k+1}=\mathrm{z}_j^k, j\neq i_k$. 类似于 (5.17),我们同样有

$$\begin{aligned}\mathbb{E}_{i_k}\left\|\mathrm{x}^{k+1}-\mathrm{y}^k\right\|^2 &= \frac{1}{n}\sum_{i_k=1}^{n}\left[\left(\mathrm{x}_{i_k}^{k+1}-\mathrm{y}_{i_k}^{k}\right)^2+\sum_{j\neq i_k}\left(\mathrm{x}_j^{k+1}-\mathrm{y}_j^k\right)^2\right]\\ &\overset{a}{=}\frac{1}{n}\sum_{i_k=1}^{n}\left(\mathrm{x}_{i_k}^{k+1}-\mathrm{y}_{i_k}^{k}\right)^2,\end{aligned}$$

其中 $\overset{a}{=}$ 使用了 $\mathrm{x}_j^{k+1}=\mathrm{y}_j^k, j\neq i_k$. 我们得到

$$\begin{aligned}&\mathbb{E}_{i_k}f(\mathrm{x}^{k+1})\\ &\overset{a}{\leqslant}(1-\theta_k)f(\mathrm{x}^k)+\theta_kF(\mathrm{x}^*)-\theta_k\sum_{i_k=1}^{n}h_{i_k}(\mathrm{z}_{i_k}^{k+1})-\sum_{i_k=1}^{n}\frac{\mu\theta_k}{2}\left(\mathrm{z}_{i_k}^{k+1}-\mathrm{x}_{i_k}^{*}\right)^2\\ &\quad+\frac{n^2}{2\gamma}\left\|\theta_k\mathrm{z}^k-\theta_k\mathrm{x}^*\right\|^2-\frac{n^2}{2\gamma}\mathbb{E}_{i_k}\left\|\theta_k\mathrm{z}^{k+1}-\theta_k\mathrm{x}^*\right\|^2\\ &\overset{b}{=}(1-\theta_k)f(\mathrm{x}^k)+\theta_kF(\mathrm{x}^*)-\theta_k\sum_{i_k=1}^{n}h_{i_k}(\mathrm{z}_{i_k}^{k+1})\\ &\quad+\frac{n^2\theta_k^2+(n-1)\theta_k\mu\gamma}{2\gamma}\left\|\mathrm{z}^k-\mathrm{x}^*\right\|^2-\frac{n^2\theta_k^2+n\theta_k\mu\gamma}{2\gamma}\mathbb{E}_{i_k}\left\|\mathrm{z}^{k+1}-\mathrm{x}^*\right\|^2\\ &\overset{c}{=}(1-\theta_k)f(\mathrm{x}^k)+\theta_kF(\mathrm{x}^*)+(1-\theta_k)\hat{h}_k-\mathbb{E}_{i_k}\hat{h}_{k+1}\\ &\quad+\frac{n^2\theta_k^2+(n-1)\theta_k\mu\gamma}{2\gamma}\left\|\mathrm{z}^k-\mathrm{x}^*\right\|^2-\frac{n^2\theta_k^2+n\theta_k\mu\gamma}{2\gamma}\mathbb{E}_{i_k}\left\|\mathrm{z}^{k+1}-\mathrm{x}^*\right\|^2, \quad (5.18)\end{aligned}$$

其中 $\overset{a}{\leqslant}$ 使用了 (5.16), $\overset{b}{=}$ 使用了 (5.17), $\overset{c}{=}$ 使用了引理50.

对于一般凸的问题 ($\mu=0$),整理 (5.18) 并将结果两边都除以 θ_k^2,我们有

$$\begin{aligned}&\frac{\mathbb{E}_{i_k}f(\mathrm{x}^{k+1})+\mathbb{E}_{i_k}\hat{h}_{k+1}-F(\mathrm{x}^*)}{\theta_k^2}+\frac{n^2}{2\gamma}\mathbb{E}_{i_k}\left\|\mathrm{z}^{k+1}-\mathrm{x}^*\right\|^2\\ &\leqslant\frac{1-\theta_k}{\theta_k^2}\left(f(\mathrm{x}^k)+\hat{h}_k-F(\mathrm{x}^*)\right)+\frac{n^2}{2\gamma}\left\|\mathrm{z}^k-\mathrm{x}^*\right\|^2\\ &\overset{a}{\leqslant}\frac{1}{\theta_{k-1}^2}\left(f(\mathrm{x}^k)+\hat{h}_k-F(\mathrm{x}^*)\right)+\frac{n^2}{2\gamma}\left\|\mathrm{z}^k-\mathrm{x}^*\right\|^2,\end{aligned}$$

其中 $\overset{a}{\leqslant}$ 使用了如下性质：当 $k \geqslant -1$ 时，有 $\frac{1-\theta_k}{\theta_k^2} \leqslant \frac{1}{\theta_{k-1}^2}$. 求全期望，我们有

$$\begin{aligned}
&\frac{\mathbb{E}f(\mathrm{x}^{k+1}) + \mathbb{E}\hat{h}_{k+1} - F(\mathrm{x}^*)}{\theta_k^2} + \frac{n^2}{2\gamma}\mathbb{E}\left\|\mathrm{z}^{k+1} - \mathrm{x}^*\right\|^2 \\
\leqslant &\frac{f(\mathrm{x}^0) + \hat{h}_0 - F(\mathrm{x}^*)}{\theta_{-1}^2} + \frac{n^2}{2\gamma}\left\|\mathrm{z}^0 - \mathrm{x}^*\right\|^2 \\
\overset{a}{=} &\frac{F(\mathrm{x}^0) - F(\mathrm{x}^*)}{\theta_{-1}^2} + \frac{n^2}{2\gamma}\|\mathrm{z}^0 - \mathrm{x}^*\|^2,
\end{aligned}$$

其中 $\overset{a}{=}$ 使用了 $\hat{h}_0 = h(\mathrm{x}^0)$. 利用 $h(\mathrm{x})$ 的凸性和 x^{k+1} 是 $\mathrm{z}^0, \cdots, \mathrm{z}^{k+1}$ 的凸组合，我们有

$$h(\mathrm{x}^{k+1}) \leqslant \sum_{i=0}^{k+1} e_{k+1,i} h(\mathrm{z}^i) \overset{a}{=} \hat{h}_{k+1}, \tag{5.19}$$

其中 $\overset{a}{=}$ 使用了引理50. 于是我们得到 (5.7).

对于强凸情况 ($\mu > 0$)，由 (5.18) 有

$$\begin{aligned}
&\mathbb{E}_{i_k} f(\mathrm{x}^{k+1}) + \mathbb{E}_{i_k}\hat{h}_{k+1} - F(\mathrm{x}^*) + \frac{n^2\theta^2 + n\theta\mu\gamma}{2\gamma}\mathbb{E}_{i_k}\left\|\mathrm{z}^{k+1} - \mathrm{x}^*\right\|^2 \\
\leqslant &(1-\theta)\big(f(\mathrm{x}^k) + \hat{h}_k - F(\mathrm{x}^*)\big) + \frac{n^2\theta^2 + (n-1)\theta\mu\gamma}{2\gamma}\left\|\mathrm{z}^k - \mathrm{x}^*\right\|^2.
\end{aligned}$$

由 θ 的选取，我们有

$$n^2\theta^2 + (n-1)\theta\mu\gamma = (1-\theta)(n^2\theta^2 + n\theta\mu\gamma).$$

所以

$$\begin{aligned}
&\mathbb{E}_{i_k} f(\mathrm{x}^{k+1}) + \mathbb{E}_{i_k}\hat{h}_{k+1} - F(\mathrm{x}^*) + \frac{n^2\theta^2 + n\theta\mu\gamma}{2\gamma}\mathbb{E}_{i_k}\left\|\mathrm{z}^{k+1} - \mathrm{x}^*\right\|^2 \\
\leqslant &(1-\theta)\left(f(\mathrm{x}^k) + \hat{h}_k - F(\mathrm{x}^*) + \frac{n^2\theta^2 + n\theta\mu\gamma}{2\gamma}\left\|\mathrm{z}^k - \mathrm{x}^*\right\|^2\right).
\end{aligned}$$

求全期望，并将结果从 $k = K$ 展开到 $k = 0$，利用 $h(\mathrm{x}^{k+1}) \leqslant \hat{h}_{k+1}$ (见 (5.19))、$h(\mathrm{x}^0) = \hat{h}_0$ 和 $\|\mathrm{z}^{k+1} - \mathrm{x}^*\|^2 \geqslant 0$, 我们有 (5.8). □

加速随机坐标下降算法的一个重要应用是求解如下经验风险最小化问题

$$\min_{\mathrm{x}\in\mathbb{R}^d} P(\mathrm{x}) \equiv \frac{1}{n}\sum_{i=1}^n \phi_i(\mathrm{A}_i^T\mathrm{x}) + \frac{\lambda}{2}\|\mathrm{x}\|^2, \tag{5.20}$$

其中 $\lambda > 0$, 对于 $i = 1, \cdots, n$, $\phi_i(\mathrm{A}_i^T\mathrm{x})$ 是训练样本的损失函数. 许多机器学习问题(例如线性 SVM、岭回归和逻辑斯蒂回归)可以被表达为模型(5.20). 我们在对偶空间求解问题. 问题 (5.20) 的对偶问题为

$$\min_{\mathrm{a}\in\mathbb{R}^n} D(\mathrm{a}) \equiv \frac{1}{n}\sum_{i=1}^{n}\phi_i^*(-\mathrm{a}_i) + \frac{\lambda}{2}\left\|\frac{1}{\lambda n}\mathrm{A}\mathrm{a}\right\|^2, \tag{5.21}$$

其中 $\phi_i^*(\cdot)$ 是 $\phi_i(\cdot)$ 的共轭函数(见定义 27), $\mathrm{A} = [\mathrm{A}_1, \cdots, \mathrm{A}_n]$. 那么 (5.21) 可以用算法 5.1 求解.

5.1.2 方差缩减技巧基础算法

对于随机梯度下降(Stochastic Gradient Descent, SGD), 因为梯度的方差不为 0, 在固定步长下, 随机梯度下降法不能收敛, 所以即使对于强凸且 L-光滑的目标函数, 它也只能达到次线性收敛速度.

对于有限和的目标函数, 方差缩减(VR)技巧[Johnson and Zhang, 2013] 可以使得梯度的方差逐渐减小到 0, 所以对于强凸且 L-光滑的目标函数, 使用该技巧能达到线性收敛速度. 第一个使用方差缩减技巧的算法应该是随机平均梯度法(Stochastic Average Gradient, SAG)[Schmidt et al., 2017], 它利用最新的子函数梯度的和作为估计梯度. 它需要 $O(nd)$ 的存储空间, 且估计的梯度是有偏的. 随机对偶坐标上升法(Stochastic Dual Coordinate Ascent, SDCA)[Shalev-Shwartz and Zhang, 2013] 也可以达到线性收敛. 在原始空间, 该算法与 MISO[Mairal, 2013] 算法类似. 后者是一种 Majorization-Minimization 方差缩减方法. 随机方差缩减梯度下降法(Stochastic Variance Reduced Gradient, SVRG)[Johnson and Zhang, 2013] 与随机平均梯度法类似, 它将内存减小到了 $O(d)$, 并使用无偏的梯度估计. 随机方差缩减梯度下降法 [Johnson and Zhang, 2013] 的主要技巧是缓存一个梯度向量, 通过缓存向量与最新梯度的距离能给出梯度方差的上界. 其后, SAGA [Defazio et al., 2014] 改进了 SAG 算法, 使用随机方差缩减梯度下降法(SVRG)的技巧将 SAG 中的梯度改成了无偏的估计.

作为样例, 我们介绍随机方差缩减梯度下降法(SVRG)[Johnson and Zhang, 2013]. 我们求解如下问题

$$\min_{\mathrm{x}\in\mathbb{R}^d} f(\mathrm{x}) \equiv \frac{1}{n}\sum_{i=1}^{n} f_i(\mathrm{x}). \tag{5.22}$$

在目标函数带非光滑项时, 可以按照第 5.1.3 节的做法直接得到使用邻近映

射求解子问题的拓展版本. 随机方差缩减梯度下降算法的细节见算法5.2. 我们有如下定理.

算法 5.2 随机方差缩减梯度下降法(SVRG)[Johnson and Zhang, 2013]

```
输入 x_0^0. 设置内循环次数 m, x̃^0 = x_0^0, 步长 η.
for s = 0, 1, 2, ⋯, S − 1 do
    for k = 0, 1, 2, ⋯, m − 1 do
        随机从 [n] 选择样本 i_{k,s},
        ∇̃f(x_k^s) = ∇f_{i_{k,s}}(x_k^s) − ∇f_{i_{k,s}}(x̃^s) + (1/n) Σ_{i=1}^n ∇f_i(x̃^s),
        x_{k+1}^s = x_k^s − η∇̃f(x_k^s).
    end for k
    选项 I: x_0^{s+1} = (1/m) Σ_{k=0}^{m−1} x_k^s.
    选项 II: x_0^{s+1} = x_m^s.
    x̃^{s+1} = x_0^{s+1}.
end for s
输出 x̃^S.
```

定理 35: 对于算法 5.2,如果每个 $f_i(\mathrm{x})$ 是 μ-强凸且 L-光滑的,且 $\eta < \frac{1}{2L}$,那么我们有

$$\begin{aligned}&\mathbb{E}f(\tilde{\mathrm{x}}^s) - f(\mathrm{x}^*)\\&\leqslant \left(\frac{1}{\mu\eta(1-2L\eta)m} + \frac{2L\eta}{1-2L\eta}\right)\left(\mathbb{E}f(\tilde{\mathrm{x}}^{s-1}) - f(\mathrm{x}^*)\right),\ s \geqslant 1,\end{aligned} \tag{5.23}$$

其中 $\mathrm{x}^* = \arg\min_{\mathrm{x}\in\mathbb{R}^d} f(\mathrm{x})$. 若设置 $m = O\left(\frac{L}{\mu}\right)$ 和 $\eta = O\left(\frac{1}{L}\right)$, 则寻求一个 ϵ-精度的解所需要的 IFO(见定义 5)次数为 $O\left(\left(n + \frac{L}{\mu}\right)\log(1/\epsilon)\right)$.

如果 $f_i(\mathrm{x})$ 是 L-光滑的(但可能非凸)且 $f(\mathrm{x})$ 是 μ-强凸的, 设置 $\eta \leqslant \frac{\mu}{8(1+e)L^2}$ 和 $m = -\ln^{-1}(1-\eta\mu/2) \sim O(\eta^{-1}\mu^{-1})$,则有

$$\mathbb{E}\|\mathrm{x}_k^s - \mathrm{x}^*\|^2 \leqslant (1-\eta\mu/2)^{sm+k}\|\mathrm{x}_0^0 - \mathrm{x}^*\|^2.$$

即寻求一个 ϵ-精度的解所需要的 IFO 次数为 $O\left(\left(n + \frac{L^2}{\mu^2}\right)\log(1/\epsilon)\right)$.

证明主要来源于文献 [Johnson and Zhang, 2013] 和 [Allen-Zhu and Yuan, 2016].

证明. 令 $\mathbb{E}_k$ 表示给定 x_k^s 和 $\tilde{\mathrm{x}}^s$ 时,对随机数 $i_{k,s}$ 的条件期望. 那么我们有

$$\mathbb{E}_k\left(\tilde{\nabla}f(\mathrm{x}_k^s)\right) = \mathbb{E}_k\nabla f_{i_{k,s}}(\mathrm{x}_k^s) - \mathbb{E}_k\left(\nabla f_{i_{k,s}}(\tilde{\mathrm{x}}^s) - \frac{1}{n}\sum_{i=1}^n \nabla f_i(\tilde{\mathrm{x}}^s)\right)$$

$$= \nabla f(\mathbf{x}_k^s). \tag{5.24}$$

所以 $\tilde{\nabla} f(\mathbf{x}_k^s)$ 是 $\nabla f(\mathbf{x}_k^s)$ 的无偏估计. 进一步地,

$$\begin{aligned}
&\mathbb{E}_k\|\tilde{\nabla} f(\mathbf{x}_k^s)\|^2 \\
\overset{a}{\leqslant}\, &2\mathbb{E}_k\|\nabla f_{i_{k,s}}(\mathbf{x}_k^s) - \nabla f_{i_{k,s}}(\mathbf{x}^*)\|^2 + 2\mathbb{E}_k\|\nabla f_{i_{k,s}}(\tilde{\mathbf{x}}^s) - \nabla f_{i_{k,s}}(\mathbf{x}^*) - \nabla f(\tilde{\mathbf{x}}^s)\|^2 \\
\overset{b}{\leqslant}\, &2\mathbb{E}_k\|\nabla f_{i_{k,s}}(\mathbf{x}_k^s) - \nabla f_{i_{k,s}}(\mathbf{x}^*)\|^2 + 2\mathbb{E}_k\|\nabla f_{i_{k,s}}(\tilde{\mathbf{x}}^s) - \nabla f_{i_{k,s}}(\mathbf{x}^*)\|^2,
\end{aligned} \tag{5.25}$$

其中 $\overset{a}{\leqslant}$ 使用了 $\|\mathbf{a}-\mathbf{b}\|^2 \leqslant 2\|\mathbf{a}\|^2 + 2\|\mathbf{b}\|^2$,而 $\overset{b}{\leqslant}$ 使用了命题4.

我们首先考虑每个 $f_i(\mathbf{x})$ 是强凸函数的情况. 由于每个 $f_i(\mathbf{x})$ 是凸函数且 L-光滑,由 (A.7),我们有

$$\|\nabla f_i(\mathbf{x}) - \nabla f_i(\mathbf{y})\|^2 \leqslant 2L\left(f_i(\mathbf{x}) - f_i(\mathbf{y}) + \langle \nabla f_i(\mathbf{y}), \mathbf{y} - \mathbf{x}\rangle\right). \tag{5.26}$$

在上式中令 $\mathbf{x} = \mathbf{x}_k^s, \mathbf{y} = \mathbf{x}^*$,将结果从 $i = 1$ 加到 n,我们有

$$\mathbb{E}_k\left\|\nabla f_{i_{k,s}}(\mathbf{x}_k^s) - \nabla f_{i_{k,s}}(\mathbf{x}^*)\right\|^2 \leqslant 2L\big(f(\mathbf{x}_k^s) - f(\mathbf{x}^*)\big), \tag{5.27}$$

其中我们用到了 $\nabla f(\mathbf{x}^*) = 0$. 同样地,我们有

$$\mathbb{E}_k\left\|\nabla f_{i_{k,s}}(\tilde{\mathbf{x}}^s) - \nabla f_{i_{k,s}}(\mathbf{x}^*)\right\|^2 \leqslant 2L\left(f(\tilde{\mathbf{x}}^s) - f(\mathbf{x}^*)\right). \tag{5.28}$$

将 (5.27) 和 (5.28) 代入 (5.25) 有

$$\mathbb{E}_k\left\|\tilde{\nabla} f(\mathbf{x}_k^s)\right\|^2 \leqslant 4L\left[(f(\mathbf{x}_k^s) - f(\mathbf{x}^*)) + (f(\tilde{\mathbf{x}}^s) - f(\mathbf{x}^*))\right]. \tag{5.29}$$

另一方面,

$$\begin{aligned}
&\mathbb{E}_k\|\mathbf{x}_{k+1}^s - \mathbf{x}^*\|^2 \\
=\, &\|\mathbf{x}_k^s - \mathbf{x}^*\|^2 + 2\mathbb{E}_k\left\langle \mathbf{x}_{k+1}^s - \mathbf{x}_k^s, \mathbf{x}_k^s - \mathbf{x}^*\right\rangle + \mathbb{E}_k\|\mathbf{x}_{k+1}^s - \mathbf{x}_k^s\|^2 \\
=\, &\|\mathbf{x}_k^s - \mathbf{x}^*\|^2 - 2\eta\mathbb{E}_k\left\langle \tilde{\nabla} f(\mathbf{x}_k^s), \mathbf{x}_k^s - \mathbf{x}^*\right\rangle + \eta^2\mathbb{E}_k\|\tilde{\nabla} f(\mathbf{x}_k^s)\|^2 \\
\overset{a}{\leqslant}\, &\|\mathbf{x}_k^s - \mathbf{x}^*\|^2 - 2\eta\left\langle \nabla f(\mathbf{x}_k^s), \mathbf{x}_k^s - \mathbf{x}^*\right\rangle \\
&+4L\eta^2\left[(f(\mathbf{x}_k^s) - f(\mathbf{x}^*)) + (f(\tilde{\mathbf{x}}^s) - f(\mathbf{x}^*))\right] \\
\leqslant\, &\|\mathbf{x}_k^s - \mathbf{x}^*\|^2 - 2\eta(1 - 2L\eta)[f(\mathbf{x}_k^s) - f(\mathbf{x}^*)] \\
&+4L\eta^2[f(\tilde{\mathbf{x}}^s) - f(\mathbf{x}^*)],
\end{aligned} \tag{5.30}$$

其中 $\overset{a}{\leqslant}$ 使用了 (5.24) 和 (5.29).

假设我们选了算法5.2的选项 I. 对 (5.30) 求全期望，并将结果从 $k=0$ 加到 $m-1$，我们有

$$\begin{aligned}
&\mathbb{E}\|\mathbf{x}_m^s-\mathbf{x}^*\|^2+2\eta(1-2L\eta)m\mathbb{E}(f(\tilde{\mathbf{x}}^{s+1})-f(\mathbf{x}^*))\\
\overset{a}{\leqslant}&\mathbb{E}\|\mathbf{x}_m^s-\mathbf{x}^*\|^2+2\eta(1-2L\eta)\sum_{k=0}^{m-1}\mathbb{E}(f(\mathbf{x}_k^s)-f(\mathbf{x}^*))\\
\overset{b}{\leqslant}&\mathbb{E}\|\mathbf{x}_0^s-\mathbf{x}^*\|^2+4Lm\eta^2\mathbb{E}\left(f(\tilde{\mathbf{x}}^s)-f(\mathbf{x}^*)\right)\\
\leqslant&2\left(\mu^{-1}+2Lm\eta^2\right)\mathbb{E}\left(f(\tilde{\mathbf{x}}^s)-f(\mathbf{x}^*)\right),
\end{aligned}$$

其中 $\overset{a}{\leqslant}$ 使用了算法5.2 的选项 I，$\overset{b}{\leqslant}$ 是由累和 (5.30)得到. 利用 $\|\mathbf{x}_m^s-\mathbf{x}^*\|^2\geqslant 0$ 可有 (5.23).

我们接着考虑 $f(\mathbf{x})$ 是强凸函数的情况. 由于 $f(\cdot)$ 是 L-光滑的，由 (A.5)，我们有

$$f(\mathbf{x}_{k+1}^s)\leqslant f(\mathbf{x}_k^s)+\left\langle\nabla f(\mathbf{x}_k^s),\mathbf{x}_{k+1}^s-\mathbf{x}_k^s\right\rangle+\frac{L}{2}\|\mathbf{x}_{k+1}^s-\mathbf{x}_k^s\|^2. \tag{5.31}$$

由 $f(\cdot)$ 的 μ-强凸性，利用 (A.9)，有

$$f(\mathbf{x}_k^s)\leqslant f(\mathbf{x}^*)+\left\langle\nabla f(\mathbf{x}_k^s),\mathbf{x}_k^s-\mathbf{x}^*\right\rangle-\frac{\mu}{2}\|\mathbf{x}_k^s-\mathbf{x}^*\|^2. \tag{5.32}$$

将 (5.31) 和 (5.32) 相加，我们有

$$\begin{aligned}
&f(\mathbf{x}_{k+1}^s)\\
\leqslant&f(\mathbf{x}^*)+\left\langle\nabla f(\mathbf{x}_k^s),\mathbf{x}_{k+1}^s-\mathbf{x}^*\right\rangle+\frac{L}{2}\|\mathbf{x}_{k+1}^s-\mathbf{x}_k^s\|^2-\frac{\mu}{2}\|\mathbf{x}_k^s-\mathbf{x}^*\|^2\\
=&f(\mathbf{x}^*)-\frac{1}{\eta}\left\langle\mathbf{x}_{k+1}^s-\mathbf{x}_k^s,\mathbf{x}_{k+1}^s-\mathbf{x}^*\right\rangle+\frac{L}{2}\|\mathbf{x}_{k+1}^s-\mathbf{x}_k^s\|^2\\
&-\frac{\mu}{2}\|\mathbf{x}_k^s-\mathbf{x}^*\|^2-\left\langle\tilde{\nabla}f(\mathbf{x}_k^s)-\nabla f(\mathbf{x}_k^s),\mathbf{x}_{k+1}^s-\mathbf{x}^*\right\rangle\\
=&f(\mathbf{x}^*)-\frac{1}{2\eta}\|\mathbf{x}_{k+1}^s-\mathbf{x}^*\|^2+\frac{1}{2\eta}\|\mathbf{x}_k^s-\mathbf{x}^*\|^2-\left(\frac{1}{2\eta}-\frac{L}{2}\right)\|\mathbf{x}_{k+1}^s-\mathbf{x}_k^s\|^2\\
&-\frac{\mu}{2}\|\mathbf{x}_k^s-\mathbf{x}^*\|^2-\left\langle\tilde{\nabla}f(\mathbf{x}_k^s)-\nabla f(\mathbf{x}_k^s),\mathbf{x}_{k+1}^s-\mathbf{x}^*\right\rangle.
\end{aligned}$$

整理上式，利用 $f(\mathbf{x}_{k+1}^s)-f(\mathbf{x}^*)\geqslant 0$，我们有

$$\begin{aligned}
\frac{1}{2}\|\mathbf{x}_{k+1}^s-\mathbf{x}^*\|^2\leqslant&\frac{1-\eta\mu}{2}\|\mathbf{x}_k^s-\mathbf{x}^*\|^2-\eta\left\langle\tilde{\nabla}f(\mathbf{x}_k^s)-\nabla f(\mathbf{x}_k^s),\mathbf{x}_{k+1}^s-\mathbf{x}^*\right\rangle\\
&-\left(\frac{1}{2}-\frac{L\eta}{2}\right)\|\mathbf{x}_{k+1}^s-\mathbf{x}_k^s\|^2.
\end{aligned} \tag{5.33}$$

考虑对 $i_{k,s}$ 求条件期望,我们有

$$
\begin{aligned}
&-\eta\mathbb{E}_k\left\langle\tilde{\nabla}f(\mathrm{x}_k^s)-\nabla f(\mathrm{x}_k^s),\mathrm{x}_{k+1}^s-\mathrm{x}^*\right\rangle\\
\overset{a}{=}&-\eta\mathbb{E}_k\left\langle\tilde{\nabla}f(\mathrm{x}_k^s)-\nabla f(\mathrm{x}_k^s),\mathrm{x}_{k+1}^s\right\rangle\\
\overset{b}{=}&-\eta\mathbb{E}_k\left\langle\tilde{\nabla}f(\mathrm{x}_k^s)-\nabla f(\mathrm{x}_k^s),\mathrm{x}_{k+1}^s-\mathrm{x}_k^s\right\rangle\\
\leqslant&\eta^2\mathbb{E}_k\|\tilde{\nabla}f(\mathrm{x}_k^s)-\nabla f(\mathrm{x}_k^s)\|^2+\frac{1}{4}\mathbb{E}_k\|\mathrm{x}_{k+1}^s-\mathrm{x}_k^s\|^2\\
\leqslant&\eta^2\mathbb{E}_k\left\|\nabla f_{i_{k,s}}(\mathrm{x}_k^s)-\nabla f_{i_{k,s}}(\tilde{\mathrm{x}}^s)-(\nabla f(\mathrm{x}_k^s)-\nabla f(\tilde{\mathrm{x}}^s))\right\|^2+\frac{1}{4}\mathbb{E}_k\|\mathrm{x}_{k+1}^s-\mathrm{x}_k^s\|^2\\
\overset{c}{\leqslant}&\eta^2\mathbb{E}_k\left\|\nabla f_{i_{k,s}}(\mathrm{x}_k^s)-\nabla f_{i_{k,s}}(\tilde{\mathrm{x}}^s)\right\|^2+\frac{1}{4}\mathbb{E}_k\|\mathrm{x}_{k+1}^s-\mathrm{x}_k^s\|^2\\
\leqslant&\eta^2L^2\|\mathrm{x}_k^s-\tilde{\mathrm{x}}^s\|^2+\frac{1}{4}\mathbb{E}_k\|\mathrm{x}_{k+1}^s-\mathrm{x}_k^s\|^2\\
\leqslant&2\eta^2L^2\|\mathrm{x}_k^s-\mathrm{x}^*\|^2+2\eta^2L^2\|\tilde{\mathrm{x}}^s-\mathrm{x}^*\|^2+\frac{1}{4}\mathbb{E}_k\|\mathrm{x}_{k+1}^s-\mathrm{x}_k^s\|^2,
\end{aligned}\tag{5.34}
$$

其中 $\overset{a}{=}$ 和 $\overset{b}{=}$ 使用了 (5.24),$\overset{c}{\leqslant}$ 使用了命题 4.

由 η 的设置,我们有 $L\eta\leqslant\frac{1}{2}$. 将 (5.33) 关于 i_k 求条件期望并将 (5.34) 代入其中,得到

$$
\begin{aligned}
&\frac{1}{2}\mathbb{E}_k\|\mathrm{x}_{k+1}^s-\mathrm{x}^*\|^2\\
\leqslant&\frac{1-\eta\mu}{2}\|\mathrm{x}_k^s-\mathrm{x}^*\|^2+2\eta^2L^2\|\mathrm{x}_k^s-\mathrm{x}^*\|^2+2\eta^2L^2\|\tilde{\mathrm{x}}^s-\mathrm{x}^*\|^2.
\end{aligned}\tag{5.35}
$$

现在我们用归纳法证明

$$
\mathbb{E}\|\mathrm{x}_k^s-\mathrm{x}^*\|^2\leqslant(1-\eta\mu/2)^{sm+k}\|\mathrm{x}_0^0-\mathrm{x}^*\|^2.
$$

当 $k=0$ 时,结论成立. 假设在第 $k\geqslant0$ 次迭代,上式成立. 我们考虑 $k+1$. 使用算法 5.2 的选项 II,有

$$
\begin{aligned}
\mathbb{E}\|\tilde{\mathrm{x}}^s-\mathrm{x}^*\|^2=\mathbb{E}\|\mathrm{x}_0^s-\mathrm{x}^*\|^2&\leqslant(1-\eta\mu/2)^{sm}\|\mathrm{x}_0^0-\mathrm{x}^*\|^2\\
&\overset{a}{\leqslant}e(1-\eta\mu/2)^{sm+k}\|\mathrm{x}_0^0-\mathrm{x}^*\|^2,
\end{aligned}
$$

其中 $\overset{a}{\leqslant}$ 使用了 $k\leqslant m=-\ln^{-1}(1-\eta\mu/2)$. 那么我们有

$$
\begin{aligned}
&4\eta^2L^2\mathbb{E}\|\mathrm{x}_k^s-\mathrm{x}^*\|^2+4\eta^2L^2\mathbb{E}\|\tilde{\mathrm{x}}^s-\mathrm{x}^*\|^2\\
\leqslant&4\eta^2L^2(1+e)(1-\eta\mu/2)^{sm+k}\|\mathrm{x}_0^0-\mathrm{x}^*\|^2\\
\overset{a}{\leqslant}&\eta\mu/2(1-\eta\mu/2)^{sm+k}\|\mathrm{x}_0^0-\mathrm{x}^*\|^2,
\end{aligned}\tag{5.36}
$$

其中 $\overset{a}{\leqslant}$ 使用了 $\eta \leqslant \dfrac{\mu}{8(1+e)L^2}$.

对 (5.35) 求全期望并将 (5.36) 代入其中，我们有 $\mathbb{E}\|\mathrm{x}_{k+1}^s - \mathrm{x}^*\|^2 \leqslant (1 - \eta\mu/2)^{sm+k+1}\|\mathrm{x}_0^0 - \mathrm{x}^*\|^2$. □

5.1.3 加速随机方差缩减方法

有了方差缩减技巧，我们可以融合冲量技巧来进一步加速算法. 我们将展示收敛速度在各自凸的情况下可以被提升到 $O\left((n+\sqrt{n\kappa})\log(1/\epsilon)\right)$，其中 $\kappa = \dfrac{L}{\mu}$. 我们介绍 Katyusha [Allen-Zhu, 2017]. 它是第一个使用冲量技巧直接加速的随机算法. 它的主要技巧是引入了一个负的冲量. 该冲量可以使得外插项离随机方差缩减梯度下降算法 [Johnson and Zhang, 2013] 中的缓存向量 $\tilde{\mathrm{x}}$ 相对较近. 考虑问题(5.3)，Katyusha算法的细节见算法 5.3. 证明来自 [Allen-Zhu, 2017]. 我们可以通过如下引理给出方差的上界.

算法 5.3 Katyusha [Allen-Zhu, 2017]

输入 θ_1，步长 $\gamma, \mathrm{x}_0^0 = 0, \tilde{\mathrm{x}}^0 = 0, \mathrm{z}_0^0 = 0, \theta_2 = \dfrac{1}{2}, m$ 和 $\theta_3 = \dfrac{\mu\gamma}{\theta_1} + 1$.
for $s = 0, 1, 2, \cdots, S$ **do**
  for $k = 0, 1, 2, \cdots, m-1$ **do**
    $\mathrm{y}_k^s = \theta_1 \mathrm{z}_k^s + \theta_2 \tilde{\mathrm{x}}^s + (1-\theta_1-\theta_2)\mathrm{x}_k^s$,
    在 $[n]$ 中随机选择一个样本，记为 i_k^s（或像第6.2.1.1节那样选择 b 个样本），
    $\tilde{\nabla}_k^s = \nabla f_{i_k^s}(\mathrm{y}_k^s) - \nabla f_{i_k^s}(\tilde{\mathrm{x}}^s) + \nabla f(\tilde{\mathrm{x}}^s)$,
    $\delta_k^s = \arg\min_\delta \left(h(\mathrm{z}_k^s + \delta) + \langle \tilde{\nabla}_k^s, \delta\rangle + \dfrac{\theta_1}{2\gamma}\|\delta\|^2\right)$,
    $\mathrm{z}_{k+1}^s = \mathrm{z}_k^s + \delta_k^s$,
    $\mathrm{x}_{k+1}^s = \theta_1 \mathrm{z}_{k+1}^s + \theta_2 \tilde{\mathrm{x}}^s + (1-\theta_1-\theta_2)\mathrm{x}_k^s$.
  end for k
  $\mathrm{x}_0^{s+1} = \mathrm{x}_m^s$,
  $\mathrm{z}_0^{s+1} = \mathrm{z}_m^s$,
  $\tilde{\mathrm{x}}^{s+1} = \left(\sum_{k=0}^{m-1}\theta_3^k\right)^{-1}\sum_{k=0}^{m-1}\theta_3^k \mathrm{x}_{k+1}^s$.
end for s
输出 x_0^{S+1}.

引理 51：考虑目标函数，$f(\mathrm{x}) = \dfrac{1}{n}\sum_{i=1}^n f_i(\mathrm{x})$，其中对于所有 $i \in [n]$，f_i 是凸的且 L-光滑. 对于任意的 u 和 $\tilde{\mathrm{x}}$，定义

$$\tilde{\nabla} f(\mathrm{u}) = \nabla f_k(\mathrm{u}) - \nabla f_k(\tilde{\mathrm{x}}) + \frac{1}{n}\sum_{i=1}^n \nabla f_i(\tilde{\mathrm{x}}),$$

我们有

$$\mathbb{E}\left\|\tilde{\nabla} f(\mathrm{u}) - \nabla f(\mathrm{u})\right\|^2 \leqslant 2L\left(f(\tilde{\mathrm{x}}) - f(\mathrm{u}) + \langle \nabla f(\mathrm{u}), \mathrm{u} - \tilde{\mathrm{x}}\rangle\right), \tag{5.37}$$

其中 $\mathbb{E}$ 表示给定 u 和 $\tilde{\mathrm{x}}$ 对随机数 k 求条件期望.

证明.

$$\begin{aligned}&\mathbb{E}\left\|\tilde{\nabla} f(\mathrm{u})-\nabla f(\mathrm{u})\right\|^2\\=&\mathbb{E}\left(\|\nabla f_k(\mathrm{u})-\nabla f_k(\tilde{\mathrm{x}})-(\nabla f(\mathrm{u})-\nabla f(\tilde{\mathrm{x}}))\|^2\right)\\\overset{a}{\leqslant}&\mathbb{E}\|\nabla f_k(\mathrm{u})-\nabla f_k(\tilde{\mathrm{x}})\|^2,\end{aligned}$$

其中 $\overset{a}{\leqslant}$ 使用了

$$\mathbb{E}(\nabla f_k(\mathrm{u})-\nabla f_k(\tilde{\mathrm{x}}))=\nabla f(\mathrm{u})-\nabla f(\tilde{\mathrm{x}})$$

和命题4. 接着直接应用 (A.7) 即得 (5.37). □

定理 36：假设 $h(\mathrm{x})$ 是 μ-强凸的且 $n\leqslant\frac{L}{4\mu}$. 对于算法5.3，如果步长 $\gamma=\frac{1}{3L}$，$\theta_1=\sqrt{\frac{n\mu}{L}}$，$\theta_3=1+\frac{\mu\gamma}{\theta_1}$，且 $m=n$，我们有

$$\mathbb{E}\left(F(\tilde{\mathrm{x}}^{S+1})-F(\mathrm{x}^*)\right)\leqslant\theta_3^{-(S+1)n}\left[\left(1+\frac{1}{n}\right)\left(F(\mathrm{x}_0^0)-F(\mathrm{x}^*)\right)+\frac{1}{4n\gamma}\|\mathrm{z}_0^0-\mathrm{x}^*\|^2\right].$$

证明. 因为 $n\leqslant\frac{L}{4\mu}$ 和 $\theta_1=\sqrt{\frac{n\mu}{L}}$，我们有

$$\begin{aligned}\theta_1&\leqslant\frac{1}{2},\\1-\theta_1-\theta_2&\geqslant0.\end{aligned}\tag{5.38}$$

由算法5.3第1步，

$$\mathrm{y}_k^s=\theta_1\mathrm{z}_k^s+\theta_2\tilde{\mathrm{x}}^s+(1-\theta_1-\theta_2)\mathrm{x}_k^s.\tag{5.39}$$

结合算法5.3第6步，我们有

$$\mathrm{x}_{k+1}^s=\mathrm{y}_k^s+\theta_1(\mathrm{z}_{k+1}^s-\mathrm{z}_k^s).\tag{5.40}$$

由算法 5.3第4步中 z_{k+1}^s 的最优性条件，存在一个 $\xi_{k+1}^s\in\partial h(\mathrm{z}_{k+1}^s)$ 满足

$$\theta_1(\mathrm{z}_{k+1}^s-\mathrm{z}_k^s)+\gamma\tilde{\nabla}_k^s+\gamma\xi_{k+1}^s=0.$$

由 (5.39) 和 (5.40)，我们有

$$\mathrm{x}_{k+1}^s-\mathrm{y}_k^s+\gamma\tilde{\nabla}_k^s+\gamma\xi_{k+1}^s=0.\tag{5.41}$$

由于 $f(\cdot)$ 是 L-光滑的，我们有

$$
\begin{aligned}
f(\mathrm{x}_{k+1}^s) &\leqslant f(\mathrm{y}_k^s) + \langle \nabla f(\mathrm{y}_k^s), \mathrm{x}_{k+1}^s - \mathrm{y}_k^s \rangle + \frac{L}{2}\left\| \mathrm{x}_{k+1}^s - \mathrm{y}_k^s \right\|^2 \\
&= f(\mathrm{y}_k^s) - \gamma \langle \nabla f(\mathrm{y}_k^s), \tilde{\nabla}_k^s + \xi_{k+1}^s \rangle + \frac{L}{2}\left\| \mathrm{x}_{k+1}^s - \mathrm{y}_k^s \right\|^2 \\
&\overset{a}{=} f(\mathrm{y}_k^s) - \gamma \langle \tilde{\nabla}_k^s + \xi_{k+1}^s, \tilde{\nabla}_k^s + \xi_{k+1}^s \rangle \\
&\quad + \frac{L}{2}\left\| \mathrm{x}_{k+1}^s - \mathrm{y}_k^s \right\|^2 + \gamma \langle \tilde{\nabla}_k^s + \xi_{k+1}^s - \nabla f(\mathrm{y}_k^s), \tilde{\nabla}_k^s + \xi_{k+1}^s \rangle \\
&\overset{b}{=} f(\mathrm{y}_k^s) - \gamma\left(1 - \frac{\gamma L}{2}\right)\left\| \frac{1}{\gamma}\left(\mathrm{x}_{k+1}^s - \mathrm{y}_k^s\right) \right\|^2 - \langle \tilde{\nabla}_k^s - \nabla f(\mathrm{y}_k^s), \mathrm{x}_{k+1}^s - \mathrm{y}_k^s \rangle \\
&\quad - \langle \xi_{k+1}^s, \mathrm{x}_{k+1}^s - \mathrm{y}_k^s \rangle,
\end{aligned} \tag{5.42}
$$

其中 $\overset{a}{=}$ 插入了 $\gamma\langle \tilde{\nabla}_k^s + \xi_{k+1}^s, \tilde{\nabla}_k^s + \xi_{k+1}^s \rangle$，$\overset{b}{=}$ 使用了 (5.41).

对于 (5.42) 的倒数第二项，我们有

$$
\begin{aligned}
&\mathbb{E}_k \langle \tilde{\nabla}_k^s - \nabla f(\mathrm{y}_k^s), \mathrm{y}_k^s - \mathrm{x}_{k+1}^s \rangle \\
\overset{a}{\leqslant}\ & \frac{\gamma}{2C_3}\mathbb{E}_k\left\| \tilde{\nabla}_k^s - \nabla f(\mathrm{y}_k^s) \right\|^2 + \frac{\gamma C_3}{2}\mathbb{E}_k\left\| \frac{1}{\gamma}\left(\mathrm{x}_{k+1}^s - \mathrm{y}_k^s\right) \right\|^2 \\
\overset{b}{\leqslant}\ & \frac{\gamma L}{C_3}\left(f(\tilde{\mathrm{x}}^s) - f(\mathrm{y}_k^s) + \langle \nabla f(\mathrm{y}_k^s), \mathrm{y}_k^s - \tilde{\mathrm{x}}^s \rangle\right) \\
& + \frac{\gamma C_3}{2}\mathbb{E}_k\left\| \frac{1}{\gamma}\left(\mathrm{x}_{k+1}^s - \mathrm{y}_k^s\right) \right\|^2,
\end{aligned} \tag{5.43}
$$

其中 $\mathbb{E}_k$ 表示给定 y_k^s 对随机数 i_k^s (外循环 k 步，内循环 s 步) 的条件期望，$\overset{a}{\leqslant}$ 使用了 Cauchy-Schwartz 不等式，$\overset{b}{\leqslant}$ 使用了 (5.37). C_3 是一个正的常数，后面再给定.

对 (5.42) 中的随机数 i_k^s 求条件期望并加上(5.43)，我们有

$$
\begin{aligned}
&\mathbb{E}_k f(\mathrm{x}_{k+1}^s) \\
\leqslant\ & f(\mathrm{y}_k^s) - \gamma\left(1 - \frac{\gamma L}{2} - \frac{C_3}{2}\right)\mathbb{E}_k\left\| \frac{1}{\gamma}\left(\mathrm{x}_{k+1}^s - \mathrm{y}_k^s\right) \right\|^2 - \mathbb{E}_k\langle \xi_{k+1}^s, \mathrm{x}_{k+1}^s - \mathrm{y}_k^s \rangle \\
& + \frac{\gamma L}{C_3}\left(f(\tilde{\mathrm{x}}^s) - f(\mathrm{y}_k^s) + \langle \nabla f(\mathrm{y}_k^s), \mathrm{y}_k^s - \tilde{\mathrm{x}}^s \rangle\right).
\end{aligned} \tag{5.44}
$$

另一方面，我们分析 $\|\mathrm{z}_k^s - \mathrm{x}^*\|^2$. 设置 $a = 1 - \theta_1 - \theta_2$，我们有

$$
\begin{aligned}
&\left\| \theta_1 \mathrm{z}_{k+1}^s - \theta_1 \mathrm{x}^* \right\|^2 \\
=&\left\| \mathrm{x}_{k+1}^s - a\mathrm{x}_k^s - \theta_2 \tilde{\mathrm{x}}^s - \theta_1 \mathrm{x}^* \right\|^2
\end{aligned}
$$

$$
\begin{aligned}
&= \left\|\mathrm{y}_k^s - a\mathrm{x}_k^s - \theta_2\tilde{\mathrm{x}}^s - \theta_1\mathrm{x}^* - (\mathrm{y}_k^s - \mathrm{x}_{k+1}^s)\right\|^2 \\
&= \left\|\mathrm{y}_k^s - a\mathrm{x}_k^s - \theta_2\tilde{\mathrm{x}}^s - \theta_1\mathrm{x}^*\right\|^2 + \left\|\mathrm{y}_k^s - \mathrm{x}_{k+1}^s\right\|^2 \\
&\quad -2\gamma\langle \xi_{k+1}^s + \tilde{\nabla}_k^s, \mathrm{y}_k^s - a\mathrm{x}_k^s - \theta_2\tilde{\mathrm{x}}^s - \theta_1\mathrm{x}^*\rangle \\
&\overset{a}{=} \left\|\theta_1\mathrm{z}_k^s - \theta_1\mathrm{x}^*\right\|^2 + \left\|\mathrm{y}_k^s - \mathrm{x}_{k+1}^s\right\|^2 \\
&\quad -2\gamma\left\langle \xi_{k+1}^s + \tilde{\nabla}_k^s, \mathrm{y}_k^s - a\mathrm{x}_k^s - \theta_2\tilde{\mathrm{x}}^s - \theta_1\mathrm{x}^*\right\rangle,
\end{aligned} \tag{5.45}
$$

其中 $\overset{a}{=}$ 使用了算法5.3 的第1步.

对于 (5.45) 的最后一项,我们有

$$
\begin{aligned}
&\mathbb{E}_k \left\langle \tilde{\nabla}_k^s, a\mathrm{x}_k^s + \theta_2\tilde{\mathrm{x}}^s + \theta_1\mathrm{x}^* - \mathrm{y}_k^s\right\rangle \\
&\overset{a}{=} \left\langle \nabla f(\mathrm{y}_k^s), a\mathrm{x}_k^s + \theta_1\mathrm{x}^* - (1-\theta_2)\mathrm{y}_k^s\right\rangle + \theta_2\left\langle \nabla f(\mathrm{y}_k^s), \tilde{\mathrm{x}}^s - \mathrm{y}_k^s\right\rangle \\
&\overset{b}{\leqslant} af(\mathrm{x}_k^s) + \theta_1 f(\mathrm{x}^*) - (1-\theta_2)f(\mathrm{y}_k^s) + \theta_2\left\langle \nabla f(\mathrm{y}_k^s), \tilde{\mathrm{x}}^s - \mathrm{y}_k^s\right\rangle,
\end{aligned} \tag{5.46}
$$

其中 $\overset{a}{\leqslant}$ 使用了 $\mathbb{E}_k(\tilde{\nabla}_k^s) = \nabla f(\mathrm{y}_k^s)$ 以及 $a\mathrm{x}_k^s + \theta_2\tilde{\mathrm{x}}^s + \theta_1\mathrm{x}^* - \mathrm{y}_k^s$ 是确定的,$\overset{b}{\leqslant}$ 使用了 $f(\cdot)$ 的凸性,所以对任意的 u,有

$$
\langle \nabla f(\mathrm{y}_k^s), \mathrm{u} - \mathrm{y}_k^s\rangle \leqslant f(\mathrm{u}) - f(\mathrm{y}_k^s).
$$

将 (5.45) 除以 2γ 并对 i_k^s 求条件期望,我们有

$$
\begin{aligned}
&\frac{1}{2\gamma}\mathbb{E}_k\left\|\theta_1\mathrm{z}_{k+1}^s - \theta_1\mathrm{x}^*\right\|^2 \\
&\leqslant \frac{1}{2\gamma}\left\|\theta_1\mathrm{z}_k^s - \theta_1\mathrm{x}^*\right\|^2 + \frac{\gamma}{2}\mathbb{E}_k\left\|\frac{1}{\gamma}(\mathrm{y}_k^s - \mathrm{x}_{k+1}^s)\right\|^2 \\
&\quad -\mathbb{E}_k\left\langle \xi_{k+1}^s + \tilde{\nabla}_s^k, \mathrm{y}_k^s - a\mathrm{x}_k^s - \theta_2\tilde{\mathrm{x}}^s - \theta_1\mathrm{x}^*\right\rangle \\
&\overset{a}{\leqslant} \frac{1}{2\gamma}\left\|\theta_1\mathrm{z}_k^s - \theta_1\mathrm{x}^*\right\|^2 + \frac{\gamma}{2}\mathbb{E}_k\left\|\frac{1}{\gamma}(\mathrm{y}_k^s - \mathrm{x}_{k+1}^s)\right\|^2 \\
&\quad -\mathbb{E}_k\left\langle \xi_{k+1}^s, \mathrm{y}_k^s - a\mathrm{x}_k^s - \theta_2\tilde{\mathrm{x}}^s - \theta_1\mathrm{x}^*\right\rangle \\
&\quad +af(\mathrm{x}_k^s) + \theta_1 f(\mathrm{x}^*) - (1-\theta_2)f(\mathrm{y}_k^s) + \theta_2\left\langle \nabla f(\mathrm{y}_k^s), \tilde{\mathrm{x}}^s - \mathrm{y}_k^s\right\rangle,
\end{aligned} \tag{5.47}
$$

其中 $\overset{a}{\leqslant}$ 使用了 (5.46). 将 (5.47) 和 (5.44) 相加,我们有

$$
\begin{aligned}
&\mathbb{E}_k f(\mathrm{x}_{k+1}^s) + \frac{1}{2\gamma}\mathbb{E}_k\left\|\theta_1\mathrm{z}_{k+1}^s - \theta_1\mathrm{x}^*\right\|^2 \\
&\leqslant af(\mathrm{x}_k^s) + \theta_1 f(\mathrm{x}^*) + \theta_2 f(\mathrm{y}_k^s) + \theta_2\langle \nabla f(\mathrm{y}_k^s), \tilde{\mathrm{x}}^s - \mathrm{y}_k^s\rangle \\
&\quad -\gamma\left(\frac{1}{2} - \frac{\gamma L}{2} - \frac{C_3}{2}\right)\mathbb{E}_k\left\|\frac{1}{\gamma}(\mathrm{y}_k^s - \mathrm{x}_{k+1}^s)\right\|^2
\end{aligned}
$$

$$
\begin{aligned}
&-\mathbb{E}_k\langle \xi_{k+1}^s, \mathrm{x}_{k+1}^s - a\mathrm{x}_k^s - \theta_2\tilde{\mathrm{x}}^s - \theta_1\mathrm{x}^*\rangle \\
&+\frac{\gamma L}{C_3}\left(f(\tilde{\mathrm{x}}^s) - f(\mathrm{y}_k^s) + \langle \nabla f(\mathrm{y}_k^s), \mathrm{y}_k^s - \tilde{\mathrm{x}}^s\rangle\right) + \frac{1}{2\gamma}\left\|\theta_1\mathrm{z}_k^s - \theta_1\mathrm{x}^*\right\|^2 \\
&\overset{a}{\leqslant} af(\mathrm{x}_k^s) + \theta_1 f(\mathrm{x}^*) + \theta_2 f(\tilde{\mathrm{x}}^s) + \frac{1}{2\gamma}\left\|\theta_1\mathrm{z}_k^s - \theta_1\mathrm{x}^*\right\|^2 \\
&-\mathbb{E}_k\left\langle \xi_{k+1}^s, \mathrm{x}_{k+1}^s - a\mathrm{x}_k^s - \theta_2\tilde{\mathrm{x}}^s - \theta_1\mathrm{x}^*\right\rangle,
\end{aligned}
\tag{5.48}
$$

其中在 $\overset{a}{\leqslant}$ 中,我们设置 $C_3 = \frac{\gamma L}{\theta_2}$. 对于 (5.48) 的最后一项,我们有

$$
\begin{aligned}
&-\left\langle \xi_{k+1}^s, \mathrm{x}_{k+1}^s - a\mathrm{x}_k^s - \theta_2\tilde{\mathrm{x}}^s - \theta_1\mathrm{x}^*\right\rangle \\
=&-\left\langle \xi_{k+1}^s, \theta_1\mathrm{z}_{k+1}^s - \theta_1\mathrm{x}^*\right\rangle \\
\leqslant&\, \theta_1 h(\mathrm{x}^*) - \theta_1 h(\mathrm{z}_{k+1}^s) - \frac{\mu\theta_1}{2}\left\|\mathrm{z}_{k+1}^s - \mathrm{x}^*\right\|^2 \\
\overset{a}{\leqslant}&\, \theta_1 h(\mathrm{x}^*) - h(\mathrm{x}_{k+1}^s) + \theta_2 h(\tilde{\mathrm{x}}^s) + ah(\mathrm{x}_k^s) - \frac{\mu\theta_1}{2}\left\|\mathrm{z}_{k+1}^s - \mathrm{x}^*\right\|^2,
\end{aligned}
\tag{5.49}
$$

其中 $\overset{a}{\leqslant}$ 使用了 $\mathrm{x}_{k+1}^s = a\mathrm{x}_k^s + \theta_2\tilde{\mathrm{x}}^s + \theta_1\mathrm{z}_{k+1}^s$ 和 $h(\cdot)$ 的凸性. 将 (5.49) 代入 (5.48),我们有

$$
\begin{aligned}
&\mathbb{E}_k F(\mathrm{x}_{k+1}^s) + \frac{1+\frac{\mu\gamma}{\theta_1}}{2\gamma}\mathbb{E}_k\left\|\theta_1\mathrm{z}_{k+1}^s - \theta_1\mathrm{x}^*\right\|^2 \\
\leqslant&\, aF(\mathrm{x}_k^s) + \theta_1 F(\mathrm{x}^*) + \theta_2 F(\tilde{\mathrm{x}}^s) + \frac{1}{2\gamma}\left\|\theta_1\mathrm{z}_k^s - \theta_1\mathrm{x}^*\right\|^2.
\end{aligned}
\tag{5.50}
$$

令 $\theta_1 = \sqrt{\frac{n\mu}{L}}, \theta_3 = \frac{\mu\gamma}{\theta_1} + 1 \leqslant \frac{1}{3}\sqrt{\frac{\mu}{Ln}} + 1$. 对 (5.50)求全期望,并将结果乘以 θ_3^k,并从 $k=0$ 累加到 $m-1$,我们有

$$
\begin{aligned}
&\sum_{k=1}^{m}\theta_3^{k-1}\mathbb{E}\left(F(\mathrm{x}_k^s) - F(\mathrm{x}^*)\right) - a\sum_{k=0}^{m-1}\theta_3^k\mathbb{E}\left(F(\mathrm{x}_k^s) - F(\mathrm{x}^*)\right) \\
&-\theta_2\sum_{k=0}^{m-1}\left[\theta_3^k\mathbb{E}\left(F(\tilde{\mathrm{x}}^s) - F(\mathrm{x}^*)\right)\right] + \frac{\theta_3^m}{2\gamma}\mathbb{E}\left\|\theta_1\mathrm{z}_m^s - \theta_1\mathrm{x}^*\right\|^2 \\
\leqslant&\, \frac{1}{2\gamma}\mathbb{E}\left\|\theta_1\mathrm{z}_0^s - \theta_1\mathrm{x}^*\right\|^2.
\end{aligned}
\tag{5.51}
$$

对 (5.51) 进行整理,我们有

$$
\begin{aligned}
&[\theta_1 + \theta_2 - (1 - 1/\theta_3)]\sum_{k=1}^{m}\theta_3^k\mathbb{E}\left(F(\mathrm{x}_k^s) - F(\mathrm{x}^*)\right) + \theta_3^m a\mathbb{E}\left(F(\mathrm{x}_m^s) - F(\mathrm{x}^*)\right) \\
&+\frac{\theta_3^m}{2\gamma}\mathbb{E}\left\|\theta_1\mathrm{z}_m^s - \theta_1\mathrm{x}^*\right\|^2
\end{aligned}
$$

$$\leqslant \theta_2 \sum_{k=0}^{m-1} \left[\theta_3^k \mathbb{E}\left(F(\tilde{\mathrm{x}}^s) - F(\mathrm{x}^*)\right)\right] + a\mathbb{E}\left(F(\mathrm{x}_0^s) - F(\mathrm{x}^*)\right) + \frac{1}{2\gamma}\mathbb{E}\left\|\theta_1 \mathrm{z}_0^s - \theta_1 \mathrm{x}^*\right\|^2.$$

根据定义 $\tilde{\mathrm{x}}^{s+1} = \left(\sum_{j=0}^{m-1} \theta_3^j\right)^{-1} \sum_{j=0}^{m-1} \theta_3^j \mathrm{x}_{j+1}^s$，有

$$\begin{aligned}
&[\theta_1 + \theta_2 - (1 - 1/\theta_3)]\theta_3 \left(\sum_{k=0}^{m-1} \theta_3^k\right) \mathbb{E}\left(F(\tilde{\mathrm{x}}^{s+1}) - F(\mathrm{x}^*)\right) \\
&+\theta_3^m a\mathbb{E}\left(F(\mathrm{x}_m^s) - F(\mathrm{x}^*)\right) + \frac{\theta_3^m}{2\gamma}\mathbb{E}\left\|\theta_1 \mathrm{z}_m^s - \theta_1 \mathrm{x}^*\right\|^2 \\
\leqslant &\theta_2 \left(\sum_{k=0}^{m-1} \theta_3^k\right) \mathbb{E}\left(F(\tilde{\mathrm{x}}^s) - F(\mathrm{x}^*)\right) + a\mathbb{E}\left(F(\mathrm{x}_0^s) - F(\mathrm{x}^*)\right) \\
&+\frac{1}{2\gamma}\mathbb{E}\left\|\theta_1 \mathrm{z}_0^s - \theta_1 \mathrm{x}^*\right\|^2.
\end{aligned} \tag{5.52}$$

由于

$$\begin{aligned}
&\theta_2\left(\theta_3^{m-1} - 1\right) + (1 - 1/\theta_3) \\
\leqslant &\frac{1}{2}\left[\left(1 + \frac{1}{3}\sqrt{\frac{\mu}{nL}}\right)^{m-1} - 1\right] + \frac{\frac{1}{3}\sqrt{\frac{\mu}{nL}}}{\theta_3} \\
\overset{a}{\leqslant} &\frac{1}{2}\frac{1}{2}\sqrt{\frac{n\mu}{L}} + \frac{\frac{1}{3}\sqrt{\frac{\mu}{nL}}}{\theta_3} \overset{b}{\leqslant} \frac{7}{12}\sqrt{\frac{n\mu}{L}} \leqslant \theta_1,
\end{aligned} \tag{5.53}$$

其中 $\overset{a}{\leqslant}$ 使用了 $\mu n \leqslant L/4 < L, m - 1 = n - 1 \leqslant n$ 和

$$\text{当} c \geqslant 1 \text{ 和} x \leqslant \frac{1}{c}\text{时}, g(x) = (1 + x)^c \leqslant 1 + \frac{3}{2}cx, \tag{5.54}$$

$\overset{b}{\leqslant}$ 使用了 $\theta_3 n \geqslant \theta_3 \geqslant 1$. 为了证明 (5.54)，考虑在 $x = 0$ 处的泰勒展开，有

$$(1 + x)^c = 1 + cx + \frac{c(c-1)}{2}\xi^2 \leqslant 1 + cx + \frac{c(c-1)}{2}\frac{1}{c}x \leqslant 1 + \frac{3}{2}cx,$$

其中 $\xi \in [0, x]$.

(5.53) 表明 $\theta_1 + \theta_2 - (1 - 1/\theta_3) \geqslant \theta_2\theta_3^{m-1}$. 它和 (5.52) 可推出

$$\begin{aligned}
&\theta_2\theta_3^m \left(\sum_{k=0}^{m-1} \theta_3^k\right) \mathbb{E}\left(F(\tilde{\mathrm{x}}^{s+1}) - F(\mathrm{x}^*)\right) + \theta_3^m a\mathbb{E}\left(F(\mathrm{x}_m^s) - F(\mathrm{x}^*)\right) \\
&+\frac{\theta_3^m}{2\gamma}\mathbb{E}\left\|\theta_1 \mathrm{z}_m^s - \theta_1 \mathrm{x}^*\right\|^2
\end{aligned}$$

$$\leqslant\theta_2\left(\sum_{k=0}^{m-1}\theta_3^k\right)\mathbb{E}\left(F(\tilde{\mathbf{x}}^s)-F(\mathbf{x}^*)\right)+a\mathbb{E}\left(F(\mathbf{x}_0^s)-F(\mathbf{x}^*)\right)+\frac{1}{2\gamma}\mathbb{E}\left\|\theta_1\mathbf{z}_0^s-\theta_1\mathbf{x}^*\right\|^2.$$

将上式扩展到 $s=S,\cdots,0$,我们有

$$\begin{aligned}&\theta_2\left(\sum_{k=0}^{m-1}\theta_3^k\right)\mathbb{E}\left(F(\tilde{\mathbf{x}}^{S+1})-F(\mathbf{x}^*)\right)+(1-\theta_1-\theta_2)\mathbb{E}\left(F(\mathbf{x}_m^S)-F(\mathbf{x}^*)\right)\\&+\frac{\theta_1^2}{2\gamma}\mathbb{E}\left\|\mathbf{z}_0^{S+1}-\mathbf{x}^*\right\|^2\\&\leqslant\theta_3^{-(S+1)m}\left\{\left[\theta_2\left(\sum_{k=0}^{m-1}\theta_3^k\right)+(1-\theta_1-\theta_2)\right]\left(F(\mathbf{x}_0^0)-F(\mathbf{x}^*)\right)+\frac{\theta_1^2}{2\gamma}\left\|\mathbf{z}_0^0-\mathbf{x}^*\right\|^2\right\}.\end{aligned}$$

因为 $\theta_3^k\geqslant 1$,我们有 $\sum_{k=0}^{m-1}\theta_3^k\geqslant m=n$. 接下来使用 $\theta_2=\frac{1}{2}$ 和 $\theta_1\leqslant\frac{1}{2}$ (见 (5.38)),我们有

$$\mathbb{E}\left(F(\tilde{\mathbf{x}}^{S+1})-F(\mathbf{x}^*)\right)\leqslant\theta_3^{-(S+1)n}\left[\left(1+\frac{1}{n}\right)\left(F(\mathbf{x}_0^0)-F(\mathbf{x}^*)\right)+\frac{1}{4n\gamma}\left\|\mathbf{z}_0^0-\mathbf{x}^*\right\|^2\right].$$

证毕. □

5.1.4 黑盒加速算法

在这一节,我们介绍黑盒加速算法. 总体而言,该方法通过构造一系列被称为“中介”(Mediator) [Nesterov, 2018] 的子问题来求解 (5.3),这些子问题能够被求解到高精度. 这一类方法有如下优势:

1. 黑盒方法使得加速更加方便,因为我们只需要关注如何求解子问题. 在大多数情况下,这些子问题有较好的条件数,可以被一般的带有方差缩减技巧的算法求解. 若 (5.3) 有特殊的结构,我们也可以考虑设计特定的算法来求解问题,而不用考虑如何同时融合冲量技巧来加速算法.
2. 黑盒加速算法使得加速方法更加一般. 对于不同特性的目标函数,无论有无强凸性或者有无光滑性,黑盒算法都能够给出一个统一的加速框架.

第一种随机黑盒加速算法的框架应该是加速随机对偶坐标上升(Accelerated Stochastic Dual Coordinate Ascent(Acc-SDCA)[Shalev-Shwartz and Zhang, 2014]. 在各自凸情况下,它的收敛速度是 $O\left((n+\sqrt{n\kappa})\log(\kappa)\log^2(1/\epsilon)\right)$. 之后,Lin 等人也提出了一种一般性的加速方法,称为 Catalyst [Lin et al., 2015]. 它的收敛速度为 $O\left((n+\sqrt{n\kappa})\log^2(1/\epsilon)\right)$,比加速随机对

偶坐标上升法快一个 $\log(\kappa)$ 因子. Allen-Zhu 等人 [Allen-Zhu and Hazan, 2016] 通过逐步减小子问题的条件数设计了一种黑盒加速算法 . 对于一般的优化问题，这种黑盒加速算法的收敛速度比 Catalyst [Lin et al., 2015] 提升 $O(\log(1/\epsilon))$. 下面我们以 Catalyst [Lin et al., 2015] 作为样例介绍黑盒加速算法. Catalyst 的细节见算法 5.4.

算法 5.4 Catalyst [Lin et al., 2015]

输入 x^0，参数 κ 和 α_0，序列 $\{\epsilon_k\}_{k\geqslant 0}$，和优化算法 $\mathcal{M}$.
1 初始化 $q=\mu/(\mu+\kappa)$ 和 $\mathrm{y}_0=\mathrm{x}_0$.
2 **for** $k=0,1,2,\cdots,K$ **do**
3 使用 $\mathcal{M}$ 求解 $\mathrm{x}_k=\arg\min_{\mathrm{x}\in\mathbb{R}^p}\left\{G_k(\mathrm{x})\equiv F(\mathrm{x})+\frac{\kappa}{2}\|\mathrm{x}-\mathrm{y}_{k-1}\|^2\right\}$ 至精度满足 $G_k(\mathrm{x}_k)-G_k^*\leqslant\epsilon_k$,
4 令 $\alpha_k\in(0,1)$ 为方程 $\alpha_k^2=(1-\alpha_k)\alpha_{k-1}^2+q\alpha_k$ 的根,
5 $\mathrm{y}_k=\mathrm{x}_k+\beta_k(\mathrm{x}_k-\mathrm{x}_{k-1})$，其中 $\beta_k=\dfrac{\alpha_{k-1}(1-\alpha_{k-1})}{\alpha_{k-1}^2+\alpha_k}$.
end for k
输出 x^{K+1}.

对于算法 5.4，我们有如下定理.

定理 37： 对于问题 (5.3)，假设 $F(\mathrm{x})$ 是 μ-强凸的，令 $\alpha_0=\sqrt{q}$，其中 $q=\dfrac{\mu}{\mu+\kappa}$，以及

$$\epsilon_k=\frac{2}{9}(F(\mathrm{x}_0)-F^*)(1-\rho)^k,\text{其中}\rho\leqslant\sqrt{q}.$$

那么算法 5.4 产生的序列 $\{\mathrm{x}_k\}_{k\geqslant 0}$ 满足

$$F(\mathrm{x}_k)-F^*\leqslant C(1-\rho)^{k+1}(F(\mathrm{x}_0)-F^*),\text{其中}C=\frac{8}{(\sqrt{q}-\rho)^2}.$$

我们把定理的证明留到第 5.2 节. 我们首先介绍如何使用该方法来加速算法. 我们有如下定理.

定理 38： 对于问题 (5.3)，假设每个 $f_i(\mathrm{x})$ 凸且 L-光滑，$h(\mathrm{x})$ 是 μ-强凸的，其中 $\mu\leqslant L/n$[⊖]. 对于算法 5.4，如果设置 $\kappa=\dfrac{L}{n-1}$ 并在第 3 步使用 SVRG [Johnson and Zhang, 2013] 来求解，则在期望意义下，我们能在 $O\left(\sqrt{nL/\mu}\log^2(1/\epsilon)\right)$ 次增量一阶访问（IFO）内获得一个 ϵ-精度的解.

证明. 算法5.4第 3 步的子问题是 $\left(\mu+\dfrac{L}{n-1}\right)$-强凸且 $\left(L+\dfrac{L}{n-1}\right)$-光滑的. 根据定理 35，使用 SVRG 求解子问题所需的 IFO 次数为

⊖ 如果 $n\geqslant O(L/\mu)$，$O(n)$ 将成为复杂度的主要部分. 在这种情况下，冲量技巧不能取得在数量级上更快的收敛速度.

$$O\left(\left(n+\frac{L+\frac{L}{n-1}}{\mu+\frac{L}{n-1}}\right)\log(1/\epsilon)\right)=O\left(n\log(1/\epsilon)\right).$$

所以总的 IFO 次数为 $O\left(\sqrt{nL/\mu}\ \log^2(1/\epsilon)\right)$. □

事实上，黑盒算法，例如 Catalyst [Lin et al., 2015]，比在第 5.1.3 节中介绍的 Katyusha 算法更早提出. 和 Katyusha相比，Catalyst [Lin et al., 2015] 的收敛速度要慢 $O(\log(1/\epsilon))$ 倍. 然而，黑盒算法更加灵活并且更容易获得更快的收敛速度. 例如在下一个小节，我们将把 Catalyst 应用于各自非凸情况.

5.2 各自非凸情况

在这一节，我们考虑允许(5.3)中每个 $f_i(\mathrm{x})$ 非凸，但 $f_i(\mathrm{x})$ 的和 $f(\mathrm{x})$ 是凸函数. 这类问题的一个重要应用是主成分分析 [Garber et al., 2016]. 这类问题也是加速完全非凸情况的一个重要子问题.

注意到 $f(\mathrm{x})$ 的凸性保证了 (5.3) 可获得全局最小值. 在定理 35 中，为了得到一个 ϵ-精度的解，原始的 SVRG 需要 $O\left(\left(n+\frac{L^2}{\mu^2}\right)\log^2(1/\epsilon)\right)$ 次 IFO. 我们将展示，通过加速，IFO 次数可以降低到 $O\left(\left(n+n^{3/4}\sqrt{\frac{L}{\mu}}\right)\log^2(1/\epsilon)\right)$. 可以看出，与各自凸情况相比，各自非凸情况需要多 $\Omega(n^{1/4})$ 倍的 IFO. 这是允许每个子函数非凸所带来的额外开销. 我们仍然使用 Catalyst [Lin et al., 2015] 来得到该结果. 我们首先证明定理 37. 证明来源于 [Lin et al., 2015]. 它主要使用了文献 [Nesterov, 1983] 中的估计序列方法（见第 2.3 节），但进一步考虑了子问题没有被精确求解的情况.

证明.（定理 37 的证明）我们定义估计序列如下：

1. $\phi_0(\mathrm{x})\equiv F(\mathrm{x}_0)+\frac{\gamma_0}{2}\|\mathrm{x}-\mathrm{x}_0\|^2$;
2. 对 $k\geqslant 0$,

$$\begin{aligned}\phi_{k+1}(\mathrm{x})=&(1-\alpha_k)\phi_k(\mathrm{x})+\alpha_k\left[F(\mathrm{x}_{k+1})+\langle\kappa(\mathrm{y}_k-\mathrm{x}_{k+1}),\mathrm{x}-\mathrm{x}_{k+1}\rangle\right]\\&+\frac{\mu}{2}\|\mathrm{x}-\mathrm{x}_{k+1}\|^2,\end{aligned}$$

其中 $\gamma_0\geqslant 0$ 将在证明的第 3 步中给出. 可以发现，这里定义的估计序列与文献 [Nesterov, 2018] 中的不同之处在于，它用 $\kappa(\mathrm{y}_k-\mathrm{x}_{k+1})$ 替换了 $\nabla f(\mathrm{y}_k)$（见 (2.5)）.

步骤 1: 证明对于所有 $k \geqslant 0$,有

$$\phi_k(\mathrm{x}) = \phi_k^* + \frac{\gamma_k}{2}\|\mathrm{x} - \mathrm{v}_k\|^2, \tag{5.55}$$

其中当 $k=0$ 时,有 $\phi_0^* = F(\mathrm{x}^0)$ 和 $\mathrm{v}_0 = \mathrm{x}_0$,而当 $k>0$ 时,γ_k、v_k 和 ϕ_k^* 满足

$$\gamma_k = (1-\alpha_{k-1})\gamma_{k-1} + \alpha_{k-1}\mu, \tag{5.56}$$

$$\mathrm{v}_k = \frac{1}{\gamma_k}\left[(1-\alpha_{k-1})\gamma_{k-1}\mathrm{v}_{k-1} + \alpha_{k-1}\mu\mathrm{x}_k - \alpha_{k-1}\kappa(\mathrm{y}_{k-1}-\mathrm{x}_k)\right], \tag{5.57}$$

$$\begin{aligned}\phi_k^* =& (1-\alpha_{k-1})\phi_{k-1}^* + \alpha_{k-1}F(\mathrm{x}_k) - \frac{\alpha_{k-1}^2}{2\gamma_k}\|\kappa(\mathrm{y}_{k-1}-\mathrm{x}_k)\|^2 \\ &+ \frac{\alpha_{k-1}(1-\alpha_{k-1})\gamma_{k-1}}{\gamma_k} \\ &\times\left(\frac{\mu}{2}\|\mathrm{x}_k - \mathrm{v}_{k-1}\|^2 + \langle\kappa(\mathrm{y}_{k-1}-\mathrm{x}_k), \mathrm{v}_{k-1}-\mathrm{x}_k\rangle\right).\end{aligned} \tag{5.58}$$

步骤 1 的证明:我们需要验证

$$\begin{aligned}&\phi_k^* + \frac{\gamma_k}{2}\|\mathrm{x} - \mathrm{v}_k\|^2 \\ =&(1-\alpha_{k-1})\phi_{k-1}(\mathrm{x}) + \alpha_{k-1}\left(F(\mathrm{x}_k) + \langle\kappa(\mathrm{y}_{k-1}-\mathrm{x}_k), \mathrm{x}-\mathrm{x}_k\rangle] + \frac{\mu}{2}\|\mathrm{x}-\mathrm{x}_k\|^2\right).\end{aligned}$$

假设在第 $k-1$ 步 (5.55) 是正确的,我们需要证明

$$\begin{aligned}&\phi_k^* + \frac{\gamma_k}{2}\|\mathrm{x} - \mathrm{v}_k\|^2 \\ =&(1-\alpha_{k-1})\left(\phi_{k-1}^* + \frac{\gamma_{k-1}}{2}\|\mathrm{x}-\mathrm{v}_{k-1}\|^2\right) \\ &+\alpha_{k-1}\left(F(\mathrm{x}_k) + \langle\kappa(\mathrm{y}_{k-1}-\mathrm{x}_k), \mathrm{x}-\mathrm{x}_k\rangle + \frac{\mu}{2}\|\mathrm{x}-\mathrm{x}_k\|^2\right).\end{aligned} \tag{5.59}$$

上式两端都是二次函数,通过对比 $\|\mathrm{x}\|^2$ 的系数,我们有 $\gamma_k = (1-\alpha_{k-1})\gamma_{k-1} + \alpha_{k-1}\mu$. 接着对 (5.59)的两边在 $\mathrm{x}=0$ 求导数,我们有

$$\gamma_k\mathrm{v}_k = (1-\alpha_{k-1})\gamma_{k-1}\mathrm{v}_{k-1} - \alpha_{k-1}\kappa(\mathrm{y}_{k-1}-\mathrm{x}_k) + \alpha_{k-1}\mu\mathrm{x}_k.$$

对于 ϕ_k^*,令 (5.59) 中 $\mathrm{x}=\mathrm{x}_k$,有

$$\phi_k^* = -\frac{\gamma_k}{2}\|\mathrm{x}_k - \mathrm{v}_k\|^2 + (1-\alpha_{k-1})\left(\phi_{k-1}^* + \frac{\gamma_{k-1}}{2}\|\mathrm{x}_k - \mathrm{v}_{k-1}\|^2\right) + \alpha_{k-1}F(\mathrm{x}_k).$$

将 (5.56) 和 (5.57) 代入上式,可得 (5.58).

步骤 2: 证明对于算法 5.4,有

$$F(\mathrm{x}_k) \leqslant \phi_k^* + \xi_k, \tag{5.60}$$

其中 $\xi_0 = 0$ 且 $\xi_k = (1-\alpha_{k-1})\left(\xi_{k-1} + \epsilon_k - (\kappa+\mu)\langle x_k - x_k^*, x_{k-1} - x_k\rangle\right)$.

步骤 2 的证明：假设 x_k^* 是算法 5.4 第 3 步的最优解. 由于 $G_k(x)$ 是 $(\mu+\kappa)$-强凸的，我们有

$$G_k(x) \geqslant G_k^* + \frac{\kappa+\mu}{2}\|x - x_k^*\|^2.$$

那么

$$\begin{aligned}
F(x) \geqslant & G_k^* + \frac{\kappa+\mu}{2}\|x - x_k^*\|^2 - \frac{\kappa}{2}\|x - y_{k-1}\|^2 \\
\overset{a}{\geqslant} & G_k(x_k) - \epsilon_k + \frac{\kappa+\mu}{2}\|(x - x_k) + (x_k - x_k^*)\|^2 - \frac{\kappa}{2}\|x - y_{k-1}\|^2 \\
\geqslant & F(x_k) + \frac{\kappa}{2}\|x_k - y_{k-1}\|^2 - \epsilon_k + \frac{\kappa+\mu}{2}\|x - x_k\|^2 - \frac{\kappa}{2}\|x - y_{k-1}\|^2 \\
& +(\kappa+\mu)\langle x_k - x_k^*, x - x_k\rangle \\
= & F(x_k) + \kappa\langle y_{k-1} - x_k, x - x_k\rangle - \epsilon_k + \frac{\mu}{2}\|x - x_k\|^2 \\
& +(\kappa+\mu)\langle x_k - x_k^*, x - x_k\rangle,
\end{aligned} \tag{5.61}$$

其中 $\overset{a}{\geqslant}$ 使用了 $G_k(x_k)$ 是算法 5.4第 3 步的 ϵ-精度解.

我们接着证明 (5.60). 当 $k = 0$ 时，我们有 $F(x_0) = \phi_0^*$. 假设对于 $k-1$（其中 $k \geqslant 1$），(5.60) 是正确的，即 $F(x_{k-1}) \leqslant \phi_{k-1}^* + \xi_{k-1}$，则

$$\begin{aligned}
\phi_{k-1}^* \geqslant & F(x_{k-1}) - \xi_{k-1} \\
\overset{a}{\geqslant} & F(x_k) + \langle \kappa(y_{k-1} - x_k), x_{k-1} - x_k\rangle + (\kappa+\mu)\langle x_k - x_k^*, x_{k-1} - x_k\rangle \\
& -\epsilon_k - \xi_{k-1} \\
= & F(x_k) + \langle \kappa(y_{k-1} - x_k), x_{k-1} - x_k\rangle - \xi_k/(1-\alpha_{k-1}),
\end{aligned} \tag{5.62}$$

其中 $\overset{a}{\geqslant}$ 使用了 (5.61). 对于 (5.58)，我们有

$$\begin{aligned}
& \phi_k^* \\
= & (1-\alpha_{k-1})\phi_{k-1}^* + \alpha_{k-1}F(x_k) - \frac{\alpha_{k-1}^2}{2\gamma_k}\|\kappa(y_{k-1} - x_k)\|^2 \\
& + \frac{\alpha_{k-1}(1-\alpha_{k-1})\gamma_{k-1}}{\gamma_k}\left(\frac{\mu}{2}\|x_k - v_{k-1}\|^2 + \langle \kappa(y_{k-1} - x_k), v_{k-1} - x_k\rangle\right) \\
\overset{a}{\geqslant} & (1-\alpha_{k-1})F(x_k) + (1-\alpha_{k-1})\langle \kappa(y_{k-1} - x_k), x_{k-1} - x_k\rangle - \xi_k + \alpha_{k-1}F(x_k) \\
& - \frac{\alpha_{k-1}^2}{2\gamma_k}\|\kappa(y_{k-1} - x_k)\|^2 + \frac{\alpha_{k-1}(1-\alpha_{k-1})\gamma_{k-1}}{\gamma_k}\langle \kappa(y_{k-1} - x_k), v_{k-1} - x_k\rangle \\
= & F(x_k) + (1-\alpha_{k-1})\left\langle \kappa(y_{k-1} - x_k), x_{k-1} - x_k + \frac{\alpha_{k-1}\gamma_{k-1}}{\gamma_k}(v_{k-1} - x_k)\right\rangle
\end{aligned}$$

$$
\begin{aligned}
&-\frac{\alpha_{k-1}^2}{2\gamma_k}\|\kappa(\mathrm{y}_{k-1}-\mathrm{x}_k)\|^2-\xi_k\\
&\overset{b}{=}F(\mathrm{x}_k)+(1-\alpha_{k-1})\left\langle\kappa(\mathrm{y}_{k-1}-\mathrm{x}_k),\mathrm{x}_{k-1}-\mathrm{y}_{k-1}+\frac{\alpha_{k-1}\gamma_{k-1}}{\gamma_k}(\mathrm{v}_{k-1}-\mathrm{y}_{k-1})\right\rangle\\
&\quad+\left(1-\frac{(\kappa+2\mu)\alpha_{k-1}^2}{2\gamma_k}\right)\kappa\|\mathrm{y}_{k-1}-\mathrm{x}_k\|^2-\xi_k,
\end{aligned}
$$

其中 $\overset{a}{\geqslant}$ 使用了 (5.62),而 $\overset{b}{=}$ 使用了 (5.56).

步骤 3:设置

$$
\mathrm{x}_{k-1}-\mathrm{y}_{k-1}+\frac{\alpha_{k-1}\gamma_{k-1}}{\gamma_k}(\mathrm{v}_{k-1}-\mathrm{y}_{k-1})=0, \tag{5.63}
$$

$$
\begin{aligned}
\gamma_0&=\frac{\alpha_0[(\kappa+\mu)\alpha_0-\mu]}{1-\alpha_0},\\
\gamma_k&=(\kappa+\mu)\alpha_{k-1}^2,\quad k\geqslant 1.
\end{aligned} \tag{5.64}
$$

证明由算法 5.4 的第 4 步可得

$$
\mathrm{y}_k=\mathrm{x}_k+\frac{\alpha_{k-1}(1-\alpha_{k-1})}{\alpha_{k-1}^2+\alpha_k}(\mathrm{x}_k-\mathrm{x}_{k-1}). \tag{5.65}
$$

步骤 3 的证明:假设在第 $k-1$ 步,(5.65) 是正确的,那么从证明第 1 步中的 (5.57),我们有

$$
\begin{aligned}
\mathrm{v}_k&=\frac{1}{\gamma_k}\left[(1-\alpha_{k-1})\gamma_{k-1}\mathrm{v}_{k-1}+\alpha_{k-1}\mu\mathrm{x}_k-\alpha_{k-1}\kappa(\mathrm{y}_{k-1}-\mathrm{x}_k)\right]\\
&\overset{a}{=}\frac{1}{\gamma_k}\left\{\frac{1-\alpha_{k-1}}{\alpha_{k-1}}\left[(\gamma_k+\alpha_{k-1}\gamma_{k-1})\mathrm{y}_{k-1}-\gamma_k\mathrm{x}_{k-1}\right]+\alpha_{k-1}\mu\mathrm{x}_k\right.\\
&\qquad\left.-\alpha_{k-1}\kappa(\mathrm{y}_{k-1}-\mathrm{x}_k)\right\}\\
&\overset{b}{=}\frac{1}{\alpha_{k-1}}[\mathrm{x}_k-(1-\alpha_{k-1})\mathrm{x}_{k-1}],
\end{aligned} \tag{5.66}
$$

其中 $\overset{a}{=}$ 使用了 (5.63),$\overset{b}{=}$ 使用了

$$
(1-\alpha_{k-1})(\gamma_k+\alpha_{k-1}\gamma_{k-1})\overset{c}{=}(1-\alpha_{k-1})(\gamma_{k-1}+\alpha_{k-1}\mu)\overset{d}{=}\gamma_k-\mu\alpha_{k-1}^2\overset{e}{=}\kappa\alpha_{k-1}^2,
$$

其中 $\overset{c}{=}$ 和 $\overset{d}{=}$ 使用了 (5.56),$\overset{e}{=}$ 使用了 (5.64).

将 (5.63) 中 $k-1$ 设置成 k,并将 (5.66) 代入 (5.63),我们能够得到 (5.65).

步骤 4：令 $\lambda_k = \prod_{i=0}^{k-1}(1-\alpha_i)$，证明如下不等式：

$$\begin{aligned}&\frac{1}{\lambda_k}\left(F(\mathrm{x}_k)-F^*+\frac{\gamma_k}{2}\|\mathrm{x}^*-\mathrm{v}_k\|^2\right)\\ \leqslant\ &\phi_0(\mathrm{x}^*)-F^*+\sum_{i=1}^{k}\frac{\epsilon_i}{\lambda_i}+\sum_{i=1}^{k}\frac{\sqrt{2\epsilon_i\gamma_i}}{\lambda_i}\|\mathrm{x}^*-\mathrm{v}_i\|.\end{aligned} \tag{5.67}$$

步骤 4 的证明：根据 $\phi_k(\mathrm{x})$ 的定义，我们有

$$\begin{aligned}\phi_k(\mathrm{x}^*)=\ &(1-\alpha_{k-1})\phi_{k-1}(\mathrm{x}^*)\\ &+\alpha_{k-1}\left(F(\mathrm{x}_k)+\langle\kappa(\mathrm{y}_{k-1}-\mathrm{x}_k),\mathrm{x}^*-\mathrm{x}_k\rangle+\frac{\mu}{2}\|\mathrm{x}^*-\mathrm{x}_k\|^2\right)\\ \overset{a}{\leqslant}\ &(1-\alpha_{k-1})\phi_{k-1}(\mathrm{x}^*)\\ &+\alpha_{k-1}\left[F(\mathrm{x}^*)+\epsilon_k-(\kappa+\mu)\left\langle\mathrm{x}_k-\mathrm{x}_k^*,\mathrm{x}^*-\mathrm{x}_k\right\rangle\right],\end{aligned}$$

其中 $\overset{a}{\leqslant}$ 使用了 (5.61). 整理上式并利用定义

$$\xi_k=(1-\alpha_{k-1})\left(\xi_{k-1}+\epsilon_k-(\kappa+\mu)\left\langle\mathrm{x}_k-\mathrm{x}_k^*,\mathrm{x}_{k-1}-\mathrm{x}_k\right\rangle\right),$$

我们有

$$\begin{aligned}&\phi_k(\mathrm{x}^*)+\xi_k-F^*\\ \leqslant\ &(1-\alpha_{k-1})(\phi_{k-1}(\mathrm{x}^*)+\xi_{k-1}-F^*)+\epsilon_k\\ &-(\kappa+\mu)\left\langle\mathrm{x}_k-\mathrm{x}_k^*,(1-\alpha_{k-1})\mathrm{x}_{k-1}+\alpha_{k-1}\mathrm{x}^*-\mathrm{x}_k\right\rangle\\ \overset{a}{\leqslant}\ &(1-\alpha_{k-1})(\phi_{k-1}(\mathrm{x}^*)+\xi_{k-1}-F^*)+\epsilon_k+\sqrt{2\epsilon_k\gamma_k}\|\mathrm{x}^*-\mathrm{v}_k\|,\end{aligned} \tag{5.68}$$

其中 $F^*=F(\mathrm{x}^*)$，另外 $\overset{a}{=}$ 使用了

$$\begin{aligned}&-(\kappa+\mu)\left\langle\mathrm{x}_k-\mathrm{x}_k^*,(1-\alpha_{k-1})\mathrm{x}_{k-1}+\alpha_{k-1}\mathrm{x}^*-\mathrm{x}_k\right\rangle\\ \overset{a}{=}&-\alpha_{k-1}(\kappa+\mu)\left\langle\mathrm{x}_k-\mathrm{x}_k^*,\mathrm{x}^*-\mathrm{v}_k\right\rangle\\ \leqslant\ &\alpha_{k-1}(\kappa+\mu)\|\mathrm{x}_k-\mathrm{x}_k^*\|\|\mathrm{x}^*-\mathrm{v}_k\|\\ \overset{b}{\leqslant}\ &\alpha_{k-1}\sqrt{2(\kappa+\mu)\epsilon_k}\|\mathrm{x}^*-\mathrm{v}_k\|\overset{c}{=}\sqrt{2\epsilon_k\gamma_k}\|\mathrm{x}^*-\mathrm{v}_k\|,\end{aligned}$$

其中 $\overset{a}{=}$ 使用了 (5.66)，$\overset{b}{\leqslant}$ 使用了 (A.10)，$\overset{c}{=}$ 使用了 (5.64).

将 (5.68) 两边除以 λ_k，并将结果从 $k=1$ 加到 k，我们有

$$\frac{1}{\lambda_k}\left(\phi_k(\mathrm{x}^*)+\xi_k-F^*\right)\leqslant\phi_0(\mathrm{x}^*)-F^*+\sum_{i=1}^{k}\frac{\epsilon_i}{\lambda_i}+\sum_{i=1}^{k}\frac{\sqrt{2\epsilon_i\gamma_i}}{\lambda_i}\|\mathrm{x}^*-\mathrm{v}_i\|.$$

根据 $\phi_k(\mathrm{x}^*)$ 的定义，我们有

$$\phi_k(\mathrm{x}^*)+\xi_k - F^* = \phi_k^* + \xi_k - F^* + \frac{\gamma_k}{2}\|\mathrm{x}^* - \mathrm{v}_k\|^2 \overset{a}{\geqslant} F(\mathrm{x}_k) - F^* + \frac{\gamma_k}{2}\|\mathrm{x}^* - \mathrm{v}_k\|^2,$$

其中 $\overset{a}{\geqslant}$ 使用了 (5.60). 于是得到 (5.67).

步骤 5：设置 $u_i = \sqrt{\frac{\gamma_i}{2\lambda_i}}\|\mathrm{x}^* - \mathrm{v}_i\|$，$\alpha_i = 2\sqrt{\frac{\epsilon_i}{\lambda_i}}$，和 $S_k = \phi_0(\mathrm{x}^*) - F^* + \sum_{i=1}^k \frac{\epsilon_i}{\lambda_i}$，由于 (5.67) 与 $F(\mathrm{x}) - F^* \geqslant 0$，引理 8 的 (2.36) 成立. 根据引理 8，我们有

$$F(\mathrm{x}_k) - F^* \overset{a}{\leqslant} \lambda_k\left(S_k + \sum_{i=1}^k \alpha_i u_i\right) \leqslant \lambda_k\left(\sqrt{S_k} + 2\sum_{i=1}^k\sqrt{\frac{\epsilon_i}{\lambda_i}}\right)^2, \tag{5.69}$$

其中 $\overset{a}{\leqslant}$ 使用了 (5.67).

步骤 6：我们证明定理 37. 设置 $\alpha_0 = \sqrt{q} = \sqrt{\frac{\mu}{\mu+\kappa}}$，对于 $k \geqslant 0$，我们有 $\alpha_k = \sqrt{q}$，且 $\lambda_k = (1-\sqrt{q})^k$ 和 $\gamma_0 = \mu$. 根据 $F(\cdot)$ 的 μ-强凸性，我们有 $\frac{\gamma_0}{2}\|\mathrm{x}_0 - \mathrm{x}^*\|^2 \leqslant F(\mathrm{x}_0) - F^*$. 故

$$\begin{aligned}
\sqrt{S_k} + 2\sum_{i=1}^k\sqrt{\frac{\epsilon_i}{\lambda_i}} &= \sqrt{F(\mathrm{x}_0) - F^* + \frac{\gamma_0}{2}\|\mathrm{x}_0 - \mathrm{x}_*\|^2 + \sum_{i=1}^k\frac{\epsilon_i}{\lambda_i}} + 2\sum_{i=1}^k\sqrt{\frac{\epsilon_i}{\lambda_i}} \\
&\leqslant \sqrt{F(\mathrm{x}_0) - F^* + \frac{\gamma_0}{2}\|\mathrm{x}_0 - \mathrm{x}_*\|^2} + 3\sum_{i=1}^k\sqrt{\frac{\epsilon_i}{\lambda_i}} \\
&\leqslant \sqrt{2(F(\mathrm{x}_0) - F^*)} + 3\sum_{i=1}^k\sqrt{\frac{\epsilon_i}{\lambda_i}} \\
&= \sqrt{2(F(\mathrm{x}_0) - F^*)}\left[1 + \sum_{i=1}^k\left(\sqrt{\frac{1-\rho}{1-\sqrt{q}}}\right)^i\right] \\
&= \sqrt{2(F(\mathrm{x}_0) - F^*)}\frac{\eta^{k+1} - 1}{\eta - 1} \\
&\leqslant \sqrt{2(F(\mathrm{x}_0) - F^*)}\frac{\eta^{k+1}}{\eta - 1},
\end{aligned}$$

其中我们设置了 $\eta = \sqrt{\frac{1-\rho}{1-\sqrt{q}}}$. 于是根据 (5.69)，我们有

$$F(\mathrm{x}_k) - F^* \leqslant 2\lambda_k(F(\mathrm{x}_0) - F^*)\left(\frac{\eta^{k+1}}{\eta - 1}\right)^2$$

$$
\begin{aligned}
&\overset{a}{\leqslant} 2\left(\frac{\eta}{\eta-1}\right)^2(1-\rho)^k(F(\mathrm{x}_0)-F^*)\\
&=2\left(\frac{\sqrt{1-\rho}}{\sqrt{1-\rho}-\sqrt{1-\sqrt{q}}}\right)^2(1-\rho)^k(F(\mathrm{x}_0)-F^*)\\
&=2\left(\frac{1}{\sqrt{1-\rho}-\sqrt{1-\sqrt{q}}}\right)^2(1-\rho)^{k+1}(F(\mathrm{x}_0)-F^*),
\end{aligned}
$$

其中 $\overset{a}{\leqslant}$ 使用了 $\lambda_k=\prod_{i=0}^{k-1}(1-\alpha_i)\leqslant\left(1-\sqrt{q}\right)^k$. 利用 $\sqrt{1-x}+\frac{x}{2}$ 是单调递减的,我们有 $\sqrt{1-\rho}+\frac{\rho}{2}\geqslant\sqrt{1-\sqrt{q}}+\frac{\sqrt{q}}{2}$. 故

$$
F(\mathrm{x}_k)-F^*\leqslant\frac{8}{\left(\sqrt{q}-\rho\right)^2}(1-\rho)^{k+1}\left(F(\mathrm{x}_0)-F^*\right). \tag{5.70}
$$

证毕. □

通过对算法 5.4 中的参数进行特殊选取,我们可以给出在各自非凸情况下的收敛速度.

定理 39: 对于 (5.3),假设每个 $f_i(\mathrm{x})$ 是 L-光滑的,$f(\mathrm{x})$ 是凸的且 $h(\mathrm{x})$ 是 μ-强凸的,$\frac{L}{\mu}\geqslant n^{1/2}$. 那么对于算法 5.4,设置 $\kappa=\frac{L}{\sqrt{n}-1}$ 并在第 3 步使用 SVRG 求解并运行 $O(n\log(1/\epsilon))$ 步,则 $O\left(n^{3/4}\sqrt{L/\mu}\log^2(1/\epsilon)\right)$ 次 IFO 即可求得一个ϵ-精度解.

5.3 非凸情况

在这一节, 我们考虑一个困难的情况: $f(\mathrm{x})$ 是非凸的. 我们仅考虑 $h(\mathrm{x})\equiv 0$ 的情况, 并且我们分析寻求一个满足 $\|\nabla f(\mathrm{x})\|\leqslant\epsilon$ 的一阶临界点所需要的增量一阶访问次数. 在各自凸情况,SVRG [Johnson and Zhang, 2013] 在 n 充分大时 ($n\geqslant\frac{L}{\mu}$) 已经达到几乎最优的速度. 但是对于非凸情况,SVRG 并不是最优的. 我们将介绍随机路径积分差分估计子 (Stochastic Path-Integrated Differential EstimatoR, SPIDER) [Fang et al., 2018], 它能够帮助我们以在忽略常数的意义下几乎最优的 $O\left(\frac{n^{1/2}}{\epsilon^2}\right)$ 复杂度达到一个一阶临界点. 接下来, 我们说明如果目标函数的海森矩阵是 Lipschitz 连续的, 则冲量技巧在$n\ll\kappa=L/\mu$时可以进一步加快收敛速度.

5.3.1 随机路径积分差分估计子

随机路径积分差分估计子（SPIDER）[Fang et al., 2018] 技巧是一种激进的方差缩减方法．它能够用更少的增量一阶访问次数来追踪我们感兴趣的量．我们考虑一个确定的向量 $Q(\mathrm{x})$．假设我们有观测序列 $\hat{\mathrm{x}}_{0:K}$，希望动态地对 $k=0,1,\cdots,K$ 追踪 $Q(\hat{\mathrm{x}}^k)$．进一步地，假设我们有一个初始的估计 $\tilde{Q}(\hat{\mathrm{x}}^0)\approx Q(\hat{\mathrm{x}}^0)$，并且有对 $Q(\hat{\mathrm{x}}^k)-Q(\hat{\mathrm{x}}^{k-1})$ 的无偏估计 $\xi_k(\hat{\mathrm{x}}_{0:k})$．则对 $k=1,\cdots,K$，我们有

$$\mathbb{E}\left[\xi_k(\hat{\mathrm{x}}_{0:k})\mid \hat{\mathrm{x}}_{0:k}\right]=Q(\hat{\mathrm{x}}^k)-Q(\hat{\mathrm{x}}^{k-1}).$$

我们可以累加随机差分估计

$$\tilde{Q}(\hat{\mathrm{x}}_{0:K})\equiv\tilde{Q}(\hat{\mathrm{x}}^0)+\sum_{k=1}^{K}\xi_k(\hat{\mathrm{x}}_{0:k}).\tag{5.71}$$

我们把 $\tilde{Q}(\hat{\mathrm{x}}_{0:K})$ 称作随机路径积分差分估计子（Stochastic Path-Integrated Differential EstimatoR，SPIDER）．我们有

命题 2：我们有鞅（见定义9）的方差上界：

$$\begin{aligned}&\mathbb{E}\left\|\tilde{Q}(\hat{\mathrm{x}}_{0:K})-Q(\hat{\mathrm{x}}^K)\right\|^2\\=&\mathbb{E}\left\|\tilde{Q}(\hat{\mathrm{x}}^0)-Q(\hat{\mathrm{x}}^0)\right\|^2+\sum_{k=1}^{K}\mathbb{E}\left\|\xi_k(\hat{\mathrm{x}}_{0:k})-(Q(\hat{\mathrm{x}}^k)-Q(\hat{\mathrm{x}}^{k-1}))\right\|^2.\end{aligned}\tag{5.72}$$

可以根据鞅的性质证明命题 2．

现在，令 $\mathcal{B}_i$ 是 $\mathrm{x}\in\mathbb{R}^d$ 到一个随机估计 $\mathcal{B}_i(\mathrm{x})$ 的映射，其中 $\mathcal{B}(\mathrm{x})$ 表示估计的真实值．在第 k 次迭代，从 $[n]$ 中重复采 $|S_*|$ 个样本，构成集合 S_*．让随机估计 $\mathcal{B}_{S_*}=(1/|S_*|)\sum_{i\in S_*}\mathcal{B}_i$ 满足

$$\mathbb{E}\left\|\mathcal{B}_i(\mathrm{x})-\mathcal{B}_i(\mathrm{y})\right\|^2\leqslant L_{\mathcal{B}}^2\|\mathrm{x}-\mathrm{y}\|^2.\tag{5.73}$$

另外对于 $k=1,\cdots,K$，令 $\left\|\mathrm{x}^k-\mathrm{x}^{k-1}\right\|\leqslant\epsilon_1$．最后，我们令 $\mathcal{B}(\mathrm{x}^k)$ 的估计 $\mathcal{V}^k$ 为

$$\mathcal{V}^k=\mathcal{B}_{S_*}(\mathrm{x}^k)-\mathcal{B}_{S_*}(\mathrm{x}^{k-1})+\mathcal{V}^{k-1}.$$

使用命题 2，我们可以得到如下引理．它给出了 $\mathcal{V}^k$ 的方差上界．

引理 52：在条件 (5.73) 下，对于所有的 $k=1,\cdots,K$，我们有

$$\mathbb{E}\left\|\mathcal{V}^k-\mathcal{B}(\mathrm{x}^k)\right\|^2\leqslant\frac{kL_{\mathcal{B}}^2\epsilon_1^2}{|S_*|}+\mathbb{E}\left\|\mathcal{V}^0-\mathcal{B}(\mathrm{x}^0)\right\|^2.\tag{5.74}$$

证明. 对任意的 $k > 0$，利用命题 2（让 $\tilde{Q} = \mathcal{V}$），我们有

$$\mathbb{E}_k\left\|\mathcal{V}^k - \mathcal{B}(\mathrm{x}^k)\right\|^2 = \mathbb{E}_k\left\|\mathcal{B}_{S_*}(\mathrm{x}^k) - \mathcal{B}(\mathrm{x}^k) - \mathcal{B}_{S_*}(\mathrm{x}^{k-1}) + \mathcal{B}(\mathrm{x}^{k-1})\right\|^2 + \left\|\mathcal{V}^{k-1} - \mathcal{B}(\mathrm{x}^{k-1})\right\|^2. \tag{5.75}$$

则

$$\begin{aligned}
&\mathbb{E}_k\left\|\mathcal{B}_{S_*}(\mathrm{x}^k) - \mathcal{B}(\mathrm{x}^k) - \mathcal{B}_{S_*}(\mathrm{x}^{k-1}) + \mathcal{B}(\mathrm{x}^{k-1})\right\|^2 \\
\overset{a}{=}& \frac{1}{|S_*|}\mathbb{E}\left\|\mathcal{B}_i(\mathrm{x}^k) - \mathcal{B}(\mathrm{x}^k) - \mathcal{B}_i(\mathrm{x}^{k-1}) + \mathcal{B}(\mathrm{x}^{k-1})\right\|^2 \\
\overset{b}{\leqslant}& \frac{1}{|S_*|}\mathbb{E}\left\|\mathcal{B}_i(\mathrm{x}^k) - \mathcal{B}_i(\mathrm{x}^{k-1})\right\|^2 \\
\overset{c}{\leqslant}& \frac{1}{|S_*|}L_{\mathcal{B}}^2\mathbb{E}\left\|\mathrm{x}^k - \mathrm{x}^{k-1}\right\|^2 \leqslant \frac{L_{\mathcal{B}}^2\epsilon_1^2}{|S_*|},
\end{aligned} \tag{5.76}$$

其中 $\overset{a}{=}$ 使用了 S_* 从 $[n]$ 中独立均匀采样，所以方差缩小了 $\frac{1}{|S_*|}$ 倍. 在 $\overset{b}{\leqslant}$ 和 $\overset{c}{\leqslant}$ 中，我们分别使用了命题4和 (5.73).

将 (5.76) 代入 (5.75)，我们有

$$\mathbb{E}_k\left\|\mathcal{V}^k - \mathcal{B}(\mathrm{x}^k)\right\|^2 \leqslant \frac{L_{\mathcal{B}}^2\epsilon_1^2}{|S_*|} + \left\|\mathcal{V}^{k-1} - \mathcal{B}(\mathrm{x}^{k-1})\right\|^2. \tag{5.77}$$

将上式从 $k' = k - 1$ 加到 0，并运用重期望律（见命题 6），我们有

$$\mathbb{E}\left\|\mathcal{V}^k - \mathcal{B}(\mathrm{x}^k)\right\|^2 \leqslant \frac{kL_{\mathcal{B}}^2\epsilon_1^2}{|S_*|} + \mathbb{E}\left\|\mathcal{V}^0 - \mathcal{B}(\mathrm{x}^0)\right\|^2. \tag{5.78}$$

□

使用 SPIDER 来求解问题 (5.22) 的算法细节见算法 5.5. 我们有如下定理.

定理 40：对于优化问题 (5.22) 的在线情况（$n = \infty$），假设每个 $f_i(\mathrm{x})$ 是 L-光滑的且 $\mathbb{E}\|\nabla f_i(\mathrm{x}) - \nabla f(\mathrm{x})\|^2 \leqslant \sigma^2$. 将 S_1、S_2、η 和 q 设置为

$$S_1 = \frac{2\sigma^2}{\epsilon^2},\ S_2 = \frac{2\sigma}{\epsilon n_0},\ \eta = \frac{\epsilon}{Ln_0},\ \eta_k = \min\left(\frac{\epsilon}{Ln_0\|\mathrm{v}^k\|}, \frac{1}{2Ln_0}\right),\ q = \frac{\sigma n_0}{\epsilon}, \tag{5.79}$$

并令 $K = \lfloor (4L\Delta n_0)\epsilon^{-2} \rfloor + 1$. 则运行算法 5.5 的选项 II 模式进行 K 步迭代后输出的 $\tilde{\mathrm{x}}$ 满足

$$\mathbb{E}\|\nabla f(\tilde{\mathrm{x}})\| \leqslant 5\epsilon, \tag{5.80}$$

其中 $\Delta = f(\mathrm{x}^0) - f^*$ ($f^* = \inf_{\mathrm{x}} f(\mathrm{x})$). 对任意的 $n_0 \in [1, 2\sigma/\epsilon]$,算法需要的 IFO 次数为 $24L\Delta\sigma \cdot \epsilon^{-3} + 2\sigma^2\epsilon^{-2} + 6\sigma n_0^{-1}\epsilon^{-1}$. 令 Δ、L 和 σ 为常数,需要的 IFO 次数为 $O(\epsilon^{-3})$.

为了证明定理 40,我们首先准备如下引理.

引理 53: 按照 (5.79) 设置 S_1、S_2、η 和 q. 令 $k_0 = \lfloor k/q \rfloor \cdot q$,我们有

$$\mathbb{E}_{k_0}\left[\left\|\mathrm{v}^k - \nabla f(\mathrm{x}^k)\right\|^2 \middle| \mathrm{x}_{0:k_0}\right] \leqslant \epsilon^2, \tag{5.81}$$

其中 $\mathbb{E}_{k_0}$ 表示给定 x_{k_0} 对 $\mathrm{x}_{(k_0+1):k}$ 中的随机数求条件期望.

证明. 对于 $k = k_0$,我们有

$$\mathbb{E}_{k_0}\left\|\mathrm{v}^{k_0} - \nabla f(\mathrm{x}^{k_0})\right\|^2 = \mathbb{E}_{k_0}\left\|\nabla f_{S_1}(\mathrm{x}^{k_0}) - \nabla f(\mathrm{x}^{k_0})\right\|^2 \leqslant \frac{\sigma^2}{S_1} = \frac{\epsilon^2}{2}. \tag{5.82}$$

由算法 5.5 的第 15 步,对于所有的 $k \geqslant 0$,我们有

$$\left\|\mathrm{x}^{k+1} - \mathrm{x}^k\right\| = \min\left(\frac{\epsilon}{Ln_0\|\mathrm{v}^k\|}, \frac{1}{2Ln_0}\right)\|\mathrm{v}^k\| \leqslant \frac{\epsilon}{Ln_0}. \tag{5.83}$$

算法 5.5 SPIDER 用于寻求一个一阶临界点(SPIDER-SFO)

1: 输入 $\mathrm{x}^0, q, S_1, S_2, n_0, \epsilon$, 和 $\tilde{\epsilon}$.
2: **for** $k = 0, 1, 2, \cdots, K$ **do**
3:   **if** mod $(k, q) = 0$ **then**
4:     采 S_1 个样本(对于有限和问题计算全梯度),令 $\mathrm{v}^k = \nabla f_{S_1}(\mathrm{x}^k)$.
5:   **else**
6:     采 S_2 个样本,令 $\mathrm{v}^k = \nabla f_{S_2}(\mathrm{x}^k) - \nabla f_{S_2}(\mathrm{x}^{k-1}) + \mathrm{v}^{k-1}$.
7:   **end if**

8: **选项 I** ◇ 以高概率获得结果
9:   **if** $\|\mathrm{v}^k\| \leqslant 2\tilde{\epsilon}$ **then**
10:     **return** x^k.
11:   **else**
12:     $\mathrm{x}^{k+1} = \mathrm{x}^k - \eta \cdot (\mathrm{v}^k/\|\mathrm{v}^k\|)$, 其中 $\eta = \frac{\epsilon}{Ln_0}$.
13:   **end if**

14: **选项 II** ◇ 在期望意义获得结果
15:   $\mathrm{x}^{k+1} = \mathrm{x}^k - \eta_k \mathrm{v}^k$, 其中$\eta_k = \min\left(\frac{\epsilon}{Ln_0\|\mathrm{v}^k\|}, \frac{1}{2Ln_0}\right)$.
16: **end for** k

17: **选项 I**:返回 x^K. ◇ 该行以高概率不会被执行

18: **选项 II**:从 $\{\mathrm{x}^k\}_{k=0}^{K-1}$ 中等概率随机选择一个值作为输出 $\tilde{\mathrm{x}}$ 返回.

利用引理 52，令 $\epsilon_1 = \epsilon/(Ln_0)$，$S_2 = 2\sigma/(\epsilon n_0)$ 和 $K = k - k_0 \leqslant q = \sigma n_0/\epsilon$，我们有

$$\mathbb{E}_{k_0}\left\|\mathrm{v}^k - \nabla f(\mathrm{x}^k)\right\|^2 \leqslant \frac{\sigma n_0}{\epsilon}\cdot L^2\cdot\left(\frac{\epsilon}{Ln_0}\right)^2\cdot\frac{\epsilon n_0}{2\sigma} + \mathbb{E}_{k_0}\left\|\mathrm{v}^{k_0} - \nabla f(\mathrm{x}^{k_0})\right\|^2 \overset{a}{\leqslant} \epsilon^2,$$

其中 $\overset{a}{\leqslant}$ 使用了 (5.82). 证毕. □

引理 **54**：设置 $k_0 = \lfloor k/q \rfloor \cdot q$，我们有

$$\mathbb{E}_{k_0}\left[f(\mathrm{x}^{k+1}) - f(\mathrm{x}^k)\right] \leqslant -\frac{\epsilon}{4Ln_0}\mathbb{E}_{k_0}\left\|\mathrm{v}^k\right\| + \frac{3\epsilon^2}{4n_0L}. \tag{5.84}$$

证明. 首先

$$\begin{aligned}\|\nabla f(\mathrm{x}) - \nabla f(\mathrm{y})\|^2 = \|\mathbb{E}_i\left(\nabla f_i(\mathrm{x}) - \nabla f_i(\mathrm{y})\right)\|^2 &\leqslant \mathbb{E}_i\|\nabla f_i(\mathrm{x}) - \nabla f_i(\mathrm{y})\|^2\\ &\leqslant L^2\|\mathrm{x}-\mathrm{y}\|^2.\end{aligned}$$

故 $f(\mathrm{x})$ 是 L-光滑的，于是

$$\begin{aligned}f(\mathrm{x}^{k+1}) &\leqslant f(\mathrm{x}^k) + \left\langle\nabla f(\mathrm{x}^k), \mathrm{x}^{k+1} - \mathrm{x}^k\right\rangle + \frac{L}{2}\left\|\mathrm{x}^{k+1} - \mathrm{x}^k\right\|^2\\ &= f(\mathrm{x}^k) - \eta_k\left\langle\nabla f(\mathrm{x}^k), \mathrm{v}^k\right\rangle + \frac{L\eta_k^2}{2}\left\|\mathrm{v}^k\right\|^2\\ &= f(\mathrm{x}^k) - \eta_k\left(1 - \frac{\eta_k L}{2}\right)\left\|\mathrm{v}^k\right\|^2 - \eta_k\left\langle\nabla f(\mathrm{x}^k) - \mathrm{v}^k, \mathrm{v}^k\right\rangle\\ &\overset{a}{\leqslant} f(\mathrm{x}^k) - \eta_k\left(\frac{1}{2} - \frac{\eta_k L}{2}\right)\left\|\mathrm{v}^k\right\|^2 + \frac{\eta_k}{2}\left\|\mathrm{v}^k - \nabla f(\mathrm{x}^k)\right\|^2,\end{aligned} \tag{5.85}$$

其中 $\overset{a}{\leqslant}$ 使用了 Cauchy-Schwartz 不等式. 因为

$$\eta_k = \min\left(\frac{\epsilon}{Ln_0\|\mathrm{v}^k\|}, \frac{1}{2Ln_0}\right) \leqslant \frac{1}{2Ln_0} \leqslant \frac{1}{2L},$$

我们有

$$\begin{aligned}\eta_k\left(\frac{1}{2} - \frac{\eta_k L}{2}\right)\left\|\mathrm{v}^k\right\|^2 \geqslant \frac{1}{4}\eta_k\left\|\mathrm{v}^k\right\|^2 &= \frac{\epsilon^2}{8n_0L}\min\left(2\left\|\frac{\mathrm{v}^k}{\epsilon}\right\|, \left\|\frac{\mathrm{v}^k}{\epsilon}\right\|^2\right)\\ &\overset{a}{\geqslant} \frac{\epsilon\|\mathrm{v}^k\| - 2\epsilon^2}{4n_0L},\end{aligned}$$

其中 $\overset{a}{\geqslant}$ 使用了对于所有 x，$\min\left(|x|, \frac{x^2}{2}\right) \geqslant |x| - 2$. 因此

$$f(\mathrm{x}^{k+1}) \leqslant f(\mathrm{x}^k) - \frac{\epsilon\|\mathrm{v}^k\|}{4Ln_0} + \frac{\epsilon^2}{2n_0L} + \frac{\eta_k}{2}\left\|\mathrm{v}^k - \nabla f(\mathrm{x}^k)\right\|^2$$

$$\overset{a}{\leqslant} f(\mathrm{x}^k) - \frac{\epsilon\|\mathrm{v}^k\|}{4Ln_0} + \frac{\epsilon^2}{2n_0L} + \frac{1}{4Ln_0}\left\|\mathrm{v}^k - \nabla f(\mathrm{x}^k)\right\|^2, \quad (5.86)$$

其中 $\overset{a}{\leqslant}$ 使用了 $\eta_k \leqslant \frac{1}{2Ln_0}$.

对上式求期望并使用引理 53,我们有

$$\mathbb{E}_{k_0} f(\mathrm{x}^{k+1}) - \mathbb{E}_{k_0} f(\mathrm{x}^k) \leqslant -\frac{\epsilon}{4Ln_0}\mathbb{E}_{k_0}\left\|\mathrm{v}^k\right\| + \frac{3\epsilon^2}{4Ln_0}. \quad (5.87)$$

□

引理 55: 对所有 $k \geqslant 0$,我们有

$$\mathbb{E}\left\|\nabla f(\mathrm{x}^k)\right\| \leqslant \mathbb{E}\left\|\mathrm{v}^k\right\| + \epsilon. \quad (5.88)$$

证明. 对 (5.81) 求全期望,我们有

$$\mathbb{E}\left\|\mathrm{v}^k - \nabla f(\mathrm{x}^k)\right\|^2 \leqslant \epsilon^2. \quad (5.89)$$

利用詹森不等式(见命题 5),

$$\left(\mathbb{E}\left\|\mathrm{v}^k - \nabla f(\mathrm{x}^k)\right\|\right)^2 \leqslant \mathbb{E}\left\|\mathrm{v}^k - \nabla f(\mathrm{x}^k)\right\|^2 \leqslant \epsilon^2.$$

接着利用三角不等式,有

$$\begin{aligned}\mathbb{E}\left\|\nabla f(\mathrm{x}^k)\right\| &= \mathbb{E}\left\|\mathrm{v}^k - (\mathrm{v}^k - \nabla f(\mathrm{x}^k))\right\| \\ &\leqslant \mathbb{E}\left\|\mathrm{v}^k\right\| + \mathbb{E}\left\|\mathrm{v}^k - \nabla f(\mathrm{x}^k)\right\| \leqslant \mathbb{E}\left\|\mathrm{v}^k\right\| + \epsilon. \quad (5.90)\end{aligned}$$

证毕.

□

现在我们证明定理 40.

证明. (定理 40 的证明)对 (5.84) 求全期望,并将结果从 $k=0$ 加到 $K-1$,我们有

$$\frac{\epsilon}{4Ln_0}\sum_{k=0}^{K-1}\mathbb{E}\left\|\mathrm{v}^k\right\| \leqslant f(\mathrm{x}^0) - \mathbb{E}f(\mathrm{x}^K) + \frac{3K\epsilon^2}{4Ln_0} \overset{a}{\leqslant} \Delta + \frac{3K\epsilon^2}{4Ln_0}, \quad (5.91)$$

其中 $\overset{a}{\leqslant}$ 使用了 $\mathbb{E}f(\mathrm{x}^K) \geqslant f^*$.

将 (5.91) 两边同时除以 $\frac{\epsilon}{4Ln_0}K$ 并使用 $K = \left\lfloor \frac{4L\Delta n_0}{\epsilon^2} \right\rfloor + 1 \geqslant \frac{4L\Delta n_0}{\epsilon^2}$，我们有

$$\frac{1}{K}\sum_{k=0}^{K-1}\mathbb{E}\left\|\mathrm{v}^k\right\| \leqslant \Delta \cdot \frac{4Ln_0}{\epsilon}\frac{1}{K} + 3\epsilon \leqslant 4\epsilon. \tag{5.92}$$

从算法5.5 的第 18 步中 $\tilde{\mathrm{x}}$ 的定义，我们有

$$\mathbb{E}\|\nabla f(\tilde{\mathrm{x}})\| = \frac{1}{K}\sum_{k=0}^{K-1}\mathbb{E}\left\|\nabla f(\mathrm{x}^k)\right\| \overset{a}{\leqslant} \frac{1}{K}\sum_{k=0}^{K-1}\mathbb{E}\left\|\mathrm{v}^k\right\| + \epsilon \overset{b}{\leqslant} 5\epsilon, \tag{5.93}$$

其中 $\overset{a}{\leqslant}$ 和 $\overset{b}{\leqslant}$ 分别使用了 (5.88) 和 (5.92).

为了计算 IFO 次数，可以发现每 q 次迭代，要获取 S_1 个随机梯度与 q 倍的 $2S_2$ 次随机梯度访问. 所以总的 IFO 次数为

$$\begin{aligned}\left\lceil K \cdot \frac{1}{q}\right\rceil S_1 + 2KS_2 &\overset{a}{\leqslant} 3K \cdot S_2 + S_1\\ &\leqslant \left[3\left(\frac{4Ln_0\Delta}{\epsilon^2}\right) + 3\right]\frac{2\sigma}{\epsilon n_0} + \frac{2\sigma^2}{\epsilon^2}\\ &= \frac{24L\sigma\Delta}{\epsilon^3} + \frac{6\sigma}{n_0\epsilon} + \frac{2\sigma^2}{\epsilon^2},\end{aligned} \tag{5.94}$$

其中 $\overset{a}{\leqslant}$ 使用了 $S_1 = qS_2$. 证毕. □

定理 41：对于问题 (5.22) 的有限和情况 ($n < \infty$)，假设每个 $f_i(\mathrm{x})$ 是 L-光滑的，设置 S_2、η_k 和 q 为

$$S_2 = \frac{n^{1/2}}{n_0},\ \eta = \frac{\epsilon}{Ln_0},\ \eta_k = \min\left(\frac{\epsilon}{Ln_0\|\mathrm{v}^k\|}, \frac{1}{2Ln_0}\right),\ q = n_0 n^{1/2}, \tag{5.95}$$

设置 $K = \lfloor(4L\Delta n_0)\epsilon^{-2}\rfloor + 1$，并令 $S_1 = n$，即在算法 5.5 中第 4 步计算全梯度. 则运行算法 5.5 的选项 II 模式 K 步迭代之后输出的 $\tilde{\mathrm{x}}$ 满足

$$\mathbb{E}\|\nabla f(\tilde{\mathrm{x}})\| \leqslant 5\epsilon.$$

对于任意的 $n_0 \in [1, n^{1/2}]$，IFO 次数为 $n + 12(L\Delta)\cdot n^{1/2}\epsilon^{-2} + 3n_0^{-1}n^{1/2}$. 把 Δ 和 L 看成常数，IFO 次数为 $O(n + n^{1/2}\epsilon^{-2})$.

证明. 对于 $k = k_0$，我们有

$$\mathbb{E}_{k_0}\left\|\mathrm{v}^{k_0} - \nabla f(\mathrm{x}^{k_0})\right\|^2 = \mathbb{E}_{k_0}\left\|\nabla f(\mathrm{x}^{k_0}) - \nabla f(\mathrm{x}^{k_0})\right\|^2 = 0. \tag{5.96}$$

对于 $k \neq k_0$, 使用引理 52, 令 $\epsilon_1 = \dfrac{\epsilon}{Ln_0}$, $S_2 = \dfrac{n^{1/2}}{n_0}$ 和 $K = k - k_0 \leqslant q = n_0 n^{1/2}$, 我们有

$$\mathbb{E}_{k_0}\left\|\mathrm{v}^k - \nabla f(\mathrm{x}^k)\right\|^2 \leqslant n_0 n^{1/2} \cdot L^2 \cdot \left(\frac{\epsilon}{Ln_0}\right)^2 \cdot \frac{n_0}{n^{1/2}} + \mathbb{E}_{k_0}\left\|\mathrm{v}^{k_0} - \nabla f(\mathrm{x}^{k_0})\right\|^2 \overset{a}{=} \epsilon^2,$$

其中 $\overset{a}{=}$ 使用了 (5.96). 所以引理 53 对所有的 k 都满足. 使用和在线情况 ($n = \infty$) 相同的技巧, 可以得到 (5.83)、(5.84) 和 (5.93). IFO 次数为

$$\begin{aligned}\left\lceil K \cdot \frac{1}{q} \right\rceil S_1 + 2KS_2 &\overset{a}{\leqslant} 3K \cdot S_2 + S_1 \\ &\leqslant \left[3\left(\frac{4Ln_0\Delta}{\epsilon^2}\right) + 3\right]\frac{n^{1/2}}{n_0} + n \\ &= \frac{12(L\Delta) \cdot n^{1/2}}{\epsilon^2} + \frac{3n^{1/2}}{n_0} + n,\end{aligned} \tag{5.97}$$

其中 $\overset{a}{\leqslant}$ 使用了 $S_1 = qS_2$. 证毕. □

5.3.2 冲量加速

在寻求一阶临界点的问题中, 对于目标函数是 L-光滑的问题, SPIDER 是最优算法 . 所以仅在该条件下, 我们很难通过冲量技巧进一步加速算法. 然而, 如果我们对目标函数的海森矩阵做进一步假设, 则可以得到更快的收敛速度.

假设 4: 每个 $f_i(\mathrm{x})$ 的海森矩阵是 ρ-Lipschitz 连续的 (见定义 20).

加速非凸算法的技巧大致包括如下步骤:

1. 使用随机梯度运行一个高效的负曲率搜索 (Negative Curvature Search, NC-Search) 算法 , 以得到一个满足 δ-近似的负海森矩阵特征方向 w_1[㊀], 例如文献 [Garber et al., 2016] 中 Shift-and-Invert 技巧.
2. 如果负曲率搜索算法找到一个 w_1, 更新 $\mathrm{x}^{k+1} \leftarrow \mathrm{x}^k \pm (\delta/\rho)\mathrm{w}_1$.
3. 否则, 使用冲量加速技巧, 例如第 5.1.4 节中的 Catalyst [Lin et al., 2015], 来求解各自非凸问题:

$$\mathrm{x}^{k+1} = \arg\min_{\mathrm{x}}\left(f(\mathrm{x}) + \frac{\Omega(\delta)}{2}\|\mathrm{x} - \mathrm{x}^k\|^2\right).$$

㊀ 即给定点 $\mathrm{x} \in \mathbb{R}^d$, 判断 $\lambda_{\min}(\nabla^2 f(\mathrm{x})) \geqslant -2\delta$ 或者找到一个满足 $\mathrm{w}_1^T \nabla^2 f(\mathrm{x}) \mathrm{w}_1 \leqslant -\delta$ 的单位向量 w_1 (由于数值原因, 要在 -2δ 和 $-\delta$ 之间留一点空间).

如果 $\|\mathrm{x}^{k+1}-\mathrm{x}^k\| \geqslant \Omega(\delta)$,返回步骤 1, 否则输出 x^{k+1}.

我们介绍收敛速度如下.

定理 42: 假设利用文献 [Garber et al., 2016] 中的方法求解负曲率搜索问题, 利用定理 39 中的 Catalyst 算法求解各自非凸问题, 则经过 $\tilde{O}(n^{3/4}\epsilon^{-1.75})$ 次随机梯度访问可以得到一个满足 $\|\nabla f(\mathrm{x}_k)\| \leqslant \epsilon$ 和 $\lambda_{\min}(\nabla^2 f(\mathrm{x}_k)) \geqslant -\sqrt{\epsilon}$ 的 ϵ-精度解.

定理 42 证明较长, 我们在此省略证明. 值得注意的是, 当 n 比较大时, 例如 $n \geqslant \epsilon^{-1}$, 上述方法可能不一定比 SPIDER [Fang et al., 2018] 快. 所以目前寻求一个一阶临界点问题能够获得的最低复杂度为 $\tilde{O}(\min(n^{3/4}\epsilon^{-1.75}, n^{1/2}\epsilon^{-2}, \epsilon^{-3}))$. 感兴趣的读者可以参考 [Allen-Zhu and Li, 2018; Fang et al., 2018; Garber et al., 2016] 获得更多的细节.

5.4 带约束问题

在这一节, 我们将随机加速方法拓展到带约束的优化问题. 作为一个简单的例子, 我们考虑带线性约束的有限和问题

$$\begin{aligned}&\min_{\mathrm{x}_1,\mathrm{x}_2} h_1(\mathrm{x}_1)+f_1(\mathrm{x}_1)+h_2(\mathrm{x}_2)+\frac{1}{n}\sum_{i=1}^{n} f_{2,i}(\mathrm{x}_2), \\ &\text{s.t. } \mathrm{A}_1\mathrm{x}_1+\mathrm{A}_2\mathrm{x}_2=\mathrm{b},\end{aligned} \tag{5.98}$$

其中对于 $i \in [n]$, $f_1(\mathrm{x}_1)$ 和 $f_{2,i}(\mathrm{x}_2)$ 都是凸函数且梯度 Lipschitz 连续, 且 $h_1(\mathrm{x}_1)$ 和 $h_2(\mathrm{x}_2)$ 也是凸函数, 同时它们的邻近映射能被高效求解. 我们使用 L_1 表示 $f_1(\mathrm{x}_1)$ 梯度的 Lipschitz 常数, 对所有 $i \in [n]$, 我们用 L_2 表示 $f_{2,i}(\mathrm{x}_2)$ 梯度的 Lipschitz 常数. 令 $f_2(\mathrm{x}) = \frac{1}{n}\sum_{i=1}^{n} f_{2,i}(\mathrm{x})$. 我们说明融合方差缩减技巧和冲量技巧, 收敛速度可以提升到非遍历意义的$O(1/K)$.

我们将本节所用的一些记号和变量列在表 5.1 中. 算法有两重循环: 在内循环, 我们基于外推项 $\mathrm{y}_{s,1}^k$ 和 $\mathrm{y}_{s,2}^k$ 和对偶变量 λ_s^k 来更新原始变量 $\mathrm{x}_{s,1}^k$ 和 $\mathrm{x}_{s,2}^k$; 在外循环, 我们维护缓存变量 $\tilde{\mathrm{x}}_{s+1,1}$、$\tilde{\mathrm{x}}_{s+1,2}$ 和 $\tilde{\mathrm{b}}_{s+1}$, 并设置外推项 $\mathrm{y}_{s+1,1}^0$ 和 $\mathrm{y}_{s+1,2}^0$ 的初始值. 整个加速随机交替方向乘子法(Accelerated-Stochastic Alternating Direction Method of Multiplier, Acc-SADMM)的细节见算法5.6. 在求解原始变量的过程中, 我们线性化 $f_i(\mathrm{x}_i)$ 和增广项 $\frac{\beta}{2}\left\|\mathrm{A}_1\mathrm{x}_1+\mathrm{A}_2\mathrm{x}_2-\mathrm{b}+\frac{\lambda}{\beta}\right\|^2$. x_1 和 x_2 的更新规则如下:

表 5.1 记号及变量

记号	意义	变量	含义
$\langle \mathbf{x}, \mathbf{y}\rangle_G, \|\mathbf{x}\|_G$	$\mathbf{x}^T G\mathbf{y}, \sqrt{\mathbf{x}^T G\mathbf{x}}$	$\mathbf{y}_{s,1}^k, \mathbf{y}_{s,2}^k$	外推变量
$F_i(\mathbf{x}_i)$	$h_i(\mathbf{x}_i)+f_i(\mathbf{x}_i)$	$\mathbf{x}_{s,1}^k, \mathbf{x}_{s,2}^k$	原始变量
$\mathbf{x}$	$(\mathbf{x}_1^T, \mathbf{x}_2^T)^T$	$\tilde{\lambda}_s^k, \lambda_s^k, \hat{\lambda}^k$	对偶和临时变量
$\mathbf{y}$	$(\mathbf{y}_1^T, \mathbf{y}_2^T)^T$	$\tilde{\mathbf{x}}_{s,1}, \tilde{\mathbf{x}}_{s,2}, \tilde{\mathbf{b}}_s$	缓存变量（用于方差缩减技巧）
$F(\mathbf{x})$	$F_1(\mathbf{x}_1)+F_2(\mathbf{x}_2)$		
$\mathbf{A}$	$[\mathbf{A}_1, \mathbf{A}_2]$	$(\mathbf{x}_1^*, \mathbf{x}_2^*, \lambda^*)$	(5.98) 的 KKT 点
$\mathcal{I}_{k,s}$	批样本的下标集	b	批样本大小

$$
\begin{aligned}
\mathbf{x}_{s,1}^{k+1} = \operatorname*{argmin}_{\mathbf{x}_1} & \ h_1(\mathbf{x}_1) + \left\langle \nabla f_1(\mathbf{y}_{s,1}^k), \mathbf{x}_1 \right\rangle \\
& + \left\langle \frac{\beta}{\theta_{1,s}}\left(\mathbf{A}_1\mathbf{y}_{s,1}^k + \mathbf{A}_2\mathbf{y}_{s,2}^k - \mathbf{b}\right) + \lambda_s^k, \mathbf{A}_1\mathbf{x}_1 \right\rangle \\
& + \left(\frac{L_1}{2} + \frac{\beta\left\|\mathbf{A}_1^T\mathbf{A}_1\right\|}{2\theta_{1,s}}\right)\left\|\mathbf{x}_1 - \mathbf{y}_{s,1}^k\right\|^2
\end{aligned} \tag{5.99}
$$

和

$$
\begin{aligned}
\mathbf{x}_{s,2}^{k+1} = \operatorname*{argmin}_{\mathbf{x}_2} & \ h_2(\mathbf{x}_2) + \left\langle \tilde{\nabla} f_2(\mathbf{y}_{s,1}^k), \mathbf{x}_2 \right\rangle \\
& + \left\langle \frac{\beta}{\theta_{1,s}}\left(\mathbf{A}_1\mathbf{x}_{s,1}^{k+1} + \mathbf{A}_2\mathbf{y}_{s,2}^k - \mathbf{b}\right) + \lambda_s^k, \mathbf{A}_2\mathbf{x}_2 \right\rangle \\
& + \left(\frac{\left(1+\frac{1}{b\theta_2}\right)L_2}{2} + \frac{\beta\left\|\mathbf{A}_2^T\mathbf{A}_2\right\|}{2\theta_{1,s}}\right)\left\|\mathbf{x}_2 - \mathbf{y}_{s,2}^k\right\|^2,
\end{aligned} \tag{5.100}
$$

其中 $\tilde{\nabla} f_2(\mathbf{y}_{s,2}^k)$ 被定义为

$$
\tilde{\nabla} f_2(\mathbf{y}_{s,2}^k) = \frac{1}{b}\sum_{i_{k,s}\in\mathcal{I}_{k,s}}\left(\nabla f_{2,i_{k,s}}(\mathbf{y}_{s,2}^k) - \nabla f_{2,i_{k,s}}(\tilde{\mathbf{x}}_{s,2}) + \nabla f_2(\tilde{\mathbf{x}}_{s,2})\right),
$$

而 $\mathcal{I}_{k,s}$ 是从 $[n]$ 中随机抽取的 b 个样本的下标.

现在我们给出收敛性结果. Acc-SADMM（见算法5.6）在内循环的性质如下.

引理 56: 对于算法5.7, 对于任意的 s（为了简便, 我们在不必要的情况下省略下标 s）, 我们有

算法 5.6 加速随机交替方向乘子法（Acc-SADMM）

输入：内循环迭代次数 $m>2,\beta,\tau=2,c=2,\mathrm{x}_0^0=0,\tilde{\mathrm{b}}_0=0,\tilde{\lambda}_0^0=0,\tilde{\mathrm{x}}_0=\mathrm{x}_0^0$，$\mathrm{y}_0^0=\mathrm{x}_0^0,\theta_{1,s}=\frac{1}{c+\tau s}$ 和 $\theta_2=\frac{m-\tau}{\tau(m-1)}$.

for $s=0,1,2,\cdots,S-1$ **do**

在内循环运行算法5.7，

设置原始变量 $\mathrm{x}_{s+1}^0=\mathrm{x}_s^m$，

更新 $\tilde{\mathrm{x}}_{s+1}$：$\tilde{\mathrm{x}}_{s+1}=\frac{1}{m}\left(\left[1-\frac{(\tau-1)\theta_{1,s+1}}{\theta_2}\right]\mathrm{x}_s^m+\left[1+\frac{(\tau-1)\theta_{1,s+1}}{(m-1)\theta_2}\right]\sum_{k=1}^{m-1}\mathrm{x}_s^k\right)$，

更新对偶变量：$\tilde{\lambda}_{s+1}^0=\lambda_s^{m-1}+\beta(1-\tau)(\mathrm{A}_1\mathrm{x}_{s,1}^m+\mathrm{A}_2\mathrm{x}_{s,2}^m-\mathrm{b})$，

更新对偶缓存变量：$\tilde{\mathrm{b}}_{s+1}=\mathrm{A}_1\tilde{\mathrm{x}}_{s+1,1}+\mathrm{A}_2\tilde{\mathrm{x}}_{s+1,2}$.

更新外推项 y_{s+1}^0：

$$\mathrm{y}_{s+1}^0=(1-\theta_2)\mathrm{x}_s^m+\theta_2\tilde{\mathrm{x}}_{s+1}+\frac{\theta_{1,s+1}}{\theta_{1,s}}\left[(1-\theta_{1,s})\mathrm{x}_s^m-(1-\theta_{1,s}-\theta_2)\mathrm{x}_s^{m-1}-\theta_2\tilde{\mathrm{x}}_s\right].$$

end for s

输出:

$$\hat{\mathrm{x}}_S=\frac{1}{(m-1)(\theta_{1,S}+\theta_2)+1}\mathrm{x}_S^m+\frac{\theta_{1,S}+\theta_2}{(m-1)(\theta_{1,S}+\theta_2)+1}\sum_{k=1}^{m-1}\mathrm{x}_S^k.$$

$$\begin{aligned}
&\mathbb{E}_{i_k}\tilde{L}(\mathrm{x}_1^{k+1},\mathrm{x}_2^{k+1},\lambda^*)-\theta_2\tilde{L}(\tilde{\mathrm{x}}_1,\tilde{\mathrm{x}}_2,\lambda^*)-(1-\theta_2-\theta_1)\tilde{L}(\mathrm{x}_1^k,\mathrm{x}_2^k,\lambda^*)\\
\leqslant&\frac{\theta_1}{2\beta}\left(\left\|\hat{\lambda}^k-\lambda^*\right\|^2-\mathbb{E}_{i_k}\left\|\hat{\lambda}^{k+1}-\lambda^*\right\|^2\right)\\
&+\frac{1}{2}\left\|\mathrm{y}_1^k-(1-\theta_1-\theta_2)\mathrm{x}_1^k-\theta_2\tilde{\mathrm{x}}_1-\theta_1\mathrm{x}_1^*\right\|_{\mathrm{G}_1}^2\\
&-\frac{1}{2}\mathbb{E}_{i_k}\left\|\mathrm{x}_1^{k+1}-(1-\theta_1-\theta_2)\mathrm{x}_1^k-\theta_2\tilde{\mathrm{x}}_1-\theta_1\mathrm{x}_1^*\right\|_{\mathrm{G}_1}^2\\
&+\frac{1}{2}\left\|\mathrm{y}_2^k-(1-\theta_1-\theta_2)\mathrm{x}_2^k-\theta_2\tilde{\mathrm{x}}_2-\theta_1\mathrm{x}_2^*\right\|_{\mathrm{G}_2}^2\\
&-\frac{1}{2}\mathbb{E}_{i_k}\left\|\mathrm{x}_2^{k+1}-(1-\theta_1-\theta_2)\mathrm{x}_2^k-\theta_2\tilde{\mathrm{x}}_2-\theta_1\mathrm{x}_2^*\right\|_{\mathrm{G}_2}^2,
\end{aligned}\tag{5.101}$$

其中 $\mathbb{E}_{i_k}$ 表示只对 $\mathcal{I}_{k,s}$ 中的随机项求期望，$\tilde{L}(\mathrm{x}_1,\mathrm{x}_2,\lambda)=L(\mathrm{x}_1,\mathrm{x}_2,\lambda)-L(\mathrm{x}_1^*,\mathrm{x}_2^*,\lambda^*)$ 是平移后的拉格朗日函数，$L(\mathrm{x}_1,\mathrm{x}_2,\lambda)=F_1(\mathrm{x}_1)+F_2(\mathrm{x}_2)+\langle\lambda,\mathrm{A}_1\mathrm{x}_1+\mathrm{A}_2\mathrm{x}_2-\mathrm{b}\rangle$ 是拉格朗日函数，$\hat{\lambda}^k=\tilde{\lambda}^k+\frac{\beta(1-\theta_1)}{\theta_1}(\mathrm{A}\mathrm{x}^k-\mathrm{b})$，$\mathrm{G}_1=\left(L_1+\frac{\beta\left\|\mathrm{A}_1^T\mathrm{A}_1\right\|}{\theta_1}\right)\mathrm{I}-\frac{\beta\mathrm{A}_1^T\mathrm{A}_1}{\theta_1}$，和 $\mathrm{G}_2=\left[\left(1+\frac{1}{b\theta_2}\right)L_2+\frac{\beta\left\|\mathrm{A}_2^T\mathrm{A}_2\right\|}{\theta_1}\right]\mathrm{I}$. 其他的记号见表 5.1.

算法 5.7 加速随机交替方向乘子法（Acc-SADMM）的内循环

for $k = 0, 1, 2, \cdots, m-1$ **do**

更新对偶变量: $\lambda_s^k = \tilde{\lambda}_s^k + \frac{\beta\theta_2}{\theta_{1,s}}\left(A_1 x_{s,1}^k + A_2 x_{s,2}^k - \tilde{b}_s\right)$,

通过 (5.99) 更新 $x_{s,1}^{k+1}$,

通过 (5.100) 更新 $x_{s,2}^{k+1}$,

更新对偶变量 $\tilde{\lambda}_s^{k+1} = \lambda_s^k + \beta\left(A_1 x_{s,1}^{k+1} + A_2 x_{s,2}^{k+1} - b\right)$,

更新 y_s^{k+1}: $y_s^{k+1} = x_s^{k+1} + (1-\theta_{1,s}-\theta_2)(x_s^{k+1} - x_s^k)$.

end for k

证明. 步骤 1: 我们首先分析 x_1. 我们将通过 (5.99) 中 x_1^{k+1} 的最优性条件和 $F_1(\cdot)$ 的凸性证明

$$\begin{aligned}
&F_1(x_1^{k+1})\\
\leqslant&(1-\theta_1-\theta_2)F_1(x_1^k) + \theta_2 F_1(\tilde{x}_1) + \theta_1 F_1(x_1^*)\\
&-\left\langle A_1^T\bar{\lambda}(x_1^{k+1}, y_2^k), x_1^{k+1} - (1-\theta_1-\theta_2)x_1^k - \theta_2\tilde{x}_1 - \theta_1 x_1^*\right\rangle + \frac{L_1}{2}\left\|x_1^{k+1} - y_1^k\right\|^2\\
&-\left\langle x_1^{k+1} - y_1^k, x_1^{k+1} - (1-\theta_1-\theta_2)x_1^k - \theta_2\tilde{x}_1 - \theta_1 x^*\right\rangle_{G_1}.
\end{aligned} \tag{5.102}$$

(5.102) 的证明如下.

定义

$$\bar{\lambda}(x_1, x_2) = \lambda^k + \frac{\beta}{\theta_1}(A_1 x_1 + A_2 x_2 - b).$$

利用 (5.99) 中 x_1^{k+1} 的最优性条件，我们有

$$\begin{aligned}
&\left(L_1 + \frac{\beta\left\|A_1^T A_1\right\|}{\theta_1}\right)\left(x_1^{k+1} - y_1^k\right) + \nabla f_1(y_1^k) + A_1^T\bar{\lambda}(y_1^k, y_2^k)\\
&\in -\partial h_1(x_1^{k+1}).
\end{aligned} \tag{5.103}$$

由于 f_1 是 L_1-光滑的，我们有（为了不引入新记号，下文中 $\partial h(x)$ 也表示 $\partial h(x)$ 的一个元素）

$$\begin{aligned}
f_1(x_1^{k+1}) &\leqslant f_1(y_1^k) + \left\langle \nabla f_1(y_1^k), x_1^{k+1} - y_1^k\right\rangle + \frac{L_1}{2}\left\|x_1^{k+1} - y_1^k\right\|^2\\
&\overset{a}{\leqslant} f_1(u_1) + \left\langle \nabla f_1(y_1^k), x_1^{k+1} - u_1\right\rangle + \frac{L_1}{2}\left\|x_1^{k+1} - y_1^k\right\|^2\\
&\overset{b}{\leqslant} f_1(u_1) - \left\langle \partial h_1(x_1^{k+1}), x_1^{k+1} - u_1\right\rangle - \langle A_1^T\bar{\lambda}(y_1^k, y_2^k), x_1^{k+1} - u_1\rangle\\
&\quad - \left(L_1 + \frac{\beta\left\|A_1^T A_1\right\|}{\theta_1}\right)\left\langle x_1^{k+1} - y_1^k, x_1^{k+1} - u_1\right\rangle + \frac{L_1}{2}\left\|x_1^{k+1} - y_1^k\right\|^2,
\end{aligned}$$

其中 u_1 是任意变量. 不等式 $\overset{a}{\leqslant}$ 使用了 $f_1(\cdot)$ 的凸性，即

$$f_1(y_1^k) \leqslant f_1(u_1) + \langle \nabla f_1(y_1^k), y_1^k - u_1\rangle,$$

$\overset{b}{\leqslant}$ 使用了 (5.103). 由于 $h_1(\cdot)$ 的凸性意味着

$$h_1(\mathrm{x}_1^{k+1}) \leqslant h_1(\mathrm{u}_1) + \langle \partial h_1(\mathrm{x}_1^{k+1}), \mathrm{x}_1^{k+1} - \mathrm{u}_1 \rangle,$$

我们有

$$\begin{aligned} F_1(\mathrm{x}_1^{k+1}) \leqslant & F_1(\mathrm{u}_1) - \left\langle \mathrm{A}_1^T \bar{\lambda}(\mathrm{y}_1^k, \mathrm{y}_2^k), \mathrm{x}_1^{k+1} - \mathrm{u}_1 \right\rangle + \frac{L_1}{2} \left\| \mathrm{x}_1^{k+1} - \mathrm{y}_1^k \right\|^2 \\ & - \left(L_1 + \frac{\beta \left\| \mathrm{A}_1^T \mathrm{A}_1 \right\|}{\theta_1} \right) \left\langle \mathrm{x}_1^{k+1} - \mathrm{y}_1^k, \mathrm{x}_1^{k+1} - \mathrm{u}_1 \right\rangle. \end{aligned}$$

令 u_1 分别为 x_1^k、$\tilde{\mathrm{x}}_1$ 和 x_1^*，并将所得不等式分别乘以 $(1-\theta_1-\theta_2)$、θ_2 和 θ_1，最后相加，我们有

$$\begin{aligned} & F_1(\mathrm{x}_1^{k+1}) \\ \leqslant & (1-\theta_1-\theta_2) F_1(\mathrm{x}_1^k) + \theta_2 F_1(\tilde{\mathrm{x}}_1) + \theta_1 F_1(\mathrm{x}_1^*) + \frac{L_1}{2} \left\| \mathrm{x}_1^{k+1} - \mathrm{y}_1^k \right\|^2 \\ & - \left\langle \mathrm{A}_1^T \bar{\lambda}(\mathrm{y}_1^k, \mathrm{y}_2^k), \mathrm{x}_1^{k+1} - (1-\theta_1-\theta_2)\mathrm{x}_1^k - \theta_2 \tilde{\mathrm{x}}_1 - \theta_1 \mathrm{x}_1^* \right\rangle \\ & - \left(L_1 + \frac{\beta \left\| \mathrm{A}_1^T \mathrm{A}_1 \right\|}{\theta_1} \right) \left\langle \mathrm{x}_1^{k+1} - \mathrm{y}_1^k, \mathrm{x}_1^{k+1} - (1-\theta_1-\theta_2)\mathrm{x}_1^k - \theta_2 \tilde{\mathrm{x}}_1 - \theta_1 \mathrm{x}_1^* \right\rangle \\ \overset{a}{=} & (1-\theta_1-\theta_2) F_1(\mathrm{x}_1^k) + \theta_2 F_1(\tilde{\mathrm{x}}_1) + \theta_1 F_1(\mathrm{x}_1^*) + \frac{L_1}{2} \left\| \mathrm{x}_1^{k+1} - \mathrm{y}_1^k \right\|^2 \\ & - \left\langle \mathrm{A}_1^T \bar{\lambda}(\mathrm{x}_1^{k+1}, \mathrm{y}_2^k), \mathrm{x}_1^{k+1} - (1-\theta_1-\theta_2)\mathrm{x}_1^k - \theta_2 \tilde{\mathrm{x}}_1 - \theta_1 \mathrm{x}_1^* \right\rangle \\ & - \left\langle \mathrm{x}_1^{k+1} - \mathrm{y}_1^k, \mathrm{x}_1^{k+1} - (1-\theta_1-\theta_2)\mathrm{x}_1^k - \theta_2 \tilde{\mathrm{x}}_1 - \theta_1 \mathrm{x}^* \right\rangle_{\mathrm{G}_1}, \end{aligned} \tag{5.104}$$

其中在 $\overset{a}{=}$ 式我们将 $\mathrm{A}_1^T \bar{\lambda}(\mathrm{y}_1^k, \mathrm{y}_2^k)$ 替换为 $\mathrm{A}_1^T \bar{\lambda}(\mathrm{x}_1^{k+1}, \mathrm{y}_2^k) - \frac{\beta \mathrm{A}_1^T \mathrm{A}_1}{\theta_1}(\mathrm{x}_1^{k+1} - \mathrm{y}_1^k)$.

步骤 2: 我们分析 x_2. 我们将通过 (5.100) 中 x_2^{k+1} 的最优性条件和 $F_2(\cdot)$ 的凸性证明

$$\begin{aligned} & \mathbb{E}_{i_k} F_2(\mathrm{x}_2^{k+1}) \\ \leqslant & -\mathbb{E}_{i_k} \left\langle \mathrm{A}_2^T \bar{\lambda}(\mathrm{x}_1^{k+1}, \mathrm{y}_2^k) + \left(\alpha L_2 + \frac{\beta \left\| \mathrm{A}_2^T \mathrm{A}_2 \right\|}{\theta_1} \right) \left(\mathrm{x}_2^{k+1} - \mathrm{y}_2^k \right), \mathrm{x}_2^{k+1} - \theta_2 \tilde{\mathrm{x}}_2 \right\rangle \\ & - \mathbb{E}_{i_k} \left\langle \mathrm{A}_2^T \bar{\lambda}(\mathrm{x}_1^{k+1}, \mathrm{y}_2^k) + \left(\alpha L_2 + \frac{\beta \left\| \mathrm{A}_2^T \mathrm{A}_2 \right\|}{\theta_1} \right) \left(\mathrm{x}_2^{k+1} - \mathrm{y}_2^k \right), \right. \\ & \left. -(1-\theta_2-\theta_1)\mathrm{x}_2^k - \theta_1 \mathrm{x}_2^* \right\rangle + (1-\theta_2-\theta_1) F_2(\mathrm{x}_2^k) + \theta_1 F_2(\mathrm{x}_2^*) + \theta_2 F_2(\tilde{\mathrm{x}}_2) \end{aligned}$$

$$+\mathbb{E}_{i_k}\left(\frac{\left(1+\frac{1}{b\theta_2}\right)L_2}{2}\left\|\mathrm{x}_2^{k+1}-\mathrm{y}_2^k\right\|^2\right). \tag{5.105}$$

(5.105) 的证明如下.

利用 (5.100) 中 x_2^{k+1} 的最优性条件，我们有

$$\begin{aligned}&\left(\alpha L_2+\frac{\beta\left\|\mathrm{A}_2^T\mathrm{A}_2\right\|}{\theta_1}\right)\left(\mathrm{x}_2^{k+1}-\mathrm{y}_2^k\right)+\tilde{\nabla}f_2(\mathrm{y}_2^k)+\mathrm{A}_2^T\bar{\lambda}(\mathrm{x}_1^{k+1},\mathrm{y}_2^k)\\&\in-\partial h_2(\mathrm{x}_2^{k+1}),\end{aligned} \tag{5.106}$$

其中我们令 $\alpha=1+\dfrac{1}{b\theta_2}$. 由于 f_2 是 L_2-光滑的，我们有

$$f_2(\mathrm{x}_2^{k+1})\leqslant f_2(\mathrm{y}_2^k)+\left\langle\nabla f_2(\mathrm{y}_2^k),\mathrm{x}_2^{k+1}-\mathrm{y}_2^k\right\rangle+\frac{L_2}{2}\left\|\mathrm{x}_2^{k+1}-\mathrm{y}_2^k\right\|^2. \tag{5.107}$$

我们首先考虑 $\langle\nabla f_2(\mathrm{y}_2^k),\mathrm{x}_2^{k+1}-\mathrm{y}_2^k\rangle$，有

$$\begin{aligned}&\left\langle\nabla f_2(\mathrm{y}_2^k),\mathrm{x}_2^{k+1}-\mathrm{y}_2^k\right\rangle\\&\overset{a}{=}\left\langle\nabla f_2(\mathrm{y}_2^k),\mathrm{u}_2-\mathrm{y}_2^k+\mathrm{x}_2^{k+1}-\mathrm{u}_2\right\rangle\\&\overset{b}{=}\left\langle\nabla f_2(\mathrm{y}_2^k),\mathrm{u}_2-\mathrm{y}_2^k\right\rangle-\theta_3\left\langle\nabla f_2(\mathrm{y}_2^k),\mathrm{y}_2^k-\tilde{\mathrm{x}}_2\right\rangle+\left\langle\nabla f_2(\mathrm{y}_2^k),\mathrm{z}^{k+1}-\mathrm{u}_2\right\rangle\\&=\left\langle\nabla f_2(\mathrm{y}_2^k),\mathrm{u}_2-\mathrm{y}_2^k\right\rangle-\theta_3\left\langle\nabla f_2(\mathrm{y}_2^k),\mathrm{y}_2^k-\tilde{\mathrm{x}}_2\right\rangle\\&\quad+\left\langle\tilde{\nabla}f_2(\mathrm{y}_2^k),\mathrm{z}^{k+1}-\mathrm{u}_2\right\rangle+\left\langle\nabla f_2(\mathrm{y}_2^k)-\tilde{\nabla}f_2(\mathrm{y}_2^k),\mathrm{z}^{k+1}-\mathrm{u}_2\right\rangle,\end{aligned} \tag{5.108}$$

其中在 $\overset{a}{=}$ 中，我们引入变量 u_2（我们会将它设置成 x_2^k、$\tilde{\mathrm{x}}_2$ 和 x_2^*）. 在 $\overset{b}{=}$ 中，我们令

$$\mathrm{z}^{k+1}=\mathrm{x}_2^{k+1}+\theta_3(\mathrm{y}_2^k-\tilde{\mathrm{x}}_2), \tag{5.109}$$

其中 θ_3 是一个正的常数，我们将在后面给出具体数值. 对于 $\langle\tilde{\nabla}f_2(\mathrm{y}_2^k),\mathrm{z}^{k+1}-\mathrm{u}_2\rangle$，我们有

$$\begin{aligned}&\left\langle\tilde{\nabla}f_2(\mathrm{y}_2^k),\mathrm{z}^{k+1}-\mathrm{u}_2\right\rangle\\&\overset{a}{=}-\left\langle\partial h_2(\mathrm{x}_2^{k+1})+\mathrm{A}_2^T\bar{\lambda}(\mathrm{x}_1^{k+1},\mathrm{y}_2^k)+\left(\alpha L_2+\frac{\beta\left\|\mathrm{A}_2^T\mathrm{A}_2\right\|}{\theta_1}\right)\left(\mathrm{x}_2^{k+1}-\mathrm{y}_2^k\right),\right.\\&\quad\left.\mathrm{z}^{k+1}-\mathrm{u}_2\right\rangle\end{aligned}$$

$$
\begin{aligned}
&\overset{b}{=} -\left\langle \partial h_2(\mathrm{x}_2^{k+1}), \mathrm{x}_2^{k+1} + \theta_3(\mathrm{y}_2^k - \tilde{\mathrm{x}}_2) - \mathrm{u}_2 \right\rangle \\
&\quad - \left\langle \mathrm{A}_2^T \bar{\lambda}(\mathrm{x}_1^{k+1}, \mathrm{y}_2^k) + \left(\alpha L_2 + \frac{\beta \left\|\mathrm{A}_2^T \mathrm{A}_2\right\|}{\theta_1}\right)\left(\mathrm{x}_2^{k+1} - \mathrm{y}_2^k\right), \mathrm{z}^{k+1} - \mathrm{u}_2 \right\rangle \\
&= -\left\langle \partial h_2(\mathrm{x}_2^{k+1}), \mathrm{x}_2^{k+1} + \theta_3(\mathrm{y}_2^k - \mathrm{x}_2^{k+1} + \mathrm{x}_2^{k+1} - \tilde{\mathrm{x}}_2) - \mathrm{u}_2 \right\rangle \\
&\quad - \left\langle \mathrm{A}_2^T \bar{\lambda}(\mathrm{x}_1^{k+1}, \mathrm{y}_2^k) + \left(\alpha L_2 + \frac{\beta \left\|\mathrm{A}_2^T \mathrm{A}_2\right\|}{\theta_1}\right)\left(\mathrm{x}_2^{k+1} - \mathrm{y}_2^k\right), \mathrm{z}^{k+1} - \mathrm{u}_2 \right\rangle \\
&\overset{c}{\leqslant} h_2(\mathrm{u}_2) - h_2(\mathrm{x}_2^{k+1}) + \theta_3 h_2(\tilde{\mathrm{x}}_2) - \theta_3 h_2(\mathrm{x}_2^{k+1}) - \theta_3 \left\langle \partial h_2(\mathrm{x}_2^{k+1}), \mathrm{y}_2^k - \mathrm{x}_2^{k+1} \right\rangle \\
&\quad - \left\langle \mathrm{A}_2^T \bar{\lambda}(\mathrm{x}_1^{k+1}, \mathrm{y}_2^k) + \left(\alpha L_2 + \frac{\beta \left\|\mathrm{A}_2^T \mathrm{A}_2\right\|}{\theta_1}\right)\left(\mathrm{x}_2^{k+1} - \mathrm{y}_2^k\right), \mathrm{z}^{k+1} - \mathrm{u}_2 \right\rangle \\
&\overset{d}{=} h_2(\mathrm{u}_2) - h_2(\mathrm{x}_2^{k+1}) + \theta_3 h_2(\tilde{\mathrm{x}}_2) - \theta_3 h_2(\mathrm{x}_2^{k+1}) \\
&\quad - \left\langle \mathrm{A}_2^T \bar{\lambda}(\mathrm{x}_1^{k+1}, \mathrm{y}_2^k) + \left(\alpha L_2 + \frac{\beta \left\|\mathrm{A}_2^T \mathrm{A}_2\right\|}{\theta_1}\right)\left(\mathrm{x}_2^{k+1} - \mathrm{y}_2^k\right), \mathrm{z}^{k+1} - \mathrm{u}_2 \right\rangle \\
&\quad - \theta_3 \left\langle \mathrm{A}_2^T \bar{\lambda}(\mathrm{x}_1^{k+1}, \mathrm{y}_2^k) + \left(\alpha L_2 + \frac{\beta \left\|\mathrm{A}_2^T \mathrm{A}_2\right\|}{\theta_1}\right)\left(\mathrm{x}_2^{k+1} - \mathrm{y}_2^k\right) + \tilde{\nabla} f_2(\mathrm{y}_2^k), \right. \\
&\qquad \left. \mathrm{x}_2^{k+1} - \mathrm{y}_2^k \right\rangle, \qquad (5.110)
\end{aligned}
$$

其中 $\overset{a}{=}$ 和 $\overset{b}{=}$ 分别使用了 (5.106) 和 (5.109)，不等式 $\overset{d}{=}$ 再次使用了 (5.106)，不等式 $\overset{c}{\leqslant}$ 使用了 h_2 的凸性：

$$
\left\langle \partial h_2(\mathrm{x}_2^{k+1}), \mathrm{w} - \mathrm{x}_2^{k+1} \right\rangle \leqslant h_2(\mathrm{w}) - h_2(\mathrm{x}_2^{k+1}), \quad \mathrm{w} = \mathrm{u}_2, \tilde{\mathrm{x}}_2.
$$

整理 (5.110)，利用 $\tilde{\nabla} f_2(\mathrm{y}_2^k) = \nabla f_2(\mathrm{y}_2^k) + \left(\tilde{\nabla} f_2(\mathrm{y}_2^k) - \nabla f_2(\mathrm{y}_2^k)\right)$，我们有

$$
\begin{aligned}
&\left\langle \tilde{\nabla} f_2(\mathrm{y}_2^k), \mathrm{z}^{k+1} - \mathrm{u}_2 \right\rangle \\
&= h_2(\mathrm{u}_2) - h_2(\mathrm{x}_2^{k+1}) + \theta_3 h_2(\tilde{\mathrm{x}}_2) - \theta_3 h_2(\mathrm{x}_2^{k+1}) \\
&\quad - \left\langle \mathrm{A}_2^T \bar{\lambda}(\mathrm{x}_1^{k+1}, \mathrm{y}_2^k) + \left(\alpha L_2 + \frac{\beta \left\|\mathrm{A}_2^T \mathrm{A}_2\right\|}{\theta_1}\right)\left(\mathrm{x}_2^{k+1} - \mathrm{y}_2^k\right), \right. \\
&\qquad \left. \theta_3(\mathrm{x}_2^{k+1} - \mathrm{y}_2^k) + \mathrm{z}^{k+1} - \mathrm{u}_2 \right\rangle \\
&\quad - \theta_3 \left\langle \nabla f_2(\mathrm{y}_2^k) + \left(\tilde{\nabla} f_2(\mathrm{y}_2^k) - \nabla f_2(\mathrm{y}_2^k)\right), \mathrm{x}_2^{k+1} - \mathrm{y}_2^k \right\rangle. \qquad (5.111)
\end{aligned}
$$

将 (5.111) 代入 (5.108)，我们有

$$
\begin{aligned}
&(1+\theta_3)\left\langle \nabla f_2(\mathrm{y}_2^k), \mathrm{x}_2^{k+1}-\mathrm{y}_2^k\right\rangle \\
=&\left\langle \nabla f_2(\mathrm{y}_2^k), \mathrm{u}_2-\mathrm{y}_2^k\right\rangle-\theta_3\left\langle \nabla f_2(\mathrm{y}_2^k), \mathrm{y}_2^k-\tilde{\mathrm{x}}_2\right\rangle+h_2(\mathrm{u}_2)-h_2(\mathrm{x}_2^{k+1}) \\
&+\theta_3 h_2(\tilde{\mathrm{x}}_2)-\theta_3 h_2(\mathrm{x}_2^{k+1}) \\
&-\left\langle \mathrm{A}_2^T\bar{\lambda}(\mathrm{x}_1^{k+1},\mathrm{y}_2^k)+\left(\alpha L_2+\frac{\beta\left\|\mathrm{A}_2^T\mathrm{A}_2\right\|}{\theta_1}\right)\left(\mathrm{x}_2^{k+1}-\mathrm{y}_2^k\right),\right. \\
&\qquad \left. \mathrm{z}^{k+1}-\mathrm{u}_2+\theta_3(\mathrm{x}_2^{k+1}-\mathrm{y}_2^k)\right\rangle \\
&+\left\langle \nabla f_2(\mathrm{y}_2^k)-\tilde{\nabla} f_2(\mathrm{y}_2^k), \theta_3(\mathrm{x}_2^{k+1}-\mathrm{y}_2^k)+\mathrm{z}^{k+1}-\mathrm{u}_2\right\rangle. \qquad (5.112)
\end{aligned}
$$

将 (5.107) 乘以 $(1+\theta_3)$ 并与 (5.112) 相加，我们可以消去 $\langle \nabla f_2(\mathrm{y}_2^k), \mathrm{x}_2^{k+1}-\mathrm{y}_2^k\rangle$ 并得到

$$
\begin{aligned}
&(1+\theta_3)F_2(\mathrm{x}_2^{k+1}) \\
\leqslant&(1+\theta_3)f_2(\mathrm{y}_2^k)+\left\langle \nabla f_2(\mathrm{y}_2^k), \mathrm{u}_2-\mathrm{y}_2^k\right\rangle-\theta_3\langle \nabla f_2(\mathrm{y}_2^k), \mathrm{y}_2^k-\tilde{\mathrm{x}}_2\rangle+h_2(\mathrm{u}_2) \\
&+\theta_3 h_2(\tilde{\mathrm{x}}_2)-\left\langle \mathrm{A}_2^T\bar{\lambda}(\mathrm{x}_1^{k+1},\mathrm{y}_2^k)+\left(\alpha L_2+\frac{\beta\left\|\mathrm{A}_2^T\mathrm{A}_2\right\|}{\theta_1}\right)\left(\mathrm{x}_2^{k+1}-\mathrm{y}_2^k\right),\right. \\
&\left. \mathrm{z}^{k+1}-\mathrm{u}_2+\theta_3(\mathrm{x}_2^{k+1}-\mathrm{y}_2^k)\right\rangle \\
&+\left\langle \nabla f_2(\mathrm{y}_2^k)-\tilde{\nabla} f_2(\mathrm{y}_2^k), \theta_3(\mathrm{x}_2^{k+1}-\mathrm{y}_2^k)+\mathrm{z}^{k+1}-\mathrm{u}_2\right\rangle \\
&+\frac{(1+\theta_3)L_2}{2}\left\|\mathrm{x}_2^{k+1}-\mathrm{y}_2^k\right\|^2 \\
\overset{a}{\leqslant}&F_2(\mathrm{u}_2)-\theta_3\left\langle \nabla f(\mathrm{y}_2^k), \mathrm{y}_2^k-\tilde{\mathrm{x}}_2\right\rangle+\theta_3 f_2(\mathrm{y}_2^k)+\theta_3 h_2(\tilde{\mathrm{x}}_2) \\
&-\left\langle \mathrm{A}_2^T\bar{\lambda}(\mathrm{x}_1^{k+1},\mathrm{y}_2^k)+\left(\alpha L_2+\frac{\beta\left\|\mathrm{A}_2^T\mathrm{A}_2\right\|}{\theta_1}\right)\left(\mathrm{x}_2^{k+1}-\mathrm{y}_2^k\right),\right. \\
&\left. \mathrm{z}^{k+1}-\mathrm{u}_2+\theta_3(\mathrm{x}_2^{k+1}-\mathrm{y}_2^k)\right\rangle \\
&+\left\langle \nabla f(\mathrm{y}_2^k)-\tilde{\nabla} f_2(\mathrm{y}_2^k), \theta_3(\mathrm{x}_2^{k+1}-\mathrm{y}_2^k)+\mathrm{z}^{k+1}-\mathrm{u}_2\right\rangle \\
&+\frac{(1+\theta_3)L_2}{2}\left\|\mathrm{x}_2^{k+1}-\mathrm{y}_2^k\right\|^2, \qquad (5.113)
\end{aligned}
$$

其中 $\overset{a}{\leqslant}$ 使用了 f_2 的凸性：$\langle \nabla f_2(\mathrm{y}_2^k), \mathrm{u}_2-\mathrm{y}_2^k\rangle \leqslant f_2(\mathrm{u}_2)-f_2(\mathrm{y}_2^k)$.

我们考虑 $\left\langle \nabla f_2(\mathrm{y}_2^k) - \tilde{\nabla} f_2(\mathrm{y}_2^k), \theta_3(\mathrm{x}_2^{k+1} - \mathrm{y}_2^k) + \mathrm{z}^{k+1} - \mathrm{u}_2 \right\rangle$. 我们把 u_2 分别设为 x_2^k 和 x_2^*，它们独立于 $\mathcal{I}_{k,s}$. 则有

$$
\begin{aligned}
&\mathbb{E}_{i_k} \left\langle \nabla f_2(\mathrm{y}_2^k) - \tilde{\nabla} f_2(\mathrm{y}^k), \theta_3(\mathrm{x}_2^{k+1} - \mathrm{y}_2^k) + \mathrm{z}^{k+1} - \mathrm{u}_2 \right\rangle \\
=& \mathbb{E}_{i_k} \left\langle \nabla f_2(\mathrm{y}_2^k) - \tilde{\nabla} f_2(\mathrm{y}_2^k), \theta_3 \mathrm{z}^{k+1} + \mathrm{z}^{k+1} \right\rangle \\
&- \mathbb{E}_{i_k} \left\langle \nabla f_2(\mathrm{y}_2^k) - \tilde{\nabla} f_2(\mathrm{y}_2^k), \theta_3^2(\mathrm{y}_2^k - \tilde{\mathrm{x}}_2) + \theta_3 \mathrm{y}_2^k + \mathrm{u}_2 \right\rangle \\
\overset{a}{=}& (1+\theta_3)\mathbb{E}_{i_k} \langle \nabla f_2(\mathrm{y}_2^k) - \tilde{\nabla} f_2(\mathrm{y}_2^k), \mathrm{z}^{k+1} \rangle \\
\overset{b}{=}& (1+\theta_3)\mathbb{E}_{i_k} \langle \nabla f_2(\mathrm{y}_2^k) - \tilde{\nabla} f_2(\mathrm{y}_2^k), \mathrm{x}_2^{k+1} \rangle \\
\overset{c}{=}& (1+\theta_3)\mathbb{E}_{i_k} \langle \nabla f_2(\mathrm{y}_2^k) - \tilde{\nabla} f_2(\mathrm{y}_2^k), \mathrm{x}_2^{k+1} - \mathrm{y}_2^k \rangle \\
\overset{d}{\leqslant}& \mathbb{E}_{i_k} \left(\frac{\theta_3 b}{2L_2} \left\| \nabla f_2(\mathrm{y}_2^k) - \tilde{\nabla} f_2(\mathrm{y}_2^k) \right\|^2 \right) + \mathbb{E}_{i_k} \left(\frac{(1+\theta_3)^2 L_2}{2\theta_3 b} \left\| \mathrm{x}_2^{k+1} - \mathrm{y}_2^k \right\|^2 \right) \\
\overset{e}{\leqslant}& \theta_3 \left(f_2(\tilde{\mathrm{x}}_2) - f_2(\mathrm{y}_2^k) - \langle \nabla f_2(\mathrm{y}_2^k), \tilde{\mathrm{x}}_2 - \mathrm{y}_2^k \rangle \right) \\
&+ \mathbb{E}_{i_k} \left(\frac{(1+\theta_3)^2 L_2}{2\theta_3 b} \left\| \mathrm{x}_2^{k+1} - \mathrm{y}_2^k \right\|^2 \right),
\end{aligned} \tag{5.114}
$$

其中 $\overset{a}{=}$ 使用了

$$
\mathbb{E}_{i_k} \left(\nabla f_2(\mathrm{y}_2^k) - \tilde{\nabla} f_2(\mathrm{y}_2^k) \right) = 0,
$$

且 x_2^k、y_2^k、$\tilde{\mathrm{x}}_2$ 和 u_2 都与 $i_{k,s}$ 独立（它们已被给定），所以

$$
\begin{aligned}
\mathbb{E}_{i_k} \langle \nabla f_2(\mathrm{y}_2^k) - \tilde{\nabla} f_2(\mathrm{y}_2^k), \mathrm{y}_2^k \rangle &= 0, \\
\mathbb{E}_{i_k} \langle \nabla f_2(\mathrm{y}_2^k) - \tilde{\nabla} f_2(\mathrm{y}_2^k), \tilde{\mathrm{x}}_2 \rangle &= 0, \\
\mathbb{E}_{i_k} \langle \nabla f_2(\mathrm{y}_2^k) - \tilde{\nabla} f_2(\mathrm{y}_2^k), \mathrm{u}_2 \rangle &= 0;
\end{aligned}
$$

类似地，$\overset{b}{=}$ 和 $\overset{c}{=}$ 成立；不等式 $\overset{d}{\leqslant}$ 使用了 Cauchy-Schwartz 不等式；$\overset{e}{\leqslant}$ 使用了 (5.115)：

$$
\mathbb{E}_{i_k} \left\| \nabla f_2(\mathrm{y}_2^k) - \tilde{\nabla} f_2(\mathrm{y}_2^k) \right\|^2 \leqslant \frac{2L_2}{b} \left[f_2(\tilde{\mathrm{x}}_2) - f_2(\mathrm{y}_2^k) - \langle \nabla f_2(\mathrm{y}_2^k), \tilde{\mathrm{x}}_2 - \mathrm{y}_2^k \rangle \right]. \tag{5.115}
$$

该估计梯度的方差上界利用和 Katyusha（见算法5.3）中的引理 51 类似的技巧可以证得.

对 (5.113) 求期望并与 (5.114) 相加，我们有

$$
\begin{aligned}
&(1+\theta_3)\mathbb{E}_{i_k} F_2(\mathrm{x}_2^{k+1}) \\
\leqslant& -\mathbb{E}_{i_k} \left\langle \mathrm{A}_2^T \bar{\lambda}(\mathrm{x}_1^{k+1}, \mathrm{y}_2^k) + \left(\alpha L_2 + \frac{\beta \left\| \mathrm{A}_2^T \mathrm{A}_2 \right\|}{\theta_1} \right) \left(\mathrm{x}_2^{k+1} - \mathrm{y}_2^k \right), \right.
\end{aligned}
$$

$$
\begin{aligned}
& z^{k+1} - u_2 + \theta_3(x_2^{k+1} - y_2^k)\Big\rangle \\
& + F_2(u_2) + \theta_3 F(\tilde{x}_2) + \mathbb{E}_{i_k}\left(\frac{(1+\theta_3)\left(1+\frac{1+\theta_3}{b\theta_3}\right)L_2}{2}\left\|x_2^{k+1} - y_2^k\right\|^2\right) \\
\overset{a}{=} & -\mathbb{E}_{i_k}\left\langle A_2^T\bar{\lambda}(x_1^{k+1}, y_2^k) + \left(\alpha L_2 + \frac{\beta\left\|A_2^T A_2\right\|}{\theta_1}\right)\left(x_2^{k+1} - y_2^k\right),\right. \\
& \left.(1+\theta_3)x_2^{k+1} - \theta_3\tilde{x}_2 - u_2\right\rangle \\
& + F_2(u_2) + \theta_3 F(\tilde{x}_2) + \mathbb{E}_{i_k}\left(\frac{(1+\theta_3)\left(1+\frac{1}{b\theta_2}\right)L_2}{2}\left\|x_2^{k+1} - y_2^k\right\|^2\right),
\end{aligned}
$$

其中 $\overset{a}{=}$ 使用了 (5.109) 并令 θ_3 满足 $\theta_2 = \dfrac{\theta_3}{1+\theta_3}$. 令 u_2 分别等于 x_2^k 和 x_2^*, 将所得的不等式分别乘以 $1-\theta_1(1+\theta_3)$ 和 $\theta_1(1+\theta_3)$ 并相加, 我们有

$$
\begin{aligned}
& (1+\theta_3)\mathbb{E}_{i_k} F_2(x_2^{k+1}) \\
\leqslant & -\mathbb{E}_{i_k}\left\langle A_2^T\bar{\lambda}(x_1^{k+1}, y_2^k) + \left(\alpha L_2 + \frac{\beta\left\|A_2^T A_2\right\|}{\theta_1}\right)\left(x_2^{k+1} - y_2^k\right),\right. \\
& \left.(1+\theta_3)x_2^{k+1} - \theta_3\tilde{x}_2\right\rangle \\
& -\mathbb{E}_{i_k}\left\langle A_2^T\bar{\lambda}(x_1^{k+1}, y_2^k) + \left(\alpha L_2 + \frac{\beta\left\|A_2^T A_2\right\|}{\theta_1}\right)\left(x_2^{k+1} - y_2^k\right),\right. \\
& \left.-\left[1-\theta_1(1+\theta_3)\right]x_2^k\right\rangle \\
& -\mathbb{E}_{i_k}\left\langle A_2^T\bar{\lambda}(x_1^{k+1}, y_2^k) + \left(\alpha L_2 + \frac{\beta\left\|A_2^T A_2\right\|}{\theta_1}\right)\left(x_2^{k+1} - y_2^k\right), -\theta_1(1+\theta_3)x_2^*\right\rangle \\
& + \left[1-\theta_1(1+\theta_3)\right]F_2(x_2^k) + \theta_1(1+\theta_3)F_2(x_2^*) + \theta_3 F(\tilde{x}_2) \\
& + \mathbb{E}_{i_k}\left(\frac{(1+\theta_3)\left(1+\frac{1}{b\theta_2}\right)L_2}{2}\left\|x_2^{k+1} - y_2^k\right\|^2\right). \qquad (5.116)
\end{aligned}
$$

将 (5.116) 两边除以 $(1+\theta_3)$, 有

$$
\begin{aligned}
&\mathbb{E}_{i_k}F_2(\mathrm{x}_2^{k+1})\\
\leqslant&-\mathbb{E}_{i_k}\left\langle \mathrm{A}_2^T\bar{\lambda}(\mathrm{x}_1^{k+1},\mathrm{y}_2^k)+\left(\alpha L_2+\frac{\beta\left\|\mathrm{A}_2^T\mathrm{A}_2\right\|}{\theta_1}\right)\left(\mathrm{x}_2^{k+1}-\mathrm{y}_2^k\right),\mathrm{x}_2^{k+1}-\theta_2\tilde{\mathrm{x}}_2\right\rangle\\
&-\mathbb{E}_{i_k}\left\langle \mathrm{A}_2^T\bar{\lambda}(\mathrm{x}_1^{k+1},\mathrm{y}_2^k)+\left(\alpha L_2+\frac{\beta\left\|\mathrm{A}_2^T\mathrm{A}_2\right\|}{\theta_1}\right)\left(\mathrm{x}_2^{k+1}-\mathrm{y}_2^k\right),\right.\\
&\left.-(1-\theta_2-\theta_1)\mathrm{x}_2^k-\theta_1\mathrm{x}_2^*\right\rangle+(1-\theta_2-\theta_1)F_2(\mathrm{x}_2^k)+\theta_1F_2(\mathrm{x}_2^*)+\theta_2F_2(\tilde{\mathrm{x}}_2)\\
&+\mathbb{E}_{i_k}\left(\frac{\left(1+\frac{1}{b\theta_2}\right)L_2}{2}\left\|\mathrm{x}_2^{k+1}-\mathrm{y}_2^k\right\|^2\right),
\end{aligned}
\tag{5.117}
$$

其中我们使用了 $\theta_2=\dfrac{\theta_3}{1+\theta_3}$, 故 $\dfrac{1-\theta_1(1+\theta_3)}{1+\theta_3}=1-\theta_2-\theta_1$. 我们于是得到 (5.105).

步骤 3: 设置

$$
\hat{\lambda}^k=\tilde{\lambda}^k+\frac{\beta(1-\theta_1)}{\theta_1}(\mathrm{A}_1\mathrm{x}_1^k+\mathrm{A}_2\mathrm{x}_2^k-\mathrm{b}),
\tag{5.118}
$$

我们将证明如下性质:

$$
\hat{\lambda}^{k+1}=\bar{\lambda}(\mathrm{x}_1^{k+1},\mathrm{x}_2^{k+1}),
\tag{5.119}
$$

$$
\begin{aligned}
\hat{\lambda}^{k+1}-\hat{\lambda}^k=&\frac{\beta}{\theta_1}\mathrm{A}_1\left[\mathrm{x}_1^{k+1}-(1-\theta_1-\theta_2)\mathrm{x}_1^k-\theta_2\tilde{\mathrm{x}}_1-\theta_1\mathrm{x}_1^*\right]\\
&+\frac{\beta}{\theta_1}\mathrm{A}_2\left[\mathrm{x}_2^{k+1}-(1-\theta_1-\theta_2)\mathrm{x}_2^k-\theta_2\tilde{\mathrm{x}}_2-\theta_1\mathrm{x}_2^*\right],
\end{aligned}
\tag{5.120}
$$

$$
\hat{\lambda}_s^0=\hat{\lambda}_{s-1}^m,\quad s\geqslant 1.
\tag{5.121}
$$

事实上,对于算法 5.7,我们有

$$
\lambda^k=\tilde{\lambda}^k+\frac{\beta\theta_2}{\theta_1}\left(\mathrm{A}_1\mathrm{x}_1^k+\mathrm{A}_2\mathrm{x}_2^k-\tilde{\mathrm{b}}\right)
\tag{5.122}
$$

和

$$
\tilde{\lambda}^{k+1}=\lambda^k+\beta\left(\mathrm{A}_1\mathrm{x}_1^{k+1}+\mathrm{A}_2\mathrm{x}_2^{k+1}-\mathrm{b}\right).
\tag{5.123}
$$

利用 (5.118),我们有

$$
\hat{\lambda}^{k+1}
$$

$$
\begin{aligned}
&=\tilde{\lambda}^{k+1}+\beta\left(\frac{1}{\theta_1}-1\right)(A_1x_1^{k+1}+A_2x_2^{k+1}-b)\\
&\overset{a}{=}\lambda^k+\frac{\beta}{\theta_1}(A_1x_1^{k+1}+A_2x_2^{k+1}-b)\\
&\overset{b}{=}\tilde{\lambda}^k+\frac{\beta}{\theta_1}\left\{A_1x_1^{k+1}+A_2x_2^{k+1}-b+\theta_2\left[A_1(x_2^k-\tilde{x}_1)+A_2(x_2^k-\tilde{x}_2)\right]\right\},
\end{aligned}
\tag{5.124}
$$

其中 $\overset{a}{=}$ 使用了 (5.123), $\overset{b}{=}$ 使用了 (5.122) 和 $\tilde{b}=A_1\tilde{x}_1+A_2\tilde{x}_2$（见算法5.6）. 和(5.118)一起，我们有

$$
\begin{aligned}
&\hat{\lambda}^{k+1}-\hat{\lambda}^k\\
=&\frac{\beta}{\theta_1}A_1\left[x_1^{k+1}-(1-\theta_1)x_1^k-\theta_1x_1^*+\theta_2(x_1^k-\tilde{x}_1)\right]\\
&+\frac{\beta}{\theta_1}A_2\left[x_2^{k+1}-(1-\theta_1)x_2^k-\theta_1x_2^*+\theta_2(x_2^k-\tilde{x}_2)\right],
\end{aligned}
$$

其中我们使用了 $A_1x_1^*+A_2x_2^*=b$. 故得到 (5.120).

由于 (5.124) 等于 $\bar{\lambda}(x_1^{k+1},x_2^{k+1})$，我们得到 (5.119). 现在我们证明当 $s\geqslant 1$ 时有 $\hat{\lambda}_{s-1}^m=\hat{\lambda}_s^0$.

$$
\begin{aligned}
&\hat{\lambda}_s^0\\
&\overset{a}{=}\tilde{\lambda}_s^0+\frac{\beta(1-\theta_{1,s})}{\theta_{1,s}}\left(A_1x_{s,1}^m+A_2x_{s,2}^m-b\right)\\
&\overset{b}{=}\tilde{\lambda}_s^0+\beta\left(\frac{1}{\theta_{1,s-1}}+\tau-1\right)\left(A_1x_{s,1}^m+A_2x_{s,2}^m-b\right)\\
&\overset{c}{=}\lambda_{s-1}^{m-1}-\beta(\tau-1)\left(A_1x_{s,1}^m+A_2x_{s,2}^m-b\right)\\
&\quad+\beta\left(\frac{1}{\theta_{1,s-1}}+\tau-1\right)\left(A_1x_{s,1}^m+A_2x_{s,2}^m-b\right)\\
&=\lambda_{s-1}^{m-1}+\frac{\beta}{\theta_{1,s-1}}\left(A_1x_{s,1}^m+A_2x_{s,2}^m-b\right)\\
&\overset{d}{=}\tilde{\lambda}_{s-1}^m-\left(\beta-\frac{\beta}{\theta_{1,s-1}}\right)\left(A_1x_{s,1}^m+A_2x_{s,2}^m-b\right)\\
&=\hat{\lambda}_{s-1}^m,
\end{aligned}
\tag{5.125}
$$

其中 $\overset{a}{=}$ 使用了 (5.118), $\overset{b}{=}$ 使用了 $\frac{1}{\theta_{1,s}}=\frac{1}{\theta_{1,s-1}}+\tau$, $\overset{c}{=}$ 使用了算法 5.6 中的 $\tilde{\lambda}_{s+1}^0=\lambda_s^{m-1}+\beta(1-\tau)(A_1x_{s,1}^m+A_2x_{s,2}^m-b)$, $\overset{d}{=}$ 使用了 (5.123).

步骤 4: 我们现在证明 (5.101). 由 $\tilde{L}(x_1,x_2,\lambda)$ 的定义，我们有

$$
\tilde{L}(x_1^{k+1},x_2^{k+1},\lambda^*)-\theta_2\tilde{L}(\tilde{x}_1,\tilde{x}_2,\lambda^*)-(1-\theta_1-\theta_2)\tilde{L}(x_1^k,x_2^k,\lambda^*)
$$

$$
\begin{aligned}
&= F_1(\mathrm{x}_1^{k+1}) - (1-\theta_2-\theta_1)F_1(\mathrm{x}_1^k) - \theta_1 F_1(\mathrm{x}_1^*) - \theta_2 F_1(\tilde{\mathrm{x}}_1)\\
&\quad + F_2(\mathrm{x}_2^{k+1}) - (1-\theta_2-\theta_1)F_2(\mathrm{x}_2^k) - \theta_1 F_2(\mathrm{x}_2^*) - \theta_2 F_2(\tilde{\mathrm{x}}_2)\\
&\quad + \left\langle \lambda^*, \mathrm{A}_1\left[\mathrm{x}_1^{k+1} - (1-\theta_1-\theta_2)\mathrm{x}_1^k - \theta_2\tilde{\mathrm{x}}_1 - \theta_1\mathrm{x}_1^*\right]\right\rangle\\
&\quad + \left\langle \lambda^*, \mathrm{A}_2\left[\mathrm{x}_2^{k+1} - (1-\theta_1-\theta_2)\mathrm{x}_2^k - \theta_2\tilde{\mathrm{x}}_2 - \theta_1\mathrm{x}_2^*\right]\right\rangle.
\end{aligned}
$$

将 (5.104) 和 (5.117) 代入上式，我们有

$$
\begin{aligned}
&\mathbb{E}_{i_k}\tilde{L}(\mathrm{x}_1^{k+1},\mathrm{x}_2^{k+1},\lambda^*) - \theta_2\tilde{L}(\tilde{\mathrm{x}}_1,\tilde{\mathrm{x}}_2,\lambda^*) - (1-\theta_2-\theta_1)\tilde{L}(\mathrm{x}_1^k,\mathrm{x}_2^k,\lambda^*)\\
\leqslant &\,\mathbb{E}_{i_k}\left\langle \lambda^* - \bar{\lambda}(\mathrm{x}_1^{k+1},\mathrm{y}_2^k), \mathrm{A}_1\left[\mathrm{x}_1^{k+1} - (1-\theta_1-\theta_2)\mathrm{x}_1^k - \theta_2\tilde{\mathrm{x}}_1 - \theta_1\mathrm{x}_1^*\right]\right\rangle\\
&+\mathbb{E}_{i_k}\left\langle \lambda^* - \bar{\lambda}(\mathrm{x}_1^{k+1},\mathrm{y}_2^k), \mathrm{A}_2\left[\mathrm{x}_2^{k+1} - (1-\theta_1-\theta_2)\mathrm{x}_2^k - \theta_2\tilde{\mathrm{x}}_2 - \theta_1\mathrm{x}_2^*\right]\right\rangle\\
&-\mathbb{E}_{i_k}\left\langle \mathrm{x}_1^{k+1} - \mathrm{y}_1^k, \mathrm{x}_1^{k+1} - (1-\theta_1-\theta_2)\mathrm{x}_1^k - \theta_2\tilde{\mathrm{x}}_1 - \theta_1\mathrm{x}_1^*\right\rangle_{\mathrm{G}_1}\\
&-\mathbb{E}_{i_k}\left\langle \mathrm{x}_2^{k+1} - \mathrm{y}_2^k, \mathrm{x}_2^{k+1} - (1-\theta_1-\theta_2)\mathrm{x}_2^k - \theta_2\tilde{\mathrm{x}}_2 - \theta_1\mathrm{x}_2^*\right\rangle_{\left(\alpha L_2 + \frac{\beta\|\mathrm{A}_2^T\mathrm{A}_2\|}{\theta_1}\right)\mathrm{I}}\\
&+\frac{L_1}{2}\mathbb{E}_{i_k}\left\|\mathrm{x}_1^{k+1} - \mathrm{y}_1^k\right\|^2 + \mathbb{E}_{i_k}\left(\frac{\left(1+\frac{1}{b\theta_2}\right)L_2}{2}\left\|\mathrm{x}_2^{k+1} - \mathrm{y}_2^k\right\|^2\right)\\
\overset{a}{=} &\,\mathbb{E}_{i_k}\left\langle \lambda^* - \bar{\lambda}(\mathrm{x}_1^{k+1},\mathrm{x}_2^{k+1}), \mathrm{A}_1\left[\mathrm{x}_1^{k+1} - (1-\theta_1-\theta_2)\mathrm{x}_1^k - \theta_2\tilde{\mathrm{x}}_1 - \theta_1\mathrm{x}_1^*\right]\right\rangle\\
&+\mathbb{E}_{i_k}\left\langle \lambda^* - \bar{\lambda}(\mathrm{x}_1^{k+1},\mathrm{x}_2^{k+1}), \mathrm{A}_2\left[\mathrm{x}_2^{k+1} - (1-\theta_1-\theta_2)\mathrm{x}_2^k - \theta_2\tilde{\mathrm{x}}_2 - \theta_1\mathrm{x}_2^*\right]\right\rangle\\
&-\mathbb{E}_{i_k}\left\langle \mathrm{x}_1^{k+1} - \mathrm{y}_1^k, \mathrm{x}_1^{k+1} - (1-\theta_1-\theta_2)\mathrm{x}_1^k - \theta_2\tilde{\mathrm{x}}_1 - \theta_1\mathrm{x}_1^*\right\rangle_{\mathrm{G}_1}\\
&-\mathbb{E}_{i_k}\left\langle \mathrm{x}_2^{k+1} - \mathrm{y}_2^k, \mathrm{x}_2^{k+1} - (1-\theta_1-\theta_2)\mathrm{x}_2^k - \theta_2\tilde{\mathrm{x}}_2 - \theta_1\mathrm{x}_2^*\right\rangle_{\left(\alpha L_2 + \frac{\beta\|\mathrm{A}_2^T\mathrm{A}_2\|}{\theta_1}\right)\mathrm{I} - \frac{\beta\mathrm{A}_2^T\mathrm{A}_2}{\theta_1}}\\
&+\frac{L_1}{2}\mathbb{E}_{i_k}\left\|\mathrm{x}_1^{k+1} - \mathrm{y}_1^k\right\|^2 + \mathbb{E}_{i_k}\left(\frac{\left(1+\frac{1}{b\theta_2}\right)L_2}{2}\left\|\mathrm{x}_2^{k+1} - \mathrm{y}_2^k\right\|^2\right)\\
&+\frac{\beta}{\theta_1}\mathbb{E}_{i_k}\left\langle \mathrm{A}_2\mathrm{x}_2^{k+1} - \mathrm{A}_2\mathrm{y}_2^k, \mathrm{A}_1\left[\mathrm{x}_1^{k+1} - (1-\theta_1-\theta_2)\mathrm{x}_1^k - \theta_2\tilde{\mathrm{x}}_1 - \theta_1\mathrm{x}_1^*\right]\right\rangle,
\end{aligned}
\tag{5.126}
$$

其中在 $\overset{a}{=}$ 式中，我们将 $\bar{\lambda}(\mathrm{x}_1^{k+1},\mathrm{y}_2^k)$ 替换为 $\bar{\lambda}(\mathrm{x}_1^{k+1},\mathrm{x}_2^{k+1}) - \frac{\beta}{\theta_1}\mathrm{A}_2(\mathrm{x}_2^{k+1} - \mathrm{y}_2^k)$. 对于 (5.126)右端的前两项，我们有

$$
\begin{aligned}
&\left\langle \lambda^* - \bar{\lambda}(\mathrm{x}_1^{k+1},\mathrm{x}_2^{k+1}), \mathrm{A}_1\left[\mathrm{x}_1^{k+1} - (1-\theta_1-\theta_2)\mathrm{x}_1^k - \theta_2\tilde{\mathrm{x}}_1 - \theta_1\mathrm{x}_1^*\right]\right\rangle\\
&+\left\langle \lambda^* - \bar{\lambda}(\mathrm{x}_1^{k+1},\mathrm{x}_2^{k+1}), \mathrm{A}_2\left[\mathrm{x}_2^{k+1} - (1-\theta_1-\theta_2)\mathrm{x}_2^k - \theta_2\tilde{\mathrm{x}}_2 - \theta_1\mathrm{x}_2^*\right]\right\rangle\\
\overset{a}{=}&\,\frac{\theta_1}{\beta}\langle \lambda^* - \hat{\lambda}^{k+1}, \hat{\lambda}^{k+1} - \hat{\lambda}^k\rangle
\end{aligned}
$$

$$\overset{b}{=}\frac{\theta_1}{2\beta}\left(\left\|\hat{\lambda}^k-\lambda^*\right\|^2-\left\|\hat{\lambda}^{k+1}-\lambda^*\right\|^2-\left\|\hat{\lambda}^{k+1}-\hat{\lambda}^k\right\|^2\right), \tag{5.127}$$

其中 $\overset{a}{=}$ 使用了 (5.119) 和 (5.120), $\overset{b}{=}$ 使用了 (A.2).

将 (5.127) 代入 (5.126), 我们有

$$\begin{aligned}
&\mathbb{E}_{i_k}\tilde{L}(\mathrm{x}_1^{k+1},\mathrm{x}_2^{k+1},\lambda^*)-\theta_2\tilde{L}(\tilde{\mathrm{x}}_1,\tilde{\mathrm{x}}_2,\lambda^*)-(1-\theta_2-\theta_1)\tilde{L}(\mathrm{x}_1^k,\mathrm{x}_2^k,\lambda^*)\\
\leqslant&\frac{\theta_1}{2\beta}\left(\left\|\hat{\lambda}^k-\lambda^*\right\|^2-\mathbb{E}_{i_k}\left\|\hat{\lambda}^{k+1}-\lambda^*\right\|^2-\mathbb{E}_{i_k}\left\|\hat{\lambda}^{k+1}-\hat{\lambda}^k\right\|^2\right)\\
&-\mathbb{E}_{i_k}\left\langle \mathrm{x}_1^{k+1}-\mathrm{y}_1^k,\mathrm{x}_1^{k+1}-(1-\theta_1-\theta_2)\mathrm{x}_1^k-\theta_2\tilde{\mathrm{x}}_1-\theta_1\mathrm{x}_1^*\right\rangle_{\mathrm{G}_1}\\
&-\mathbb{E}_{i_k}\left\langle \mathrm{x}_2^{k+1}-\mathrm{y}_2^k,\mathrm{x}_2^{k+1}-(1-\theta_1-\theta_2)\mathrm{x}_2^k-\theta_2\tilde{\mathrm{x}}_2-\theta_1\mathrm{x}_2^*\right\rangle_{\left(\alpha L_2+\frac{\beta\|\mathrm{A}_2^T\mathrm{A}_2\|}{\theta_1}\right)\mathrm{I}-\frac{\beta\mathrm{A}_2^T\mathrm{A}_2}{\theta_1}}\\
&+\frac{L_1}{2}\mathbb{E}_{i_k}\left\|\mathrm{x}_1^{k+1}-\mathrm{y}_1^k\right\|^2+\mathbb{E}_{i_k}\left(\frac{\left(1+\frac{1}{b\theta_2}\right)L_2}{2}\left\|\mathrm{x}_2^{k+1}-\mathrm{y}_2^k\right\|^2\right)\\
&+\frac{\beta}{\theta_1}\mathbb{E}_{i_k}\left\langle \mathrm{A}_2\mathrm{x}_2^{k+1}-\mathrm{A}_2\mathrm{y}_2^k,\mathrm{A}_1\left[\mathrm{x}_1^{k+1}-(1-\theta_1-\theta_2)\mathrm{x}_1^k-\theta_2\tilde{\mathrm{x}}_1-\theta_1\mathrm{x}_1^*\right]\right\rangle.
\end{aligned}\tag{5.128}$$

对 (5.128)右端的第二项和三项应用恒等式 (A.1) 并整理, 我们有

$$\begin{aligned}
&\mathbb{E}_{i_k}\tilde{L}(\mathrm{x}_1^{k+1},\mathrm{x}_2^{k+1},\lambda^*)-\theta_2\tilde{L}(\tilde{\mathrm{x}}_1,\tilde{\mathrm{x}}_2,\lambda^*)-(1-\theta_2-\theta_1)\tilde{L}(\mathrm{x}_1^k,\mathrm{x}_2^k,\lambda^*)\\
\leqslant&\frac{\theta_1}{2\beta}\left(\left\|\hat{\lambda}^k-\lambda^*\right\|^2-\mathbb{E}_{i_k}\left\|\hat{\lambda}^{k+1}-\lambda^*\right\|^2-\mathbb{E}_{i_k}\left\|\hat{\lambda}^{k+1}-\hat{\lambda}^k\right\|^2\right)\\
&+\frac{1}{2}\left\|\mathrm{y}_1^k-(1-\theta_1-\theta_2)\mathrm{x}_1^k-\theta_2\tilde{\mathrm{x}}_1-\theta_1\mathrm{x}_1^*\right\|_{\mathrm{G}_1}^2\\
&-\frac{1}{2}\mathbb{E}_{i_k}\left\|\mathrm{x}_1^{k+1}-(1-\theta_1-\theta_2)\mathrm{x}_1^k-\theta_2\tilde{\mathrm{x}}_1-\theta_1\mathrm{x}_1^*\right\|_{\mathrm{G}_1}^2\\
&+\frac{1}{2}\left\|\mathrm{y}_2^k-(1-\theta_1-\theta_2)\mathrm{x}_2^k-\theta_2\tilde{\mathrm{x}}_2-\theta_1\mathrm{x}_2^*\right\|_{\left(\alpha L_2+\frac{\beta\|\mathrm{A}_2^T\mathrm{A}_2\|}{\theta_1}\right)\mathrm{I}-\frac{\beta\mathrm{A}_2^T\mathrm{A}_2}{\theta_1}}^2\\
&-\frac{1}{2}\mathbb{E}_{i_k}\left\|\mathrm{x}_2^{k+1}-(1-\theta_1-\theta_2)\mathrm{x}_2^k-\theta_2\tilde{\mathrm{x}}_2-\theta_1\mathrm{x}_2^*\right\|_{\left(\alpha L_2+\frac{\beta\|\mathrm{A}_2^T\mathrm{A}_2\|}{\theta_1}\right)\mathrm{I}-\frac{\beta\mathrm{A}_2^T\mathrm{A}_2}{\theta_1}}^2\\
&-\frac{1}{2}\mathbb{E}_{i_k}\left\|\mathrm{x}_1^{k+1}-\mathrm{y}_1^k\right\|_{\frac{\beta\|\mathrm{A}_1^T\mathrm{A}_1\|}{\theta_1}\mathrm{I}-\frac{\beta\mathrm{A}_1^T\mathrm{A}_1}{\theta_1}}^2-\frac{1}{2}\mathbb{E}_{i_k}\left\|\mathrm{x}_2^{k+1}-\mathrm{y}_2^k\right\|_{\frac{\beta\|\mathrm{A}_2^T\mathrm{A}_2\|}{\theta_1}\mathrm{I}-\frac{\beta\mathrm{A}_2^T\mathrm{A}_2}{\theta_1}}^2\\
&+\frac{\beta}{\theta_1}\mathbb{E}_{i_k}\left\langle \mathrm{A}_2\mathrm{x}_2^{k+1}-\mathrm{A}_2\mathrm{y}_2^k,\mathrm{A}_1\left[\mathrm{x}_1^{k+1}-(1-\theta_1-\theta_2)\mathrm{x}_1^k-\theta_2\tilde{\mathrm{x}}_1-\theta_1\mathrm{x}_1^*\right]\right\rangle.
\end{aligned}\tag{5.129}$$

对于 (5.129)右端的最后一项, 我们有

$$\frac{\beta}{\theta_1}\left\langle \mathrm{A}_2\mathrm{x}_2^{k+1}-\mathrm{A}_2\mathrm{y}_2^k,\mathrm{A}_1\left[\mathrm{x}_1^{k+1}-(1-\theta_1-\theta_2)\mathrm{x}_1^k-\theta_2\tilde{\mathrm{x}}_1-\theta_1\mathrm{x}_1^*\right]\right\rangle$$

$$
\begin{aligned}
&\stackrel{a}{=} \frac{\beta}{\theta_1}\langle A_2x_2^{k+1} - A_2v - (A_2y_2^k - A_2v), A_1[x_1^{k+1} - (1-\theta_1-\theta_2)x_1^k \\
&\quad -\theta_2\tilde{x}_1 - \theta_1x_1^*] - 0\rangle \\
&\stackrel{b}{=} \frac{\beta}{2\theta_1}\left\|A_2x_2^{k+1} - A_2v + A_1\left[x_1^{k+1} - (1-\theta_1-\theta_2)x_1^k - \theta_2\tilde{x}_1 - \theta_1x_1^*\right]\right\|^2 \\
&\quad -\frac{\beta}{2\theta_1}\left\|A_2x_2^{k+1} - A_2v\right\|^2 + \frac{\beta}{2\theta_1}\left\|A_2y_2^k - A_2v\right\|^2 \\
&\quad -\frac{\beta}{2\theta_1}\left\|A_2y_2^k - A_2v + A_1\left[x_1^{k+1} - (1-\theta_1-\theta_2)x_1^k - \theta_2\tilde{x}_1 - \theta_1x_1^*\right]\right\|^2 \\
&\stackrel{c}{=} \frac{\theta_1}{2\beta}\left\|\hat{\lambda}^{k+1} - \hat{\lambda}^k\right\|^2 - \frac{\beta}{2\theta_1}\left\|A_2x_2^{k+1} - A_2v\right\|^2 + \frac{\beta}{2\theta_1}\left\|A_2y_2^k - A_2v\right\|^2 \\
&\quad -\frac{\beta}{2\theta_1}\left\|A_2y_2^k - A_2v + A_1\left[x_1^{k+1} - (1-\theta_1-\theta_2)x_1^k - \theta_2\tilde{x}_1 - \theta_1x_1^*\right]\right\|^2,
\end{aligned}
\tag{5.130}
$$

其中在 $\stackrel{a}{=}$ 式中,我们设置 $v = (1-\theta_1-\theta_2)x_2^k + \theta_2\tilde{x}_2 + \theta_1x_2^*$, $\stackrel{b}{=}$ 使用了 (A.3), $\stackrel{c}{=}$ 使用了 (5.120). 将 (5.130) 代入 (5.129), 我们有

$$
\begin{aligned}
&\mathbb{E}_{i_k}\tilde{L}(x_1^{k+1}, x_2^{k+1}, \lambda^*) - \theta_2\tilde{L}(\tilde{x}_1, \tilde{x}_2, \lambda^*) - (1-\theta_2-\theta_1)\tilde{L}(x_1^k, x_2^k, \lambda^*) \\
\leqslant\ &\frac{\theta_1}{2\beta}\left(\left\|\hat{\lambda}^k - \lambda^*\right\|^2 - \mathbb{E}_{i_k}\left\|\hat{\lambda}^{k+1} - \lambda^*\right\|^2\right) \\
&+\frac{1}{2}\left\|y_1^k - (1-\theta_1-\theta_2)x_1^k - \theta_2\tilde{x}_1 - \theta_1x_1^*\right\|_{G_1}^2 \\
&-\frac{1}{2}\mathbb{E}_{i_k}\left\|x_1^{k+1} - (1-\theta_1-\theta_2)x_1^k - \theta_2\tilde{x}_1 - \theta_1x_1^*\right\|_{G_1}^2 \\
&+\frac{1}{2}\left\|y_2^k - (1-\theta_1-\theta_2)x_2^k - \theta_2\tilde{x}_2 - \theta_1x_2^*\right\|_{\left(\alpha L_2 + \frac{\beta\|A_2^TA_2\|}{\theta_1}\right)I}^2 \\
&-\frac{1}{2}\mathbb{E}_{i_k}\left\|x_2^{k+1} - (1-\theta_1-\theta_2)x_2^k - \theta_2\tilde{x}_2 - \theta_1x_2^*\right\|_{\left(\alpha L_2 + \frac{\beta\|A_2^TA_2\|}{\theta_1}\right)I}^2 \\
&-\frac{1}{2}\mathbb{E}_{i_k}\left\|x_1^{k+1} - y_1^k\right\|_{\frac{\beta\|A_1^TA_1\|}{\theta_1}I - \frac{\beta A_1^TA_1}{\theta_1}}^2 - \frac{1}{2}\mathbb{E}_{i_k}\left\|x_2^{k+1} - y_2^k\right\|_{\frac{\beta\|A_2^TA_2\|}{\theta_1}I - \frac{\beta A_2^TA_2}{\theta_1}}^2 \\
&-\frac{\beta}{2\theta_1}\mathbb{E}_{i_k}\left\|A_2y_2^k - A_2v + A_1\left[x_1^{k+1} - (1-\theta_1-\theta_2)x_1^k - \theta_2\tilde{x}_1 - \theta_1x_1^*\right]\right\|^2.
\end{aligned}
\tag{5.131}
$$

由于 (5.131) 的最后三项是非正的,我们得到 (5.101). □

定理 43: 对于算法5.6,我们有

$$
\mathbb{E}\left(\frac{1}{2\beta}\left\|\frac{\beta(m-1)(\theta_2+\theta_{1,S})+\beta}{\theta_{1,S}}(A\hat{x}_S - b)\right.\right.
$$

$$
\begin{aligned}
&-\frac{\beta(m-1)\theta_2}{\theta_{1,0}}\left(\mathrm{Ax}_0^0-\mathrm{b}\right)+\tilde{\lambda}_0^0-\lambda^*\Big\|^2\Big)\\
&+\mathbb{E}\left(\frac{(m-1)(\theta_2+\theta_{1,S})+1}{\theta_{1,S}}\left(F(\hat{\mathrm{x}}_S)-F(\mathrm{x}^*)+\langle\lambda^*,\mathrm{A}\hat{\mathrm{x}}_S-\mathrm{b}\rangle\right)\right)\\
\leqslant\, & C_3\left(F(\mathrm{x}_0^0)-F(\mathrm{x}^*)+\langle\lambda^*,\mathrm{Ax}_0^0-\mathrm{b}\rangle\right)\\
&+\frac{1}{2\beta}\left\|\tilde{\lambda}_0^0+\frac{\beta(1-\theta_{1,0})}{\theta_{1,0}}(\mathrm{Ax}_0^0-\mathrm{b})-\lambda^*\right\|^2\\
&+\frac{1}{2}\left\|\mathrm{x}_{0,1}^0-\mathrm{x}_1^*\right\|^2_{(\theta_{1,0}L_1+\beta\|\mathrm{A}_1^T\mathrm{A}_1\|)\mathrm{I}-\beta\mathrm{A}_1^T\mathrm{A}_1}\\
&+\frac{1}{2}\left\|\mathrm{x}_{0,2}^0-\mathrm{x}_2^*\right\|^2_{\left(\left(1+\frac{1}{b\theta_2}\right)\theta_{1,0}L_2+\beta\|\mathrm{A}_2^T\mathrm{A}_2\|\right)\mathrm{I}},
\end{aligned}\tag{5.132}
$$

其中 $C_3=\dfrac{1-\theta_{1,0}+(m-1)\theta_2}{\theta_{1,0}}$.

证明. 对 (5.101) 的前 $k+1$ 次迭代求全期望,并将结果的两边同除以 θ_1,我们有

$$
\begin{aligned}
&\frac{1}{\theta_1}\mathbb{E}_{,s-1}\tilde{L}(\mathrm{x}_1^{k+1},\mathrm{x}_2^{k+1},\lambda^*)-\frac{\theta_2}{\theta_1}\tilde{L}(\tilde{\mathrm{x}}_1,\tilde{\mathrm{x}}_2,\lambda^*)-\frac{1-\theta_2-\theta_1}{\theta_1}\mathbb{E}_{,s-1}\tilde{L}(\mathrm{x}_1^k,\mathrm{x}_2^k,\lambda^*)\\
\leqslant\, &\frac{1}{2\beta}\left(\mathbb{E}_{,s-1}\left\|\hat{\lambda}^k-\lambda^*\right\|^2-\mathbb{E}_{,s-1}\left\|\hat{\lambda}^{k+1}-\lambda^*\right\|^2\right)\\
&+\frac{\theta_1}{2}\mathbb{E}_{,s-1}\left\|\frac{1}{\theta_1}\left[\mathrm{y}_1^k-(1-\theta_1-\theta_2)\mathrm{x}_1^k-\theta_2\tilde{\mathrm{x}}_1\right]-\mathrm{x}_1^*\right\|^2_{\left(L_1+\frac{\beta\|\mathrm{A}_1^T\mathrm{A}_1\|}{\theta_1}\right)\mathrm{I}-\frac{\beta\mathrm{A}_1^T\mathrm{A}_1}{\theta_1}}\\
&-\frac{\theta_1}{2}\mathbb{E}_{,s-1}\left\|\frac{1}{\theta_1}\left[\mathrm{x}_1^{k+1}-(1-\theta_1-\theta_2)\mathrm{x}_1^k-\theta_2\tilde{\mathrm{x}}_1\right]-\mathrm{x}_1^*\right\|^2_{\left(L_1+\frac{\beta\|\mathrm{A}_1^T\mathrm{A}_1\|}{\theta_1}\right)\mathrm{I}-\frac{\beta\mathrm{A}_1^T\mathrm{A}_1}{\theta_1}}\\
&+\frac{\theta_1}{2}\mathbb{E}_{,s-1}\left\|\frac{1}{\theta_1}\left[\mathrm{y}_2^k-(1-\theta_1-\theta_2)\mathrm{x}_2^k-\theta_2\tilde{\mathrm{x}}_2\right]-\mathrm{x}_2^*\right\|^2_{\left(\alpha L_2+\frac{\beta\|\mathrm{A}_2^T\mathrm{A}_2\|}{\theta_1}\right)\mathrm{I}}\\
&-\frac{\theta_1}{2}\mathbb{E}_{,s-1}\left\|\frac{1}{\theta_1}\left[\mathrm{x}_2^{k+1}-(1-\theta_1-\theta_2)\mathrm{x}_2^k-\theta_2\tilde{\mathrm{x}}_2\right]-\mathrm{x}_2^*\right\|^2_{\left(\alpha L_2+\frac{\beta\|\mathrm{A}_2^T\mathrm{A}_2\|}{\theta_1}\right)\mathrm{I}},
\end{aligned}\tag{5.133}
$$

其中 $\mathbb{E}_{,s-1}$ 表示我们固定了前 $s-1$ 次外循环,对第 s 次外循环的前 $k+1$ 次内迭代求全期望. 由于

$$
\mathrm{y}^k=\mathrm{x}^k+(1-\theta_1-\theta_2)(\mathrm{x}^k-\mathrm{x}^{k-1}),\quad k\geqslant 1,
$$

我们有

$$
\begin{aligned}
&\frac{1}{\theta_1}\mathbb{E}_{,s-1}\tilde{L}(\mathrm{x}_1^{k+1},\mathrm{x}_2^{k+1},\lambda^*)-\frac{\theta_2}{\theta_1}\tilde{L}(\tilde{\mathrm{x}}_1,\tilde{\mathrm{x}}_2,\lambda^*)-\frac{1-\theta_2-\theta_1}{\theta_1}\mathbb{E}_{,s-1}\tilde{L}(\mathrm{x}_1^k,\mathrm{x}_2^k,\lambda^*)\\
\leqslant&\frac{1}{2\beta}\left(\mathbb{E}_{,s-1}\left\|\hat{\lambda}^k-\lambda^*\right\|^2-\mathbb{E}_{,s-1}\left\|\hat{\lambda}^{k+1}-\lambda^*\right\|^2\right)\\
&+\frac{\theta_1}{2}\mathbb{E}_{,s-1}\left\|\frac{1}{\theta_1}\left[\mathrm{x}_1^k-(1-\theta_1-\theta_2)\mathrm{x}_1^{k-1}-\theta_2\tilde{\mathrm{x}}_1\right]-\mathrm{x}_1^*\right\|^2_{\left(L_1+\frac{\beta\|\mathrm{A}_1^T\mathrm{A}_1\|}{\theta_1}\right)\mathrm{I}-\frac{\beta\mathrm{A}_1^T\mathrm{A}_1}{\theta_1}}\\
&-\frac{\theta_1}{2}\mathbb{E}_{,s-1}\left\|\frac{1}{\theta_1}\left[\mathrm{x}_1^{k+1}-(1-\theta_1-\theta_2)\mathrm{x}_1^{k}-\theta_2\tilde{\mathrm{x}}_1\right]-\mathrm{x}_1^*\right\|^2_{\left(L_1+\frac{\beta\|\mathrm{A}_1^T\mathrm{A}_1\|}{\theta_1}\right)\mathrm{I}-\frac{\beta\mathrm{A}_1^T\mathrm{A}_1}{\theta_1}}\\
&+\frac{\theta_1}{2}\mathbb{E}_{,s-1}\left\|\frac{1}{\theta_1}\left[\mathrm{x}_2^k-(1-\theta_1-\theta_2)\mathrm{x}_2^{k-1}-\theta_2\tilde{\mathrm{x}}_2\right]-\mathrm{x}_2^*\right\|^2_{\left(\alpha L_2+\frac{\beta\|\mathrm{A}_2^T\mathrm{A}_2\|}{\theta_1}\right)\mathrm{I}}\\
&-\frac{\theta_1}{2}\mathbb{E}_{,s-1}\left\|\frac{1}{\theta_1}\left[\mathrm{x}_2^{k+1}-(1-\theta_1-\theta_2)\mathrm{x}_2^{k}-\theta_2\tilde{\mathrm{x}}_2\right]-\mathrm{x}_2^*\right\|^2_{\left(\alpha L_2+\frac{\beta\|\mathrm{A}_2^T\mathrm{A}_2\|}{\theta_1}\right)\mathrm{I}},\\
&k\geqslant 1.
\end{aligned}\tag{5.134}
$$

现在我们加回下标 s，对前 s 次外循环求全期望，并将 (5.133) 从 k 等于 0 加到 $m-1$（对于 $k\geqslant 1$，使用 (5.134)），我们有

$$
\begin{aligned}
&\frac{1}{\theta_{1,s}}\mathbb{E}\left(L(\mathrm{x}_s^m,\lambda^*)-L(\mathrm{x}^*,\lambda^*)\right)+\frac{\theta_2+\theta_{1,s}}{\theta_{1,s}}\sum_{k=1}^{m-1}\mathbb{E}\left(L(\mathrm{x}_s^k,\lambda^*)-L(\mathrm{x}^*,\lambda^*)\right)\\
\leqslant&\frac{1-\theta_{1,s}-\theta_2}{\theta_{1,s}}\mathbb{E}\left(L(\mathrm{x}_s^0,\lambda^*)-L(\mathrm{x}^*,\lambda^*)\right)+\frac{m\theta_2}{\theta_{1,s}}\mathbb{E}\left(L(\tilde{\mathrm{x}}_s,\lambda^*)-L(\mathrm{x}^*,\lambda^*)\right)\\
&+\frac{1}{2}\mathbb{E}\left\|\frac{1}{\theta_{1,s}}\left[\mathrm{y}_{s,1}^0-\theta_2\tilde{\mathrm{x}}_{s,1}-(1-\theta_{1,s}-\theta_2)\mathrm{x}_{s,1}^0\right]-\mathrm{x}_1^*\right\|^2_{\left(\theta_{1,s}L_1+\beta\|\mathrm{A}_1^T\mathrm{A}_1\|\right)\mathrm{I}-\beta\mathrm{A}_1^T\mathrm{A}_1}\\
&-\frac{1}{2}\mathbb{E}\left\|\frac{1}{\theta_{1,s}}\left[\mathrm{x}_{s,1}^m-\theta_2\tilde{\mathrm{x}}_{s,1}-(1-\theta_{1,s}-\theta_2)\mathrm{x}_{s,1}^{m-1}\right]-\mathrm{x}_1^*\right\|^2_{\left(\theta_{1,s}L_1+\beta\|\mathrm{A}_1^T\mathrm{A}_1\|\right)\mathrm{I}-\beta\mathrm{A}_1^T\mathrm{A}_1}\\
&+\frac{1}{2}\mathbb{E}\left\|\frac{1}{\theta_{1,s}}\left[\mathrm{y}_{s,2}^0-\theta_2\tilde{\mathrm{x}}_{s,2}-(1-\theta_{1,s}-\theta_2)\mathrm{x}_{s,2}^0\right]-\mathrm{x}_2^*\right\|^2_{\left(\alpha\theta_{1,s}L_2+\beta\|\mathrm{A}_2^T\mathrm{A}_2\|\right)\mathrm{I}}\\
&-\frac{1}{2}\mathbb{E}\left\|\frac{1}{\theta_{1,s}}\left[\mathrm{x}_{s,2}^m-\theta_2\tilde{\mathrm{x}}_{s,2}-(1-\theta_{1,s}-\theta_2)\mathrm{x}_{s,2}^{m-1}\right]-\mathrm{x}_2^*\right\|^2_{\left(\alpha\theta_{1,s}L_2+\beta\|\mathrm{A}_2^T\mathrm{A}_2\|\right)\mathrm{I}}\\
&+\frac{1}{2\beta}\left(\mathbb{E}\left\|\hat{\lambda}_s^0-\lambda^*\right\|^2-\mathbb{E}\left\|\hat{\lambda}_s^m-\lambda^*\right\|^2\right),\quad s\geqslant 0,
\end{aligned}\tag{5.135}
$$

其中我们用 $L(\mathrm{x}_s^k,\lambda^*)$ 和 $L(\tilde{\mathrm{x}}_s,\lambda^*)$ 分别表示 $L(\mathrm{x}_{s,1}^k,\mathrm{x}_{s,2}^k,\lambda^*)$ 和 $L(\tilde{\mathrm{x}}_{s,1},\tilde{\mathrm{x}}_{s,2},\lambda^*)$. 因为 $L(\mathrm{x},\lambda^*)$ 关于 x 是凸函数，我们有

$$
\begin{aligned}
&mL(\tilde{\mathrm{x}}_s,\lambda^*)\\
&=mL\left(\frac{1}{m}\left[\left(1-\frac{(\tau-1)\theta_{1,s}}{\theta_2}\right)\mathrm{x}_{s-1}^m+\left(1+\frac{(\tau-1)\theta_{1,s}}{(m-1)\theta_2}\right)\sum_{k=1}^{m-1}\mathrm{x}_{s-1}^k\right],\lambda^*\right)\\
&\leqslant\left[1-\frac{(\tau-1)\theta_{1,s}}{\theta_2}\right]L(\mathrm{x}_{s-1}^m,\lambda^*)+\left[1+\frac{(\tau-1)\theta_{1,s}}{(m-1)\theta_2}\right]\sum_{k=1}^{m-1}L(\mathrm{x}_{s-1}^k,\lambda^*). \qquad (5.136)
\end{aligned}
$$

将 (5.136) 代入 (5.135),利用 $\mathrm{x}_{s-1}^m=\mathrm{x}_s^0$,我们有

$$
\begin{aligned}
&\frac{1}{\theta_{1,s}}\mathbb{E}\left(L(\mathrm{x}_s^m,\lambda^*)-L(\mathrm{x}^*,\lambda^*)\right)+\frac{\theta_2+\theta_{1,s}}{\theta_{1,s}}\sum_{k=1}^{m-1}\mathbb{E}\left(L(\mathrm{x}_s^k,\lambda^*)-L(\mathrm{x}^*,\lambda^*)\right)\\
&\leqslant\frac{1-\tau\theta_{1,s}}{\theta_{1,s}}\mathbb{E}\left(L(\mathrm{x}_{s-1}^m,\lambda^*)-L(\mathrm{x}^*,\lambda^*)\right)\\
&\quad+\frac{\theta_2+\frac{\tau-1}{m-1}\theta_{1,s}}{\theta_{1,s}}\sum_{k=1}^{m-1}\mathbb{E}\left(L(\mathrm{x}_{s-1}^k,\lambda^*)-L(\mathrm{x}^*,\lambda^*)\right)\\
&\quad+\frac{1}{2}\mathbb{E}\left\|\frac{1}{\theta_{1,s}}\left[\mathrm{y}_{s,1}^0-\theta_2\tilde{\mathrm{x}}_{s,1}-(1-\theta_{1,s}-\theta_2)\mathrm{x}_{s,1}^0\right]-\mathrm{x}_1^*\right\|^2_{(\theta_{1,s}L_1+\beta\|\mathrm{A}_1^T\mathrm{A}_1\|)\mathrm{I}-\beta\mathrm{A}_1^T\mathrm{A}_1}\\
&\quad-\frac{1}{2}\mathbb{E}\left\|\frac{1}{\theta_{1,s}}\left[\mathrm{x}_{s,1}^m-\theta_2\tilde{\mathrm{x}}_{s,1}-(1-\theta_{1,s}-\theta_2)\mathrm{x}_{s,1}^{m-1}\right]-\mathrm{x}_1^*\right\|^2_{(\theta_{1,s}L_1+\beta\|\mathrm{A}_1^T\mathrm{A}_1\|)\mathrm{I}-\beta\mathrm{A}_1^T\mathrm{A}_1}\\
&\quad+\frac{1}{2}\mathbb{E}\left\|\frac{1}{\theta_{1,s}}\left[\mathrm{y}_{s,2}^0-\theta_2\tilde{\mathrm{x}}_{s,2}-(1-\theta_{1,s}-\theta_2)\mathrm{x}_{s,2}^0\right]-\mathrm{x}_2^*\right\|^2_{(\alpha\theta_{1,s}L_2+\beta\|\mathrm{A}_2^T\mathrm{A}_2\|)\mathrm{I}}\\
&\quad-\frac{1}{2}\mathbb{E}\left\|\frac{1}{\theta_{1,s}}\left[\mathrm{x}_{s,2}^m-\theta_2\tilde{\mathrm{x}}_{s,2}-(1-\theta_{1,s}-\theta_2)\mathrm{x}_{s,2}^{m-1}\right]-\mathrm{x}_2^*\right\|^2_{(\alpha\theta_{1,s}L_2+\beta\|\mathrm{A}_2^T\mathrm{A}_2\|)\mathrm{I}}\\
&\quad+\frac{1}{2\beta}\left(\mathbb{E}\left\|\hat{\lambda}_s^0-\lambda^*\right\|^2-\mathbb{E}\left\|\hat{\lambda}_s^m-\lambda^*\right\|^2\right),\quad s\geqslant 1. \qquad (5.137)
\end{aligned}
$$

利用 $\theta_{1,s}=\dfrac{1}{2+\tau s}$ 和 $\theta_2=\dfrac{m-\tau}{\tau(m-1)}$,我们有

$$
\frac{1}{\theta_{1,s}}=\frac{1-\tau\theta_{1,s+1}}{\theta_{1,s+1}},\quad s\geqslant 0, \qquad (5.138)
$$

和

$$
\frac{\theta_2+\theta_{1,s}}{\theta_{1,s}}=\frac{\theta_2}{\theta_{1,s+1}}-\tau\theta_2+1=\frac{\theta_2+\dfrac{\tau-1}{m-1}\theta_{1,s+1}}{\theta_{1,s+1}},\quad s\geqslant 0. \qquad (5.139)
$$

将 (5.138)和(5.139)分别代入 (5.137) 的右边第一项和第二项,得到

$$
\frac{1}{\theta_{1,s}}\mathbb{E}\left(L(\mathrm{x}_s^m,\lambda^*)-L(\mathrm{x}^*,\lambda^*)\right)+\frac{\theta_2+\theta_{1,s}}{\theta_{1,s}}\sum_{k=1}^{m-1}\mathbb{E}\left(L(\mathrm{x}_s^k,\lambda^*)-L(\mathrm{x}^*,\lambda^*)\right)
$$

$$
\begin{aligned}
&\leqslant \frac{1}{\theta_{1,s-1}}\mathbb{E}\left(L(\mathbf{x}_{s-1}^m,\lambda^*)-L(\mathbf{x}^*,\lambda^*)\right)+\frac{\theta_2+\theta_{1,s-1}}{\theta_{1,s-1}}\sum_{k=1}^{m-1}\mathbb{E}\left(L(\mathbf{x}_{s-1}^k,\lambda^*)-L(\mathbf{x}^*,\lambda^*)\right)\\
&\quad+\frac{1}{2}\mathbb{E}\left\|\frac{1}{\theta_{1,s}}\left[\mathbf{y}_{s,1}^0-\theta_2\tilde{\mathbf{x}}_{s,1}-(1-\theta_{1,s}-\theta_2)\mathbf{x}_{s,1}^0\right]-\mathbf{x}_1^*\right\|^2_{\left(\theta_{1,s}L_1+\beta\left\|\mathbf{A}_1^T\mathbf{A}_1\right\|\right)\mathbf{I}-\beta\mathbf{A}_1^T\mathbf{A}_1}\\
&\quad-\frac{1}{2}\mathbb{E}\left\|\frac{1}{\theta_{1,s}}\left[\mathbf{x}_{s,1}^m-\theta_2\tilde{\mathbf{x}}_{s,1}-(1-\theta_{1,s}-\theta_2)\mathbf{x}_{s,1}^{m-1}\right]-\mathbf{x}_1^*\right\|^2_{\left(\theta_{1,s}L_1+\beta\left\|\mathbf{A}_1^T\mathbf{A}_1\right\|\right)\mathbf{I}-\beta\mathbf{A}_1^T\mathbf{A}_1}\\
&\quad+\frac{1}{2}\mathbb{E}\left\|\frac{1}{\theta_{1,s}}\left[\mathbf{y}_{s,2}^0-\theta_2\tilde{\mathbf{x}}_{s,2}-(1-\theta_{1,s}-\theta_2)\mathbf{x}_{s,2}^0\right]-\mathbf{x}_2^*\right\|^2_{\left(\alpha\theta_{1,s}L_2+\beta\left\|\mathbf{A}_2^T\mathbf{A}_2\right\|\right)\mathbf{I}}\\
&\quad-\frac{1}{2}\mathbb{E}\left\|\frac{1}{\theta_{1,s}}\left[\mathbf{x}_{s,2}^m-\theta_2\tilde{\mathbf{x}}_{s,2}-(1-\theta_{1,s}-\theta_2)\mathbf{x}_{s,2}^{m-1}\right]-\mathbf{x}_2^*\right\|^2_{\left(\alpha\theta_{1,s}L_2+\beta\left\|\mathbf{A}_2^T\mathbf{A}_2\right\|\right)\mathbf{I}}\\
&\quad+\frac{1}{2\beta}\left(\mathbb{E}\left\|\hat{\lambda}_s^0-\lambda^*\right\|^2-\mathbb{E}\left\|\hat{\lambda}_s^m-\lambda^*\right\|^2\right),\quad s\geqslant 1.
\end{aligned}\tag{5.140}
$$

当 $k=0$ 时，由于

$$
\mathbf{y}_{s+1}^0=(1-\theta_2)\mathbf{x}_s^m+\theta_2\tilde{\mathbf{x}}_{s+1}+\frac{\theta_{1,s+1}}{\theta_{1,s}}\left[(1-\theta_{1,s})\mathbf{x}_s^m-(1-\theta_{1,s}-\theta_2)\mathbf{x}_s^{m-1}-\theta_2\tilde{\mathbf{x}}_s\right],
$$

有

$$
\begin{aligned}
&\frac{1}{\theta_{1,s}}\left[\mathbf{x}_s^m-\theta_2\tilde{\mathbf{x}}_s-(1-\theta_{1,s}-\theta_2)\mathbf{x}_s^{m-1}\right]\\
&=\frac{1}{\theta_{1,s+1}}\left[\mathbf{y}_{s+1}^0-\theta_2\tilde{\mathbf{x}}_{s+1}-(1-\theta_{1,s+1}-\theta_2)\mathbf{x}_{s+1}^0\right].
\end{aligned}\tag{5.141}
$$

将 (5.141) 代入 (5.140) 的第三项和第五项，将 (5.121) 代入 (5.140) 的右边最后一项，我们有

$$
\begin{aligned}
&\frac{1}{\theta_{1,s}}\mathbb{E}\left(L(\mathbf{x}_s^m,\lambda^*)-L(\mathbf{x}^*,\lambda^*)\right)+\frac{\theta_2+\theta_{1,s}}{\theta_{1,s}}\sum_{k=1}^{m-1}\mathbb{E}\left(L(\mathbf{x}_s^k,\lambda^*)-L(\mathbf{x}^*,\lambda^*)\right)\\
&\leqslant \frac{1}{\theta_{1,s-1}}\mathbb{E}\left(L(\mathbf{x}_{s-1}^m,\lambda^*)-L(\mathbf{x}^*,\lambda^*)\right)+\frac{\theta_2+\theta_{1,s-1}}{\theta_{1,s-1}}\sum_{k=1}^{m-1}\mathbb{E}\left(L(\mathbf{x}_{s-1}^k,\lambda^*)-L(\mathbf{x}^*,\lambda^*)\right)\\
&\quad+\frac{1}{2}\mathbb{E}\left\|\frac{1}{\theta_{1,s-1}}\left[\mathbf{x}_{s-1,1}^m-\theta_2\tilde{\mathbf{x}}_{s-1,1}-(1-\theta_{1,s-1}-\theta_2)\mathbf{x}_{s-1,1}^{m-1}\right]\right.\\
&\qquad\left.-\mathbf{x}_1^*\right\|^2_{\left(\theta_{1,s}L_1+\beta\left\|\mathbf{A}_1^T\mathbf{A}_1\right\|\right)\mathbf{I}-\beta\mathbf{A}_1^T\mathbf{A}_1}\\
&\quad-\frac{1}{2}\mathbb{E}\left\|\frac{1}{\theta_{1,s}}\left[\mathbf{x}_{s,1}^m-\theta_2\tilde{\mathbf{x}}_{s,1}-(1-\theta_{1,s}-\theta_2)\mathbf{x}_{s,1}^{m-1}\right]-\mathbf{x}_1^*\right\|^2_{\left(\theta_{1,s}L_1+\beta\left\|\mathbf{A}_1^T\mathbf{A}_1\right\|\right)\mathbf{I}-\beta\mathbf{A}_1^T\mathbf{A}_1}
\end{aligned}
$$

$$
\begin{aligned}
&+\frac{1}{2}\mathbb{E}\left\|\frac{1}{\theta_{1,s-1}}\left[\mathrm{x}_{s-1,2}^{m}-\theta_2\tilde{\mathrm{x}}_{s-1,2}-(1-\theta_{1,s-1}-\theta_2)\mathrm{x}_{s-1,2}^{m-1}\right]\right.\\
&\qquad\left.-\mathrm{x}_2^*\right\|^2_{\left(\alpha\theta_{1,s}L_2+\beta\left\|\mathrm{A}_2^T\mathrm{A}_2\right\|\right)\mathrm{I}}\\
&-\frac{1}{2}\mathbb{E}\left\|\frac{1}{\theta_{1,s}}\left[\mathrm{x}_{s,2}^{m}-\theta_2\tilde{\mathrm{x}}_{s,2}-(1-\theta_{1,s}-\theta_2)\mathrm{x}_{s,2}^{m-1}\right]-\mathrm{x}_2^*\right\|^2_{\left(\alpha\theta_{1,s}L_2+\beta\left\|\mathrm{A}_2^T\mathrm{A}_2\right\|\right)\mathrm{I}}\\
&+\frac{1}{2\beta}\left(\mathbb{E}\left\|\hat{\lambda}_{s-1}^m-\lambda^*\right\|^2-\mathbb{E}\left\|\hat{\lambda}_s^m-\lambda^*\right\|^2\right),\quad s\geqslant 1.
\end{aligned}
$$

因为 $\theta_{1,s-1}\geqslant\theta_{1,s}$，而当 $\mathrm{M}_1\succeq\mathrm{M}_2$ 时，有 $\|\mathrm{x}\|^2_{\mathrm{M}_1}\geqslant\|\mathrm{x}\|^2_{\mathrm{M}_2}$，故

$$
\begin{aligned}
&\frac{1}{\theta_{1,s}}\mathbb{E}\left(L(\mathrm{x}_s^m,\lambda^*)-L(\mathrm{x}^*,\lambda^*)\right)+\frac{\theta_2+\theta_{1,s}}{\theta_{1,s}}\sum_{k=1}^{m-1}\mathbb{E}\left(L(\mathrm{x}_s^k,\lambda^*)-L(\mathrm{x}^*,\lambda^*)\right)\\
\leqslant&\frac{1}{\theta_{1,s-1}}\mathbb{E}\left(L(\mathrm{x}_{s-1}^m,\lambda^*)-L(\mathrm{x}^*,\lambda^*)\right)\\
&+\frac{\theta_2+\theta_{1,s-1}}{\theta_{1,s-1}}\sum_{k=1}^{m-1}\mathbb{E}\left(L(\mathrm{x}_{s-1}^k,\lambda^*)-L(\mathrm{x}^*,\lambda^*)\right)\\
&+\frac{1}{2}\mathbb{E}\left\|\frac{1}{\theta_{1,s-1}}\left[\mathrm{x}_{s-1,1}^{m}-\theta_2\tilde{\mathrm{x}}_{s-1,1}-(1-\theta_{1,s-1}-\theta_2)\mathrm{x}_{s-1,1}^{m-1}\right]\right.\\
&\qquad\left.-\mathrm{x}_1^*\right\|^2_{\left(\theta_{1,s-1}L_1+\beta\left\|\mathrm{A}_1^T\mathrm{A}_1\right\|\right)\mathrm{I}-\beta\mathrm{A}_1^T\mathrm{A}_1}\\
&-\frac{1}{2}\mathbb{E}\left\|\frac{1}{\theta_{1,s}}\left[\mathrm{x}_{s,1}^{m}-\theta_2\tilde{\mathrm{x}}_{s,1}-(1-\theta_{1,s}-\theta_2)\mathrm{x}_{s,1}^{m-1}\right]\right.\\
&\qquad\left.-\mathrm{x}_1^*\right\|^2_{\left(\theta_{1,s}L_1+\beta\left\|\mathrm{A}_1^T\mathrm{A}_1\right\|\right)\mathrm{I}-\beta\mathrm{A}_1^T\mathrm{A}_1}\\
&+\frac{1}{2}\mathbb{E}\left\|\frac{1}{\theta_{1,s-1}}\left[\mathrm{x}_{s-1,2}^{m}-\theta_2\tilde{\mathrm{x}}_{s-1,2}-(1-\theta_{1,s-1}-\theta_2)\mathrm{x}_{s-1,2}^{m-1}\right]\right.\\
&\qquad\left.-\mathrm{x}_2^*\right\|^2_{\left(\alpha\theta_{1,s-1}L_2+\beta\left\|\mathrm{A}_2^T\mathrm{A}_2\right\|\right)\mathrm{I}}\\
&-\frac{1}{2}\mathbb{E}\left\|\frac{1}{\theta_{1,s}}\left[\mathrm{x}_{s,2}^{m}-\theta_2\tilde{\mathrm{x}}_{s,2}-(1-\theta_{1,s}-\theta_2)\mathrm{x}_{s,2}^{m-1}\right]-\mathrm{x}_2^*\right\|^2_{\left(\alpha\theta_{1,s}L_2+\beta\left\|\mathrm{A}_2^T\mathrm{A}_2\right\|\right)\mathrm{I}}\\
&+\frac{1}{2\beta}\left(\mathbb{E}\left\|\hat{\lambda}_{s-1}^m-\lambda^*\right\|^2-\mathbb{E}\left\|\hat{\lambda}_s^m-\lambda^*\right\|^2\right),\quad s\geqslant 1.
\end{aligned}\tag{5.142}
$$

当 $s=0$ 时，利用 (5.135)，$\mathrm{y}_{0,1}^0=\tilde{\mathrm{x}}_{0,1}=\mathrm{x}_{0,1}^0$，$\mathrm{y}_{0,2}^0=\tilde{\mathrm{x}}_{0,2}=\mathrm{x}_{0,2}^0$，与

$\theta_{1,0} \geqslant \theta_{1,1}$,我们有

$$
\begin{aligned}
&\frac{1}{\theta_{1,0}}\mathbb{E}\left(L(\mathrm{x}_0^m,\lambda^*)-L(\mathrm{x}^*,\lambda^*)\right)+\frac{\theta_2+\theta_{1,0}}{\theta_{1,0}}\sum_{k=1}^{m-1}\mathbb{E}\left(L(\mathrm{x}_0^k,\lambda^*)-L(\mathrm{x}^*,\lambda^*)\right)\\
\leqslant&\frac{1-\theta_{1,0}+(m-1)\theta_2}{\theta_{1,0}}\left(L(\mathrm{x}_0^0,\lambda^*)-L(\mathrm{x}^*,\lambda^*)\right)\\
&+\frac{1}{2}\left\|\mathrm{x}_{0,1}^0-\mathrm{x}_1^*\right\|^2_{\left(\theta_{1,0}L_1+\beta\left\|\mathrm{A}_1^T\mathrm{A}_1\right\|\right)\mathrm{I}-\beta\mathrm{A}_1^T\mathrm{A}_1}\\
&-\frac{1}{2}\mathbb{E}\left\|\frac{1}{\theta_{1,0}}\left[\mathrm{x}_{0,1}^m-\theta_2\tilde{\mathrm{x}}_{0,1}-(1-\theta_{1,0}-\theta_2)\mathrm{x}_{0,1}^{m-1}\right]\right.\\
&\qquad\left.-\mathrm{x}_1^*\right\|^2_{\left(\theta_{1,1}L_1+\beta\left\|\mathrm{A}_1^T\mathrm{A}_1\right\|\right)\mathrm{I}-\beta\mathrm{A}_1^T\mathrm{A}_1}\\
&+\frac{1}{2}\left\|\mathrm{x}_{0,2}^0-\mathrm{x}_1^*\right\|^2_{\left(\alpha\theta_{1,0}L_2+\beta\left\|\mathrm{A}_2^T\mathrm{A}_2\right\|\right)\mathrm{I}}\\
&-\frac{1}{2}\mathbb{E}\left\|\frac{1}{\theta_{1,0}}\left[\mathrm{x}_{0,2}^m-\theta_2\tilde{\mathrm{x}}_{0,2}-(1-\theta_{1,0}-\theta_2)\mathrm{x}_{0,2}^{m-1}\right]-\mathrm{x}_2^*\right\|^2_{\left(\alpha\theta_{1,1}L_2+\beta\left\|\mathrm{A}_2^T\mathrm{A}_2\right\|\right)\mathrm{I}}\\
&+\frac{1}{2\beta}\left(\left\|\hat{\lambda}_0^0-\lambda^*\right\|^2-\mathbb{E}\left\|\hat{\lambda}_0^m-\lambda^*\right\|^2\right),
\end{aligned}\tag{5.143}
$$

其中在(5.143)的第五行和第七行我们使用了 $\theta_{1,0} \geqslant \theta_{1,1}$.

将 (5.142) 从 $s=1$ 累加到 $S-1$,再加上 (5.143),有

$$
\begin{aligned}
&\frac{1}{\theta_{1,S}}\mathbb{E}\left(L(\mathrm{x}_S^m,\lambda^*)-L(\mathrm{x}^*,\lambda^*)\right)+\frac{\theta_{1,S}+\theta_2}{\theta_{1,S}}\sum_{k=1}^{m-1}\mathbb{E}\left(L(\mathrm{x}_S^k,\lambda^*)-L(\mathrm{x}^*,\lambda^*)\right)\\
\leqslant&\frac{1-\theta_{1,0}+(m-1)\theta_2}{\theta_{1,0}}\left(L(\mathrm{x}_0^0,\lambda^*)-L(\mathrm{x}^*,\lambda^*)\right)\\
&+\frac{1}{2}\left\|\mathrm{x}_{0,1}^0-\mathrm{x}_1^*\right\|^2_{\left(\theta_{1,0}L_1+\beta\left\|\mathrm{A}_1^T\mathrm{A}_1\right\|\right)\mathrm{I}-\beta\mathrm{A}_1^T\mathrm{A}_1}+\frac{1}{2}\left\|\mathrm{x}_{0,2}^0-\mathrm{x}_2^*\right\|^2_{\left(\alpha\theta_{1,0}L_2+\beta\left\|\mathrm{A}_2^T\mathrm{A}_2\right\|\right)\mathrm{I}}\\
&+\frac{1}{2\beta}\left(\left\|\hat{\lambda}_0^0-\lambda^*\right\|^2-\mathbb{E}\left\|\hat{\lambda}_S^m-\lambda^*\right\|^2\right)\\
&-\frac{1}{2}\mathbb{E}\left\|\frac{1}{\theta_{1,S}}\left[\mathrm{x}_{S,1}^m-\theta_2\tilde{\mathrm{x}}_{S,1}-(1-\theta_{1,s}-\theta_2)\mathrm{x}_{S,1}^{m-1}\right]\right.\\
&\qquad\left.-\mathrm{x}_1^*\right\|^2_{\left(\theta_{1,S}L_1+\beta\left\|\mathrm{A}_1^T\mathrm{A}_1\right\|\right)\mathrm{I}-\beta\mathrm{A}_1^T\mathrm{A}_1}\\
&-\frac{1}{2}\mathbb{E}\left\|\frac{1}{\theta_{1,S}}\left[\mathrm{x}_{S,2}^m-\theta_2\tilde{\mathrm{x}}_{S,2}-(1-\theta_{1,S}-\theta_2)\mathrm{x}_{S,2}^{m-1}\right]-\mathrm{x}_2^*\right\|^2_{\left(\alpha\theta_{1,S}L_2+\beta\left\|\mathrm{A}_2^T\mathrm{A}_2\right\|\right)\mathrm{I}}
\end{aligned}
$$

$$
\begin{aligned}
&\leqslant \frac{1-\theta_{1,0}+(m-1)\theta_2}{\theta_{1,0}}\left(L(\mathrm{x}_0^0,\lambda^*)-L(\mathrm{x}^*,\lambda^*)\right) \\
&\quad +\frac{1}{2}\left\|\mathrm{x}_{0,1}^0-\mathrm{x}_1^*\right\|^2_{\left(\theta_{1,0}L_1+\beta\left\|\mathrm{A}_1^T\mathrm{A}_1\right\|\right)\mathrm{I}-\beta\mathrm{A}_1^T\mathrm{A}_1}+\frac{1}{2}\left\|\mathrm{x}_{0,2}^0-\mathrm{x}_2^*\right\|^2_{\left(\alpha\theta_{1,0}L_2+\beta\left\|\mathrm{A}_2^T\mathrm{A}_2\right\|\right)\mathrm{I}} \\
&\quad +\frac{1}{2\beta}\left(\left\|\hat{\lambda}_0^0-\lambda^*\right\|^2-\mathbb{E}\left\|\hat{\lambda}_S^m-\lambda^*\right\|^2\right).
\end{aligned}
\tag{5.144}
$$

现在我们分析 $\|\hat{\lambda}_S^m-\lambda^*\|^2$. 对于 (5.125), 当 $s\geqslant 1$ 时, 我们有

$$
\begin{aligned}
&\hat{\lambda}_s^m-\hat{\lambda}_{s-1}^m=\hat{\lambda}_s^m-\hat{\lambda}_s^0=\sum_{k=1}^m\left(\hat{\lambda}_s^k-\hat{\lambda}_s^{k-1}\right) \\
&\overset{a}{=}\beta\sum_{k=1}^m\left[\frac{1}{\theta_{1,s}}\left(\mathrm{A}\mathrm{x}_s^k-\mathrm{b}\right)-\frac{1-\theta_{1,s}-\theta_2}{\theta_{1,s}}\left(\mathrm{A}\mathrm{x}_s^{k-1}-\mathrm{b}\right)-\frac{\theta_2}{\theta_{1,s}}\left(\mathrm{A}\tilde{\mathrm{x}}_s-\mathrm{b}\right)\right] \\
&=\frac{\beta}{\theta_{1,s}}\left(\mathrm{A}\mathrm{x}_s^m-\mathrm{b}\right)+\frac{\beta(\theta_2+\theta_{1,s})}{\theta_{1,s}}\sum_{k=1}^{m-1}\left(\mathrm{A}\mathrm{x}_s^k-\mathrm{b}\right) \\
&\quad -\frac{\beta(1-\theta_{1,s}-\theta_2)}{\theta_{1,s}}\left(\mathrm{A}\mathrm{x}_{s-1}^m-\mathrm{b}\right)-\frac{m\beta\theta_2}{\theta_{1,s}}\left(\mathrm{A}\tilde{\mathrm{x}}_s-\mathrm{b}\right) \\
&\overset{b}{=}\frac{\beta}{\theta_{1,s}}\left(\mathrm{A}\mathrm{x}_s^m-\mathrm{b}\right)+\frac{\beta(\theta_2+\theta_{1,s})}{\theta_{1,s}}\sum_{k=1}^{m-1}\left(\mathrm{A}\mathrm{x}_s^k-\mathrm{b}\right) \\
&\quad -\beta\left[\frac{1-\theta_{1,s}-(\tau-1)\theta_{1,s}}{\theta_{1,s}}\left(\mathrm{A}\mathrm{x}_{s-1}^m-\mathrm{b}\right)+\frac{\theta_2+\frac{\tau-1}{m-1}\theta_{1,s}}{\theta_{1,s}}\sum_{k=1}^{m-1}\left(\mathrm{A}\mathrm{x}_{s-1}^k-\mathrm{b}\right)\right] \\
&\overset{c}{=}\frac{\beta}{\theta_{1,s}}\left(\mathrm{A}\mathrm{x}_s^m-\mathrm{b}\right)+\frac{\beta(\theta_2+\theta_{1,s})}{\theta_{1,s}}\sum_{k=1}^{m-1}\left(\mathrm{A}\mathrm{x}_s^k-\mathrm{b}\right) \\
&\quad -\frac{\beta}{\theta_{1,s-1}}\left(\mathrm{A}\mathrm{x}_{s-1}^m-\mathrm{b}\right)-\frac{\beta(\theta_2+\theta_{1,s-1})}{\theta_{1,s-1}}\sum_{k=1}^{m-1}\left(\mathrm{A}\mathrm{x}_{s-1}^k-\mathrm{b}\right),
\end{aligned}
\tag{5.145}
$$

其中 $\overset{a}{=}$ 使用了 (5.120), $\overset{b}{=}$ 利用了 $\tilde{\mathrm{x}}_s$ 的定义, $\overset{c}{=}$ 利用了 (5.138) 和 (5.139). 当 $s=0$ 时, 有

$$
\begin{aligned}
&\hat{\lambda}_0^m-\hat{\lambda}_0^0 \\
&=\sum_{k=1}^m\left(\hat{\lambda}_0^k-\hat{\lambda}_0^{k-1}\right) \\
&=\sum_{k=1}^m\left[\frac{\beta}{\theta_{1,0}}\left(\mathrm{A}\mathrm{x}_0^k-\mathrm{b}\right)-\frac{\beta(1-\theta_{1,0}-\theta_2)}{\theta_{1,0}}\left(\mathrm{A}\mathrm{x}_0^{k-1}-\mathrm{b}\right)-\frac{\theta_2\beta}{\theta_{1,0}}\left(\mathrm{A}\mathrm{x}_0^0-\mathrm{b}\right)\right] \\
&=\frac{\beta}{\theta_{1,0}}\left(\mathrm{A}\mathrm{x}_0^m-\mathrm{b}\right)+\frac{\beta(\theta_2+\theta_{1,0})}{\theta_{1,0}}\sum_{k=1}^{m-1}\left(\mathrm{A}\mathrm{x}_0^k-\mathrm{b}\right)
\end{aligned}
$$

$$-\frac{\beta[1-\theta_{1,0}+(m-1)\theta_2]}{\theta_{1,0}}\left(\mathrm{Ax}_0^0-\mathrm{b}\right). \tag{5.146}$$

将 (5.145) 从 $s=1$ 累加到 $S-1$，再加上 (5.146)，我们有

$$\begin{aligned}
&\hat{\lambda}_S^m-\lambda^* \\
=&\hat{\lambda}_S^m-\hat{\lambda}_0^0+\hat{\lambda}_0^0-\lambda^* \\
=&\frac{\beta}{\theta_{1,S}}\left(\mathrm{Ax}_S^m-\mathrm{b}\right)+\frac{\beta(\theta_2+\theta_{1,S})}{\theta_{1,S}}\sum_{k=1}^{m-1}\left(\mathrm{Ax}_S^k-\mathrm{b}\right) \\
&-\frac{\beta\left[1-\theta_{1,0}+(m-1)\theta_2\right]}{\theta_{1,0}}\left(\mathrm{Ax}_0^0-\mathrm{b}\right)+\tilde{\lambda}_0^0 \\
&+\frac{\beta(1-\theta_{1,0})}{\theta_{1,0}}\left(\mathrm{Ax}_0^0-\mathrm{b}\right)-\lambda^* \\
\stackrel{a}{=}&\frac{(m-1)(\theta_2+\theta_{1,S})\beta+\beta}{\theta_{1,S}}(\mathrm{A}\hat{\mathrm{x}}_S-\mathrm{b})+\tilde{\lambda}_0^0 \\
&-\frac{\beta(m-1)\theta_2}{\theta_{1,0}}\left(\mathrm{Ax}_0^0-\mathrm{b}\right)-\lambda^*,
\end{aligned} \tag{5.147}$$

其中 $\stackrel{a}{=}$ 使用了 $\hat{\mathrm{x}}_S$ 的定义. 将 (5.147) 代入 (5.144) 并使用 $L(\mathrm{x},\lambda)$ 关于 x 的凸性，有

$$\begin{aligned}
&\mathbb{E}\left(\frac{1}{2\beta}\left\|\frac{\beta(m-1)(\theta_2+\theta_{1,S})+\beta}{\theta_{1,S}}(\mathrm{A}\hat{\mathrm{x}}_S-\mathrm{b})\right.\right. \\
&\left.\left.-\frac{\beta(m-1)\theta_2}{\theta_{1,0}}\left(\mathrm{Ax}_0^0-\mathrm{b}\right)+\tilde{\lambda}_0^0-\lambda^*\right\|^2\right) \\
&+\mathbb{E}\left(\frac{(m-1)(\theta_2+\theta_{1,S})+1}{\theta_{1,S}}(L(\hat{\mathrm{x}}_S,\lambda^*)-L(\mathrm{x}^*,\lambda^*))\right) \\
\leqslant&\frac{1-\theta_{1,0}+(m-1)\theta_2}{\theta_{1,0}}\left(L(\mathrm{x}_0^0,\lambda^*)-L(\mathrm{x}^*,\lambda^*)\right)+\frac{1}{2\beta}\left\|\hat{\lambda}_0^0-\lambda^*\right\|^2 \\
&+\frac{1}{2}\left\|\mathrm{x}_{0,1}^0-\mathrm{x}_1^*\right\|^2_{\left(\theta_{1,0}L_1+\beta\left\|\mathrm{A}_1^T\mathrm{A}_1\right\|\right)\mathrm{I}-\beta\mathrm{A}_1^T\mathrm{A}_1}+\frac{1}{2}\left\|\mathrm{x}_{0,2}^0-\mathrm{x}_2^*\right\|^2_{\left(\alpha\theta_{1,0}L_2+\beta\left\|\mathrm{A}_2^T\mathrm{A}_2\right\|\right)\mathrm{I}}.
\end{aligned}$$

通过 $L(\mathrm{x},\lambda)$ 和 $\hat{\lambda}_0^0$ 的定义可得 (5.132). □

从定理 43 可知，Acc-SADMM 求解问题 (5.98) 的速度是 $O(1/(mS))$. 对于非加速的方法，一般的交替方向乘子法的收敛速度在非遍历意义下是 $O\left(1/\sqrt{mS}\right)$ 的 [Davis and Yin, 2016].

5.5 无穷情况

在之前的小节中，我们使用冲量技巧来获得更快的收敛速度. 本节我们将介绍冲量技巧的另一个作用：可以增大批样本的大小. 我们假设目标函数由无穷个子函数构成. 该情况不同于有限和问题，因为梯度不可能被精确获取. 考虑问题

$$\min_{\mathrm{x}} f(\mathrm{x}) \equiv \mathbb{E}[F(\mathrm{x};\xi)], \tag{5.148}$$

其中 $f(\mathrm{x})$ 是 μ-强凸且 L-光滑的，另外它的随机梯度的方差小于 σ，即

$$\mathbb{E}\|\nabla F(\mathrm{x};\xi) - \nabla f(\mathrm{x})\|^2 \leqslant \sigma^2.$$

我们使用随机加速梯度下降算法（Stochastic Accelerated Gradient Descent, SAGD）求解 (5.148). 算法细节见算法 5.8.

算法 5.8　随机加速梯度下降法（SAGD）

输入 $\eta = \dfrac{1}{2L}$, $\theta = \sqrt{\mu/(2L)}$, x^0 和批处理大小 b.
for $k = 0, 1, 2, \cdots, K$ **do**
　$\mathrm{y}^k = \dfrac{2}{1+\theta}\mathrm{x}^k - \frac{1-\theta}{1+\theta}\mathrm{x}^{k-1}$,
　随机采 b 个样本，令样本的下标为 $\mathcal{J}^k$,
　计算 $\tilde{\nabla} f(\mathrm{y}^k) = \dfrac{1}{b}\sum_{i\in\mathcal{J}^k} \nabla F(\mathrm{y}^k; i)$,
　$\mathrm{x}^{k+1} = \mathrm{y}^k - \eta\tilde{\nabla} f(\mathrm{y}^k)$.
end for k
输出 x^{K+1}.

定理 44： 对于算法 5.8，设置批样本大小 $b = \dfrac{\sigma^2}{2L\theta\epsilon}$，其中 $\theta = \sqrt{\mu/(2L)}$. 在运行

$$\begin{aligned} K &= \log_{1-\sqrt{\frac{\mu}{2L}}}\left(f(\mathrm{x}^0) - f(\mathrm{x}^*) + L\|\mathrm{x}^0 - \mathrm{x}^*\|^2\right) - \log_{1-\sqrt{\frac{\mu}{2L}}}(\epsilon) \\ &\sim O\left(\frac{L}{\mu}\log(L\|\mathrm{x}^0 - \mathrm{x}^*\|^2/\epsilon)\right) \end{aligned}$$

次迭代后，我们有

$$\mathbb{E}f(\mathrm{x}^{K+1}) - f(\mathrm{x}^*) + L\mathbb{E}\left\|\mathrm{x}^{K+1} - (1-\theta)\mathrm{x}^K - \theta\mathrm{x}^*\right\|^2 \leqslant 2\epsilon.$$

证明. 由于 $f(\mathrm{x})$ 是 L-光滑的，我们有

$$f(\mathrm{x}^{k+1}) \leqslant f(\mathrm{y}^k) + \langle\nabla f(\mathrm{y}^k), \mathrm{x}^{k+1} - \mathrm{y}^k\rangle + \frac{L}{2}\left\|\mathrm{x}^{k+1} - \mathrm{y}^k\right\|^2. \tag{5.149}$$

由于 $f(\mathrm{y})$ 是 μ-强凸的,我们有

$$f(\mathrm{y}^k) \leqslant f(\mathrm{x}^*) + \left\langle \nabla f(\mathrm{y}^k), \mathrm{y}^k - \mathrm{x}^* \right\rangle - \frac{\mu}{2} \left\| \mathrm{y}^k - \mathrm{x}^* \right\|^2 \tag{5.150}$$

和

$$f(\mathrm{y}^k) \leqslant f(\mathrm{x}^k) + \left\langle \nabla f(\mathrm{y}^k), \mathrm{y}^k - \mathrm{x}^k \right\rangle. \tag{5.151}$$

将 (5.150) 乘以 θ 并将 (5.151) 乘以 $1-\theta$,将两个结果与 (5.149) 相加,我们有

$$\begin{aligned}
f(\mathrm{x}^{k+1}) \leqslant & \theta f(\mathrm{x}^*) + (1-\theta) f(\mathrm{x}^k) \\
& + \left\langle \nabla f(\mathrm{y}^k), \mathrm{x}^{k+1} - (1-\theta)\mathrm{x}^k - \theta \mathrm{x}^* \right\rangle \\
& + \frac{L}{2} \left\| \mathrm{x}^{k+1} - \mathrm{y}^k \right\|^2 - \frac{\mu\theta}{2} \left\| \mathrm{y}^k - \mathrm{x}^* \right\|^2 \\
= & \theta f(\mathrm{x}^*) + (1-\theta) f(\mathrm{x}^k) \\
& + \left\langle \nabla f(\mathrm{y}^k) - \tilde{\nabla} f(\mathrm{y}^k), \mathrm{x}^{k+1} - (1-\theta)\mathrm{x}^k - \theta \mathrm{x}^* \right\rangle \\
& + \frac{L}{2} \left\| \mathrm{x}^{k+1} - \mathrm{y}^k \right\|^2 - \frac{\mu\theta}{2} \left\| \mathrm{y}^k - \mathrm{x}^* \right\|^2 \\
& + \left\langle \tilde{\nabla} f(\mathrm{y}^k), \mathrm{x}^{k+1} - (1-\theta)\mathrm{x}^k - \theta \mathrm{x}^* \right\rangle,
\end{aligned}$$

其中我们设置 $\theta = \sqrt{\mu/(2L)}$. 对 $\mathcal{I}^k$ 中的随机数求期望,我们有

$$\begin{aligned}
& \mathbb{E}_k \left\langle \nabla f(\mathrm{y}^k) - \tilde{\nabla} f(\mathrm{y}^k), \mathrm{x}^{k+1} - (1-\theta)\mathrm{x}^k - \theta \mathrm{x}^* \right\rangle \\
\overset{a}{=} & \mathbb{E}_k \left\langle \nabla f(\mathrm{y}^k) - \tilde{\nabla} f(\mathrm{y}^k), \mathrm{x}^{k+1} - \mathrm{y}^k \right\rangle \\
\leqslant & \frac{1}{2L} \mathbb{E}_k \left\| \nabla f(\mathrm{y}^k) - \tilde{\nabla} f(\mathrm{y}^k) \right\|^2 + \frac{L}{2} \mathbb{E}_k \left\| \mathrm{x}^{k+1} - \mathrm{y}^k \right\|^2,
\end{aligned}$$

其中 $\overset{a}{=}$ 使用了 $\mathbb{E}_k \left(\nabla f(\mathrm{y}^k) - \tilde{\nabla} f(\mathrm{y}^k) \right) = 0$. 故

$$\begin{aligned}
& \mathbb{E}_k f(\mathrm{x}^{k+1}) \\
\leqslant & \theta f(\mathrm{x}^*) + (1-\theta) f(\mathrm{x}^k) - 2L \mathbb{E}_k \left\langle \mathrm{x}^{k+1} - \mathrm{y}^k, \mathrm{x}^{k+1} - (1-\theta)\mathrm{x}^k - \theta \mathrm{x}^* \right\rangle \\
& + \frac{L}{2} \mathbb{E}_k \left\| \mathrm{x}^{k+1} - \mathrm{y}^k \right\|^2 - \frac{\mu\theta}{2} \left\| \mathrm{y}^k - \mathrm{x}^* \right\|^2 + \frac{L}{2} \mathbb{E}_k \left\| \mathrm{x}^{k+1} - \mathrm{y}^k \right\|^2 \\
& + \frac{1}{2L} \mathbb{E}_k \left\| \nabla f(\mathrm{y}^k) - \tilde{\nabla} f(\mathrm{y}^k) \right\|^2 \\
\leqslant & \theta f(\mathrm{x}^*) + (1-\theta) f(\mathrm{x}^k) + \frac{1}{2L} \mathbb{E}_k \left\| \nabla f(\mathrm{y}^k) - \tilde{\nabla} f(\mathrm{y}^k) \right\|^2 \\
& + L \left\| \mathrm{y}^k - (1-\theta)\mathrm{x}^k - \theta \mathrm{x}^* \right\|^2 - L \mathbb{E}_k \left\| \mathrm{x}^{k+1} - (1-\theta)\mathrm{x}^k - \theta \mathrm{x}^* \right\|^2 \\
& - \frac{\mu\theta}{2} \left\| \mathrm{y}^k - \mathrm{x}^* \right\|^2.
\end{aligned}$$

于是

$$
\begin{aligned}
& L\left\|y^k-(1-\theta)x^k-\theta x^*\right\|^2 \\
= & \theta^2 L\left\|\frac{1}{\theta}y^k-\theta x^*-\frac{1-\theta}{\theta}x^k-(1-\theta)x^*\right\|^2 \\
= & \theta^2 L\left\|\theta(y^k-x^*)+\left(\frac{1}{\theta}-\theta\right)y^k-\frac{1-\theta}{\theta}x^k-(1-\theta)x^*\right\|^2 \\
= & \theta^2 L\left\|\theta(y^k-x^*)+(1-\theta)\left[\left(1+\frac{1}{\theta}\right)y^k-\frac{1}{\theta}x^k-x^*\right]\right\|^2 \\
\overset{a}{\leqslant} & \theta^3 L\left\|y^k-x^*\right\|^2+\theta^2(1-\theta)L\left\|\left(1+\frac{1}{\theta}\right)y^k-\frac{1}{\theta}x^k-x^*\right\|^2 \\
\overset{b}{=} & \frac{\theta\mu}{2}\left\|y^k-x^*\right\|^2+\theta^2(1-\theta)L\left\|\left(1+\frac{1}{\theta}\right)y^k-\frac{1}{\theta}x^k-x^*\right\|^2,
\end{aligned}
$$

其中 $\overset{a}{\leqslant}$ 使用了 $\|\cdot\|^2$ 的凸性,$\overset{b}{=}$ 使用了 $\theta=\sqrt{\mu/(2L)}$. 根据更新规则,我们有

$$
\frac{1}{\theta}\left[x^k-(1-\theta)x^{k-1}\right]=\left(1+\frac{1}{\theta}\right)y^k-\frac{1}{\theta}x^k.
$$

故有

$$
\begin{aligned}
& \mathbb{E}_k f(x^{k+1})-f(x^*)+L\mathbb{E}_k\left\|x^{k+1}-(1-\theta)x^k-\theta x^*\right\|^2 \\
\leqslant & (1-\theta)\left(f(x^k)-f(x^*)+L\left\|x^k-(1-\theta)x^{k-1}-\theta x^*\right\|^2\right) \\
& +\frac{1}{2L}\mathbb{E}_k\left\|\nabla f(y^k)-\tilde{\nabla} f(y^k)\right\|^2.
\end{aligned}
$$

令 $K=\log_{1-\theta}\left(f(x^0)-f(x^*)+L\|x^0-x^*\|^2\right)+\log_{1-\theta}(\epsilon^{-1})\sim O\left(\sqrt{\frac{L}{\mu}}\log(1/\epsilon)\right)$. 考虑前 K 次迭代,我们有

$$
\begin{aligned}
& \mathbb{E}f(x^{K+1})-f(x^*)+L\mathbb{E}\left\|x^{K+1}-(1-\theta)x^K-\theta x^*\right\|^2 \\
\leqslant & \epsilon+\frac{1}{2L}\sum_{i=0}^{K}(1-\theta)^{K-i}\mathbb{E}\left\|\nabla f(y^i)-\tilde{\nabla} f(y^i)\right\|^2.
\end{aligned}
$$

由于 $b=\dfrac{\sigma^2}{2L\theta\epsilon}$,我们有

$$
\mathbb{E}\left\|\nabla f(y^k)-\tilde{\nabla} f(y^k)\right\|^2\leqslant 2L\theta\epsilon,\quad k\geqslant 0.
$$

故

$$\mathbb{E}f(\mathrm{x}^{K+1}) - f(\mathrm{x}^*) + L\mathbb{E}\left\|\mathrm{x}^{K+1} - (1-\theta)\mathrm{x}^K - \theta\mathrm{x}^*\right\|^2 \leqslant 2\epsilon.$$

□

定理 44 说明了总的IFO次数为 $\tilde{O}\left(\frac{\sigma^2}{\mu\epsilon}\right)$. 然而算法在迭代 $\tilde{O}\left(\sqrt{\frac{L}{\mu}}\right)$ 步后停止，它的迭代次数甚至比确定性算法的迭代次数还少. 所以冲量技巧使得批样本大小增加了 $\Omega\left(\sqrt{\frac{L}{\mu}}\right)$ 倍.

参考文献

Allen-Zhu Zeyuan and Hazan Elad. (2016). Optimal black-box reductions between optimization objectives[C]. In *Advances in Neural Information Processing Systems 29*, pages 1614-1622, Barcelona.

Allen-Zhu Zeyuan and Li Yuanzhi. (2018). Neon2: Finding local minima via first-order oracles[C]. In *Advances in Neural Information Processing Systems 31*, pages 3716-3726, Montreal.

Allen-Zhu Zeyuan and Yuan Yang. (2016). Improved SVRG for non-strongly-convex or sum-of-non-convex objectives[C]. In *Proceedings of the 33th International Conference on Machine Learning*, pages 1080-1089, New York.

Allen-Zhu Zeyuan. (2017). Katyusha: The first truly accelerated stochastic gradient method[C]. In *Proceedings of the 49th Annual ACM SIGACT Symposium on the Theory of Computing*, pages 1200-1206, Montreal.

Davis Damek and Yin Wotao. (2016). Convergence rate analysis of several splitting schemes[M]. In *Splitting Methods in Communication, Imaging, Science, and Engineering*, pages 115-163. Springer, New York.

Defazio Aaron, Bach Francis, and Lacoste-Julien Simon. (2014). SAGA: A fast incremental gradient method with support for non-strongly convex composite objectives[C]. In *Advances in Neural Information Processing Systems* 27, pages 1646-1654, Montreal.

Fang Cong, Li Chris Junchi, Lin Zhouchen, and Zhang Tong. (2018). SPIDER: Near-optimal non-convex optimization via stochastic path-integrated differential estimator[C]. In *Advances in Neural Information Processing Systems 31*, pages 689-699, Montreal.

Fercoq Olivier and Richtárik Peter. (2015). Accelerated, parallel, and proximal coordinate descent[J]. *SIAM J. Control Optim.*, 25(4): 1997-2023.

Garber Dan, Hazan Elad, Jin Chi, Kakade Sham M, Musco Cameron, Netrapalli Praneeth, and Sidford Aaron. (2006). Faster eigenvector computation via shift-and-invert preconditioning[C]. In *Proceedings of the 33th International Conference on Machine Learning*, pages 2626-2634, New York.

Johnson Rie and Zhang Tong. (2013). Accelerating stochastic gradient descent using predictive variance reduction[C]. In *Advances in Neural Information Processing Systems 26*, pages 315-323, Lake Tahoe.

Lin Hongzhou, Mairal Julien, and Harchaoui Zaid. (2015). A universal Catalyst for first-order optimization[C]. In *Advances in Neural Information Processing Systems 28*, pages 3384-3392, Montreal.

Lin Qihang, Lu Zhaosong, and Xiao Lin. (2014). An accelerated proximal coordinate gradient method[C]. In *Advances in Neural Information Processing Systems 27*, pages 3059-3067, Montreal.

Mairal Julien. (2013). Optimization with first-order surrogate functions[C]. In *Proceedings of the 30th International Conference on Machine Learning*, pages 783-791, Atlanta.

Nesterov Yurii. (1983). A method for unconstrained convex minimization problem with the rate of convergence $O(1/k^2)$[J]. *Sov. Math. Dokl.*, 27(2): 372-376.

Nesterov Yurii. (2012). Efficiency of coordinate descent methods on huge-scale optimization problems[J]. *SIAM J. Control Optim.*, 22(2): 341-362.

Nesterov Yurii. (2018). Lectures on Convex Optimization[M]. 2nd ed. Springer.

Schmidt Mark, Roux Nicolas L, and Bach Francis. (2017). Minimizing finite sums with the stochastic average gradient[J]. *Math. Program.*, 162(1-2): 83-112.

Shalev-Shwartz Shai and Zhang Tong. (2013). Stochastic dual coordinate ascent methods for regularized loss minimization[J]. *J. Math. Learn. Res.*, 14: 567-599.

Shalev-Shwartz Shai and Zhang Tong. (2014). Accelerated proximal stochastic dual coordinate ascent for regularized loss minimization[C]. In *Proceedings of the 31th International Conference on Machine Learning*, pages 64-72, Beijing.

第 6 章　加速并行算法

机器学习问题往往涉及大规模训练数据，随着多核和分布式系统的普及，设计并行优化算法近年来受到了广泛关注. 在这一章，我们将介绍如何将冲量技巧运用于加速并行算法.

6.1　加速异步算法

一般而言，并行算法有两种实现方法：异步更新与同步更新. 对于异步算法，所有的计算单元允许并发独立地进行计算. 因为每个计算单元不需要等待其他计算单元，所以与同步算法相比，系统被悬挂的时间能够大大缩短. 若每个计算单元的硬件配置或计算量有很大差别，异步算法将发挥更大的优势.

同步算法与（单核）串行算法在本质上是相同的，只是实现方式不同. 但异步算法不同，它会存处于不同的参数状态的梯度. 我们可以想象当一个计算单元正在计算梯度时，另一个计算单元可能正在更新参数，所以该计算单元实质上在计算一个旧状态下的参数的梯度. 具体地，我们考虑一个简单的算法：异步梯度下降法（Asynchronous Gradient Descent）. 该算法用所有的计算单元并发地不断读取参数、计算梯度，再更新参数. 我们可以设置一个全局计数器 k，当任何一个计算单元更新完参数时，k 就增加 1. 这样，异步梯度下降法可以写成

$$\mathrm{x}^{k+1} = \mathrm{x}^k - \gamma \nabla f(\mathrm{x}^{j(k)}),$$

其中 γ 是步长，$\mathrm{x}^{j(k)}$ 表示在第 k 次更新时计算单元读取的 x 的状态. 如果参数在更新时会被整体上锁（Locked），那么 $\mathrm{x}^{j(k)}$ 可以为 $\{\mathrm{x}^1, \cdots, \mathrm{x}^k\}$ 中的任意一个. 换句话说，对于异步算法，梯度信息可能不是最新的.

目前,已经出现了大量的异步算法. 例如 Recht 等人 [Recht et al., 2011] 和 Agarwal 等人 [Agarwal and Duchi, 2011] 设计了异步随机梯度下降法（Asynchronous Stochastic Gradient Descent，ASGD）. 另外，也有一些研究者考虑了融合方差缩减技巧，例如原始空间里的算法 [Fang and Lin, 2017; Reddi et al., 2015] 和对偶空间里的算法 [Liu et al., 2015]. Mania 等人 [Mania et al., 2017] 给出了一个分析异步算法的统一框架. 在他们的框架下,将异步算法视为一种被扰动的串行算法. 很多异步算法,例如异步随机梯度下降算法、异步 SVRG 算法（ASVRG）和异步随机坐标下降算法,都能够以统一的方式分析，并且异步随机坐标下降算法与异步稀疏 SVRG 算法都可达到线性收敛. 然而据我们所知,该框架不能融合冲量技巧.

下面我们将介绍如何使用冲量技巧来加速异步算法. 实现冲量加速的异步算法有两个难点：

1. 对于串行加速算法,外推项的构造非常精妙,它与 $\mathbf{x}^k$ 和 $\mathbf{x}^{k-1}$ 都紧密相关,比如 $\mathbf{y}^k=\mathbf{x}^k+\dfrac{\theta_k(1-\theta_{k-1})}{\theta_k}\left(\mathbf{x}^k-\mathbf{x}^{k-1}\right)$. 然而对于异步算法,由于参数的获取存在延迟,我们不能精确地得到 $\mathbf{x}^k$ 和 $\mathbf{x}^{k-1}$ 的值.
2. 对于加速算法,$\mathbf{x}^{k+1}$ 基于 $\mathbf{y}^k$ 更新,比如 $\mathbf{x}^{k+1}=\mathbf{y}^k-\dfrac{1}{L}\nabla f(\mathbf{y}^k)$. 可以看出 $\mathbf{x}^{k+1}$ 依赖于前几步 $\mathbf{x}$ 的值（这些值用于生成 $\mathbf{y}^k$）. 而对于不加速的算法,例如梯度下降法,我们有 $\mathbf{x}^{k+1}=\mathbf{x}^k-\dfrac{1}{L}\nabla f(\mathbf{x}^k)$,此时 $\mathbf{x}^{k+1}$ 仅依赖于 $\mathbf{x}^k$.

用于处理异步加速的技巧被称为“冲量补偿” [Fang et al., 2018]. 我们将说明如果使用原始的冲量算法，将很难给出延迟梯度与最新梯度的距离的上界，然而使用“冲量补偿”,则可以得到在阶上更快的算法. 最后,我们还将介绍如何将冲量补偿技巧运用到随机算法中.

6.1.1 异步加速梯度下降算法

由于对于异步算法梯度会存在延迟，我们引入有界延迟假设以便于分析.

假设 5: 存在延迟上界 $\tau\geqslant 0$,对于所有的计算单元,在第 k 步迭代参数被读取的时刻,第 $(k-\tau-1)$ 步迭代都已经结束.

对于大多数的异步算法,一般存在两种实现方法：

1. 原子更新（一致读取）：参数 x 被看作一个原子来整体更新. 当 x 的任何坐标被读取或者更新时，整个 x 会被上锁. 在这种情况下，我们有：$\mathrm{x}^{j(k)} \in \{\mathrm{x}^0, \mathrm{x}^1, \cdots, \mathrm{x}^k\}$.
2. 无锁更新（不一致读取）：为了进一步减少系统的悬挂时间，可以考虑完全无锁的（Unlocked）实现，即所有的计算单元允许同时对 x 进行读和写 [Recht et al., 2011].

分析无锁更新的模式比原子更新的模式要复杂得多，因此在本书中我们只考虑原子更新模式. 在假设5 下，我们有

$$j(k) \in \{k-\tau, k-\tau+1, \cdots, k\}.$$

我们考虑如下优化问题

$$\min_{\mathrm{x}} \quad f(\mathrm{x}) + h(\mathrm{x}),$$

其中 $f(\mathrm{x})$ 是 L-光滑的，另外 $f(\mathrm{x})$ 和 $h(\mathrm{x})$ 都是凸函数. 首先回忆在第 2.4.1 节中介绍的串行加速梯度下降法 [Nesterov, 1983]（即当 $h(\mathrm{x}) \equiv 0$ 时的加速邻近梯度法）. 如果我们异步地实现加速梯度下降法 [Nesterov, 1983]，只能获取一个延迟的梯度 $\nabla f(\mathrm{y}^{j(k)})$. 进一步地，分析 $\mathrm{y}^{j(k)}$ 和 y^k 的距离. 我们有

$$\mathrm{y}^k = \mathrm{x}^k + \frac{\theta_k(1-\theta_{k-1})}{\theta_{k-1}}(\mathrm{x}^k - \mathrm{x}^{k-1}). \tag{6.1}$$

定义 $a_k = \dfrac{\theta_k(1-\theta_{k-1})}{\theta_{k-1}}$，因为在设置中 θ_k 单调非增且 $0 \leqslant \theta_k \leqslant 1$，因此有 $a_k \leqslant 1$. 我们有

$$\begin{aligned}
\mathrm{y}^k =& \mathrm{x}^k + a_k(\mathrm{x}^k - \mathrm{y}^{k-1}) + a_k(\mathrm{y}^{k-1} - \mathrm{x}^{k-1}) \\
=& \mathrm{y}^{k-1} + (a_k+1)(\mathrm{x}^k - \mathrm{y}^{k-1}) + a_k a_{k-1}(\mathrm{x}^{k-1} - \mathrm{x}^{k-2}), \quad k \geqslant 2.
\end{aligned} \tag{6.2}$$

当 $k \geqslant j(k)+2 \geqslant 2$ 时，对于 $\mathrm{x}^{k-1} - \mathrm{x}^{k-2}$，我们有

$$\begin{aligned}
& \mathrm{x}^{k-1} - \mathrm{x}^{k-2} \\
=& \mathrm{x}^{k-1} - \mathrm{y}^{k-2} + \mathrm{y}^{k-2} - \mathrm{x}^{k-2} \\
=& \mathrm{x}^{k-1} - \mathrm{y}^{k-2} + a_{k-2}(\mathrm{x}^{k-2} - \mathrm{x}^{k-3}) \\
=& \mathrm{x}^{k-1} - \mathrm{y}^{k-2} + a_{k-2}(\mathrm{x}^{k-2} - \mathrm{y}^{k-3}) + a_{k-2}a_{k-3}(\mathrm{x}^{k-3} - \mathrm{x}^{k-4}) \\
=& \mathrm{x}^{k-1} - \mathrm{y}^{k-2} + \sum_{i=j(k)+1}^{k-2} \left[\left(\prod_{l=i}^{k-2} a_l \right) (\mathrm{x}^i - \mathrm{y}^{i-1}) \right]
\end{aligned}$$

$$+\left(\prod_{l=j(k)}^{k-2} a_l\right)(\mathrm{x}^{j(k)}-\mathrm{x}^{j(k)-1}). \tag{6.3}$$

令 $b(l,k)=\prod_{i=l}^{k} a_i$，其中 $l\leqslant k$. 将 (6.3) 代入 (6.2)，我们有

$$\begin{aligned}
\mathrm{y}^k=&\mathrm{y}^{k-1}+(b(k,k)+1)(\mathrm{x}^k-\mathrm{y}^{k-1})+b(k-1,k)(\mathrm{x}^{k-1}-\mathrm{y}^{k-2})\\
&+\sum_{i=j(k)+1}^{k-2}\big(b(i,k)(\mathrm{x}^i-\mathrm{y}^{i-1})\big)+b(j(k),k)(\mathrm{x}^{j(k)}-\mathrm{x}^{j(k)-1})\\
=&\mathrm{y}^{k-1}+(\mathrm{x}^k-\mathrm{y}^{k-1})+\sum_{i=j(k)+1}^{k}\big(b(i,k)(\mathrm{x}^i-\mathrm{y}^{i-1})\big)\\
&+b(j(k),k)(\mathrm{x}^{j(k)}-\mathrm{x}^{j(k)-1}).
\end{aligned}\tag{6.4}$$

可以验证，当 $i=j(k)$ 和 $i=j(k)+1$ 时，(6.4) 也是正确的. 将 (6.4) 从 $i=j(k)+1$ 加到 k，我们有

$$\begin{aligned}
\mathrm{y}^k=&\mathrm{y}^{j(k)}+\sum_{i=j(k)+1}^{k}(\mathrm{x}^i-\mathrm{y}^{i-1})+\sum_{l=j(k)+1}^{k}\sum_{i=j(k)+1}^{l}b(i,l)(\mathrm{x}^i-\mathrm{y}^{i-1})\\
&+\left(\sum_{i=j(k)+1}^{k}b(j(k),i)\right)(\mathrm{x}^{j(k)}-\mathrm{x}^{j(k)-1})\\
\overset{a}{=}&\mathrm{y}^{j(k)}+\sum_{i=j(k)+1}^{k}(\mathrm{x}^i-\mathrm{y}^{i-1})+\sum_{i=j(k)+1}^{k}\left(\sum_{l=i}^{k}b(i,l)\right)(\mathrm{x}^i-\mathrm{y}^{i-1})\\
&+\left(\sum_{i=j(k)+1}^{k}b(j(k),i)\right)(\mathrm{x}^{j(k)}-\mathrm{x}^{j(k)-1}),
\end{aligned}\tag{6.5}$$

其中在 $\overset{a}{=}$ 式中，我们将 i 和 l 的求和次序互换了. 注意到 $\mathrm{x}^{j(k)}-\mathrm{x}^{j(k)-1}$ 与 $j(k)$ 之前的迭代都是相关的，故如果直接地异步实现加速梯度下降法，则 $j(k)<k$（由于延迟），所以 $\sum_{i=j(k)+1}^{k}b(j(k),i)>0$. 可以看出我们较难给出 $\mathrm{x}^{j(k)}-\mathrm{x}^{j(k)-1}$ 的上界，因此不容易得到更快的收敛速度.

我们可以考虑补偿冲量项. 引入一个新的外推点 $\mathrm{w}^{j(k)}$，其满足

$$\mathrm{w}^{j(k)}=\mathrm{x}^{j(k)}+\left(\sum_{i=j(k)}^{k}b(j(k),i)\right)(\mathrm{x}^{j(k)}-\mathrm{x}^{j(k)-1}).$$

可以发现 $\mathrm{w}^{j(k)}$ 由多步的冲量构成. 尤其 y^k 和 $\mathrm{w}^{j(k)}$ 的距离可以通过最后几步迭代的参数给出上界，即 $\left\|\sum_{i=j(k)+1}^{k}\left(1+\sum_{l=i}^{k}b(i,l)\right)(\mathrm{x}^i-\mathrm{y}^{i-1})\right\|^2$（见

(6.23)). 因此我们可以得到加快的收敛速度. 算法细节见算法 6.1.

算法 6.1 异步加速梯度下降法 (AAGD)

输入 θ_k, 步长 γ, $\mathrm{x}^0=0$, $\mathrm{z}^0=0$, $a_k=\dfrac{\theta_k(1-\theta_{k-1})}{\theta_{k-1}}$ 和 $b(l,k)=\prod_{i=l}^{k}a_i$.

for $k=0,1,2,\cdots,K$ **do**

1 $\mathrm{w}^{j(k)}=\mathrm{x}^{j(k)}+\left(\sum_{i=j(k)}^{k}b(j(k),i)\right)(\mathrm{x}^{j(k)}-\mathrm{x}^{j(k)-1})$,

2 $\delta^k=\arg\min_{\delta}\left(h(\mathrm{z}^k+\delta)+\langle\nabla f(\mathrm{w}^{j(k)}),\delta\rangle+\dfrac{\theta_k}{2\gamma}\|\delta\|^2\right)$,

3 $\mathrm{z}^{k+1}=\mathrm{z}^k+\delta^k$,

4 $\mathrm{x}^{k+1}=\theta_k\mathrm{z}^{k+1}+(1-\theta_k)\mathrm{x}^k$.

end for k

输出 x^{K+1}.

我们有如下定理.

定理 45: 在假设5 下, 对于算法6.1, 当 $h(\mathrm{x})$ 是一般凸的函数时, 如果步长 γ 满足 $2\gamma L+3\gamma L(\tau^2+3\tau)^2\leqslant 1$, $\theta_k=\dfrac{2}{k+2}$, 并且在开始的 τ 步迭代, 算法按照串行方式运行[⊖], 则对任意 $K\geqslant 0$, 我们有

$$F(\mathrm{x}^{K+1})-F(\mathrm{x}^*)\leqslant\frac{\theta_K^2}{2\gamma}\|\mathrm{x}^0-\mathrm{x}^*\|^2. \tag{6.6}$$

当 $h(\mathrm{x})$ 是 μ-强凸函数 ($\mu\leqslant L$) 时, 如果步长 γ 满足 $\dfrac{5}{2}\gamma L+\gamma L(\tau^2+3\tau)^2\leqslant 1$, 且 $\theta_k=\dfrac{-\gamma\mu+\sqrt{\gamma^2\mu^2+4\gamma\mu}}{2}$, 并简单表示成 θ, 则对任意 $K\geqslant 0$, 我们有

$$\begin{aligned}&F(\mathrm{x}^{K+1})-F(\mathrm{x}^*)\\&\leqslant(1-\theta)^{K+1}\left[F(\mathrm{x}^0)-F(\mathrm{x}^*)+\left(\frac{\theta^2}{2\gamma}+\frac{\mu\theta}{2}\right)\|\mathrm{x}^0-\mathrm{x}^*\|^2\right].\end{aligned} \tag{6.7}$$

证明. 我们引入

$$\mathrm{y}^k=(1-\theta_k)\mathrm{x}^k+\theta_k\mathrm{z}^k. \tag{6.8}$$

由于 $\mathrm{x}^k=\theta_{k-1}\mathrm{z}^k+(1-\theta_{k-1})\mathrm{x}^{k-1}$, 可以消去 z^k 得到

$$\mathrm{y}^k=\mathrm{x}^k+\frac{\theta_k(1-\theta_{k-1})}{\theta_{k-1}}\left(\mathrm{x}^k-\mathrm{x}^{k-1}\right),$$

这就是 (6.1). 进一步地, 我们有

$$\mathrm{x}^{k+1}-\mathrm{y}^k=\theta_k(\mathrm{z}^{k+1}-\mathrm{z}^k). \tag{6.9}$$

⊖ 该假设只是为了方便分析.

由于 (6.5) 与 $\mathrm{y}^{j(k)} = \mathrm{x}^{j(k)} + a_{j(k)}\left(\mathrm{x}^{j(k)} - \mathrm{x}^{j(k)-1}\right)$,我们有

$$\begin{aligned}\mathrm{y}^k = &\mathrm{x}^{j(k)} + \sum_{i=j(k)+1}^{k}(\mathrm{x}^i - \mathrm{y}^{i-1}) + \sum_{i=j(k)+1}^{k}\left(\sum_{l=i}^{k} b(i,l)\right)(\mathrm{x}^i - \mathrm{y}^{i-1})\\&+\left(\sum_{i=j(k)}^{k} b(j(k),i)\right)(\mathrm{x}^{j(k)} - \mathrm{x}^{j(k)-1}).\end{aligned} \tag{6.10}$$

根据 z^{k+1} 在算法 6.1 的第 2 步的最优性条件,我们有

$$\theta_k(\mathrm{z}^{k+1} - \mathrm{z}^k) + \gamma\nabla f(\mathrm{w}^{j(k)}) + \gamma\xi^k = 0, \tag{6.11}$$

其中 $\xi^k \in \partial h(\mathrm{z}^{k+1})$,且由于 (6.9),有

$$(\mathrm{x}^{k+1} - \mathrm{y}^k) + \gamma\nabla f(\mathrm{w}^{j(k)}) + \gamma\xi^k = 0. \tag{6.12}$$

由于 f 是 L-光滑的,我们有

$$\begin{aligned}f(\mathrm{x}^{k+1}) \leqslant\, &f(\mathrm{y}^k) + \langle\nabla f(\mathrm{y}^k), \mathrm{x}^{k+1} - \mathrm{y}^k\rangle + \frac{L}{2}\left\|\mathrm{x}^{k+1} - \mathrm{y}^k\right\|^2\\ \overset{a}{=}\, &f(\mathrm{y}^k) - \gamma\langle\nabla f(\mathrm{y}^k), \nabla f(\mathrm{w}^{j(k)}) + \xi^k\rangle + \frac{L}{2}\left\|\mathrm{x}^{k+1} - \mathrm{y}^k\right\|^2\\ \overset{b}{=}\, &f(\mathrm{y}^k) - \gamma\langle\nabla f(\mathrm{w}^{j(k)}) + \xi^k, \nabla f(\mathrm{w}^{j(k)}) + \xi^k\rangle + \frac{L}{2}\left\|\mathrm{x}^{k+1} - \mathrm{y}^k\right\|^2\\ &+\gamma\langle\xi^k, \nabla f(\mathrm{w}^{j(k)}) + \xi^k\rangle + \gamma\langle\nabla f(\mathrm{w}^{j(k)}) - \nabla f(\mathrm{y}^k), \nabla f(\mathrm{w}^{j(k)}) + \xi^k\rangle\\ \overset{c}{=}\, &f(\mathrm{y}^k) - \gamma\left(1 - \frac{\gamma L}{2}\right)\left\|\frac{1}{\gamma}(\mathrm{x}^{k+1} - \mathrm{y}^k)\right\|^2 - \langle\xi^k, \mathrm{x}^{k+1} - \mathrm{y}^k\rangle\\ &-\langle\nabla f(\mathrm{w}^{j(k)}) - \nabla f(\mathrm{y}^k), \mathrm{x}^{k+1} - \mathrm{y}^k\rangle,\end{aligned} \tag{6.13}$$

其中在 $\overset{a}{=}$ 式中我们使用了 (6.12),在 $\overset{b}{=}$ 式中我们使用了

$$-\nabla f(\mathrm{y}^k) = -\left(\nabla f(\mathrm{w}^{j(k)}) + \xi^k\right) + \xi^k + \left(\nabla f(\mathrm{w}^{j(k)}) - \nabla f(\mathrm{y}^k)\right),$$

在 $\overset{c}{=}$ 式中我们使用了 (6.12).

对于 (6.13) 的最后一项使用 Cauchy-Schwartz 不等式,我们有

$$\begin{aligned}&-\left\langle\nabla f(\mathrm{w}^{j(k)}) - \nabla f(\mathrm{y}^k), \mathrm{x}^{k+1} - \mathrm{y}^k\right\rangle\\ \leqslant\, &\frac{\gamma}{2C_1}\left\|\nabla f(\mathrm{w}^{j(k)}) - \nabla f(\mathrm{y}^k)\right\|^2 + \frac{\gamma C_1}{2}\left\|\frac{1}{\gamma}(\mathrm{x}^{k+1} - \mathrm{y}^k)\right\|^2\\ \leqslant\, &\frac{\gamma L^2}{2C_1}\left\|\mathrm{w}^{j(k)} - \mathrm{y}^k\right\|^2 + \frac{\gamma C_1}{2}\left\|\frac{1}{\gamma}(\mathrm{x}^{k+1} - \mathrm{y}^k)\right\|^2.\end{aligned} \tag{6.14}$$

将 (6.14) 代入 (6.13),我们有

$$
\begin{aligned}
f(\mathrm{x}^{k+1}) \leqslant & f(\mathrm{y}^k) - \gamma\left(1-\frac{\gamma L}{2}\right)\left\|\frac{1}{\gamma}\left(\mathrm{x}^{k+1}-\mathrm{y}^k\right)\right\|^2 - \langle \xi^k, \mathrm{x}^{k+1}-\mathrm{y}^k\rangle \\
& +\frac{\gamma L^2}{2C_1}\left\|\mathrm{w}^{j(k)}-\mathrm{y}^k\right\|^2 + \frac{\gamma C_1}{2}\left\|\frac{1}{\gamma}\left(\mathrm{x}^{k+1}-\mathrm{y}^k\right)\right\|^2. \qquad (6.15)
\end{aligned}
$$

考虑 $\|\mathrm{z}^{k+1}-\mathrm{x}^*\|^2$,我们有

$$
\begin{aligned}
& \frac{1}{2\gamma}\left\|\theta_k \mathrm{z}^{k+1}-\theta_k \mathrm{x}^*\right\|^2 \\
= & \frac{1}{2\gamma}\left\|\theta_k \mathrm{z}^{k}-\theta_k \mathrm{x}^* + \theta_k \mathrm{z}^{k+1} - \theta_k \mathrm{z}^k\right\|^2 \\
= & \frac{1}{2\gamma}\left\|\theta_k \mathrm{z}^{k}-\theta_k \mathrm{x}^*\right\|^2 + \frac{1}{2\gamma}\left\|\theta_k \mathrm{z}^{k+1}-\theta_k \mathrm{z}^k\right\|^2 \\
& +\frac{1}{\gamma}\left\langle \theta_k\left(\mathrm{z}^{k+1}-\mathrm{z}^k\right), \theta_k \mathrm{z}^k - \theta_k \mathrm{x}^*\right\rangle \\
\overset{a}{=} & \frac{1}{2\gamma}\left\|\theta_k \mathrm{z}^{k}-\theta_k \mathrm{x}^*\right\|^2 + \frac{1}{2\gamma}\left\|\mathrm{x}^{k+1}-\mathrm{y}^k\right\|^2 \\
& -\langle \nabla f(\mathrm{w}^{j(k)}) + \xi^k, \theta_k \mathrm{z}^k - \theta_k \mathrm{x}^*\rangle, \qquad (6.16)
\end{aligned}
$$

其中 $\overset{a}{=}$ 使用了 (6.11). 对于上式最后一项,我们有

$$
\begin{aligned}
& -\langle \nabla f(\mathrm{w}^{j(k)}), \theta_k \mathrm{z}^k - \theta_k \mathrm{x}^*\rangle \\
\overset{a}{=} & -\langle \nabla f(\mathrm{w}^{j(k)}), \mathrm{y}^k - (1-\theta_k)\mathrm{x}^k - \theta_k \mathrm{x}^*\rangle \\
\overset{b}{=} & -\langle \nabla f(\mathrm{w}^{j(k)}), \mathrm{w}^{j(k)} - (1-\theta_k)\mathrm{x}^k - \theta_k \mathrm{x}^*\rangle - \langle \nabla f(\mathrm{w}^{j(k)}), \mathrm{y}^k - \mathrm{w}^{j(k)}\rangle \\
\overset{c}{\leqslant} & (1-\theta_k) f(\mathrm{x}^k) + \theta_k f(\mathrm{x}^*) - f(\mathrm{w}^{j(k)}) - \langle \nabla f(\mathrm{w}^{j(k)}), \mathrm{y}^k - \mathrm{w}^{j(k)}\rangle \\
\overset{d}{\leqslant} & (1-\theta_k) f(\mathrm{x}^k) + \theta_k f(\mathrm{x}^*) - f(\mathrm{y}^k) \\
& +\langle \nabla f(\mathrm{y}^k) - \nabla f(\mathrm{w}^{j(k)}), \mathrm{y}^k - \mathrm{w}^{j(k)}\rangle, \qquad (6.17)
\end{aligned}
$$

其中 $\overset{a}{=}$ 使用了 (6.8),在 $\overset{b}{=}$ 式中我们插入了 $\mathrm{w}^{j(k)}$,在 $\overset{c}{\leqslant}$ 式中我们使用了 f 的凸性,即

$$
f(\mathrm{w}^{j(k)}) + \langle \nabla f(\mathrm{w}^{j(k)}), \mathrm{a} - \mathrm{w}^{j(k)}\rangle \leqslant f(\mathrm{a}),
$$

令 a 分别为 $\mathrm{a}=\mathrm{x}^*$ 与 $\mathrm{a}=\mathrm{x}^k$,在 $\overset{d}{\leqslant}$ 式中,我们使用了

$$
-f(\mathrm{w}^{j(k)}) \leqslant -f(\mathrm{y}^k) + \langle \nabla f(\mathrm{y}^k), \mathrm{y}^k - \mathrm{w}^{j(k)}\rangle.
$$

将 (6.17) 代入 (6.16),我们有

$$
\frac{1}{2\gamma}\left\|\theta_k \mathrm{z}^{k+1}-\theta_k \mathrm{x}^*\right\|^2
$$

$$
\begin{aligned}
&\leqslant \frac{1}{2\gamma}\left\|\theta_k \mathrm{z}^k-\theta_k \mathrm{x}^*\right\|^2+\frac{1}{2\gamma}\left\|\mathrm{x}^{k+1}-\mathrm{y}^k\right\|^2-\langle\xi^k, \theta_k \mathrm{z}^k-\theta_k \mathrm{x}^*\rangle \\
&\quad+(1-\theta_k) f(\mathrm{x}^k)+\theta_k f(\mathrm{x}^*)-f(\mathrm{y}^k) \\
&\quad+\left\langle\nabla f(\mathrm{y}^k)-\nabla f(\mathrm{w}^{j(k)}), \mathrm{y}^k-\mathrm{w}^{j(k)}\right\rangle .
\end{aligned} \tag{6.18}
$$

将 (6.15) 与 (6.18) 相加,可得

$$
\begin{aligned}
& f(\mathrm{x}^{k+1}) \\
\leqslant &(1-\theta_k) f(\mathrm{x}^k)+\theta_k f(\mathrm{x}^*)-\gamma\left(\frac{1}{2}-\frac{\gamma L}{2}\right)\left\|\frac{1}{\gamma}(\mathrm{x}^{k+1}-\mathrm{y}^k)\right\|^2-\langle\xi^k, \mathrm{x}^{k+1}-\mathrm{y}^k\rangle \\
&+\frac{\gamma L^2}{2 C_1}\left\|\mathrm{w}^{j(k)}-\mathrm{y}^k\right\|^2+\frac{\gamma C_1}{2}\left\|\frac{1}{\gamma}(\mathrm{x}^{k+1}-\mathrm{y}^k)\right\|^2-\langle\xi^k, \theta_k \mathrm{z}^k-\theta_k \mathrm{x}^*\rangle \\
&+\left\langle\nabla f(\mathrm{y}^k)-\nabla f(\mathrm{w}^{j(k)}), \mathrm{y}^k-\mathrm{w}^{j(k)}\right\rangle+\frac{1}{2\gamma}\left\|\theta_k \mathrm{z}^k-\theta_k \mathrm{x}^*\right\|^2 \\
&-\frac{1}{2\gamma}\left\|\theta_k \mathrm{z}^{k+1}-\theta_k \mathrm{x}^*\right\|^2 \\
\overset{a}{\leqslant} &(1-\theta_k) f(\mathrm{x}^k)+\theta_k f(\mathrm{x}^*)-\gamma\left(\frac{1}{2}-\frac{\gamma L}{2}\right)\left\|\frac{1}{\gamma}(\mathrm{x}^{k+1}-\mathrm{y}^k)\right\|^2-\langle\xi^k, \mathrm{x}^{k+1}-\mathrm{y}^k\rangle \\
&+\left(\frac{\gamma L^2}{2 C_1}+L\right)\left\|\mathrm{w}^{j(k)}-\mathrm{y}^k\right\|^2+\frac{\gamma C_1}{2}\left\|\frac{1}{\gamma}(\mathrm{x}^{k+1}-\mathrm{y}^k)\right\|^2-\langle\xi^k, \theta_k \mathrm{z}^k-\theta_k \mathrm{x}^*\rangle \\
&+\frac{1}{2\gamma}\left\|\theta_k \mathrm{z}^k-\theta_k \mathrm{x}^*\right\|^2-\frac{1}{2\gamma}\left\|\theta_k \mathrm{z}^{k+1}-\theta_k \mathrm{x}^*\right\|^2,
\end{aligned} \tag{6.19}
$$

其中在 $\overset{a}{\leqslant}$ 中，运用 Cauchy-Schwartz 不等式与 $f(\cdot)$ 的 L-光滑性，我们有 $\langle\nabla f(\mathrm{y}^k)-\nabla f(\mathrm{w}^{j(k)}), \mathrm{y}^k-\mathrm{w}^{j(k)}\rangle \leqslant L\|\mathrm{y}^k-\mathrm{w}^{j(k)}\|^2$. 由于 $\xi^k \in \partial h(\mathrm{z}^{k+1})$, 我们有

$$
\begin{aligned}
&-\langle\xi^k, \mathrm{x}^{k+1}-\mathrm{y}^k\rangle-\langle\xi^k, \theta_k \mathrm{z}^k-\theta_k \mathrm{x}^*\rangle \\
=&\theta_k\langle\xi^k, \mathrm{x}^*-\mathrm{z}^{k+1}\rangle \\
\leqslant&\theta_k h(\mathrm{x}^*)-\theta_k h(\mathrm{z}^{k+1})-\frac{\mu\theta_k}{2}\left\|\mathrm{z}^{k+1}-\mathrm{x}^*\right\|^2 .
\end{aligned} \tag{6.20}
$$

由于 $h(\mathrm{z}^{k+1})$ 的凸性,我们有

$$
\theta_k h(\mathrm{z}^{k+1})+(1-\theta_k) h(\mathrm{x}^k) \geqslant h(\mathrm{x}^{k+1}). \tag{6.21}
$$

将 (6.20) 代入 (6.19) 并使用 (6.21),我们有

$$
F(\mathrm{x}^{k+1}) \leqslant (1-\theta_k) F(\mathrm{x}^k)+\theta_k F(\mathrm{x}^*)-\gamma\left(\frac{1}{2}-\frac{\gamma L}{2}\right)\left\|\frac{1}{\gamma}(\mathrm{x}^{k+1}-\mathrm{y}^k)\right\|^2
$$

$$+\left(\frac{\gamma L^2}{2C_1}+L\right)\left\|\mathrm{w}^{j(k)}-\mathrm{y}^k\right\|^2+\frac{\gamma C_1}{2}\left\|\frac{1}{\gamma}\left(\mathrm{x}^{k+1}-\mathrm{y}^k\right)\right\|^2$$
$$+\frac{1}{2\gamma}\left\|\theta_k\mathrm{z}^k-\theta_k\mathrm{x}^*\right\|^2-\left(\frac{1}{2\gamma}+\frac{\mu}{2\theta_k}\right)\left\|\theta_k\mathrm{z}^{k+1}-\theta_k\mathrm{x}^*\right\|^2. \tag{6.22}$$

首先考虑一般凸情况. 由 (6.10),我们有

$$\begin{aligned}
&\left\|\mathrm{w}^{j(k)}-\mathrm{y}^k\right\|^2\\
=&\left\|\sum_{i=j(k)+1}^{k}\left(1+\sum_{l=i}^{k}b(i,l)\right)(\mathrm{x}^i-\mathrm{y}^{i-1})\right\|^2\\
\overset{a}{\leqslant}&\left[\sum_{i=j(k)+1}^{k}\left(1+\sum_{l=i}^{k}b(i,l)\right)\right]\sum_{i=j(k)+1}^{k}\left(1+\sum_{l=i}^{k}b(i,l)\right)\left\|\mathrm{x}^i-\mathrm{y}^{i-1}\right\|^2\\
\overset{b}{\leqslant}&\left[\sum_{i=j(k)+1}^{k}\left(1+\sum_{l=1}^{k-i+1}1\right)\right]\sum_{i=j(k)+1}^{k}\left(1+\sum_{l=1}^{k-i+1}1\right)\left\|\mathrm{x}^i-\mathrm{y}^{i-1}\right\|^2\\
\overset{c}{\leqslant}&\left[\sum_{ii=1}^{k-j(k)}\left(1+\sum_{l=1}^{ii}1\right)\right]\sum_{ii=1}^{k-j(k)}\left(1+\sum_{l=1}^{ii}1\right)\left\|\mathrm{x}^{k-ii+1}-\mathrm{y}^{k-ii}\right\|^2\\
\overset{d}{\leqslant}&\left[\sum_{ii=1}^{\tau}\left(1+\sum_{l=1}^{ii}1\right)\right]\sum_{ii=1}^{k-j(k)}\left(1+\sum_{l=1}^{ii}1\right)\left\|\mathrm{x}^{k-ii+1}-\mathrm{y}^{k-ii}\right\|^2\\
=&\frac{\tau^2+3\tau}{2}\sum_{i=1}^{k-j(k)}(i+1)\left\|\mathrm{x}^{k-i+1}-\mathrm{y}^{k-i}\right\|^2,
\end{aligned}\tag{6.23}$$

其中 $\overset{a}{\leqslant}$ 使用了当 $c_i\geqslant 0\ (0\leqslant i\leqslant n)$ 时,有

$$\begin{aligned}
&\|c_1\mathrm{a}_1+c_2\mathrm{a}_2+\cdots c_n\mathrm{a}_n\|^2\\
\leqslant&(c_1+c_2+\cdots+c_n)\left(c_1\|\mathrm{a}_1\|^2+c_2\|\mathrm{a}_2\|^2+\cdots c_n\|\mathrm{a}_n\|^2\right),
\end{aligned}$$

因为 $\phi(\mathrm{x})=\|\mathrm{x}\|^2$ 是凸函数. 在 $\overset{b}{\leqslant}$ 中我们使用了 $b(i,l)\leqslant 1$,在 $\overset{c}{\leqslant}$ 中我们引入了变量替换 $ii=k-i+1$,在 $\overset{d}{\leqslant}$ 中我们使用了 $k-j(k)\leqslant\tau$.

由于我们对极限的情况更感兴趣，当 k 较大时（例如 $k\geqslant 2\tau$，此时 $k-j(k)\leqslant\min(\tau,k-\tau)$),假设在前 τ 步,算法串行运行. 将 (6.23) 两边除以 θ_k^2 并将结果从 $k=0$ 加到 K,我们有

$$\sum_{k=0}^{K}\frac{1}{\theta_k^2}\left\|\mathrm{w}^{j(k)}-\mathrm{y}^k\right\|^2$$

$$
\begin{aligned}
&=\sum_{k=\tau}^{K}\frac{1}{\theta_k^2}\left\|\mathrm{w}^{j(k)}-\mathrm{y}^k\right\|^2\\
&\leqslant\frac{\tau^2+3\tau}{2}\sum_{k=\tau}^{K}\sum_{i=1}^{\min(\tau,k-\tau)}\frac{i+1}{\theta_k^2}\left\|\mathrm{x}^{k-i+1}-\mathrm{y}^{k-i}\right\|^2\\
&\overset{a}{\leqslant}\frac{\tau^2+3\tau}{2}\sum_{k=\tau}^{K}\sum_{i=1}^{\min(\tau,k-\tau)}\frac{4(i+1)}{\theta_{k-i}^2}\left\|\mathrm{x}^{k-i+1}-\mathrm{y}^{k-i}\right\|^2\\
&\leqslant\frac{\tau^2+3\tau}{2}\sum_{i=1}^{\tau}\sum_{k=i+\tau}^{K}\frac{4(i+1)}{\theta_{k-i}^2}\left\|\mathrm{x}^{k-i+1}-\mathrm{y}^{k-i}\right\|^2\\
&=\frac{\tau^2+3\tau}{2}\sum_{i=1}^{\tau}[4(i+1)]\sum_{k'=\tau}^{K-i}\frac{1}{\theta_{k'}^2}\left\|\mathrm{x}^{k'+1}-\mathrm{y}^{k'}\right\|^2\\
&\leqslant\frac{\tau^2+3\tau}{2}\sum_{i=1}^{\tau}[4(i+1)]\sum_{k=0}^{K}\frac{1}{\theta_k^2}\left\|\mathrm{x}^{k+1}-\mathrm{y}^k\right\|^2\\
&\overset{b}{=}(\tau^2+3\tau)^2\sum_{k=0}^{K}\frac{1}{\theta_k^2}\left\|\mathrm{x}^{k+1}-\mathrm{y}^k\right\|^2,
\end{aligned}\tag{6.24}
$$

其中在 $\overset{a}{\leqslant}$ 式中，由于 $\theta_k=\dfrac{2}{k+2}$ 和 $i\leqslant\min(\tau,k-\tau)$，有 $\dfrac{1}{\theta_k^2}\leqslant\dfrac{4}{\theta_{k-i}^2}$，在 $\overset{b}{=}$ 中，我们使用了 $\sum_{i=1}^{\tau}(i+1)=\dfrac{1}{2}(\tau^2+3\tau)$.

将(6.22) 两边除以 θ_k^2，使用 $\mu=0$，我们有

$$
\begin{aligned}
&\frac{F(\mathrm{x}^{k+1})-F(\mathrm{x}^*)}{\theta_k^2}\\
&\leqslant\frac{(1-\theta_k)(F(\mathrm{x}^k)-F(\mathrm{x}^*))}{\theta_k^2}-\frac{\gamma}{\theta_k^2}\left(\frac{1}{2}-\frac{\gamma L}{2}\right)\left\|\frac{1}{\gamma}\left(\mathrm{x}^{k+1}-\mathrm{y}^k\right)\right\|^2\\
&\quad+\frac{\gamma}{\theta_k^2}\left(\frac{\gamma^2L^2}{2C_1}+\gamma L\right)\left\|\frac{1}{\gamma}\left(\mathrm{w}^{j(k)}-\mathrm{y}^k\right)\right\|^2+\frac{\gamma C_1}{2\theta_k^2}\left\|\frac{1}{\gamma}\left(\mathrm{x}^{k+1}-\mathrm{y}^k\right)\right\|^2\\
&\quad+\frac{1}{2\gamma}\left\|\mathrm{z}^k-\mathrm{x}^*\right\|^2-\frac{1}{2\gamma}\left\|\mathrm{z}^{k+1}-\mathrm{x}^*\right\|^2\\
&\overset{a}{\leqslant}\frac{F(\mathrm{x}^k)-F(\mathrm{x}^*)}{\theta_{k-1}^2}-\frac{\gamma}{\theta_k^2}\left(\frac{1}{2}-\frac{\gamma L}{2}\right)\left\|\frac{1}{\gamma}\left(\mathrm{x}^{k+1}-\mathrm{y}^k\right)\right\|^2\\
&\quad+\frac{\gamma}{\theta_k^2}\left(\frac{\gamma^2L^2}{2C_1}+L\gamma\right)\left\|\frac{1}{\gamma}\left(\mathrm{w}^{j(k)}-\mathrm{y}^k\right)\right\|^2+\frac{\gamma C_1}{2\theta_k^2}\left\|\frac{1}{\gamma}\left(\mathrm{x}^{k+1}-\mathrm{y}^k\right)\right\|^2\\
&\quad+\frac{1}{2\gamma}\left\|\mathrm{z}^k-\mathrm{x}^*\right\|^2-\frac{1}{2\gamma}\left\|\mathrm{z}^{k+1}-\mathrm{x}^*\right\|^2,
\end{aligned}\tag{6.25}
$$

其中在 $\overset{a}{\leqslant}$ 式中，由于 $\theta_k = \dfrac{2}{k+2}, k \geqslant 1$，有 $\dfrac{1-\theta_k}{\theta_k^2} \leqslant \dfrac{1}{\theta_{k-1}^2}$.

将 (6.25) 从 $k=0$ 累加到 K（当 $k=0$ 时，使用 $\dfrac{1-\theta_0}{\theta_0}=0$）并代入 (6.24)，我们有

$$
\begin{aligned}
&\frac{F(\mathrm{x}^{K+1}) - F(\mathrm{x}^*)}{\theta_k^2} \\
\leqslant & -\sum_{k=0}^{K} \frac{\gamma}{\theta_k^2}\left(\frac{1}{2} - \frac{\gamma L}{2}\right)\left\|\frac{1}{\gamma}(\mathrm{x}^{k+1} - \mathrm{y}^k)\right\|^2 \\
& + \sum_{k=0}^{K} \frac{\gamma}{\theta_k^2}\left(\frac{\gamma^2 L^2}{2C_1} + \gamma L\right)\left\|\frac{1}{\gamma}(\mathrm{w}^{j(k)} - \mathrm{y}^k)\right\|^2 + \sum_{k=0}^{K} \frac{\gamma C_1}{2\theta_k^2}\left\|\frac{1}{\gamma}(\mathrm{x}^{k+1} - \mathrm{y}^k)\right\|^2 \\
& + \frac{1}{2\gamma}\left\|\mathrm{z}^0 - \mathrm{x}^*\right\|^2 - \frac{1}{2\gamma}\left\|\mathrm{z}^{K+1} - \mathrm{x}^*\right\|^2 \\
\leqslant & \frac{1}{2\gamma}\left\|\mathrm{z}^0 - \mathrm{x}^*\right\|^2 - \frac{1}{2\gamma}\left\|\mathrm{z}^{K+1} - \mathrm{x}^*\right\|^2 \\
& - \left[\frac{1}{2} - \frac{\gamma L}{2} - \frac{C_1}{2} - \left(\frac{\gamma^2 L^2}{2C_1} + \gamma L\right)(\tau^2 + 3\tau)^2\right] \sum_{k=0}^{K} \frac{\gamma}{\theta_k^2}\left\|\frac{1}{\gamma}(\mathrm{x}^{k+1} - \mathrm{y}^k)\right\|^2 .
\end{aligned}
$$

令 $C_1 = \gamma L$，则 $2\gamma L + 3\gamma L(\tau^2 + 3\tau)^2 \leqslant 1$，它意味着

$$
\frac{1}{2} - \frac{\gamma L}{2} - \frac{C_1}{2} - \left(\frac{\gamma^2 L^2}{2C_1} + \gamma L\right)(\tau^2 + 3\tau)^2 \geqslant 0.
$$

所以

$$
\frac{F(\mathrm{x}^{K+1}) - F(\mathrm{x}^*)}{\theta_K^2} + \frac{1}{2\gamma}\left\|\mathrm{z}^{K+1} - \mathrm{x}^*\right\|^2 \leqslant \frac{1}{2\gamma}\left\|\mathrm{z}^0 - \mathrm{x}^*\right\|^2,
$$

故得到 (6.6).

我们现在考虑强凸情况. 下面令 $\theta_k = \theta$. 将 (6.23) 乘以 $(1-\theta)^{K-k}$，并将结果从 $k=0$ 累加到 K，我们有

$$
\begin{aligned}
&\sum_{k=0}^{K}(1-\theta)^{K-k}\left\|\mathrm{w}^{j(k)} - \mathrm{y}^k\right\|^2 \\
\leqslant & \frac{\tau^2 + 3\tau}{2} \sum_{k=0}^{K} \sum_{i=1}^{\min(\tau,k)} (i+1)(1-\theta)^{K-k}\left\|\mathrm{x}^{k-i+1} - \mathrm{y}^{k-i}\right\|^2 \\
= & \frac{\tau^2 + 3\tau}{2} \sum_{k=0}^{K} \sum_{i=1}^{\min(\tau,k)} (1-\theta)^{-i}(i+1)(1-\theta)^{K-(k-i)}\left\|\mathrm{x}^{k-i+1} - \mathrm{y}^{k-i}\right\|^2
\end{aligned}
$$

$$
\begin{aligned}
&\leqslant \frac{\tau^2+3\tau}{2(1-\theta)^\tau} \sum_{k=0}^{K} \sum_{i=1}^{\min(\tau,k)} (i+1)(1-\theta)^{K-(k-i)} \left\| \mathrm{x}^{k-i+1} - \mathrm{y}^{k-i} \right\|^2 \\
&= \frac{\tau^2+3\tau}{2(1-\theta)^\tau} \sum_{i=1}^{\tau}(i+1) \sum_{k=i}^{K}(1-\theta)^{K-(k-i)} \left\| \mathrm{x}^{k-i+1} - \mathrm{y}^{k-i} \right\|^2 \\
&= \frac{\tau^2+3\tau}{2(1-\theta)^\tau} \sum_{i=1}^{\tau}(i+1) \sum_{k'=0}^{K-i}(1-\theta)^{K-k'} \left\| \mathrm{x}^{k'+1} - \mathrm{y}^{k'} \right\|^2 \\
&\leqslant \frac{\tau^2+3\tau}{2(1-\theta)^\tau} \sum_{i=1}^{\tau}(i+1) \sum_{k'=0}^{K}(1-\theta)^{K-k'} \left\| \mathrm{x}^{k'+1} - \mathrm{y}^{k'} \right\|^2 \\
&\overset{a}{=} \frac{(\tau^2+3\tau)^2}{4(1-\theta)^\tau} \sum_{k=0}^{K}(1-\theta)^{K-k} \left\| \mathrm{x}^{k+1} - \mathrm{y}^{k} \right\|^2,
\end{aligned}
\tag{6.26}
$$

其中 $\overset{a}{=}$ 使用了 $\sum_{i=1}^{\tau}(i+1) = \frac{1}{2}(\tau^2+3\tau)$.

整理 (6.22),我们有

$$
\begin{aligned}
&F(\mathrm{x}^{k+1}) - F(\mathrm{x}^*) + \left(\frac{\theta^2}{2\gamma} + \frac{\mu\theta}{2}\right)\left\|\mathrm{z}^{k+1} - \mathrm{x}^*\right\|^2 \\
\leqslant &(1-\theta)\left[F(\mathrm{x}^k) - F(\mathrm{x}^*) + \left(\frac{\theta^2}{2\gamma} + \frac{\mu\theta}{2}\right)\left\|\mathrm{z}^{k} - \mathrm{x}^*\right\|^2\right] \\
&-\gamma\left(\frac{1}{2} - \frac{\gamma L}{2} - \frac{C_1}{2}\right)\left\|\frac{1}{\gamma}\left(\mathrm{x}^{k+1} - \mathrm{y}^k\right)\right\|^2 \\
&+\gamma\left(\frac{\gamma^2L^2}{2C_1} + \gamma L\right)\left\|\frac{1}{\gamma}\left(\mathrm{w}^{j(k)} - \mathrm{y}^k\right)\right\|^2,
\end{aligned}
\tag{6.27}
$$

其中使用了 $\theta = \dfrac{-\gamma\mu + \sqrt{\gamma^2\mu^2 + 4\gamma\mu}}{2}$,从而有

$$
\left(\frac{\theta^2}{2\gamma} + \frac{\mu\theta}{2}\right)(1-\theta) = \frac{\theta^2}{2\gamma}.
$$

注意到 θ 是方程 $x^2 + \mu\gamma x - \mu\gamma = 0$ 的根,所以当 $\gamma\mu \leqslant 1$ 时,有 $\sqrt{\gamma\mu}/2 \leqslant \theta \leqslant \sqrt{\gamma\mu}$. 根据对 γ 的假设,我们有

$$
9\gamma L\tau^2 \leqslant \frac{5}{2}\gamma L + \gamma L(\tau^2+3\tau)^2 \leqslant 1. \tag{6.28}
$$

接下来考虑 $\dfrac{1}{(1-\theta)^\tau}$. 不失一般性,我们假设 $\tau \geqslant 1$,则有

$$
\frac{1}{(1-\theta)^\tau} \overset{a}{\leqslant} \frac{1}{(1-\sqrt{\gamma\mu})^\tau} \overset{b}{\leqslant} \frac{1}{\left(1 - \frac{1}{3\tau}\sqrt{\mu/L}\right)^\tau}
$$

$$\overset{c}{\leqslant}\frac{1}{\left(1-\frac{1}{3\tau}\right)^{\tau}}\overset{d}{\leqslant}\frac{1}{\left(1-\frac{1}{3}\right)^{1}}=\frac{3}{2}, \tag{6.29}$$

其中,在 $\overset{a}{\leqslant}$ 中我们使用了 $\theta\leqslant\sqrt{\gamma\mu}$,在 $\overset{b}{\leqslant}$ 中我们使用了 (6.28),在 $\overset{c}{\leqslant}$ 中我们使用了 $\frac{\mu}{L}\leqslant 1$,最后在 $\overset{d}{\leqslant}$ 中我们使用了 $g(x)=\left(1-\frac{1}{3x}\right)^{-x}$ 在 $x\in[1,\infty)$ 单调递减.

将 (6.27) 乘以 $(1-\theta)^{K-k}$ 并将结果从 $k=0$ 累加到 K,我们有

$$\begin{aligned}
&F(\mathrm{x}^{K+1})-F(\mathrm{x}^*)+\left(\frac{\theta^2}{2\gamma}+\frac{\mu\theta}{2}\right)\left\|\mathrm{z}^{K+1}-\mathrm{x}^*\right\|^2\\
\leqslant&(1-\theta)^{K+1}\left[F(\mathrm{x}^0)-F(\mathrm{x}^*)+\left(\frac{\theta^2}{2\gamma}+\frac{\mu\theta}{2}\right)\left\|\mathrm{z}^0-\mathrm{x}^*\right\|^2\right]\\
&-\gamma\left(\frac{1}{2}-\frac{\gamma L}{2}-\frac{C_1}{2}\right)\sum_{k=0}^{K}(1-\theta)^{K-k}\left\|\frac{1}{\gamma}\left(\mathrm{x}^{k+1}-\mathrm{y}^k\right)\right\|^2\\
&+\gamma\left(\frac{\gamma^2L^2}{2C_1}+\gamma L\right)\sum_{k=0}^{K}(1-\theta)^{K-k}\left\|\frac{1}{\gamma}\left(\mathrm{w}^{j(k)}-\mathrm{y}^k\right)\right\|^2\\
\overset{a}{\leqslant}&(1-\theta)^{K+1}\left[F(\mathrm{x}^0)-F(\mathrm{x}^*)+\left(\frac{\theta^2}{2\gamma}+\frac{\mu\theta}{2}\right)\left\|\mathrm{z}^0-\mathrm{x}^*\right\|^2\right]\\
&-\gamma\left[\frac{1}{2}-\frac{\gamma L}{2}-\frac{C_1}{2}-\left(\frac{\gamma^2L^2}{2C_1}+\gamma L\right)\frac{(\tau^2+3\tau)^2}{4(1-\theta)^{\tau}}\right]\\
&\times\sum_{k=0}^{K}(1-\theta)^{K-k}\left\|\frac{1}{\gamma}\left(\mathrm{x}^{k+1}-\mathrm{y}^k\right)\right\|^2\\
\overset{b}{\leqslant}&(1-\theta)^{K+1}\left[F(\mathrm{x}^0)-F(\mathrm{x}^*)+\left(\frac{\theta^2}{2\gamma}+\frac{\mu\theta}{2}\right)\left\|\mathrm{z}^0-\mathrm{x}^*\right\|^2\right]\\
&-\gamma\left[\frac{1}{2}-\frac{\gamma L}{2}-\frac{C_1}{2}-\left(\frac{\gamma^2L^2}{2C_1}+\gamma L\right)\frac{3(\tau^2+3\tau)^2}{8}\right]\\
&\times\sum_{k=0}^{K}(1-\theta)^{K-k}\left\|\frac{1}{\gamma}\left(\mathrm{x}^{k+1}-\mathrm{y}^k\right)\right\|^2,
\end{aligned}$$

其中 $\overset{a}{\leqslant}$ 使用了 (6.26),而 $\overset{b}{\leqslant}$ 使用了 (6.29). 令 $C_1=1.5\gamma L$, 根据假设中对 γ 的设置,我们有

$$\frac{1}{2}-\frac{\gamma L}{2}-\frac{C_1}{2}-\left(\frac{\gamma^2L^2}{2C_1}+\gamma L\right)\frac{3(\tau^2+3\tau)^2}{8}\geqslant 0.$$

故得到 (6.7). □

6.1.2 异步加速随机坐标下降算法

为了处理大规模的机器学习，大多数的异步算法都属于随机算法. 冲量补偿技巧也可以被应用于加速异步随机算法 . 例如，可以加速异步随机坐标下降法 [Liu et al., 2015] 与异步随机方差缩减梯度下降法(ASVRG)[Reddi et al., 2015] . 我们将以异步随机坐标下降算法为例进行介绍 . 更多内容，读者可以参考文献 [Fang et al., 2018]. 在该文献中，Fang 等人将冲量补偿技巧与方差缩减技巧进行了融合 .

随机坐标下降算法在第5.1.1节中已进行过介绍. 我们考虑如下的优化问题

$$\min_{\mathrm{x}\in\mathbb{R}^n} f(\mathrm{x})+h(\mathrm{x}),$$

其中 $f(\mathrm{x})$ 具有坐标 L_c-Lipschitz 连续的梯度（见 (A.4)），$h(\mathrm{x})$ 有坐标分离结构，即 $h(\mathrm{x})=\sum_{i=1}^n h_i(\mathrm{x}_i)$，其中 $\mathrm{x}=(\mathrm{x}_1^T,\cdots,\mathrm{x}_n^T)^T$. $f(\mathrm{x})$ 和 $h_i(\mathrm{x}_i)$ 都是凸函数. 我们考虑异步加速随机坐标下降（Asynchronous Accelerated Stochastic Coordinate Descent，AASCD）算法. AASCD 算法类似于异步加速梯度下降算法，我们计算延迟的外推项与应有的外推项之间的距离并引入新的外推项来补充丢失的冲量. 该算法细节见算法6.2.

算法 6.2 异步加速随机坐标下降法（AASCD）

输入 θ_k，步长 γ，$\mathrm{x}^0=0$ 和 $\mathrm{z}^0=0$.

令 $a_k=\dfrac{\theta_k(1-\theta_{k-1})}{\theta_{k-1}}$, $b(l,k)=\prod_{i=l}^k a_i$.

for $k=0,1,2,\cdots,K$ **do**

1 $\mathrm{w}^{j(k)}=\mathrm{y}^{j(k)}+\sum_{i=j(k)+1}^k b(j(k)+1,i)(\mathrm{y}^{j(k)}-\mathrm{x}^{j(k)})$,

2 随机从 $[n]$ 中选择一个坐标 i_k,

3 $\delta_k=\arg\min_\delta\left(h_{i_k}(\mathrm{z}_{i_k}^k+\delta)+\nabla_{i_k}f(\mathrm{w}^{j(k)})\cdot\delta+\dfrac{n\theta_k}{2\gamma}\delta^2\right)$,

4 $\mathrm{z}_{i_k}^{k+1}=\mathrm{z}_{i_k}^k+\delta_k$，其他坐标保持不变,

5 $\mathrm{y}^k=(1-\theta_k)\mathrm{x}^k+\theta_k\mathrm{z}^k$,

6 $\mathrm{x}^{k+1}=(1-\theta_k)\mathrm{x}^k+n\theta_k\mathrm{z}^{k+1}-(n-1)\theta_k\mathrm{z}^k$.

end for k

输出 x^{K+1}.

定理 46：假设 $f(\mathrm{x})$ 和 $h_i(\mathrm{x}_i)$ 是凸函数，$f(\mathrm{x})$ 有坐标 L_c-Lipschitz 连续的梯度，且延迟 $\tau\leqslant n$. 对于算法6.2，如果步长 γ 满足

$$2\gamma L_c+\left(2+\frac{1}{n}\right)\gamma L_c\left[(\tau^2+\tau)/n+2\tau\right]^2\leqslant 1$$

且 $\theta_k = \dfrac{2}{2n+k}$,则我们有

$$\frac{\mathbb{E}F(\mathbf{x}^{K+1}) - F(\mathbf{x}^*)}{\theta_K^2} + \frac{n^2}{2\gamma}\mathbb{E}\|\mathbf{z}^{K+1} - \mathbf{x}^*\|^2 \leqslant \frac{F(\mathbf{x}^0) - F(\mathbf{x}^*)}{\theta_{-1}^2} + \frac{n^2}{2\gamma}\|\mathbf{z}^0 - \mathbf{x}^*\|^2.$$

当 $h(\mathbf{x})$ 是 μ-强凸的且 $\mu \leqslant L_c$ 时,设置步长 γ 满足

$$2\gamma L_c + \left(\frac{3}{4} + \frac{3}{8n}\right)\gamma L_c\left[(\tau^2+\tau)/n + 2\tau\right]^2 \leqslant 1$$

且 $\theta_k = \dfrac{-\gamma\mu + \sqrt{\gamma^2\mu^2 + 4\gamma\mu}}{2n}$,简记为 θ,则我们有

$$\begin{aligned}&\mathbb{E}F(\mathbf{x}^{K+1}) - F(\mathbf{x}^*) + \frac{n^2\theta^2 + n\theta\mu\gamma}{2\gamma}\mathbb{E}\|\mathbf{z}^{K+1} - \mathbf{x}^*\|^2\\ \leqslant&(1-\theta)^{K+1}\left(F(\mathbf{x}^0) - F(\mathbf{x}^*) + \frac{n^2\theta^2 + n\theta\mu\gamma}{2\gamma}\|\mathbf{x}^0 - \mathbf{x}^*\|^2\right).\end{aligned}$$

证明. 从算法 6.2 的第 5 步和第 6 步,我们有

$$\theta_k \mathbf{z}^k = \mathbf{y}^k - (1-\theta_k)\mathbf{x}^k, \tag{6.30}$$

$$n\theta_k \mathbf{z}^{k+1} = \mathbf{x}^{k+1} - (1-\theta_k)\mathbf{x}^k + (n-1)\theta_k \mathbf{z}^k, \tag{6.31}$$

和

$$\mathbf{x}^{k+1} = \mathbf{y}^k + n\theta_k(\mathbf{z}^{k+1} - \mathbf{z}^k). \tag{6.32}$$

将 (6.30) 乘以 $(n-1)$ 并与 (6.31) 相加,我们有

$$n\theta_k \mathbf{z}^{k+1} = \mathbf{x}^{k+1} - (1-\theta_k)\mathbf{x}^k + (n-1)\mathbf{y}^k - (n-1)(1-\theta_k)\mathbf{x}^k. \tag{6.33}$$

用 (6.33) 和 (6.30) 消去 $\mathbf{z}^k$,对于 $k \geqslant 1$,我们有

$$\begin{aligned}&\frac{1}{\theta_k}[\mathbf{y}^k - (1-\theta_k)\mathbf{x}^k]\\ =&\frac{1}{n\theta_{k-1}}[\mathbf{x}^k - (1-\theta_{k-1})\mathbf{x}^{k-1} + (n-1)\mathbf{y}^{k-1}\\ &-(n-1)(1-\theta_{k-1})\mathbf{x}^{k-1}].\end{aligned} \tag{6.34}$$

从 (6.34) 中计算出 $\mathbf{y}^k$,我们有

$$\begin{aligned}\mathbf{y}^k =& \mathbf{x}^k - \theta_k\mathbf{x}^k + \frac{\theta_k}{n\theta_{k-1}}\mathbf{x}^k - \frac{\theta_k(1-\theta_{k-1})}{n\theta_{k-1}}\mathbf{x}^{k-1}\\ &-\frac{(n-1)\theta_k(1-\theta_{k-1})}{n\theta_{k-1}}\mathbf{x}^{k-1} + \frac{(n-1)\theta_k}{n\theta_{k-1}}\mathbf{y}^{k-1}\end{aligned}$$

$$=\mathrm{x}^k+\frac{\theta_k}{\theta_{k-1}}\left(\frac{1}{n}-\theta_{k-1}\right)(\mathrm{x}^k-\mathrm{y}^{k-1})+\frac{\theta_k(1-\theta_{k-1})}{\theta_{k-1}}(\mathrm{y}^{k-1}-\mathrm{x}^{k-1}).$$

设置 $a_k=\frac{\theta_k(1-\theta_{k-1})}{\theta_{k-1}}$，当 $l\leqslant k$ 时，令 $b(l,k)=\prod_{i=l}^k a_i$，当 $l>k$ 时，令 $b(l,k)=0$. 再设置 $c_k=\frac{\theta_k}{\theta_{k-1}}\left(\frac{1}{n}-\theta_{k-1}\right)$，我们有

$$\begin{aligned}
\mathrm{y}^k=&\mathrm{x}^k+c_k(\mathrm{x}^k-\mathrm{y}^{k-1})+a_k(\mathrm{y}^{k-1}-\mathrm{x}^{k-1})\\
=&\mathrm{y}^{k-1}+(1+c_k)(\mathrm{x}^k-\mathrm{y}^{k-1})+a_k(\mathrm{y}^{k-1}-\mathrm{x}^{k-1})\\
=&\mathrm{y}^{k-1}+(1+c_k)(\mathrm{x}^k-\mathrm{y}^{k-1})+a_kc_{k-1}(\mathrm{x}^{k-1}-\mathrm{y}^{k-2})\\
&+a_ka_{k-1}(\mathrm{y}^{k-2}-\mathrm{x}^{k-2})\\
=&\mathrm{y}^{k-1}+(1+c_k)(\mathrm{x}^k-\mathrm{y}^{k-1})+\sum_{i=j(k)+1}^{k-1}b(i+1,k)c_i(\mathrm{x}^i-\mathrm{y}^{i-1})\\
&+b(j(k)+1,k)(\mathrm{y}^{j(k)}-\mathrm{x}^{j(k)}),\quad k\geqslant j(k)+1\geqslant 1.
\end{aligned}\tag{6.35}$$

将 (6.35) 从 $i=j(k)+1$ 累加到 k，我们有

$$\begin{aligned}
&\mathrm{y}^k\\
=&\mathrm{y}^{j(k)}+\sum_{i=j(k)+1}^{k}(1+c_i)(\mathrm{x}^i-\mathrm{y}^{i-1})+\sum_{l=j(k)+1}^{k}\sum_{i=j(k)+1}^{l-1}c_ib(i+1,l)(\mathrm{x}^i-\mathrm{y}^{i-1})\\
&+\left(\sum_{i=j(k)+1}^{k}b(j(k)+1,i)\right)(\mathrm{y}^{j(k)}-\mathrm{x}^{j(k)})\\
=&\mathrm{y}^{j(k)}+\sum_{i=j(k)+1}^{k}(1+c_i)(\mathrm{x}^i-\mathrm{y}^{i-1})+\sum_{i=j(k)+1}^{k-1}\left(\sum_{l=i+1}^{k}c_ib(i+1,l)\right)(\mathrm{x}^i-\mathrm{y}^{i-1})\\
&+\left(\sum_{i=j(k)+1}^{k}b(j(k)+1,i)\right)(\mathrm{y}^{j(k)}-\mathrm{x}^{j(k)})\\
=&\mathrm{y}^{j(k)}+\sum_{i=j(k)+1}^{k}(1+c_i)(\mathrm{x}^i-\mathrm{y}^{i-1})+\sum_{i=j(k)+1}^{k}c_i\left(\sum_{l=i+1}^{k}b(i+1,l)\right)(\mathrm{x}^i-\mathrm{y}^{i-1})\\
&+\left(\sum_{i=j(k)+1}^{k}b(j(k)+1,i)\right)(\mathrm{y}^{j(k)}-\mathrm{x}^{j(k)}),
\end{aligned}\tag{6.36}$$

其中在最后一个不等式，我们对于 $l\leqslant k$ 使用了 $b(k+1,l)=0$. 根据算法6.2第 3 步和第 4 步 $\mathrm{z}_{i_k}^{k+1}$ 的最优性，我们有

$$n\theta_k(\mathrm{z}_{i_k}^{k+1}-\mathrm{z}_{i_k}^k)+\gamma\nabla_{i_k}f(\mathrm{w}^{j(k)})+\gamma\xi_{i_k}^k=0,\tag{6.37}$$

其中 $\xi_{i_k}^k \in \partial h_{i_k}(\mathrm{z}_{i_k}^{k+1})$. 对于 (6.32), 我们有

$$\mathrm{x}_{i_k}^{k+1} - \mathrm{y}_{i_k}^k + \gamma \nabla_{i_k} f(\mathrm{w}^{j(k)}) + \gamma \xi_{i_k}^k = 0. \tag{6.38}$$

由于 f 的梯度是坐标 Lipschitz 连续的，x^{k+1} 和 y^k 只在第 i_k 个坐标不同，我们有

$$\begin{aligned}
f(\mathrm{x}^{k+1}) \leqslant\ & f(\mathrm{y}^k) + \langle \nabla_{i_k} f(\mathrm{y}^k), \mathrm{x}_{i_k}^{k+1} - \mathrm{y}_{i_k}^k \rangle + \frac{L_c}{2}\left(\mathrm{x}_{i_k}^{k+1} - \mathrm{y}_{i_k}^k\right)^2 \\
\overset{a}{=}\ & f(\mathrm{y}^k) - \gamma \langle \nabla_{i_k} f(\mathrm{y}^k), \nabla_{i_k} f(\mathrm{w}^{j(k)}) + \xi_{i_k}^k \rangle + \frac{L_c}{2}\left(\mathrm{x}_{i_k}^{k+1} - \mathrm{y}_{i_k}^k\right)^2 \\
\overset{b}{=}\ & f(\mathrm{y}^k) - \gamma \langle \nabla_{i_k} f(\mathrm{w}^{j(k)}) + \xi_{i_k}^k, \nabla_{i_k} f(\mathrm{w}^{j(k)}) + \xi_{i_k}^k \rangle \\
& + \frac{L_c}{2}\left(\mathrm{x}_{i_k}^{k+1} - \mathrm{y}_{i_k}^k\right)^2 + \gamma \langle \xi_{i_k}^k, \nabla_{i_k} f(\mathrm{w}^{j(k)}) + \xi_{i_k}^k \rangle \\
& + \gamma \langle \nabla_{i_k} f(\mathrm{w}^{j(k)}) - \nabla_{i_k} f(\mathrm{y}^k), \nabla_{i_k} f(\mathrm{w}^{j(k)}) + \xi_{i_k}^k \rangle \\
=\ & f(\mathrm{y}^k) - \gamma\left(1 - \frac{\gamma L_c}{2}\right)\left(\frac{\mathrm{x}_{i_k}^{k+1} - \mathrm{y}_{i_k}^k}{\gamma}\right)^2 - \langle \xi_{i_k}^k, \mathrm{x}_{i_k}^{k+1} - \mathrm{y}_{i_k}^k \rangle \\
& - \langle \nabla_{i_k} f(\mathrm{w}^{j(k)}) - \nabla_{i_k} f(\mathrm{y}^k), \mathrm{x}_{i_k}^{k+1} - \mathrm{y}_{i_k}^k \rangle \\
\overset{c}{\leqslant}\ & f(\mathrm{y}^k) - \gamma\left(1 - \frac{\gamma L_c}{2}\right)\left(\frac{\mathrm{x}_{i_k}^{k+1} - \mathrm{y}_{i_k}^k}{\gamma}\right)^2 - \langle \xi_{i_k}^k, \mathrm{x}_{i_k}^{k+1} - \mathrm{y}_{i_k}^k \rangle \\
& + \frac{\gamma L_c^2}{2C_2}\left(\mathrm{w}_{i_k}^{j(k)} - \mathrm{y}_{i_k}^k\right)^2 + \frac{\gamma C_2}{2}\left(\frac{\mathrm{x}_{i_k}^{k+1} - \mathrm{y}_{i_k}^k}{\gamma}\right)^2,
\end{aligned} \tag{6.39}$$

其中 $\overset{a}{=}$ 使用了 (6.38), 在 $\overset{b}{=}$ 中我们插入了 $-\gamma\langle \nabla_{i_k} f(\mathrm{w}^{j(k)}) + \xi_{i_k}^k, \nabla_{i_k} f(\mathrm{w}^{j(k)}) + \xi_{i_k}^k \rangle$, $\overset{c}{\leqslant}$ 使用了 Cauchy-Schwartz 不等式与 ∇f 的坐标 Lipschitz 连续性, $C_2 > 0$ 将在后面选定.

我们考虑 $\|\mathrm{z}^k - \mathrm{z}^*\|^2$, 有

$$\begin{aligned}
& \frac{n^2}{2\gamma}\left\|\theta_k \mathrm{z}^{k+1} - \theta_k \mathrm{x}^*\right\|^2 \\
=\ & \frac{n^2}{2\gamma}\left\|\theta_k \mathrm{z}^k - \theta_k \mathrm{x}^* + \theta_k \mathrm{z}^{k+1} - \theta_k \mathrm{z}^k\right\|^2 \\
=\ & \frac{n^2}{2\gamma}\left\|\theta_k \mathrm{z}^k - \theta_k \mathrm{x}^*\right\|^2 \\
& + \frac{n^2}{2\gamma}\left(\theta_k \mathrm{z}_{i_k}^{k+1} - \theta_k \mathrm{z}_{i_k}^k\right)^2 + \frac{n^2}{\gamma}\left\langle \theta_k\left(\mathrm{z}_{i_k}^{k+1} - \mathrm{z}_{i_k}^k\right), \theta_k \mathrm{z}_{i_k}^k - \theta_k \mathrm{x}_{i_k}^* \right\rangle \\
\overset{a}{=}\ & \frac{n^2}{2\gamma}\left\|\theta_k \mathrm{z}^k - \theta_k \mathrm{x}^*\right\|^2 + \frac{1}{2\gamma}\left(\mathrm{x}_{i_k}^{k+1} - \mathrm{y}_{i_k}^k\right)^2
\end{aligned}$$

$$-n\left\langle\nabla_{i_k}f(\mathrm{w}^{j(k)})+\xi_{i_k}^k,\theta_k\mathrm{z}_{i_k}^k-\theta_k\mathrm{x}_{i_k}^*\right\rangle,\tag{6.40}$$

其中 $\overset{a}{=}$ 使用了 (6.32) 和 (6.37).

对 (6.40) 求期望,我们有

$$\begin{aligned}&\frac{n^2}{2\gamma}\mathbb{E}_{i_k}\left\|\theta_k\mathrm{z}^{k+1}-\theta_k\mathrm{x}^*\right\|^2\\&=\frac{n^2}{2\gamma}\left\|\theta_k\mathrm{z}^k-\theta_k\mathrm{x}^*\right\|^2+\frac{1}{2\gamma n}\sum_{i_k=1}^n\left(\mathrm{x}_{i_k}^{k+1}-\mathrm{y}_{i_k}^k\right)^2\\&\quad-\langle\nabla f(\mathrm{w}^{j(k)}),\theta_k\mathrm{z}^k-\theta_k\mathrm{x}^*\rangle-\sum_{i_k=1}^n\langle\xi_{i_k}^k,\theta_k\mathrm{z}_{i_k}^k-\theta_k\mathrm{x}_{i_k}^*\rangle.\end{aligned}\tag{6.41}$$

使用和 (6.17) 相同的方法,对于 (6.41) 的最后一项,我们有

$$\begin{aligned}&-\langle\nabla f(\mathrm{w}^{j(k)}),\theta_k\mathrm{z}^k-\theta_k\mathrm{x}^*\rangle\\&=-\langle\nabla f(\mathrm{w}^{j(k)}),\mathrm{y}^k-(1-\theta_k)\mathrm{x}^k-\theta_k\mathrm{x}^*\rangle\\&=-\langle\nabla f(\mathrm{w}^{j(k)}),\mathrm{w}^{j(k)}-(1-\theta_k)\mathrm{x}^k-\theta_k\mathrm{x}^*\rangle-\langle\nabla f(\mathrm{w}^{j(k)}),\mathrm{y}^k-\mathrm{w}^{j(k)}\rangle\\&\leqslant(1-\theta_k)f(\mathrm{x}^k)+\theta_kf(\mathrm{x}^*)-f(\mathrm{w}^{j(k)})-\langle\nabla f(\mathrm{w}^{j(k)}),\mathrm{y}^k-\mathrm{w}^{j(k)}\rangle\\&\leqslant(1-\theta_k)f(\mathrm{x}^k)+\theta_kf(\mathrm{x}^*)-f(\mathrm{y}^k)\\&\quad+\left\langle\nabla f(\mathrm{y}^k)-\nabla f(\mathrm{w}^{j(k)}),\mathrm{y}^k-\mathrm{w}^{j(k)}\right\rangle.\end{aligned}\tag{6.42}$$

将 (6.42) 代入 (6.41),我们有

$$\begin{aligned}&\frac{n^2}{2\gamma}\mathbb{E}_{i_k}\left\|\theta_k\mathrm{z}^{k+1}-\theta_k\mathrm{x}^*\right\|^2\\&\leqslant\frac{n^2}{2\gamma}\left\|\theta_k\mathrm{z}^k-\theta_k\mathrm{x}^*\right\|^2+\frac{1}{2\gamma n}\sum_{i_k=1}^n\left(\mathrm{x}_{i_k}^{k+1}-\mathrm{y}_{i_k}^k\right)^2-\sum_{i_k=1}^n\langle\xi_{i_k}^k,\theta_k\mathrm{z}_{i_k}^k-\theta_k\mathrm{x}_{i_k}^*\rangle\\&\quad+(1-\theta_k)f(\mathrm{x}^k)+\theta_kf(\mathrm{x}^*)-f(\mathrm{y}^k)+\langle\nabla f(\mathrm{y}^k)-\nabla f(\mathrm{w}^{j(k)}),\mathrm{y}^k-\mathrm{w}^{j(k)}\rangle\\&\leqslant\frac{n^2}{2\gamma}\left\|\theta_k\mathrm{z}^k-\theta_k\mathrm{x}^*\right\|^2+\frac{1}{2\gamma n}\sum_{i_k=1}^n\left(\mathrm{x}_{i_k}^{k+1}-\mathrm{y}_{i_k}^k\right)^2-\sum_{i_k=1}^n\langle\xi_{i_k}^k,\theta_k\mathrm{z}_{i_k}^k-\theta_k\mathrm{x}_{i_k}^*\rangle\\&\quad+(1-\theta_k)f(\mathrm{x}^k)+\theta_kf(\mathrm{x}^*)-f(\mathrm{y}^k)+L_c\left\|\mathrm{y}^k-\mathrm{w}^{j(k)}\right\|^2.\end{aligned}\tag{6.43}$$

在(6.39)对 i_k 求期望,我们有

$$\mathbb{E}_{i_k}f(\mathrm{x}^{k+1})\leqslant f(\mathrm{y}^k)-\gamma\left(1-\frac{\gamma L_c}{2}-\frac{C_2}{2}\right)\frac{1}{n}\sum_{i_k=1}^n\left(\frac{\mathrm{x}_{i_k}^{k+1}-\mathrm{y}_{i_k}^k}{\gamma}\right)^2$$

$$-\frac{1}{n}\sum_{i_k=1}^{n}\langle \xi_{i_k}^k, \mathrm{x}_{i_k}^{k+1}-\mathrm{y}_{i_k}^k\rangle + \frac{\gamma L_c^2}{2nC_2}\left\|\mathrm{w}^{j(k)}-\mathrm{y}^k\right\|^2. \quad (6.44)$$

将 (6.44) 和 (6.43) 相加,我们有

$$\begin{aligned}
&\mathbb{E}_{i_k} f(\mathrm{x}^{k+1})\\
\leqslant&(1-\theta_k)f(\mathrm{x}^k)+\theta_k f(\mathrm{x}^*)-\frac{\gamma}{n}\left(\frac{1}{2}-\frac{\gamma L_c}{2}-\frac{C_2}{2}\right)\sum_{i_k=1}^{n}\left(\frac{\mathrm{x}_{i_k}^{k+1}-\mathrm{y}_{i_k}^k}{\gamma}\right)^2\\
&+\left(\frac{\gamma L_c^2}{2nC_2}+L_c\right)\left\|\mathrm{w}^{j(k)}-\mathrm{y}^k\right\|^2-\sum_{i_k=1}^{n}\left\langle \xi_{i_k}^k, \theta_k \mathrm{z}_{i_k}^k-\theta_k \mathrm{x}_{i_k}^*+\frac{1}{n}\left(\mathrm{x}_{i_k}^{k+1}-\mathrm{y}_{i_k}^k\right)\right\rangle\\
&+\frac{n^2}{2\gamma}\left\|\theta_k \mathrm{z}^k-\theta_k \mathrm{x}^*\right\|^2-\frac{n^2}{2\gamma}\mathbb{E}_{i_k}\left\|\theta_k \mathrm{z}^{k+1}-\theta_k \mathrm{x}^*\right\|^2\\
\overset{a}{=}&(1-\theta_k)f(\mathrm{x}^k)+\theta_k f(\mathrm{x}^*)-\frac{\gamma}{n}\left(\frac{1}{2}-\frac{\gamma L_c}{2}-\frac{C_2}{2}\right)\sum_{i_k=1}^{n}\left(\frac{\mathrm{x}_{i_k}^{k+1}-\mathrm{y}_{i_k}^k}{\gamma}\right)^2\\
&+\left(\frac{\gamma L_c^2}{2nC_2}+L_c\right)\left\|\mathrm{w}^{j(k)}-\mathrm{y}^k\right\|^2-\sum_{i_k=1}^{n}\langle \xi_{i_k}^k, \theta_k \mathrm{z}_{i_k}^{k+1}-\theta_k \mathrm{x}_{i_k}^*\rangle\\
&+\frac{n^2}{2\gamma}\left\|\theta_k \mathrm{z}^k-\theta_k \mathrm{x}^*\right\|^2-\frac{n^2}{2\gamma}\mathbb{E}_{i_k}\left\|\theta_k \mathrm{z}^{k+1}-\theta_k \mathrm{x}^*\right\|^2, \quad (6.45)
\end{aligned}$$

其中 $\overset{a}{=}$ 使用了 (6.32).

如果 h_{i_k} 是 μ-强凸的,我们有

$$\theta_k\langle \xi_{i_k}^k, \mathrm{x}_{i_k}^*-\mathrm{z}_{i_k}^{k+1}\rangle \leqslant \theta_k h_{i_k}(\mathrm{x}_{i_k}^*)-\theta_k h_{i_k}(\mathrm{z}_{i_k}^{k+1})-\frac{\mu\theta_k}{2}\left(\mathrm{z}_{i_k}^{k+1}-\mathrm{x}_{i_k}^*\right)^2. \quad (6.46)$$

求对 i_k 期望,我们有

$$\begin{aligned}
\mathbb{E}_{i_k}\left\|\mathrm{z}^{k+1}-\mathrm{x}^*\right\|^2 &= \frac{1}{n}\sum_{i_k=1}^{n}\left[\left(\mathrm{z}_{i_k}^{k+1}-\mathrm{x}_{i_k}^*\right)^2+\sum_{j\neq i_k}\left(\mathrm{z}_j^{k+1}-\mathrm{x}_j^*\right)^2\right]\\
&\overset{a}{=}\frac{1}{n}\sum_{i_k=1}^{n}\left[\left(\mathrm{z}_{i_k}^{k+1}-\mathrm{x}_{i_k}^*\right)^2+\sum_{j\neq i_k}\left(\mathrm{z}_j^{k}-\mathrm{x}_j^*\right)^2\right]\\
&=\frac{1}{n}\sum_{i_k=1}^{n}\left(\mathrm{z}_{i_k}^{k+1}-\mathrm{x}_{i_k}^*\right)^2+\frac{n-1}{n}\left\|\mathrm{z}^k-\mathrm{x}^*\right\|^2, \quad (6.47)
\end{aligned}$$

其中 $\overset{a}{=}$ 使用了 z^{k+1} 和 z^k 只在第 i_k 个坐标不同. 类似于 (6.47),我们可以得到

$$\mathbb{E}_{i_k}\left\|\mathrm{x}^{k+1}-\mathrm{y}^k\right\|^2 = \frac{1}{n}\sum_{i_k=1}^{n}\left[\left(\mathrm{x}_{i_k}^{k+1}-\mathrm{y}_{i_k}^k\right)^2+\sum_{j\neq i_k}\left(\mathrm{x}_j^{k+1}-\mathrm{y}_j^k\right)^2\right]$$

$$\stackrel{a}{=} \frac{1}{n}\sum_{i_k=1}^{n}\left(\mathrm{x}_{i_k}^{k+1}-\mathrm{y}_{i_k}^{k}\right)^2, \tag{6.48}$$

其中 $\stackrel{a}{=}$ 使用了 (6.32) 与 x^{k+1} 和 y^k 只在第 i_k 个坐标不同.

将 (6.46) 代入 (6.45),我们有

$$\begin{aligned}
&\mathbb{E}_{i_k} f(\mathrm{x}^{k+1})+\theta_k\sum_{i_k=1}^{n} h_{i_k}(\mathrm{z}_{i_k}^{k+1})\\
\leqslant&(1-\theta_k)f(\mathrm{x}^k)+\theta_k F(\mathrm{x}^*)-\frac{\gamma}{n}\left(\frac{1}{2}-\frac{\gamma L}{2}-\frac{C_2}{2}\right)\sum_{i_k=1}^{n}\left(\frac{\mathrm{x}_{i_k}^{k+1}-\mathrm{y}_{i_k}^{k}}{\gamma}\right)^2\\
&+\left(\frac{\gamma L_c^2}{2nC_2}+L_c\right)\left\|\mathrm{w}^{j(k)}-\mathrm{y}^k\right\|^2-\sum_{i_k=1}^{n}\frac{\mu\theta_k}{2}\left(\mathrm{z}_{i_k}^{k+1}-\mathrm{x}_{i_k}^*\right)^2\\
&+\frac{n^2}{2\gamma}\left\|\theta_k\mathrm{z}^k-\theta_k\mathrm{x}^*\right\|^2-\frac{n^2}{2\gamma}\mathbb{E}_{i_k}\left\|\theta_k\mathrm{z}^{k+1}-\theta_k\mathrm{x}^*\right\|^2\\
\stackrel{a}{=}&(1-\theta_k)f(\mathrm{x}^k)+\theta_k F(\mathrm{x}^*)-\frac{1}{\gamma}\left(\frac{1}{2}-\frac{\gamma L}{2}-\frac{C_2}{2}\right)\mathbb{E}_{i_k}\left\|\mathrm{x}^{k+1}-\mathrm{y}^k\right\|^2\\
&+\left(\frac{\gamma L_c^2}{2nC_2}+L_c\right)\left\|\mathrm{w}^{j(k)}-\mathrm{y}^k\right\|^2+\frac{n^2\theta_k^2+(n-1)\theta_k\mu\gamma}{2\gamma}\left\|\mathrm{z}^k-\mathrm{x}^*\right\|^2\\
&-\frac{n^2\theta_k^2+n\theta_k\mu\gamma}{2\gamma}\mathbb{E}_{i_k}\left\|\mathrm{z}^{k+1}-\mathrm{x}^*\right\|^2,
\end{aligned} \tag{6.49}$$

其中 $\stackrel{a}{=}$ 使用了 (6.47) 和 (6.48).

另一方面, 由于 $\mathrm{x}^{k+1}=(1-\theta_k)\mathrm{x}^k+n\theta_k\mathrm{z}^{k+1}-(n-1)\theta_k\mathrm{z}^k=(1-\theta_k)\mathrm{x}^k+\theta_k\mathrm{z}^k+n\theta_k(\mathrm{z}^{k+1}-\mathrm{z}^k)$,我们可以定义 $\hat{h}_k=\sum_{i=0}^{k}e_{k,i}h(\mathrm{z}^i)$ 并得到和在 ASCD（见第5.1.1节）中引理 50 相同的结论. 故

$$\mathbb{E}_{i_k}\hat{h}_{k+1}=(1-\theta_k)\hat{h}_k+\theta_k\sum_{i_k=1}^{n}h_{i_k}(\mathrm{z}_{i_k}^{k+1}). \tag{6.50}$$

由 (6.36),使用和 (6.23) 相同的技巧,我们有

$$\begin{aligned}
&\left\|\mathrm{w}^{j(k)}-\mathrm{y}^k\right\|^2\\
=&\left\|\sum_{i=j(k)+1}^{k}\left(1+c_i+c_i\sum_{l=i+1}^{k}b(i+1,l)\right)(\mathrm{x}^i-\mathrm{y}^{i-1})\right\|^2\\
\stackrel{a}{\leqslant}&\left[\sum_{i=j(k)+1}^{k}\left(1+c_i+c_i\sum_{l=i+1}^{k}b(i+1,l)\right)\right]
\end{aligned}$$

$$
\begin{aligned}
&\times \sum_{i=j(k)+1}^{k}\left(1+c_i+c_i\sum_{l=i+1}^{k} b(i+1,l)\right)\left\|\mathrm{x}^i-\mathrm{y}^{i-1}\right\|^2\\
&\overset{b}{\leqslant}\left[\sum_{i=j(k)+1}^{k}\left(1+c_i\sum_{l=1}^{k-i+1}1\right)\right]\sum_{i=j(k)+1}^{k}\left(1+c_i\sum_{l=1}^{k-i+1}1\right)\left\|\mathrm{x}^i-\mathrm{y}^{i-1}\right\|^2\\
&\overset{c}{\leqslant}\left[\sum_{ii=1}^{k-j(k)}\left(1+\frac{1}{n}\sum_{l=1}^{ii}1\right)\right]\sum_{ii=1}^{k-j(k)}\left(1+\frac{1}{n}\sum_{l=1}^{ii}1\right)\left\|\mathrm{x}^{k-ii+1}-\mathrm{y}^{k-ii}\right\|^2\\
&\overset{d}{\leqslant}\left[\sum_{ii=1}^{\tau}\left(1+\frac{1}{n}\sum_{l=1}^{ii}1\right)\right]\sum_{ii=1}^{\min(\tau,k)}\left(1+\frac{1}{n}\sum_{l=1}^{ii}1\right)\left\|\mathrm{x}^{k-ii+1}-\mathrm{y}^{k-ii}\right\|^2\\
&=\left(\frac{\tau^2+\tau}{2n}+\tau\right)\sum_{i=1}^{\min(\tau,k)}\left(\frac{i}{n}+1\right)\left\|\mathrm{x}^{k-i+1}-\mathrm{y}^{k-i}\right\|^2,
\end{aligned}
\tag{6.51}
$$

其中 $\overset{a}{\leqslant}$ 使用了 $\|\cdot\|^2$ 的凸性,$\overset{b}{\leqslant}$ 使用了 $b(i,l)\leqslant 1$,$\overset{c}{\leqslant}$ 引入了变量替换 $ii=k-i+1$ 并使用了 $c_k\leqslant\frac{1}{n}$,$\overset{d}{\leqslant}$ 使用了 $k-j(k)\leqslant\tau$.

将 (6.51) 两边同除以 θ_k^2,并将结果从 $k=0$ 累加到 K,我们有

$$
\begin{aligned}
&\sum_{k=0}^{K}\frac{1}{\theta_k^2}\left\|\mathrm{w}^{j(k)}-\mathrm{y}^k\right\|^2\\
&\overset{a}{\leqslant}\left(\frac{\tau^2+\tau}{2n}+\tau\right)\sum_{k=0}^{K}\sum_{i=1}^{\min(\tau,k)}\frac{4\left(\frac{i}{n}+1\right)}{\theta_{k-i}^2}\left\|\mathrm{x}^{k-i+1}-\mathrm{y}^{k-i}\right\|^2\\
&\leqslant\left(\frac{\tau^2+\tau}{2n}+\tau\right)\sum_{i=1}^{\tau}\sum_{k=i+\tau}^{K}\frac{4\left(\frac{i}{n}+1\right)}{\theta_{k-i}^2}\left\|\mathrm{x}^{k-i+1}-\mathrm{y}^{k-i}\right\|^2\\
&=\left(\frac{\tau^2+\tau}{2n}+\tau\right)\sum_{i=1}^{\tau}\left[4\left(\frac{i}{n}+1\right)\right]\sum_{k'=\tau}^{K-i}\frac{1}{\theta_{k'}^2}\left\|\mathrm{x}^{k'+1}-\mathrm{y}^{k'}\right\|^2\\
&\leqslant\left(\frac{\tau^2+\tau}{2n}+\tau\right)\sum_{i=1}^{\tau}\left[4\left(\frac{i}{n}+1\right)\right]\sum_{k=0}^{K}\frac{1}{\theta_k^2}\left\|\mathrm{x}^{k+1}-\mathrm{y}^k\right\|^2\\
&=\left(\frac{\tau^2+\tau}{n}+2\tau\right)^2\sum_{k=0}^{K}\frac{1}{\theta_k^2}\left\|\mathrm{x}^{k+1}-\mathrm{y}^k\right\|^2,
\end{aligned}
\tag{6.52}
$$

其中 $\overset{a}{\leqslant}$ 使用了 $\frac{1}{\theta_k^2}\leqslant\frac{4}{\theta_{k-i}^2}$,这是由于 $\theta_k=\frac{2}{2n+k}$ 与 $2i\leqslant 2\tau\leqslant 2n+k$.

我们首先考虑一般凸的情况. 显然,读者可以检验 θ_k 满足在第5.1.1节中

引理50的条件. 现在我们考虑(6.49). 由(6.50),将(6.49)左边的 $\theta_k \sum_{i_k=1}^n h_{i_k}(\mathrm{z}_{i_k}^{k+1})$ 替换为 $\mathbb{E}_{i_k}\hat{h}_{k+1}-(1-\theta_k)\hat{h}_k$,然后两边同除以 θ_k^2,并使用 $\mu=0$,我们有

$$
\begin{aligned}
&\frac{\mathbb{E}_{i_k} f(\mathrm{x}^{k+1})+\mathbb{E}_{i_k}\hat{h}_{k+1}-F(\mathrm{x}^*)}{\theta_k^2}+\frac{n^2}{2\gamma}\mathbb{E}_{i_k}\left\|\mathrm{z}^{k+1}-\mathrm{x}^*\right\|^2 \\
\leqslant&\frac{1-\theta_k}{\theta_k^2}\left(f(\mathrm{x}^k)+\hat{h}_k-F(\mathrm{x}^*)\right)-\frac{1}{\gamma\theta_k^2}\left(\frac{1}{2}-\frac{\gamma L}{2}-\frac{C_2}{2}\right)\mathbb{E}_{i_k}\left\|\mathrm{x}^{k+1}-\mathrm{y}^k\right\|^2 \\
&+\frac{1}{\theta_k^2}\left(\frac{\gamma L_c^2}{2nC_2}+L_c\right)\left\|\mathrm{w}^{j(k)}-\mathrm{y}^k\right\|^2+\frac{n^2}{2\gamma}\left\|\mathrm{z}^k-\mathrm{x}^*\right\|^2 \\
\overset{a}{\leqslant}&\frac{1}{\theta_{k-1}^2}\left(f(\mathrm{x}^k)+\hat{h}_k-F(\mathrm{x}^*)\right)-\frac{1}{\gamma\theta_k^2}\left(1-\frac{\gamma L}{2}-\frac{C_2}{2}\right)\mathbb{E}_{i_k}\left\|\mathrm{x}^{k+1}-\mathrm{y}^k\right\|^2 \\
&+\frac{1}{\theta_k^2}\left(\frac{\gamma L_c^2}{2nC_2}+L_c\right)\left\|\mathrm{w}^{j(k)}-\mathrm{y}^k\right\|^2+\frac{n^2}{2\gamma}\left\|\mathrm{z}^k-\mathrm{x}^*\right\|^2,
\end{aligned}
\tag{6.53}
$$

其中在 $\overset{a}{\leqslant}$ 中,我们使用了 $\dfrac{1-\theta_k}{\theta_k^2}\leqslant\dfrac{1}{\theta_{k-1}^2}$.

对(6.53)的前 k 次迭代求期望,并将结果从 $k=0$ 累加到 K,我们有

$$
\begin{aligned}
&\frac{\mathbb{E} f(\mathrm{x}^{K+1})+\mathbb{E}\hat{h}_{K+1}-F(\mathrm{x}^*)}{\theta_K^2}+\frac{n^2}{2\gamma}\mathbb{E}\left\|\mathrm{z}^{K+1}-\mathrm{x}^*\right\|^2 \\
\leqslant&\frac{f(\mathrm{x}^0)+\hat{h}_0-F(\mathrm{x}^*)}{\theta_{-1}^2}-\left(\frac{1}{2}-\frac{\gamma L}{2}-\frac{C_2}{2}\right)\sum_{k=0}^K\frac{1}{\gamma\theta_k^2}\mathbb{E}\left\|\mathrm{x}^{k+1}-\mathrm{y}^k\right\|^2 \\
&+\left(\frac{\gamma L_c^2}{2nC_2}+L_c\right)\sum_{k=0}^K\frac{1}{\theta_k^2}\mathbb{E}\left\|\mathrm{w}^{j(k)}-\mathrm{y}^k\right\|^2+\frac{n^2}{2\gamma}\left\|\mathrm{z}^0-\mathrm{x}^*\right\|^2 \\
\overset{a}{\leqslant}&\frac{f(\mathrm{x}^0)+\hat{h}_0-F(\mathrm{x}^*)}{\theta_{-1}^2}+\frac{n^2}{2\gamma}\left\|\mathrm{z}^0-\mathrm{x}^*\right\|^2 \\
&-\left[\frac{1}{2}-\frac{\gamma L_c}{2}-\frac{C_2}{2}-\gamma\left(\frac{\gamma L_c^2}{2nC_2}+L_c\right)\left(\frac{\tau^2+\tau}{n}+2\tau\right)^2\right] \\
&\times\sum_{k=0}^K\frac{\gamma}{\theta_k^2}\mathbb{E}\left\|\frac{\mathrm{x}^{k+1}-\mathrm{y}^k}{\gamma}\right\|^2,
\end{aligned}
$$

其中 $\overset{a}{\leqslant}$ 使用了(6.52).

令 $C_2=\gamma L_c$,由假设

$$
2\gamma L+\left(2+\frac{1}{n}\right)\gamma L_c\left(\frac{\tau^2+\tau}{n}+2\tau\right)^2\leqslant 1,
$$

我们有

$$\frac{1}{2}-\frac{\gamma L_c}{2}-\frac{C_2}{2}-\gamma\left(\frac{\gamma L_c^2}{2nC_2}+L_c\right)\left(\frac{\tau^2+\tau}{n}+2\tau\right)^2\geqslant 0.$$

故

$$\begin{aligned}&\frac{\mathbb{E}F(\mathrm{x}^{K+1})-F(\mathrm{x}^*)}{\theta_K^2}+\frac{n^2}{2\gamma}\mathbb{E}\left\|\mathrm{z}^{K+1}-\mathrm{x}^*\right\|^2\\ \overset{a}{\leqslant}&\frac{\mathbb{E}f(\mathrm{x}^{K+1})+\mathbb{E}\hat{h}_{K+1}-F(\mathrm{x}^*)}{\theta_K^2}+\frac{n^2}{2\gamma}\mathbb{E}\left\|\mathrm{z}^{K+1}-\mathrm{x}^*\right\|^2\\ \leqslant&\frac{f(\mathrm{x}^0)+\hat{h}_0-F(\mathrm{x}^*)}{\theta_{-1}^2}+\frac{n^2}{\gamma^2}\left\|\mathrm{z}^0-\mathrm{x}^*\right\|^2\\ \overset{b}{=}&\frac{F(\mathrm{x}^0)-F(\mathrm{x}^*)}{\theta_{-1}^2}+\frac{n^2}{2\gamma}\left\|\mathrm{z}^0-\mathrm{x}^*\right\|^2,\end{aligned}$$

其中 $\overset{a}{\leqslant}$ 使用了 $h(\mathrm{x}^{K+1})=h\left(\sum_{i=0}^{K+1}e_{k+1,i}\mathrm{z}^i\right)\leqslant\sum_{i=0}^{K+1}e_{k+1,i}h(\mathrm{z}^i)=\hat{h}_{K+1}$，$\overset{b}{\leqslant}$ 使用了 $\hat{h}_0=h(\mathrm{x}^0)$.

现在我们考虑强凸情况. 我们令 $\theta_k=\theta$. 将 (6.51) 乘以 $(1-\theta)^{K-k}$ 并将结果从 $k=0$ 累加到 K，我们有

$$\begin{aligned}&\sum_{k=0}^{K}(1-\theta)^{K-k}\left\|\mathrm{w}^{j(k)}-\mathrm{y}^k\right\|^2\\ \leqslant&\left(\frac{\tau^2+\tau}{2n}+\tau\right)\sum_{k=0}^{K}\sum_{i=1}^{\min(\tau,k)}\left(\frac{i}{n}+1\right)(1-\theta)^{K-k}\left\|\mathrm{x}^{k-i+1}-\mathrm{y}^{k-i}\right\|^2\\ =&\left(\frac{\tau^2+\tau}{2n}+\tau\right)\sum_{k=0}^{K}\sum_{i=1}^{\min(\tau,k)}(1-\theta)^{-i}\left(\frac{i}{n}+1\right)\\ &\times(1-\theta)^{K-(k-i)}\left\|\mathrm{x}^{k-i+1}-\mathrm{y}^{k-i}\right\|^2\\ \leqslant&\frac{1}{(1-\theta)^\tau}\left(\frac{\tau^2+\tau}{2n}+\tau\right)\sum_{k=0}^{K}\sum_{i=1}^{\min(\tau,k)}\left(\frac{i}{n}+1\right)\\ &\times(1-\theta)^{K-(k-i)}\left\|\mathrm{x}^{k-i+1}-\mathrm{y}^{k-i}\right\|^2\\ =&\frac{1}{(1-\theta)^\tau}\left(\frac{\tau^2+\tau}{2n}+\tau\right)\sum_{i=1}^{\tau}\left(\frac{i}{n}+1\right)\sum_{k=i}^{K}(1-\theta)^{K-(k-i)}\left\|\mathrm{x}^{k-i+1}-\mathrm{y}^{k-i}\right\|^2\\ =&\frac{1}{(1-\theta)^\tau}\left(\frac{\tau^2+\tau}{2n}+\tau\right)\sum_{i=1}^{\tau}\left(\frac{i}{n}+1\right)\sum_{k'=0}^{K-i}(1-\theta)^{K-k'}\left\|\mathrm{x}^{k'+1}-\mathrm{y}^{k'}\right\|^2\end{aligned}$$

$$
\begin{aligned}
&\leqslant \frac{1}{(1-\theta)^{\tau}}\left(\frac{\tau^2+\tau}{2n}+\tau\right)\sum_{i=1}^{\tau}\left(\frac{i}{n}+1\right)\sum_{k=0}^{K}(1-\theta)^{K-k}\left\|\mathrm{x}^{k+1}-\mathrm{y}^{k}\right\|^2 \\
&=\frac{\left[(\tau^2+\tau)/n+2\tau\right]^2}{4(1-\theta)^{\tau}}\sum_{k=0}^{K}(1-\theta)^{K-k}\left\|\mathrm{x}^{k+1}-\mathrm{y}^{k}\right\|^2. \qquad (6.54)
\end{aligned}
$$

由于 $\theta=\dfrac{-\gamma\mu+\sqrt{\gamma^2\mu^2+4\gamma\mu}}{2n}$,它满足

$$
\frac{\theta^2n^2+(n-1)\mu\theta\gamma}{2\gamma}=(1-\theta)\left(\frac{\theta^2n^2+n\mu\theta\gamma}{2\gamma}\right).
$$

利用上式,整理 (6.49) 并再次使用 (6.50),我们有

$$
\begin{aligned}
&\mathbb{E}_{i_k}f(\mathrm{x}^{k+1})+\mathbb{E}_{i_k}\hat{h}_{k+1}-F(\mathrm{x}^*)+\frac{n^2\theta^2+n\theta\mu\gamma}{2\gamma}\mathbb{E}_{i_k}\left\|\mathrm{z}^{k+1}-\mathrm{x}^*\right\|^2 \\
\leqslant&(1-\theta)\left(f(\mathrm{x}^k)+\hat{h}_k-F(\mathrm{x}^*)+\frac{n^2\theta^2+n\theta\mu\gamma}{2\gamma}\left\|\mathrm{z}^{k}-\mathrm{x}^*\right\|^2\right) \\
&-\frac{1}{\gamma}\left(\frac{1}{2}-\frac{\gamma L}{2}-\frac{C_2}{2}\right)\mathbb{E}_{i_k}\left\|\mathrm{x}^{k+1}-\mathrm{y}^{k}\right\|^2 \\
&+\left(\frac{\gamma L_c^2}{2nC_2}+L_c\right)\left\|\mathrm{w}^{j(k)}-\mathrm{y}^{k}\right\|^2. \qquad (6.55)
\end{aligned}
$$

由假设,有 $\mu/L_c\leqslant 1$. 根据 γ 的设置规则,我们有 $\gamma\mu\leqslant 1$ 且 $n\theta\leqslant\sqrt{\gamma\mu}\leqslant 1$. 故 θ 满足第5.1.1节中引理50的条件. 另一方面,根据 γ 的假设,我们有

$$
3\gamma L_c\tau^2\leqslant 2\gamma L_c+\left(\frac{3}{4}+\frac{3}{8n}\right)\gamma L_c\left[(\tau^2+\tau)/n+2\tau\right]^2\leqslant 1. \qquad (6.56)
$$

接下来我们考虑 $\dfrac{1}{(1-\theta)^{\tau}}$. 不失一般性，假设 $n\geqslant 2$ 和 $\tau\geqslant 1$. 那么我们有

$$
\begin{aligned}
\frac{1}{(1-\theta)^{\tau}}&\overset{a}{\leqslant}\frac{1}{(1-\sqrt{\gamma\mu}/n)^{\tau}}\overset{b}{\leqslant}\frac{1}{\left[1-\frac{1}{\tau}\sqrt{\mu/(3L_c)}/n\right]^{\tau}}\overset{c}{\leqslant}\frac{1}{\left(1-\frac{1}{2\sqrt{3}\tau}\right)^{\tau}} \\
&\overset{d}{\leqslant}\frac{1}{1-\frac{1}{2\sqrt{3}}}\leqslant\frac{3}{2},
\end{aligned}
$$

其中 $\overset{a}{\leqslant}$ 使用了 $\theta\leqslant\sqrt{\gamma\mu}/n$, $\overset{b}{\leqslant}$ 使用了 (6.56), $\overset{c}{\leqslant}$ 使用了 $\sqrt{\dfrac{\mu}{L_c}}/n\leqslant\dfrac{1}{n}\leqslant\dfrac{1}{2}$,而 $\overset{d}{\leqslant}$ 使用了函数 $\left(1-\dfrac{1}{2\sqrt{3}x}\right)^{-x}$ 在 $[1,+\infty)$ 上递减的性质.

对 (6.55) 求期望，将 (6.55) 乘以 $(1-\theta)^{K-k}$ 并将结果从 $k=0$ 累加到 K，我们有

$$\begin{aligned}
&\mathbb{E}f(\mathrm{x}^{K+1})+\mathbb{E}\hat{h}_{K+1}-F(\mathrm{x}^*)+\frac{n^2\theta^2+n\theta\mu\gamma}{2\gamma}\mathbb{E}\left\|\mathrm{z}^{K+1}-\mathrm{x}^*\right\|^2\\
\leqslant&(1-\theta)^{K+1}\left(f(\mathrm{x}^0)+\hat{h}_0-F(\mathrm{x}^*)+\frac{n^2\theta^2+n\theta\mu\gamma}{2\gamma}\left\|\mathrm{z}^0-\mathrm{x}^*\right\|^2\right)\\
&-\frac{1}{\gamma}\left(\frac{1}{2}-\frac{\gamma L}{2}-\frac{C_2}{2}\right)\sum_{k=0}^{K}(1-\theta)^{K-k}\mathbb{E}\left\|\mathrm{x}^{k+1}-\mathrm{y}^k\right\|^2\\
&+\left(\frac{\gamma L_c^2}{2nC_2}+L_c\right)\sum_{k=0}^{K}(1-\theta)^{K-k}\mathbb{E}\left\|\mathrm{w}^{j(k)}-\mathrm{y}^k\right\|^2\\
\overset{a}{\leqslant}&(1-\theta)^{K+1}\left(f(\mathrm{x}^0)+\hat{h}_0-F(\mathrm{x}^*)+\frac{n^2\theta^2+n\theta\mu\gamma}{2\gamma}\left\|\mathrm{z}^0-\mathrm{x}^*\right\|^2\right)\\
&-\frac{1}{\gamma}\left\{\frac{1}{2}-\frac{\gamma L_c}{2}-\frac{C_2}{2}-\left(\frac{\gamma^2L_c^2}{2nC_2}+\gamma L_c\right)\frac{\left[(\tau^2+\tau)/n+2\tau\right]^2}{4(1-\theta)^\tau}\right\}\\
&\times\sum_{k=0}^{K}(1-\theta)^{K-k}\mathbb{E}\left\|\mathrm{x}^{k+1}-\mathrm{y}^k\right\|^2,
\end{aligned}$$

其中 $\overset{a}{\leqslant}$ 使用了 (6.54).

令 $C_2=\gamma L_c$，由于

$$\begin{aligned}
&2\gamma L_c+\left(\frac{\gamma L_c}{n}+2\gamma L_c\right)\frac{\left[(\tau^2+\tau)/n+2\tau\right]^2}{4(1-\theta)^\tau}\\
\leqslant&2\gamma L_c+\left(\frac{\gamma L_c}{n}+2\gamma L_c\right)\frac{3\left[(\tau^2+\tau)/n+2\tau\right]^2}{8},
\end{aligned}$$

根据 γ 的假设，我们有

$$\frac{1}{2}-\frac{\gamma L_c}{2}-\frac{C_2}{2}-\left(\frac{\gamma^2L_c^2}{2nC_2}+\gamma L_c\right)\frac{\left[(\tau^2+\tau)/n+2\tau\right]^2}{4(1-\theta)^\tau}\geqslant 0.$$

最后使用 $h(\mathrm{x}^{K+1})\leqslant\hat{h}_{K+1}$ 和 $\hat{h}_0=h(\mathrm{x}^0)$，我们有

$$\begin{aligned}
&\mathbb{E}F(\mathrm{x}^{K+1})-F(\mathrm{x}^*)+\frac{n^2\theta^2+n\theta\mu\gamma}{2\gamma}\mathbb{E}\left\|\mathrm{z}^{K+1}-\mathrm{x}^*\right\|^2\\
\leqslant&(1-\theta)^{K+1}\left(F(\mathrm{x}^0)-F(\mathrm{x}^*)+\frac{n^2\theta^2+n\theta\mu\gamma}{2\gamma}\left\|\mathrm{z}^0-\mathrm{x}^*\right\|^2\right).
\end{aligned}$$

□

6.2 加速分布式算法

在这一节我们介绍加速分布式算法. 分布式算法允许每台机器单独处理自己本地的数据并与其他机器通信以求解整个耦合问题. 设计分布式算法有如下两个主要挑战:

1. 减小通信次数. 在现实中,往往每台机器进行一轮本地计算的时间要远小于通信时间. 所以如何平衡本地计算复杂度与通信复杂度在设计高效的分布式算法中是至关重要的.
2. 提升加速比. 加速比是使用一台机器求解问题与使用 m 台机器求解问题的时间比. 如果一个分布式算法的加速比与 m 呈线性关系,则称它达到了线性加速.

对于分布式系统,一种典型的通信模式是中心化模式. 在该模式中,有一台中心机器,所有其他机器都与该机器进行通信. 另一种通信模式是去中心化模式,在这种模式下,所有的机器都只能与直接相连的几台机器进行通信.

6.2.1 中心化模式

6.2.1.1 大批量处理数据算法

我们首先考虑一种简单实现分布式算法的方式, 即把一个算法转化成大批量处理数据 (Large Mini-Batch) 算法. 在每步迭代过程中,所有的机器同步地计算大批量的样本梯度,然后将所得的梯度返回给中心节点. 这种算法本质上就是一个串行算法. 对于无穷和问题, 在第5.5节, 我们已经展示了冲量技巧可以将批处理大小增大 $\Omega(\sqrt{\kappa})$ 倍. 对于有限和算法,目前取得最好结果的是大批量处理的 Katyusha 算法 [Allen-Zhu, 2017] (见算法5.3). 有如下收敛性定理.

定理 47: 假设 $h(\mathbf{x})$ 是 μ-强凸的且 $\mu \leqslant \dfrac{3L}{8n}$. 对于算法5.3, 设置步长满足 $\gamma = \dfrac{1}{3L}, \theta_1 = \sqrt{\dfrac{2n\mu}{3L}}, \theta_3 = 1 + \dfrac{\mu\gamma}{\theta_1}$, 批样本大小 b 满足 $b \leqslant \sqrt{n}$, 且 $m = n/b$, 则我们有

$$F(\mathbf{x}^{\text{out}}) - F(\mathbf{x}^*) \leqslant O\left(\left(1 + \sqrt{\mu/(Ln)}\right)^{-Sm}\right)\left(F(\mathbf{x}_0^0) - F(\mathbf{x}^*)\right),$$

其中 $\mathbf{x}^{\text{out}} = \dfrac{m\tilde{\mathbf{x}}^S + (1-2\theta_1)\mathbf{z}_m^S}{m+1-2\theta_1}$. 换句话说, 如果设置 $b = \sqrt{n}$, 则算法5.3为

获得一个 ε-精度的最优解所需要的计算复杂度和通信复杂度分别是 $\tilde{O}(\sqrt{n\kappa})$ 和 $\tilde{O}(\sqrt{\kappa})$.

定理 47 的证明与定理36类似,但是我们需要更精细地考虑 b. 感兴趣的读者可以参考文献 [Allen-Zhu, 2017].

6.2.1.2 高效通信的对偶算法

大批量处理数据的算法一般在一个共享内存的系统中运行,其中所有的计算单元都可以获取所有数据. 但对于有些分布式系统,数据可能被分开存储. 对于这种情况,我们可将问题建模成如下约束问题:

$$\mathcal{L}(\mathrm{w}) = \frac{1}{mn}\sum_{i=1}^{m}\sum_{j=1}^{n} l_{ij}(\mathrm{w}) + h(\mathrm{w}) + \frac{\lambda}{2}\|\mathrm{w}\|^2, \quad \mathrm{w} \in \mathbb{R}^d,$$

其中 m 表示机器的个数, n 表示每台机器上子函数的个数. 我们假设 $h(\mathrm{w})$ 是凸的,且每个子函数 l_{ij} 都是凸的且 L-光滑. 我们记 $\kappa = \frac{L}{\lambda}$ 并假设 $\kappa \geqslant n$. 对于中心化算法,我们可以引入辅助变量把上面问题改写成如下形式:

$$\begin{aligned}
\min_{\mathrm{w},\mathrm{u}} \quad & \frac{1}{mn}\sum_{i=1}^{m}\sum_{j=1}^{n}\left(l_{ij}(\mathrm{w}_{ij}) + \frac{\lambda}{2}\|\mathrm{u}_i\|^2\right) + h(\mathrm{u}_0), \\
\text{s.t.} \quad & \mathrm{w}_{ij} = \mathrm{u}_i, \quad i \in [m],\ j \in [n], \\
& \mathrm{u}_i = \mathrm{u}_0, \quad i \in [m].
\end{aligned} \tag{6.57}$$

对于 $i \in [m]$ 和 $j \in [n]$, $\frac{1}{mn}\mathrm{a}_{ij} \in \mathbb{R}^d$ 为约束 $\mathrm{w}_{ij} = \mathrm{u}_i$ 的拉格朗日乘子, $\frac{1}{mn}\mathrm{b}_i \in \mathbb{R}^d$ 为约束 $\mathrm{u}_i = \mathrm{u}_0$ 的拉格朗日乘子. 我们可得到 (6.57) 的对偶问题:

$$\begin{aligned}
&\max_{\mathrm{a},\mathrm{b}} D(\mathrm{a},\mathrm{b}) \\
=&\max_{\mathrm{a},\mathrm{b}}\min_{\mathrm{w},\mathrm{u}}\left[\frac{1}{mn}\sum_{i=1}^{m}\sum_{j=1}^{n}\left(l_{ij}(\mathrm{w}_{ij}) + \langle \mathrm{a}_{ij}, \mathrm{w}_{ij} - \mathrm{u}_i\rangle + \frac{\lambda}{2}\|\mathrm{u}_i\|^2\right)\right. \\
&\left. + \frac{1}{nm}\sum_{i=1}^{m}\langle \mathrm{b}_i, \mathrm{u}_0 - \mathrm{u}_i\rangle + h(\mathrm{u}_0)\right] \\
=&\max_{\mathrm{a},\mathrm{b}} -\left[\sum_{i=1}^{m}\left(\frac{1}{mn}\sum_{j=1}^{n} l_{ij}^*(-\mathrm{a}_{ij}) + \frac{1}{2m\lambda}\left\|\frac{1}{n}\sum_{j=1}^{n}\mathrm{a}_{ij} + \frac{1}{n}\mathrm{b}_i\right\|^2\right)\right. \\
&\left. + h^*\left(-\frac{1}{nm}\sum_{i=1}^{m}\mathrm{b}_i\right)\right],
\end{aligned} \tag{6.58}$$

其中 $l_{ij}^*(\cdot)$ 和 $h^*(\cdot)$ 分别为 $l_{ij}(\cdot)$ 和 $h(\cdot)$ 的共轭函数. 如果 $h(\mathrm{x}) \equiv 0$,我们有

$$h^*(\mathrm{x}) = \begin{cases} 0, & \mathrm{x} = 0, \\ +\infty, & \text{otherwise}. \end{cases}$$

令 $\mathrm{a}_i = [\mathrm{a}_{i1}; \cdots; \mathrm{a}_{in}] \in \mathbb{R}^{nd}$, $\mathrm{a} = [\mathrm{a}_1; \cdots; \mathrm{a}_m] \in \mathbb{R}^{mnd}$ 和 $\mathrm{b} = [\mathrm{b}_1; \cdots; \mathrm{b}_m] \in \mathbb{R}^{md}$. 为了求解 (6.58), 我们对 a 和 b 进行交替更新. 当固定 b 时, a_i 的求解是相互独立的, 因此每个 a_i 都能够被单独存储在一台机器中. 我们把 a 叫作局部变量. 当固定 a 时, 每个 b_i 反映了局部解与全局解之间的不一致程度. 在求解 b_i 时, 机器之间需要通信. 我们把 b 叫作共识变量 (Consensus Variable). 算法的迭代过程可以写成

$$\dot{\mathrm{a}}_i^{k+1} = \max_{\dot{\mathrm{a}}_i} D(\dot{\mathrm{a}}_i, \mathrm{b}^k),\ \dot{\mathrm{a}}_i \text{ 是} \mathrm{a}_i \text{的子向量}, \ i \in [m],$$
$$\mathrm{b}^{k+1} = \max_{\mathrm{b}} D(\mathrm{a}^{k+1}, \mathrm{b}).$$

该方法的分析见文献 [Ma et al., 2015; Zheng et al., 2017]. 值得一提的是,每台机器能够通过高效的随机算法来优化关于 a_i 的子问题.

然而以上算法并不是最优的. 假设 $\dot{\mathrm{a}}_i^{k+1}$ 由 n_0 个 a_{ij} 组成,则总计算复杂度为 $O(\sqrt{n\kappa n_0})$, 总通信复杂度为 $O(\sqrt{\kappa n/n_0})$. 为了获得一个高效通信的算法,我们需要选择 $n_0 = n$,而此时整体的计算复杂度为 $O(n\sqrt{\kappa})$,该复杂度对 n 的依赖并不是 $O(\sqrt{n})$. 为了获得更快的收敛速度, 我们考虑 (6.58) 的一种偏移形式.

具体地,令 $F(\mathrm{a}, \mathrm{b}) = -D(\mathrm{a}, \mathrm{b})$,我们转为求解如下问题

$$\min_{\mathrm{a},\mathrm{b}} F(\mathrm{a}, \mathrm{b}) \equiv g_0(\mathrm{b}) + \sum_{i=1}^{m} \sum_{j=1}^{n} g_{ij}(\mathrm{a}_{ij}) + f(\mathrm{a}, \mathrm{b}), \tag{6.59}$$

其中

$$g_0(\mathrm{b}) = h^*\left(-\frac{1}{nm}\sum_{i=1}^{m} \mathrm{b}_i\right) + \sum_{i=1}^{m} \frac{\mu_1}{6mn^2}\|\mathrm{b}_i\|^2,$$
$$g_{ij}(\mathrm{a}_{ij}) = \frac{1}{mn}\left(l_{ij}^*(-\mathrm{a}_{ij}) - \frac{\mu_1}{4}\|\mathrm{a}_{ij}\|^2\right), \quad i \in [m], \quad j \in [n],$$
$$f(\mathrm{a}, \mathrm{b}) = \sum_{i=1}^{m} f_i(\mathrm{a}_i, \mathrm{b}),$$

且

$$f_i(\mathrm{a}_i, \mathrm{b}) = \frac{1}{mn}\sum_{j=1}^{n} \frac{\mu_1}{4}\|\mathrm{a}_{ij}\|^2$$

$$+\frac{1}{2m\lambda}\left\|\frac{1}{n}\sum_{j=1}^{n}\mathrm{a}_{ij}+\frac{1}{n}\mathrm{b}_i\right\|^2-\frac{\mu_1}{6mn^2}\|\mathrm{b}_i\|^2,\quad i\in[m].$$

我们定义 $\nabla_{\mathrm{a}}f(\bar{\mathrm{a}},\bar{\mathrm{b}})\in\mathbb{R}^{mnd}$ 为 $f(\bar{\mathrm{a}},\bar{\mathrm{b}})$ 关于 a 的偏导数. 类似地,对于 $i\in[m]$ 和 $j\in[n]$,我们定义 $\nabla_{\mathrm{a}_i}f(\bar{\mathrm{a}},\bar{\mathrm{b}})\in\mathbb{R}^{nd}$、$\nabla_{\mathrm{b}_i}f(\bar{\mathrm{a}},\bar{\mathrm{b}})\in\mathbb{R}^{d}$、$\nabla_{\mathrm{b}}f(\bar{\mathrm{a}},\bar{\mathrm{b}})\in\mathbb{R}^{md}$ 和 $\nabla_{\mathrm{a}_{ij}}f(\bar{\mathrm{a}},\bar{\mathrm{b}})\in\mathbb{R}^{d}$ 为 $f(\bar{\mathrm{a}},\bar{\mathrm{b}})$ 分别关于 a_i、b_i、b 和 a_{ij} 的偏导数. 我们有如下引理.

引理 57: 假设 $n\leqslant\frac{L}{\lambda}$,设置 $\mu_1=\frac{1}{L}$ 和 $L_c=\frac{1}{mn^2\lambda}+\frac{1}{2mnL}$,则 $f(\mathrm{a},\mathrm{b})$ 是凸的,并且 f 的梯度关于 $(\mathrm{a}_{ij},\mathrm{b})$ 块坐标 L_c-Lipschitz 连续:对于所有的 $i\in[m]$ 和 $j\in[n]$,$\mathrm{b}\in\mathbb{R}^{md}$,$\bar{\mathrm{a}}\in\mathbb{R}^{mnd}$,$\tilde{\mathrm{a}}\in\mathbb{R}^{mnd}$,其中 $\bar{\mathrm{a}}$ 与 $\tilde{\mathrm{a}}$ 只在第 (i,j) 个坐标不相同(即当 $k\neq i$ 或 $l\neq j$ 时,$\bar{\mathrm{a}}_{k,l}=\tilde{\mathrm{a}}_{k,l}$),有

$$\|\nabla_{\mathrm{a}_{ij}}f(\tilde{\mathrm{a}},\mathrm{b})-\nabla_{\mathrm{a}_{ij}}f(\bar{\mathrm{a}},\mathrm{b})\|\leqslant L_c\|\tilde{\mathrm{a}}_{ij}-\bar{\mathrm{a}}_{ij}\|.\tag{6.60}$$

另外,对于任意的 $\mathrm{a}\in\mathbb{R}^{mnd}$,$\tilde{\mathrm{b}}\in\mathbb{R}^{md}$,和 $\bar{\mathrm{b}}\in\mathbb{R}^{md}$,有

$$\|\nabla_{\mathrm{b}}f(\mathrm{a},\tilde{\mathrm{b}})-\nabla_{\mathrm{b}}f(\mathrm{a},\bar{\mathrm{b}})\|\leqslant L_c\|\tilde{\mathrm{b}}-\bar{\mathrm{b}}\|.\tag{6.61}$$

进一步地,$g_0(\mathrm{b})$ 是 $\frac{1}{3mn^2L}$-强凸的且对于 $j\in[n]$, $i\in[m]$, $g_{ij}(\mathrm{a}_{ij})$ 都是 $\frac{1}{2nmL}$-强凸的.

证明. 容易验证(6.60) 是正确的. 因为

$$\|\nabla_{\mathrm{b}}f(\mathrm{a},\tilde{\mathrm{b}})-\nabla_{\mathrm{b}}f(\mathrm{a},\bar{\mathrm{b}})\|\leqslant\frac{1}{mn^2}\left|\frac{1}{\lambda}-\frac{3}{L}\right|\|\tilde{\mathrm{b}}-\bar{\mathrm{b}}\|\leqslant L_c\|\tilde{\mathrm{b}}-\bar{\mathrm{b}}\|,$$

(6.61) 也是正确的. 同时,也容易验证 $g_0(\mathrm{b})$ 是 $\frac{\mu_1}{3mn^2}$-强凸的,且对于 $i\in[m]$ 和 $j\in[n]$,$g_{ij}(\mathrm{a}_{ij})$ 都是 $\frac{1}{2nmL}$-强凸的.

我们现在证明 $f(\mathrm{a},\mathrm{b})$ 是凸的. 考虑如下不等式

$$(1+\eta)a^2+\left(1+\frac{1}{\eta}\right)b^2\geqslant(a+b)^2.$$

将上式两边除以 $1+\eta$,有

$$a^2\geqslant\frac{(a+b)^2}{1+\eta}-\frac{1}{\eta}b^2.\tag{6.62}$$

设置

$$\eta=\frac{2}{\mu_1\lambda}=\frac{2L}{\lambda}\geqslant 2n\geqslant 2,\tag{6.63}$$

有

$$
\begin{aligned}
&\frac{1}{mn}\sum_{j=1}^{n}\frac{\mu_1}{2}\|\mathrm{a}_{ij}\|^2+\frac{1}{2m\lambda}\left\|\frac{1}{n}\sum_{j=1}^{n}\mathrm{a}_{ij}+\frac{1}{n}\mathrm{b}_i\right\|^2\\
\overset{a}{\geqslant}&\frac{1}{mn}\sum_{j=1}^{n}\frac{\mu_1}{2}\|\mathrm{a}_{ij}\|^2+\frac{1}{2m\lambda(1+\eta)}\left\|\frac{1}{n}\mathrm{b}_i\right\|^2-\frac{1}{2m\lambda\eta}\left\|\frac{1}{n}\sum_{j=1}^{n}\mathrm{a}_{ij}\right\|^2\\
\geqslant&\frac{1}{mn}\sum_{j=1}^{n}\frac{\mu_1}{2}\|\mathrm{a}_{ij}\|^2+\frac{1}{2m\lambda(1+\eta)}\left\|\frac{1}{n}\mathrm{b}_i\right\|^2-\frac{1}{2mn\lambda\eta}\sum_{j=1}^{n}\left\|\mathrm{a}_{ij}\right\|^2\\
\overset{b}{=}&\frac{1}{mn}\sum_{j=1}^{n}\frac{\mu_1}{2}\|\mathrm{a}_{ij}\|^2+\frac{1}{2m\lambda(1+\eta)}\left\|\frac{1}{n}\mathrm{b}_i\right\|^2-\frac{1}{2mn}\sum_{j=1}^{n}\frac{\mu_1}{2}\left\|\mathrm{a}_{ij}\right\|^2\\
\overset{c}{\geqslant}&\frac{1}{2mn}\sum_{j=1}^{n}\frac{\mu_1}{2}\|\mathrm{a}_{ij}\|^2+\frac{1}{2m\left(\frac{\eta\lambda}{2}+\eta\lambda\right)}\left\|\frac{1}{n}\mathrm{b}_i\right\|^2\\
\overset{d}{=}&\frac{1}{mn}\sum_{j=1}^{n}\frac{\mu_1}{4}\|\mathrm{a}_{ij}\|^2+\frac{\mu_1}{6m}\left\|\frac{1}{n}\mathrm{b}_i\right\|^2,
\end{aligned}
$$

其中 $\overset{a}{\geqslant}$ 使用了 (6.62), $\overset{b}{=}$、$\overset{c}{\geqslant}$ 和 $\overset{d}{\geqslant}$ 使用了 (6.63).

将上式从 $i=1$ 累加到 m，可得 $f(\mathrm{a},\mathrm{b})\geqslant 0$. 由于 $f(\mathrm{a},\mathrm{b})$ 是一个二次函数，故它是凸函数. □

引理 57 表明 $f(\mathrm{a},\mathrm{b})$ 的梯度拥有相同的块坐标 Lipschitz 常数，且 $g_{ij}(\mathrm{a}_{ij})$ 的强凸系数是 $\mathrm{g}_0(\mathrm{b})$ 的 $O(n)$ 倍. 我们可以以不相同的概率来更新 a 和 b. 这个技巧被称为重要性采样（Importance Sampling）[Allen-Zhu et al., 2016; Zhao and Zhang, 2015]. 在算法的更新过程中，如果 a 被选中，我们通过通信求解 b，否则对于每台机器 i，我们随机选择一个样本 $j(i)$ 并更新 $\mathrm{a}_{i,j(i)}$. 最后，结合冲量技巧[Lin et al., 2014; Nesterov, 1983]，我们可以得到一个新的框架，称为分布式随机通信加速对偶（Distributed Stochastic Communication Accelerated Dual, DSCAD）算法 . 算法细节见算法 6.3. 可以看出该算法的核心在于机器依照一个概率进行局部计算或进行通信. 在两轮通信之间，每台机器并没有求解一个局部子问题，而是直接并发地优化原始问题 (6.59). 这个算法能够达到 $T_1=O(\sqrt{n\kappa})$ 的计算复杂度与 $T_2=\tilde{O}(\sqrt{\kappa})$ 的通信复杂度.

算法 6.3 分布式随机通信加速对偶算法（DSCAD）

输入 θ_k, p_b 和 L_2. 设置 $\mathrm{a}^0=\hat{\mathrm{a}}^0=0, \mathrm{b}^0=\hat{\mathrm{b}}^0=0$ 和 $p_a=\dfrac{1-p_b}{n}$.

for $k=0,1,2,\cdots,K$ **do**

$\tilde{\mathrm{a}}^k=(1-\theta_k)\mathrm{a}^k+\theta_k\hat{\mathrm{a}}^k$,

$\tilde{\mathrm{b}}^k=(1-\theta_k)\mathrm{b}^k+\theta_k\hat{\mathrm{b}}^k$,

随机从 $[0,1]$ 均匀抽取一个样本 q,

if $q\leqslant p_b$, ⋄ 进行通信

$$\hat{\mathrm{b}}^{k+1}=\arg\min_{\mathrm{b}}\left(g_0(\mathrm{b})+\left\langle\nabla_{\mathrm{b}} f(\tilde{\mathrm{a}}^k,\tilde{\mathrm{b}}^k),\mathrm{b}\right\rangle+\frac{\theta_k L_2}{2p_b}\left\|\mathrm{b}-\hat{\mathrm{b}}^k\right\|^2\right).$$

else ⋄ 进行局部计算

对于 $i\in[m]$, 随机选择一个样本 $j(i)$,

$$\hat{\mathrm{a}}_{i,j(i)}^{k+1}=\arg\min_{\mathrm{a}_{i,j(i)}}\left(g_{i,j(i)}(\mathrm{a}_{i,j(i)})+\left\langle\nabla_{\mathrm{a}_{i,j(i)}} f_i(\tilde{\mathrm{a}}_i^k,\tilde{\mathrm{b}}^k),\mathrm{a}_{i,j(i)}\right\rangle+\frac{\theta_k L_2}{2p_a}\left\|\mathrm{a}_{i,j(i)}-\hat{\mathrm{a}}_{i,j(i)}^k\right\|^2\right).$$

end if

$$\mathrm{a}^{k+1}=\tilde{\mathrm{a}}^k+\frac{\theta_k}{p_a}(\hat{\mathrm{a}}^{k+1}-\hat{\mathrm{a}}^k),$$

$$\mathrm{b}^{k+1}=\tilde{\mathrm{b}}^k+\frac{\theta_k}{p_b}(\hat{\mathrm{b}}^{k+1}-\hat{\mathrm{b}}^k).$$

end for k

输出 a^{K+1} 和 b^{K+1}.

DSCAD 也可以被应用于去中心化算法中 . 它的证明见下一节.

6.2.2 去中心化模式

对于去中心化结构，所有机器之间的连接可表达成一个无向图，它们联合求解整个优化问题. 我们用图 $\mathfrak{g}=\{V,E\}$ 来描述连接网络的拓扑结构，其中 V 和 E 分别表示图的节点和边. 每个节点 $v\in V$ 表示一台机器，$e_{ij}=(i,j)\in E$ 表示节点 i 和 j 相连. 记图 $\mathfrak{g}$ 的拉普拉斯矩阵（见定义7）为 L.

早期的典型的去中心化算法有去中心化梯度下降算法 [Yuan et al., 2016]. 如果每个 $f_i(\mathrm{x})$ 是强凸且 L-光滑的，该算法可达到次线性收敛速度. 近年来，出现了不少线性收敛的算法，例如 EXTRA [Li and Lin, 2020; Shi et al., 2015] 和增广拉格朗日算法 [Jakovetić et al., 2014]. [Scaman et al., 2017] 展示了对去中心化梯度下降法进行微小的改变也可以得到线性的收敛速度，并且在使用了冲量技巧后，该算法可以达到最优的计算复杂度 $\tilde{O}\left(\sqrt{\kappa}\right)$ 与通信复杂度 $\tilde{O}\left(\sqrt{\kappa\kappa_g}\right)$，其中 κ 是子函数的条件数，而 κ_g 是用于通信的广播矩阵（Gossip Matrix）的归一化特征间距（Normalized Eigengap）的倒数，即最大特征值比次小特征值 [Scaman et al., 2017]. 我们考虑如下优化问题

$$\begin{aligned} \min_{\mathrm{w}} \quad & \mathcal{L}_2(\mathrm{w}) \equiv \frac{1}{mn}\sum_{i=1}^{m}\sum_{j=1}^{n}\left(l_{ij}(\mathrm{w}_i) + \frac{\lambda}{2}h(\mathrm{w})\right), \\ \text{s.t.} \quad & \mathrm{Aw} = 0, \end{aligned} \tag{6.64}$$

其中 $\mathrm{w} = [\mathrm{w}_1; \cdots; \mathrm{w}_m] \in \mathbb{R}^{md}$, $\mathrm{A} = (\mathrm{L}/\|\mathrm{L}\|)^{1/2} \bigotimes \mathrm{I}_d \in \mathbb{R}^{dm\times dm}$ 是广播矩阵,$\bigotimes$ 表示 Kronecker 积,I_d 为 d 维单位矩阵,$\mathrm{w}_i \in \mathbb{R}^d$,且 $\lambda \geqslant 0$. A 是对称矩阵,且 A 保证计算 $\mathrm{A}^2\mathrm{w}$ 需要进行一次通信 [Scaman et al., 2017; Shi et al., 2015]. 为了方便,我们假设 $h(\mathrm{w}) = \|\mathrm{w}\|^2$.

通过引入辅助变量来分离损失函数与正则项,我们有

$$\begin{aligned} \min_{\mathrm{w,u}} \quad & \frac{1}{mn}\sum_{i=1}^{m}\sum_{j=1}^{n}\left(l_{ij}(\mathrm{w}_{ij}) + \frac{\lambda}{2}\|\mathrm{u}_i\|^2\right) \\ \text{s.t.} \quad & \mathrm{w}_{ij} = \mathrm{u}_i, \quad i \in [m], \quad j \in [n], \\ & \mathrm{Au} = 0, \end{aligned}$$

其中 $\mathrm{u} = [\mathrm{u}_1; \cdots; \mathrm{u}_m]$. 对于 $i \in [m]$ and $j \in [n]$,引入 $\mathrm{w}_{ij} = \mathrm{u}_i$ 的对偶变量 $\frac{1}{mn}\mathrm{a}_{ij}$ 和 $\mathrm{Au} = 0$ 的对偶变量 $\frac{1}{mn}\mathrm{b}$,我们可以得到对偶问题如下:

$$\begin{aligned} & \max_{\mathrm{a,b}}\min_{\mathrm{w,u}}\left[\frac{1}{mn}\sum_{i=1}^{m}\sum_{j=1}^{n}\left(l_{ij}(\mathrm{w}_{ij}) + \langle \mathrm{a}_{ij}, \mathrm{w}_{ij} - \mathrm{u}_i\rangle + \frac{\lambda}{2}\|\mathrm{u}_i\|^2\right)\right. \\ & \left.+\frac{1}{nm}\langle \mathrm{A}^T\mathrm{b}, \mathrm{u}\rangle\right] \\ = & \max_{\mathrm{a,b}}\min_{\mathrm{w,u}}\left[\frac{1}{mn}\sum_{i=1}^{m}\sum_{j=1}^{n}\left(l_{ij}(\mathrm{w}_{ij}) + \langle \mathrm{a}_{ij}, \mathrm{w}_{ij} - \mathrm{u}_i\rangle + \frac{\lambda}{2}\|\mathrm{u}_i\|^2\right)\right. \\ & \left.+\frac{1}{nm}\sum_{i=1}^{m}\langle \mathrm{A}_i^T\mathrm{b}, \mathrm{u}_i\rangle\right] \\ = & \max_{\mathrm{a,b}} -\left(\frac{1}{mn}\sum_{i=1}^{m}\sum_{j=1}^{n} l_{ij}^*(-\mathrm{a}_{ij}) + \frac{1}{2m\lambda}\left\|\frac{1}{n}\sum_{j=1}^{n}\mathrm{a}_{ij} + \frac{1}{n}\mathrm{A}_i^T\mathrm{b}\right\|^2\right), \end{aligned} \tag{6.65}$$

其中 l_{ij}^* 为 l_{ij} 的共轭函数, 另外我们用到了 A 是对称的, 而 A_i 表示 A 的第 i 个列块. 我们将 (6.65) 转化成类似 (6.59) 的偏移形式,即令

$$\begin{aligned} g_0(\mathrm{b}) &= \sum_{i=1}^{m}\frac{\mu_1\mu_2}{6mn^2}\|\mathrm{b}_i\|^2, \\ g_{ij}(\mathrm{a}_{ij}) &= \frac{1}{mn}\left(l_{ij}^*(-\mathrm{a}_{ij}) - \frac{\mu_1}{4}\|\mathrm{a}_{ij}\|^2\right), \quad i \in [m], \quad j \in [n], \end{aligned}$$

$$f_i(\mathrm{a}_i,\mathrm{b})=\frac{1}{mn}\sum_{j=1}^{n}\frac{\mu_1}{4}\|\mathrm{a}_{ij}\|^2+\frac{1}{2m\lambda}\left\|\frac{1}{n}\sum_{j=1}^{n}\mathrm{a}_{ij}+\frac{1}{n}\mathrm{A}_i^T\mathrm{b}\right\|^2-\frac{\mu_1\mu_2}{6mn^2}\|\mathrm{b}_i\|^2,$$
$$i\in[m],$$
$$f(\mathrm{a},\mathrm{b})=\sum_{i=1}^{m}f_i(\mathrm{a}_i,\mathrm{b}).$$

上式与 (6.59) 相似,因此我们可以通过算法 6.3 来求解上述问题.

引理 58: 假设 l_{ij} 都是凸且 L-光滑的, $n\leqslant\frac{L}{\lambda}$ 并设置 $\mu_1=\frac{1}{L}$ 和 $\mu_2=1/\kappa_g$. 那么 $f(\mathrm{a},\mathrm{b})$ 的梯度是关于 $(\mathrm{a}_{ij},\mathrm{b})$ 块坐标 L_c-Lipschitz 连续的 (见 (6.60) 和 (6.61)), 其中 $L_c=\frac{1}{mn^2\lambda}+\frac{1}{2mnL}$, $f(\mathrm{a},\mathrm{b})$ 关于 $(\mathrm{a},\mathrm{b})\in\mathbb{R}^{mnd}\times\mathrm{Span}(\mathrm{A})$ 是凸函数, $\mathrm{g}_0(\mathrm{b})$ 是 $\frac{1}{3mn^2\kappa_gL}$-强凸的, 对于 $i\in[m]$ 和 $j\in[n]$, $g_{ij}(\mathrm{a}_{ij})$ 都是 $\frac{1}{2nmL}$-强凸的.

证明. 容易验证 (6.60) 是正确的. 利用 $\sum_{i=1}^m\mathrm{A}_i\mathrm{A}_i^T=\mathrm{A}^2$ 和 $\|\mathrm{A}\|=1$, $f(\mathrm{a},\mathrm{b})$ 关于 b 的块 Lipschitz 常数将小于 $\frac{1}{mn^2\lambda}+\frac{1}{2mnL}$, 故得到 (6.61). 另外, 也容易验证 $\mathrm{g}_0(\mathrm{b})$ 是 $\frac{\mu_1\mu_2}{3mn^2}$-强凸的, 且对于 $i\in[m]$ 和 $j\in[n]$, $g_{ij}(\mathrm{a}_{ij})$ 都是 $\frac{1}{2nmL}$-强凸的.

现在我们证明 $f(\mathrm{a},\mathrm{b})$ 关于 $(\mathrm{a},\mathrm{b})\in\mathbb{R}^{mnd}\times\mathrm{Span}(\mathrm{A})$ 是凸函数. 应用(6.62)和

$$\eta=\frac{2}{\mu_1\lambda}=\frac{2L}{\lambda}\geqslant 2n\geqslant 2, \tag{6.66}$$

有

$$\begin{aligned}
&\frac{1}{mn}\sum_{j=1}^{n}\frac{\mu_1}{2}\|\mathrm{a}_{ij}\|^2+\frac{1}{2m\lambda}\left\|\frac{1}{n}\sum_{j=1}^{n}\mathrm{a}_{ij}+\frac{1}{n}\mathrm{A}_i^T\mathrm{b}\right\|^2\\
\geqslant&\frac{1}{mn}\sum_{j=1}^{n}\frac{\mu_1}{2}\|\mathrm{a}_{ij}\|^2+\frac{1}{2m\lambda(1+\eta)}\left\|\frac{1}{n}\mathrm{A}_i^T\mathrm{b}\right\|^2-\frac{1}{2mn}\sum_{j=1}^{n}\frac{\mu_1}{2}\|\mathrm{a}_{ij}\|^2\\
\overset{a}{\geqslant}&\frac{1}{mn}\sum_{j=1}^{n}\frac{\mu_1}{4}\|\mathrm{a}_{ij}\|^2+\frac{1}{2m\left(\frac{\eta\lambda}{2}+\eta\lambda\right)}\left\|\frac{1}{n}\mathrm{A}_i^T\mathrm{b}\right\|^2\\
=&\frac{1}{mn}\sum_{j=1}^{n}\frac{\mu_1}{4}\left\|\mathrm{a}_{ij}\right\|^2+\frac{\mu_1}{3m}\left\|\frac{1}{n}\mathrm{A}_i^T\mathrm{b}\right\|^2,
\end{aligned} \tag{6.67}$$

其中 $\overset{a}{\geqslant}$ 使用了 (6.66).

将 (6.67) 从 $i=1$ 累加到 m,我们有

$$
\begin{aligned}
&\frac{1}{mn}\sum_{i=1}^{m}\sum_{j=1}^{n}\frac{\mu_1}{2}\|\mathrm{a}_{ij}\|^2+\frac{1}{2m\lambda}\sum_{i=1}^{m}\left\|\frac{1}{n}\sum_{j=1}^{n}\mathrm{a}_{ij}+\frac{1}{n}\mathrm{A}_i^T\mathrm{b}\right\|^2\\
\geqslant&\frac{1}{mn}\sum_{i=1}^{m}\sum_{j=1}^{n}\frac{\mu_1}{4}\|\mathrm{a}_{ij}\|^2+\frac{\mu_1}{3m}\left\|\frac{1}{n}\mathrm{A}\mathrm{b}\right\|^2\\
\overset{a}{\geqslant}&\frac{1}{mn}\sum_{i=1}^{m}\sum_{j=1}^{n}\frac{\mu_1}{4}\|\mathrm{a}_{ij}\|^2+\frac{\mu_1}{3mn^2\kappa_g}\|\mathrm{b}\|^2,
\end{aligned}
$$

其中 $\overset{a}{=}$ 使用了当 $\mathrm{b}\in\mathrm{Span}(\mathrm{A})$ 时,有 $\|\mathrm{Ab}\|^2\geqslant\frac{\|\mathrm{b}\|^2}{\kappa_g}$. 因此 $f(\mathrm{a},\mathrm{b})$ 是非负的二次函数,所以是凸函数. □

我们对算法 6.3 给出如下收敛性分析.

定理 48: 对于算法 6.3,假设 $f(\mathrm{a},\mathrm{b})$ 是凸函数并且梯度是块坐标 L_2-Lipschitz 连续的,$g_0(\mathrm{b})$ 是 μ_3-强凸的,对于 $i\in[m]$ 和 $j\in[n]$,$g_{ij}(\mathrm{a}_{ij})$ 是 μ_4-强凸的,且 $\max(\mu_3,\mu_4)\leqslant L_2$, 设置 $p_b=\frac{1}{1+n\sqrt{\frac{\mu_3}{\mu_4}}}$ 和 $\theta_k\equiv\theta=\frac{p_b\sqrt{\mu_3/L_2}}{2}$, 则我们有

$$
\begin{aligned}
&\mathbb{E}\left(F(\mathrm{a}^{k+1},\mathrm{b}^{k+1})-F(\mathrm{a}^*,\mathrm{b}^*)+\frac{\theta^2L_2+\theta p_b\mu_3}{2p_b^2}\mathbb{E}\left\|\hat{\mathrm{b}}^{k+1}-\mathrm{b}^*\right\|^2\right.\\
&\left.+\frac{\theta^2L_2+\theta p_a\mu_4}{2p_a^2}\mathbb{E}\left\|\hat{\mathrm{a}}^{k+1}-\mathrm{a}^*\right\|^2\right)\\
\leqslant&(1-\theta)^k\left(F(\mathrm{a}^0,\mathrm{b}^0)-F(\mathrm{a}^*,\mathrm{b}^*)+\frac{\theta^2L_2+\theta p_b\mu_3}{2p_b^2}\mathbb{E}\left\|\hat{\mathrm{b}}^0-\mathrm{b}^*\right\|^2\right.\\
&\left.+\frac{\theta^2L_2+\theta p_a\mu_4}{2p_a^2}\mathbb{E}\left\|\hat{\mathrm{a}}^0-\mathrm{a}^*\right\|^2\right).
\end{aligned}
$$

证明. 如果在第 k 次迭代,b 被选择更新(即 $q\leqslant p_b$),我们用 b_c^{k+1} 和 $\hat{\mathrm{b}}_c^{k+1}$ 来分别表示更新后 b^{k+1} 和 $\hat{\mathrm{b}}^{k+1}$ 的值. 类似地,如果在第 k 次迭代,$\mathrm{a}_{i,j(i)}$ 被选择更新,我们使用 $\mathrm{a}_{i,j(i),c}^{k+1}$ 和 $\hat{\mathrm{a}}_{i,j(i),c}^{k+1}$ 来分别表示更新后 $\mathrm{a}_{i,j(i)}^{k+1}$ 和 $\hat{\mathrm{a}}_{i,j(i)}^{k+1}$ 的值. 使用算法6.3 第 6 步中 $\hat{\mathrm{b}}^{k+1}$ 的最优性条件,我们有

$$
0\in\partial g_0(\hat{\mathrm{b}}_c^{k+1})+\nabla_{\mathrm{b}}f(\tilde{\mathrm{a}}^k,\tilde{\mathrm{b}}^k)+\frac{\theta L_2}{p_b}(\hat{\mathrm{b}}_c^{k+1}-\hat{\mathrm{b}}^k).\tag{6.68}
$$

从算法6.3第 12 步，上式可写成

$$0 \in \partial g_0(\hat{\mathrm{b}}_c^{k+1}) + \nabla_{\mathrm{b}} f(\tilde{\mathrm{a}}^k, \tilde{\mathrm{b}}^k) + L_2(\mathrm{b}_c^{k+1} - \tilde{\mathrm{b}}^k). \tag{6.69}$$

如果在第 k 步迭代，b 被选择更新（即 $q \leqslant p_b$），则有 $\mathrm{a}^{k+1} = \tilde{\mathrm{a}}^k$. 因为 $f(\mathrm{a}, \mathrm{b})$ 的梯度关于 b 是块坐标 L_2-Lipschitz 连续的，我们有

$$\begin{aligned} f(\mathrm{a}^{k+1}, \mathrm{b}^{k+1}) \leqslant & f(\tilde{\mathrm{a}}^k, \tilde{\mathrm{b}}^k) + \left\langle \nabla_{\mathrm{b}} f(\tilde{\mathrm{a}}^k, \tilde{\mathrm{b}}^k), \mathrm{b}_c^{k+1} - \tilde{\mathrm{b}}^k \right\rangle \\ & + \frac{L_2}{2} \left\| \mathrm{b}_c^{k+1} - \tilde{\mathrm{b}}^k \right\|^2. \end{aligned} \tag{6.70}$$

将 (6.69) 代入 (6.70)，我们有（为避免引入新记号，在下文中我们也用 $\partial g(\cdot)$ 来表示 $\partial g(\cdot)$ 的一个元素）

$$\begin{aligned} f(\mathrm{a}^{k+1}, \mathrm{b}^{k+1}) \leqslant & f(\tilde{\mathrm{a}}^k, \tilde{\mathrm{b}}^k) - \left\langle \partial g_0(\hat{\mathrm{b}}_c^{k+1}), \mathrm{b}_c^{k+1} - \tilde{\mathrm{b}}^k \right\rangle \\ & - \frac{L_2}{2} \left\| \mathrm{b}_c^{k+1} - \tilde{\mathrm{b}}^k \right\|^2. \end{aligned} \tag{6.71}$$

类似于 (6.69)，我们有

$$0 \in \partial g_{i,j(i)}\left(\hat{\mathrm{a}}_{i,j(i),c}^{k+1}\right) + \nabla_{\mathrm{a}_{i,j(i)}} f_i(\tilde{\mathrm{a}}_i^k, \tilde{\mathrm{b}}^k) + L_2\left(\mathrm{a}_{i,j(i),c}^{k+1} - \tilde{\mathrm{a}}_{i,j(i)}^k\right). \tag{6.72}$$

如果 a 被选择更新（即 $q > p_b$），则有 $\mathrm{b}^{k+1} = \tilde{\mathrm{b}}^k$. 对于 f_i，如果 $j(i)$ 被选择，因为 $f_i(\mathrm{a}_i, \mathrm{b})$ 的梯度关于 $\mathrm{a}_{i,j(i)}$ 是块坐标 L_2-Lipschitz 连续的，我们有

$$\begin{aligned} & f_i(\mathrm{a}^{k+1}, \mathrm{b}^{k+1}) \\ \leqslant & f_i(\tilde{\mathrm{a}}^k, \tilde{\mathrm{b}}^k) + \left\langle \nabla_{\mathrm{a}_{j(i)}} f_i(\tilde{\mathrm{a}}_i^k, \tilde{\mathrm{b}}^k), \mathrm{a}_{i,j(i),c}^{k+1} - \tilde{\mathrm{a}}_{i,j(i)}^k \right\rangle + \frac{L_2}{2} \left\| \mathrm{a}_{i,j(i),c}^{k+1} - \tilde{\mathrm{a}}_{i,j(i)}^k \right\|^2 \\ \overset{a}{=} & f_i(\tilde{\mathrm{a}}^k, \tilde{\mathrm{b}}^k) - \left\langle \partial g_{i,j(i)}(\hat{\mathrm{a}}_{i,j(i),c}^{k+1}), \mathrm{a}_{i,j(i),c}^{k+1} - \tilde{\mathrm{a}}_{i,j(i)}^k \right\rangle - \frac{L_2}{2} \left\| \mathrm{a}_{i,j(i),c}^{k+1} - \tilde{\mathrm{a}}_{i,j(i)}^k \right\|^2, \end{aligned}$$

其中 $\overset{a}{=}$ 使用了 (6.72). 在第 k 步选择更新 a 的条件下，对 $j(i)$ 求条件期望，我们有

$$\begin{aligned} & \mathbb{E}_a f_i(\mathrm{a}^{k+1}, \mathrm{b}^{k+1}) \\ \leqslant & f_i(\tilde{\mathrm{a}}^k, \tilde{\mathrm{b}}^k) - \frac{1}{n} \sum_{j=1}^{n} \left\langle \partial g_{ij}(\hat{\mathrm{a}}_{i,j,c}^{k+1}), \mathrm{a}_{i,j,c}^{k+1} - \tilde{\mathrm{a}}_{ij}^k \right\rangle - \frac{1}{n} \sum_{j=1}^{n} \frac{L_2}{2} \left\| \mathrm{a}_{i,j,c}^{k+1} - \tilde{\mathrm{a}}_{ij}^k \right\|^2. \end{aligned}$$

将上式从 $i = 1$ 累加到 m，我们有

$$\begin{aligned} & \mathbb{E}_a f(\mathrm{a}^{k+1}, \mathrm{b}^{k+1}) \\ \leqslant & f(\tilde{\mathrm{a}}^k, \tilde{\mathrm{b}}^k) - \frac{1}{n} \sum_{i=1}^{m} \sum_{j=1}^{n} \left\langle \partial g_{ij}(\hat{\mathrm{a}}_{i,j,c}^{k+1}), \mathrm{a}_{i,j,c}^{k+1} - \tilde{\mathrm{a}}_{ij}^k \right\rangle - \frac{1}{n} \sum_{i=1}^{m} \sum_{j=1}^{n} \frac{L_2}{2} \left\| \mathrm{a}_{i,j,c}^{k+1} - \tilde{\mathrm{a}}_{ij}^k \right\|^2. \end{aligned}$$

在第 k 步迭代,对 a 和 b 求期望,我们有

$$
\begin{aligned}
&\mathbb{E}_k f(\mathrm{a}^{k+1}, \mathrm{b}^{k+1})\\
\leqslant & f(\tilde{\mathrm{a}}^k, \tilde{\mathrm{b}}^k) - p_b \left\langle \partial g_0(\hat{\mathrm{b}}_c^{k+1}), \mathrm{b}_c^{k+1} - \tilde{\mathrm{b}}^k \right\rangle - \sum_{i=1}^m \sum_{j=1}^n p_a \left\langle \partial g_{ij}(\hat{\mathrm{a}}_{i,j,c}^{k+1}), \mathrm{a}_{i,j,c}^{k+1} - \tilde{\mathrm{a}}_{ij}^k \right\rangle\\
& - \frac{L_2 p_b}{2} \left\| \mathrm{b}_c^{k+1} - \tilde{\mathrm{b}}^k \right\|^2 - \sum_{i=1}^m \sum_{j=1}^n \frac{L_2 p_a}{2} \left\| \mathrm{a}_{i,j,c}^{k+1} - \tilde{\mathrm{a}}_{ij}^k \right\|^2,
\end{aligned} \tag{6.73}
$$

其中我们使用了 $p_a = \dfrac{1-p_b}{n}$.

对于 $\left\| \hat{\mathrm{b}}_c^{k+1} - \mathrm{b}^* \right\|^2$,我们有

$$
\begin{aligned}
& \frac{1}{2} \left\| \hat{\mathrm{b}}_c^{k+1} - \mathrm{b}^* \right\|^2\\
= & \frac{1}{2} \left\| \hat{\mathrm{b}}_c^{k+1} - \hat{\mathrm{b}}^k + \hat{\mathrm{b}}^k - \mathrm{b}^* \right\|^2\\
= & \frac{1}{2} \left\| \hat{\mathrm{b}}_c^{k+1} - \hat{\mathrm{b}}^k \right\|^2 + \frac{1}{2} \left\| \hat{\mathrm{b}}^k - \mathrm{b}^* \right\|^2 + \left\langle \hat{\mathrm{b}}_c^{k+1} - \hat{\mathrm{b}}^k, \hat{\mathrm{b}}^k - \mathrm{b}^* \right\rangle\\
\stackrel{a}{=} & \frac{1}{2} \left\| \hat{\mathrm{b}}_c^{k+1} - \hat{\mathrm{b}}^k \right\|^2 + \frac{1}{2} \left\| \hat{\mathrm{b}}^k - \mathrm{b}^* \right\|^2\\
& - \frac{p_b}{\theta L_2} \left\langle \partial g_0(\hat{\mathrm{b}}_c^{k+1}) + \nabla_{\mathrm{b}} f(\tilde{\mathrm{a}}^k, \tilde{\mathrm{b}}^k), \hat{\mathrm{b}}^k - \mathrm{b}^* \right\rangle,
\end{aligned} \tag{6.74}
$$

其中 $\stackrel{a}{=}$ 使用了 (6.68).

$\left\| \hat{\mathrm{b}}^{k+1} - \mathrm{b}^* \right\|^2$ 的值依赖于 $\hat{\mathrm{b}}^{k+1}$,因此它的期望为

$$
\mathbb{E}_k \left\| \hat{\mathrm{b}}^{k+1} - \mathrm{b}^* \right\|^2 = p_b \left\| \hat{\mathrm{b}}_c^{k+1} - \mathrm{b}^* \right\|^2 + (1-p_b) \left\| \hat{\mathrm{b}}^k - \mathrm{b}^* \right\|^2. \tag{6.75}
$$

将 (6.75) 乘以 $L_2\theta^2/(2p_b^2)$ 并将 (6.74) 代入,我们有

$$
\begin{aligned}
& \frac{L_2\theta^2}{2p_b^2} \mathbb{E}_k \left\| \hat{\mathrm{b}}^{k+1} - \mathrm{b}^* \right\|^2 - \frac{L_2\theta^2}{2p_b^2} \left\| \hat{\mathrm{b}}^k - \mathrm{b}^* \right\|^2\\
= & \frac{L_2\theta^2}{2p_b} \left\| \hat{\mathrm{b}}_c^{k+1} - \hat{\mathrm{b}}^k \right\|^2 - \left\langle \partial g_0(\hat{\mathrm{b}}_c^{k+1}) + \nabla_{\mathrm{b}} f(\tilde{\mathrm{a}}^k, \tilde{\mathrm{b}}^k), \theta\hat{\mathrm{b}}^k - \theta \mathrm{b}^* \right\rangle.
\end{aligned} \tag{6.76}
$$

从算法 6.3 第 3 步,我们有

$$
\theta \hat{\mathrm{b}}^k = \tilde{\mathrm{b}}^k - (1-\theta)\mathrm{b}^k. \tag{6.77}
$$

从算法 6.3 第 12 步,我们有

$$
\mathrm{b}_c^{k+1} - \tilde{\mathrm{b}}^k = \frac{\theta}{p_b}(\hat{\mathrm{b}}_c^{k+1} - \hat{\mathrm{b}}^k). \tag{6.78}
$$

故

$$\begin{aligned}
&\frac{L_2\theta^2}{2p_b^2}\mathbb{E}_k\left\|\hat{\mathrm{b}}^{k+1}-\mathrm{b}^*\right\|^2-\frac{L_2\theta^2}{2p_b^2}\left\|\hat{\mathrm{b}}^k-\mathrm{b}^*\right\|^2\\
&\overset{a}{=}\frac{L_2p_b}{2}\left\|\mathrm{b}_c^{k+1}-\tilde{\mathrm{b}}^k\right\|^2-\left\langle\partial g_0(\hat{\mathrm{b}}_c^{k+1}),\theta\hat{\mathrm{b}}_c^{k+1}-p_b(\mathrm{b}_c^{k+1}-\tilde{\mathrm{b}}^k)-\theta\mathrm{b}^*\right\rangle\\
&\quad-\left\langle\nabla_{\mathrm{b}}f(\tilde{\mathrm{a}}^k,\tilde{\mathrm{b}}^k),\theta\hat{\mathrm{b}}^k-\theta\mathrm{b}^*\right\rangle.\\
&\overset{b}{=}\frac{L_2p_b}{2}\left\|\mathrm{b}_c^{k+1}-\tilde{\mathrm{b}}^k\right\|^2-\left\langle\partial g_0(\hat{\mathrm{b}}_c^{k+1}),\theta\hat{\mathrm{b}}_c^{k+1}-p_b(\mathrm{b}_c^{k+1}-\tilde{\mathrm{b}}^k)-\theta\mathrm{b}^*\right\rangle\\
&\quad-\left\langle\nabla_{\mathrm{b}}f(\tilde{\mathrm{a}}^k,\tilde{\mathrm{b}}^k),\tilde{\mathrm{b}}^k-(1-\theta)\mathrm{b}^k-\theta\mathrm{b}^*\right\rangle,
\end{aligned}\tag{6.79}$$

其中 $\overset{a}{=}$ 使用了 (6.76) 和 (6.78), $\overset{b}{=}$ 使用了 (6.77).

对 a_{ij}^k 使用相同的技巧,我们有

$$\begin{aligned}
&\frac{L_2\theta^2}{2p_a^2}\mathbb{E}_k\left\|\hat{\mathrm{a}}_{ij}^{k+1}-\mathrm{a}_{ij}^*\right\|^2-\frac{L_2\theta^2}{2p_a^2}\left\|\hat{\mathrm{a}}_{ij}^k-\mathrm{a}_{ij}^*\right\|^2\\
&=\frac{L_2p_a}{2}\left\|\mathrm{a}_{i,j,c}^{k+1}-\tilde{\mathrm{a}}_{ij}^k\right\|^2-\left\langle\partial g_{ij}(\hat{\mathrm{a}}_{i,j,c}^{k+1}),\theta\hat{\mathrm{a}}_{i,j,c}^{k+1}-p_a(\mathrm{a}_{i,j,c}^{k+1}-\tilde{\mathrm{a}}_{ij}^k)-\theta\mathrm{a}_{ij}^*\right\rangle\\
&\quad-\left\langle\nabla_{\mathrm{a}_{i,j}}f_i(\tilde{\mathrm{a}}^k,\tilde{\mathrm{b}}^k),\tilde{\mathrm{a}}_{ij}^k-(1-\theta)\mathrm{a}_{ij}^k-\theta\mathrm{a}_{ij}^*\right\rangle.
\end{aligned}\tag{6.80}$$

将 (6.80) 从 $i=1$ 累加到 m、$j=1$ 累加到 n,并和 (6.79)、(6.73) 相加,我们有

$$\begin{aligned}
&\mathbb{E}_kf(\mathrm{a}^{k+1},\mathrm{b}^{k+1})+\frac{\theta^2L_2}{2p_b^2}\mathbb{E}_k\left\|\hat{\mathrm{b}}^{k+1}-\mathrm{b}^*\right\|^2-\frac{\theta^2L_2}{2p_b^2}\left\|\hat{\mathrm{b}}^k-\mathrm{b}^*\right\|^2\\
&+\frac{\theta^2L_2}{2p_a^2}\mathbb{E}_k\left\|\hat{\mathrm{a}}^{k+1}-\mathrm{a}^*\right\|^2-\frac{\theta^2L_2}{2p_a^2}\left\|\hat{\mathrm{a}}^k-\mathrm{a}^*\right\|^2\\
&\leqslant f(\tilde{\mathrm{a}}^k,\tilde{\mathrm{b}}^k)-\theta\left\langle\partial g_0(\hat{\mathrm{b}}_c^{k+1}),\hat{\mathrm{b}}_c^{k+1}-\mathrm{b}^*\right\rangle-\sum_{i=1}^m\sum_{j=1}^n\theta\left\langle\partial g_{ij}(\hat{\mathrm{a}}_{i,j,c}^{k+1}),\hat{\mathrm{a}}_{i,j,c}^{k+1}-\mathrm{a}_{ij}^*\right\rangle\\
&\quad-\sum_{i=1}^m\sum_{j=1}^n\left\langle\nabla_{\mathrm{a}_{i,j}}f_i(\tilde{\mathrm{a}}_i^k,\tilde{\mathrm{b}}^k),\tilde{\mathrm{a}}_{ij}^k-(1-\theta)\mathrm{a}_{ij}^k-\theta\mathrm{a}_{ij}^*\right\rangle\\
&\quad-\left\langle\nabla_{\mathrm{b}}f(\tilde{\mathrm{a}}^k,\tilde{\mathrm{b}}^k),\tilde{\mathrm{b}}^k-(1-\theta)\mathrm{b}^k-\theta\mathrm{b}^*\right\rangle.
\end{aligned}\tag{6.81}$$

由于 g_0 是 μ_3-强凸的,我们有

$$\begin{aligned}
&-\left\langle\partial g_0(\hat{\mathrm{b}}_c^{k+1}),\hat{\mathrm{b}}_c^{k+1}-\mathrm{b}^*\right\rangle\\
&\leqslant-g_0(\hat{\mathrm{b}}_c^{k+1})+g_0(\mathrm{b}^*)-\frac{\mu_3}{2}\left\|\hat{\mathrm{b}}_c^{k+1}-\mathrm{b}^*\right\|^2\\
&\overset{a}{=}-g_0(\hat{\mathrm{b}}_c^{k+1})+g_0(\mathrm{b}^*)-\frac{\mu_3}{2p_b}\mathbb{E}_k\left\|\hat{\mathrm{b}}^{k+1}-\mathrm{b}^*\right\|^2
\end{aligned}$$

$$+\frac{\mu_3(1-p_b)}{2p_b}\left\|\hat{\mathrm{b}}^k-\mathrm{b}^*\right\|^2, \tag{6.82}$$

其中 $\stackrel{a}{=}$ 使用了 (6.75).

类似地,对于 a_{ij},我们有

$$\begin{aligned}
&-\left\langle\partial g_{ij}(\hat{\mathrm{a}}_{i,j,c}^{k+1}),\hat{\mathrm{a}}_{i,j,c}^{k+1}-\mathrm{a}_{ij}^*\right\rangle\\
\leqslant&-g_{ij}(\hat{\mathrm{a}}_{i,j,c}^{k+1})+g_{ij}(\mathrm{a}_{ij}^*)-\frac{\mu_4}{2}\left\|\hat{\mathrm{a}}_{i,j,c}^{k+1}-\mathrm{a}_{ij}^*\right\|^2\\
=&-g_{ij}(\hat{\mathrm{a}}_{i,j,c}^{k+1})+g_{ij}(\mathrm{a}_{ij}^*)-\frac{\mu_4}{2p_a}\mathbb{E}_k\left\|\hat{\mathrm{a}}_{ij}^{k+1}-\mathrm{a}_{ij}^*\right\|^2\\
&+\frac{\mu_4(1-p_a)}{2p_a}\left\|\hat{\mathrm{a}}_{ij}^{k+1}-\mathrm{a}_{ij}^*\right\|^2.
\end{aligned}\tag{6.83}$$

接下来,我们有

$$\begin{aligned}
&-\left\langle\nabla_{\mathrm{b}}f(\tilde{\mathrm{a}}^k,\tilde{\mathrm{b}}^k),\tilde{\mathrm{b}}^k-(1-\theta)\mathrm{b}^k-\theta\mathrm{b}^*\right\rangle\\
&-\sum_{i=1}^m\sum_{j=1}^n\left\langle\nabla_{\mathrm{a}_{i,j}}f_i(\tilde{\mathrm{a}}^k,\tilde{\mathrm{b}}^k),\tilde{\mathrm{a}}_{ij}^k-(1-\theta)\mathrm{a}_{ij}^k-\theta\mathrm{a}_{ij}^*\right\rangle\\
=&-\left\langle\nabla_{\mathrm{b}}f(\tilde{\mathrm{a}}^k,\tilde{\mathrm{b}}^k),\tilde{\mathrm{b}}^k-(1-\theta)\mathrm{b}^k-\theta\mathrm{b}^*\right\rangle\\
&-\left\langle\nabla_{\mathrm{a}}f(\tilde{\mathrm{a}}^k,\tilde{\mathrm{b}}^k),\tilde{\mathrm{a}}^k-(1-\theta)\mathrm{a}^k-\theta\mathrm{a}^*\right\rangle\\
\stackrel{a}{\leqslant}&-f(\tilde{\mathrm{a}}^k,\tilde{\mathrm{b}}^k)+(1-\theta)f(\mathrm{a}^k,\mathrm{b}^k)+\theta f(\mathrm{a}^*,\mathrm{b}^*),
\end{aligned}\tag{6.84}$$

其中 $\stackrel{a}{\leqslant}$ 使用了 $f(\mathrm{a},\mathrm{b})$ 的凸性.

将 (6.82)、(6.83)和 (6.84) 代入 (6.81),我们有

$$\begin{aligned}
&\mathbb{E}_kf(\mathrm{a}^{k+1},\mathrm{b}^{k+1})+\theta g_0(\hat{\mathrm{b}}_c^{k+1})+\theta\sum_{i=1}^m\sum_{j=1}^n g_{ij}(\hat{\mathrm{a}}_{i,j,c}^{k+1})\\
&+\frac{\theta^2L_2+\theta p_b\mu_3}{2p_b^2}\mathbb{E}_k\left\|\hat{\mathrm{b}}^{k+1}-\mathrm{b}^*\right\|^2-\frac{\theta^2L_2+\theta\mu_3p_b(1-p_b)}{2p_b^2}\left\|\hat{\mathrm{b}}^k-\mathrm{b}^*\right\|^2\\
&+\frac{\theta^2L_2+\theta p_a\mu_4}{2p_a^2}\mathbb{E}_k\left\|\hat{\mathrm{a}}^{k+1}-\mathrm{a}^*\right\|^2-\frac{\theta^2L_2+\theta\mu_4p_a(1-p_a)}{2p_a^2}\left\|\hat{\mathrm{a}}^k-\mathrm{a}^*\right\|^2\\
\leqslant&(1-\theta)f(\mathrm{a}^k,\mathrm{b}^k)+\theta F(\mathrm{a}^*,\mathrm{b}^*).
\end{aligned}$$

使用引理59中关于 $\hat{g}^k$ 的定义(见证明末尾),我们有

$$\begin{aligned}
&\mathbb{E}_k\left(f(\mathrm{a}^{k+1},\mathrm{b}^{k+1})+\hat{g}^{k+1}\right)\\
\leqslant&(1-\theta)\left(f(\mathrm{a}^k,\mathrm{b}^k)+\hat{g}^k\right)+\theta F(\mathrm{a}^*,\mathrm{b}^*)
\end{aligned}$$

$$-\frac{\theta^2L_2+\theta p_b\mu_3}{2p_b^2}\mathbb{E}_k\left\|\hat{\mathrm{b}}^{k+1}-\mathrm{b}^*\right\|^2+\frac{\theta^2L_2+\theta\mu_3p_b(1-p_b)}{2p_b^2}\left\|\hat{\mathrm{b}}^k-\mathrm{b}^*\right\|^2$$
$$-\frac{\theta^2L_2+\theta p_a\mu_4}{2p_a^2}\mathbb{E}_k\left\|\hat{\mathrm{a}}^{k+1}-\mathrm{a}^*\right\|^2+\frac{\theta^2L_2+\theta\mu_4p_a(1-p_a)}{2p_a^2}\left\|\hat{\mathrm{a}}^k-\mathrm{a}^*\right\|^2.$$

根据 p_b 的设置,我们有 $\frac{p_b}{p_a}=\frac{\sqrt{\mu_4}}{\sqrt{\mu_3}}$,那么 $\theta=\frac{p_b\sqrt{\mu_3/L_2}}{2}=\frac{p_a\sqrt{\mu_4/L_2}}{2}$. 故我们有

$$\frac{\theta^2L_2+\theta p_b\mu_3}{2p_b^2}(1-\theta)\geqslant\frac{\theta^2L_2+\theta\mu_3p_b(1-p_b)}{2p_b^2},\tag{6.85}$$

和

$$\frac{\theta^2L_2+\theta p_a\mu_4}{2p_a^2}(1-\theta)\geqslant\frac{\theta^2L_2+\theta\mu_4p_a(1-p_a)}{2p_a^2}.\tag{6.86}$$

事实上,通过求解 (6.85),我们有

$$\theta\leqslant\frac{p_b\left(-\mu_3/L_2+\sqrt{\frac{\mu_3^2}{L_2^2}+4\frac{\mu_3}{L_2}}\right)}{2}.\tag{6.87}$$

利用 $\mu_3/L_2\leqslant1$,可以验证 $\theta=\frac{p_b\sqrt{\mu_3/L_2}}{2}$ 满足 (6.87). 同样利用 $\mu_4/L_2\leqslant1$,则 $\theta=\frac{p_a\sqrt{\mu_4/L_2}}{2}$ 满足 (6.86). 那么我们有

$$\begin{aligned}&\mathbb{E}_k\left(f(\mathrm{a}^{k+1},\mathrm{b}^{k+1})+\hat{g}^{k+1}-F(\mathrm{a}^*,\mathrm{b}^*)\right)\\&+\mathbb{E}_k\left(\frac{\theta^2L_2+\theta p_b\mu_3}{2p_b^2}\left\|\hat{\mathrm{b}}^{k+1}-\mathrm{b}^*\right\|^2+\frac{\theta^2L_2+\theta p_a\mu_4}{2p_a^2}\left\|\hat{\mathrm{a}}^{k+1}-\mathrm{a}^*\right\|^2\right)\\\leqslant&(1-\theta)\left(f(\mathrm{a}^k,\mathrm{b}^k)+\hat{g}^k-F(\mathrm{a}^*,\mathrm{b}^*)\right.\\&\left.+\frac{\theta^2L_2+\theta p_b\mu_3}{2p_b^2}\left\|\hat{\mathrm{b}}^k-\mathrm{b}^*\right\|^2+\frac{\theta^2L_2+\theta p_a\mu_4}{2p_a^2}\left\|\hat{\mathrm{a}}^k-\mathrm{a}^*\right\|^2\right).\end{aligned}$$

对上式求全期望,我们有

$$\begin{aligned}&\mathbb{E}\left(f(\mathrm{a}^{k+1},\mathrm{b}^{k+1})+\hat{g}^{k+1}-F(\mathrm{a}^*,\mathrm{b}^*)\right)\\&+\left(\frac{\theta^2L_2+\theta p_b\mu_3}{2p_b^2}\mathbb{E}\left\|\hat{\mathrm{b}}^{k+1}-\mathrm{b}^*\right\|^2+\frac{\theta^2L_2+\theta p_a\mu_4}{2p_a^2}\mathbb{E}\left\|\hat{\mathrm{a}}^{k+1}-\mathrm{a}^*\right\|^2\right)\\\leqslant&(1-\theta)^k\left(f(\mathrm{a}^0,\mathrm{b}^0)+\hat{g}^0-F(\mathrm{a}^*,\mathrm{b}^*)\right.\end{aligned}$$

$$+\frac{\theta^2 L_2+\theta p_b\mu_3}{2p_b^2}\left\|\hat{\mathrm{b}}^0-\mathrm{b}^*\right\|^2+\frac{\theta^2 L_2+\theta p_a\mu_4}{2p_a^2}\left\|\hat{\mathrm{a}}^0-\mathrm{a}^*\right\|^2\Bigg).$$

利用 g_0 的凸性,我们有

$$g_0(\mathrm{b}^{k+1})=g_0\left(\sum_{i=0}^{k+1}e_{k+1,i,1}\hat{\mathrm{b}}^i\right)\leqslant\sum_{i=0}^{k+1}e_{k+1,i,1}g_0(\hat{\mathrm{b}}^i)=\hat{g}_0^{k+1}.$$

同样,对于 a_{ij},我们有

$$g_{ij}(\mathrm{a}_{ij}^{k+1})=g_{ij}\left(\sum_{q=0}^{k+1}e_{k+1,q,2}\hat{\mathrm{a}}_{ij}^q\right)\leqslant\sum_{q=0}^{k+1}e_{k+1,q,2}g_{ij}(\hat{\mathrm{a}}_{ij}^q)=\hat{g}_{ij}^{k+1},$$

和 $\hat{g}^0=g_0(\hat{\mathrm{b}}^0)+\sum_{i=1}^m\sum_{j=1}^n g_{ij}(\hat{\mathrm{a}}_{ij}^0)$. 证毕. □

如下引理是第5.1.1节中引理50的直接推广.

引理 59: 对于算法 6.3,如果参数按照定理 48 设置,则 b^k 是 $\{\hat{\mathrm{b}}^i\}_{i=0}^k$ 的凸组合,即:$\mathrm{b}^k=\sum_{i=0}^k e_{k,i,1}\hat{\mathrm{b}}^i$,其中 $e_{0,0,1}=1$,$e_{1,0,1}=1-\theta/p_b$,$e_{1,1,1}=\theta/p_b$. 对于 $k>1$,我们有

$$e_{k,i,1}=\begin{cases}(1-\theta)e_{k-1,i,1}, & i\leqslant k-2,\\(1-\theta)\theta/p_b+\theta-\theta/p_b, & i=k-1,\\\theta/p_b, & i=k.\end{cases}\tag{6.88}$$

另外, a^k 也是 $\{\hat{\mathrm{a}}^i\}_{i=0}^k$ 的凸组合, 即 $\mathrm{a}_j^k=\sum_{i=0}^k e_{k,i,2}\hat{\mathrm{a}}_j^i$, 其中 $e_{0,0,2}=1$, $e_{1,0,2}=1-\theta/p_a$,$e_{1,1,2}=\theta/p_a$. 对于 $k>1$,我们有

$$e_{k,i,2}=\begin{cases}(1-\theta)e_{k-1,i,2}, & i\leqslant k-2,\\(1-\theta)\theta/p_a+\theta-\theta/p_a, & i=k-1,\\\theta/p_a, & i=k.\end{cases}$$

定义 $\hat{g}_0^k=\sum_{q=0}^k e_{k,q,1}g_0(\hat{\mathrm{b}}^q)$, $\hat{g}_{ij}^k=\sum_{q=0}^k e_{k,q,2}g_{ij}(\hat{\mathrm{a}}_{ij}^q)$, 和 $\hat{g}^k=\hat{g}_0^k+\sum_{i=1}^m\sum_{j=1}^n\hat{g}_{ij}^k$,我们有

$$\mathbb{E}_k(\hat{g}_0^{k+1})=(1-\theta)\hat{g}_0^k+\theta g_0(\hat{\mathrm{b}}_c^{k+1})\tag{6.89}$$

和

$$\mathbb{E}_k(\hat{g}_{ij}^{k+1})=(1-\theta)\hat{g}_{ij}^k+\theta g_{ij}(\hat{\mathrm{a}}_{i,j,c}^{k+1}),$$

其中 $i \in [m], j \in [n]$, $\mathbb{E}_k$ 表示在第 k 次迭代时给定 a^k 和 b^k 对第 k 步涉及的随机数求条件期望.

证明. 我们首先分析 $e_{k,i,j}$. 当 $k=0$ 和 1 时, $e_{0,0,1}=1$ 且 $e_{0,0,2}=1$. 我们首先证明 (6.88). 假设对于 k, (6.88) 是正确的, 从算法6.3的第 3 步和第12 步, 我们有

$$
\begin{aligned}
\mathrm{b}^{k+1} &= (1-\theta)\mathrm{b}^k + \theta\hat{\mathrm{b}}^k + \theta/p_b(\hat{\mathrm{b}}^{k+1}-\hat{\mathrm{b}}^k) \\
&= (1-\theta)\sum_{i=0}^{k} e_{k,i,1}\hat{\mathrm{b}}^i + \theta\hat{\mathrm{b}}^k + \theta/p_b(\hat{\mathrm{b}}^{k+1}-\hat{\mathrm{b}}^k) \\
&= (1-\theta)\sum_{i=0}^{k-1} e_{k,i,1}\hat{\mathrm{b}}^i + \left[(1-\theta)e_{k,k,1} + \theta - \theta/p_b\right]\hat{\mathrm{b}}^k + \theta/p_b\hat{\mathrm{b}}^{k+1}.
\end{aligned}
$$

于是可得 (6.88). 接下来我们证明凸组合. 容易验证系数加起来为1. 我们还需要证明对于所有 $k \geqslant 0$ 以及 $0 \leqslant i \leqslant k$, 有 $e_{k,i,1} \geqslant 0$. 当 $k=0$ 与 $k=1$ 时, 我们有 $e_{0,0,1}=1\geqslant 0$, $e_{1,0,1} = 1-\dfrac{\theta}{p_b} = 1-\dfrac{\sqrt{\mu_3/L_2}}{2} \geqslant 0$, $e_{1,1,1}=\dfrac{\theta}{p_b}\geqslant 0$. 当 $k\geqslant 1$ 时, 假设在第 k 步 $e_{k,i,1}\geqslant 0$, 其中 $0\leqslant i\leqslant k$, 我们有 $e_{k+1,i,1}=(1-\theta)e_{k,i,1}\geqslant 0\,(i\leqslant k-1)$, $e_{k+1,k+1,1}=\theta/p_b\geqslant 0$, 和

$$
e_{k+1,k,1} = (1-\theta)\theta/p_b + \theta - \theta/p_b = \theta(1-\theta/p_b) = \theta\left(1-\frac{\sqrt{\mu_3/L_2}}{2}\right) \geqslant 0.
$$

最后证明 (6.89). 我们有

$$
\begin{aligned}
\mathbb{E}_k \hat{g}_0^{k+1} &\overset{a}{=} \sum_{i=0}^{k} e_{k+1,i,1} g_0(\hat{\mathrm{b}}^i) + (\theta/p_b)\mathbb{E}_k g_0(\hat{\mathrm{b}}^{k+1}) \\
&\overset{b}{=} \sum_{i=0}^{k} e_{k+1,i,1} g_0(\hat{\mathrm{b}}^i) + \theta\left(g_0(\hat{\mathrm{b}}_c^{k+1}) + \frac{1-p_b}{p_b} g_0(\hat{\mathrm{b}}^k)\right) \\
&= \sum_{i=0}^{k} e_{k+1,i,1} g_0(\hat{\mathrm{b}}^i) + \theta g_0(\hat{\mathrm{b}}_c^{k+1}) + (1/p_b - 1)\theta g_0(\hat{\mathrm{b}}^k) \\
&\overset{c}{=} \sum_{i=0}^{k-1} e_{k+1,i,1} g_0(\hat{\mathrm{b}}^i) + [(1-\theta)\theta/p_b + \theta - \theta/p_b] g_0(\hat{\mathrm{b}}^k) \\
&\quad + (1/p_b - 1)\theta g_0(\hat{\mathrm{b}}^k) + \theta g_0(\hat{\mathrm{b}}_c^{k+1}) \\
&= \sum_{i=0}^{k-1} e_{k+1,i,1} g_0(\hat{\mathrm{b}}^i) + (1-\theta)\theta/p_b g_0(\hat{\mathrm{b}}^k) + \theta g_0(\hat{\mathrm{b}}_c^{k+1})
\end{aligned}
$$

$$\overset{d}{=}\sum_{i=0}^{k-1}(1-\theta)e_{k,i,1}g_0(\hat{\mathrm{b}}^i)+(1-\theta)e_{k,k,1}g_0(\hat{\mathrm{b}}^k)+\theta g_0(\hat{\mathrm{b}}_c^{k+1})$$

$$=(1-\theta)\sum_{i=0}^{k}e_{k,i,1}g_0(\hat{\mathrm{b}}^i)+\theta g_0(\hat{\mathrm{b}}_c^{k+1})=(1-\theta)\hat{g}_0^k+\theta g_0(\hat{\mathrm{b}}_c^{k+1}),$$

其中 $\overset{a}{=}$ 使用了 $e_{k+1,k+1,1}=\theta/p_b$，$\overset{b}{=}$ 使用了

$$\mathbb{E}_k g_0(\hat{\mathrm{b}}^{k+1})=p_b g_0(\hat{\mathrm{b}}_c^{k+1})+(1-p_b)g_0(\hat{\mathrm{b}}^k),$$

在 $\overset{c}{=}$ 中，我们有 $e_{k+1,k,1}=(1-\theta)\theta/p_b+\theta-\theta/p_b$，在 $\overset{d}{=}$ 中，对于 $i\leqslant k-1$ 和 $e_{k,k,1}=\theta/p_b$，我们有 $e_{k+1,i,1}=(1-\theta)e_{k,i,1}$.

用同样的方法，我们可以证明关于 a 的结论. □

在得到定理 48 后，我们可以计算出算法 6.3 的计算复杂度和通信复杂度. 我们将结果总结在如下的定理中.

定理 49: 假设 $\frac{L}{\lambda}\geqslant n$. 设置 $\mu_1=\frac{1}{L}, L_2=\frac{1}{mn^2\lambda}+\frac{1}{2mnL}, \mu_3=\frac{1}{3mn^2L}$，和 $\mu_4=\frac{1}{2mnL}$. 在期望意义下，算法可在 $\tilde{O}\left(\sqrt{nL/\lambda}\right)$ 次迭代内获得问题 (6.58) 的满足 $D(\mathrm{a}^*,\mathrm{b}^*)-D(\mathrm{a}^k,\mathrm{b}^k)\leqslant\epsilon$ 的解. 故计算复杂度和通信复杂度分别为 $\tilde{O}\left(\sqrt{nL/\lambda}\right)$ 和 $\tilde{O}\left(\sqrt{L/\lambda}\right)$.

去中心化模式下，对于问题 (6.65)，因为 $g_0(\mathrm{b})=\frac{\mu_1\mu_2}{6mn^2}\|\mathrm{b}\|^2$，从算法 6.3 的第 3、6 和 12 步与 $\mathrm{b}^0=\hat{\mathrm{b}}^0=0\in\mathrm{Span}(\mathrm{A})$，可得：对于所有 $k\geqslant 0$，$\mathrm{b}^k\in\mathrm{Span}(\mathrm{A})$ 和 $\hat{\mathrm{b}}^k\in\mathrm{Span}(\mathrm{A})$. 所以我们有如下定理.

定理 50: 假设 $\frac{L}{\lambda}\geqslant n$. 设置 $\mu_1=\frac{1}{L}, L_2=\frac{1}{mn^2\lambda}+\frac{1}{2mnL}, \mu_3=\frac{1}{3mn^2\kappa_g L}$，和 $\mu_4=\frac{1}{2mnL}$. 在期望意义下，算法可在 $\tilde{O}\left(\left(\sqrt{\kappa_g}+\sqrt{n}\right)\sqrt{L/\lambda}\right)$ 次迭代内获得问题 (6.65) 的满足 $D(\mathrm{a}^*,\mathrm{b}^*)-D(\mathrm{a}^k,\mathrm{b}^k)\leqslant\epsilon$ 的解. 故计算复杂度和通信复杂度分别为 $\tilde{O}\left(\sqrt{nL/\lambda}\right)$ 和 $\tilde{O}\left(\sqrt{\kappa_g L/\lambda}\right)$.

参考文献

Agarwal Alekh and Duchi C John. (2011). Distributed delayed stochastic optimization[C]. In *Advances in Neural Information Processing Systems 24*, pages 873-881, Granada.

Recht Benjamin, Ré Christopher, Wright Stephen, and Niu Feng. (2011). HOGWILD!: A lock-free approach to parallelizing stochastic gradient descent[C]. In *Advances in neural information processing systems 24*, pages 693-701, Granada.

Ma Chenxin, Smith Virginia, Jaggi Martin, Jordan I Michael, Richtarik Peter, and Takac Martin. (2015). Adding vs. averaging in distributed primal-dual optimization[R]. *Preprint. arXiv:1502.03508.*

Fang Cong and Lin Zhouchen. (2017). Parallel asynchronous stochastic variance reduction for nonconvex optimization[C]. In *Proceedings of the 31th AAAI Conference on Artificial Intelligence*, pages 794-800, San Francisco.

Fang Cong, Huang Yameng, and Lin Zhouchen. (2018). Accelerating asynchronous algorithms for convex optimization by momentum compensation[R]. *Preprint. arXiv:1802. 09747.*

Jakovetić Dusan, Moura MF José, and Xavier Joao. (2014). Linear convergence rate of a class of distributed augmented Lagrangian algorithms[J]. *IEEE. Trans. Automat. Contr.*, 60(4):922-936.

Mania Horia, Pan Xinghao, Papailiopoulos Dimitris, Recht Benjamin, Ramchandran Kannan, and Jordan I Michael. (2017). Perturbed iterate analysis for asynchronous stochastic optimization[J]. *SIAM J. Control Optim.*, 27(4):2202-2229.

Li Huan and Lin Zhouchen. (2020). Revisiting EXTRA for smooth distributed optimization[J]. *SIAM J. Control Optim.*, 30(3):1795-1821.

Liu Ji, Wright J Stephen, Ré Christopher, Bittorf Victor, and Sridhar Srikrishna. (2015). An asynchronous parallel stochastic coordinate descent algorithm[J]. *J. Math. Learn. Res.*, 16(1):285-322.

Scaman Kevin, Bach Francis, Bubeck Sébastien, Lee Tat Yin, and Massoulié Laurent. (2017). Optimal algorithms for smooth and strongly convex distributed optimization in networks[C]. In *Proceedings of the 34th International Conference on Machine Learning*, pages 3027-3036, Sydney.

Yuan Kun, Ling Qing, and Yin Wotao. (2016). On the convergence of decentralized gradient descent[J]. *SIAM J. Control Optim.*, 26(3):1835-1854.

Zhao Peilin and Zhang Tong. (2015). Stochastic optimization with importance sampling for regularized loss minimization[C]. In *Proceedings of the 32th International Conference on Machine Learning*, pages 1-9, Lille.

Lin Qihang, Lu Zhaosong, and Xiao Lin. (2014). An accelerated proximal coordinate gradient method[C]. In *Advances in Neural Information Processing Systems* 27, pages 3059-3067, Montreal.

Reddi J Sashank, Hefny Ahmed, Sra Suvrit, Poczos Barnabas, and Smola J Alexander. (2015). On variance reduction in stochastic gradient descent and its asynchronous variants[C]. In *Advances in Neural Information Processing Systems 28*, pages 2647-2655, Montreal.

Zheng Shun, Wang Jialei, Xia Fen, Xu Wei, and Zhang Tong. (2017). A general distributed dual coordinate optimization framework for regularized loss minimization[J]. *J. Math. Learn. Res.* 18(115):1-52, .

Shi Wei, Ling Qing, Wu Gang, and Yin Wotao. (2015). EXTRA: An exact first-order algorithm for decentralized consensus optimization[J]. *SIAM J. Control Optim.*, 25(2): 944-966.

Nesterov Yurii. (1983). A method for unconstrained convex minimization problem with the rate of convergence $O(1/k^2)$[J]. *Sov. Math. Dokl.*, 27(2):372-376.

Allen-Zhu Zeyuan, Qu Zheng, Richtárik Peter, and Yuan Yang. (2016). Even faster accelerated coordinate descent using non-uniform sampling[C]. In *Proceedings of the 33th International Conference on Machine Learning*, pages 1110-1119, New York.

Allen-Zhu Zeyuan. (2017). Katyusha: The first truly accelerated stochastic gradient method[C]. In *Proceedings of the 49th Annual ACM SIGACT Symposium on the Theory of Computing*, pages 1200-1206, Montreal.

第7章 总 结

在前面几章，我们已经介绍了许多在机器学习中具有代表性的加速一阶算法. 不可避免地，我们的综述是不完整的和有倾向性的. 在编写本书的时候，又出现了许多新的加速算法，但我们不得不忍痛割爱.

尽管加速算法在理论上非常具有吸引力，但在实践中是否需要用它们要依赖诸多现实的因素. 例如当使用热启动去求解一系列带有不同惩罚系数的 LASSO 问题时，如果不同惩罚系数的值足够多，加速算法的优势可能并不明显. 对于低秩问题 [Lin and Zhang, 2017]，内插或者外推都将破坏矩阵的低秩结构，这将使奇异值分解（SVD，用于奇异值阈值（Singular Value Thresholding，SVT）算子）的计算变得昂贵得多，从而抵消加速带来的减少迭代次数的好处. 由于大多数加速算法只考虑 L-光滑与 μ-强凸的目标函数，而没有考虑问题的具体特性，对于一些问题，不论是否使用加速算法，其收敛速度都差不多，甚至能以比理论预测更快的速度收敛（例如当目标函数是受限制的强凸函数时，即强凸只在定义域的一个子集上成立，还有一些"表现良好"的机器学习问题，即信噪比足够高、预测变量间的相关性可控、预测变量数比观测变量数要多的问题）. 一个特别的例子是，一些非凸优化算法虽然在理论上证明了能够比梯度下降法更快地收敛到临界点，但在实际应用中，例如训练深度神经网络时，它们并不能比梯度下降法快.

另一方面，优化涉及计算的不同层面. 如果一些计算的细节不能被很好地处理，加速算法有可能会很慢. 例如，奇异值阈值算子经常在求解低秩模型时被用到. 但是如果以最原始的方式实现该操作，即运用完全奇异值分解来计算，将会带来极大的计算开销. 事实上，一般来说，奇异值阈值算子可以通过部分奇异值分解 [Lin and Zhang, 2017] 来实现，它的计算代价要小很多. 对于分布式系统，根据计算能力和通信带宽（如果可能的话）对数据平衡进行预处理将很有帮助.

尽管现在已经有了许多复杂的加速算法，但是如果按照传统的方式设计这些加速算法，它们将不能突破优化问题的算法复杂度下界. 事实上，当我们忽略常数因子，单从阶来看时，许多算法（例如 [Fang et al., 2018; Lan and Zhou, 2018; Li and lin, 2019; Scaman et al., 2017]）已经达到了算法复杂度下界，而仅仅改进常数因子在理论上已不具有太大吸引力，虽然还有一定的实际意义. 近年来，出现了一些使用机器学习方法来提升收敛速度的算法，看起来这些算法在测试数据集上可以突破算法复杂度下界 [Chen et al., 2018; Gregor and LeCun, 2010; Liu et al., 2020; Yang et al., 2016; Zhang and Ghanem, 2018]. 虽然在实验结果方面，这些方法已经展示了惊艳的效果，但它们基本都没有理论的保证，所以大多数基于学习的算法都是启发性的（Heuristic）. Chen 等人可能率先提出了一些理论保证 [Chen et al., 2018]，但是他们的证明只针对 LASSO 问题. 对于针对一般问题的基于学习的优化算法，具有收敛性保证的优化算法还非常罕见. Liu 等人 [Liu et al., 2020] 和 Xie 等人 [Xie et al., 2019] 在考虑非凸反问题与线性约束的目标函数可分离凸问题中给出了一些理论结果，这是极少数具有理论保证的基于学习的优化算法. 事实上，当我们进一步把数据的特性考虑进去时，优化算法就可以得到加速，这应当一点也不奇怪. 例如传统的算法在 LASSO 问题中假设字典矩阵满足受限等距（Restricted Isometric）性质，或者在矩阵填充问题中假设采样算子满足矩阵受限等距（Matrix Restricted Isometric）性质 [Lai and Yin 2013] 时，收敛速度就会有阶的提升. 基于学习的优化算法能够更精确地刻画数据的性质，但是目前它们还只能使用样本本身来体现而不是通过数学性质来描述. 尽管基于学习的优化算法当前还处于很初级的阶段，但是我们相信它将带来新一轮的加速热潮.

参考文献

Chen Xiaohan, Liu Jialin, Wang Zhangyang, and Yin Wotao. (2018). Theoretical linear convergence of unfolded ISTA and its practical weights and thresholds[C]. In *Advances in Neural Information Processing Systems 31*, pages 9079-9089, Montreal.

Fang Cong, Li Chris Junchi, Lin Zhouchen, and Zhang Tong. (2018). SPIDER: Near-optimal non-convex optimization via stochastic path-integrated differential estimator[C]. In *Advances in Neural Information Processing Systems 31*, pages 689-699, Montreal.

Gregor Karol and LeCun Yann. (2010). Learning fast approximations of sparse coding[C]. In *Proceedings of the 27th International Conference on Machine Learning*, pages 399-406, Haifa.

Lai Ming-Jun and Yin Wotao. (2013). Augmented ℓ_1 and nuclear-norm models with a globally linearly convergent algorithm[J]. *SIAM J. Imag. Sci.*, 6(2):1059-1091.

Lan Guanghui and Zhou Yi. (2018). An optimal randomized incremental gradient method[J]. *Math. Program.*, 171(1-2):167-215.

Li Huan and Lin Zhouchen. (2019). Accelerated alternating direction method of multipliers: an optimal O(1/K) nonergodic analysis[J]. *J. Sci. Comput.*, 79(2):671-699.

Lin Zhouchen and Zhang Hongyang. (2017). Low-Rank Models in Visual Analysis: Theories, Algorithms, and Applications[M]. Academic Press, New York.

Liu Risheng, Cheng Shichao, He Yi, Fan Xin, Lin Zhouchen, and Luo Zhongxuan. (2019). On the convergence of learning-based iterative methods for nonconvex inverse problems[J]. *IEEE Transactions on Pattern Analysis and Machine Intelligence*, 42(12):3027-3039.

Scaman Kevin, Bach Francis, Bubeck Sébastien, Lee Yin Tat, and Massoulié Laurent. (2017). Optimal algorithms for smooth and strongly convex distributed optimization in networks[C]. In *Proceedings of the 34th International Conference on Machine Learning*, pages 3027-3036, Sydney.

Xie Xingyu, Wu Jianlong, Liu Guangcan, Zhong Zhisheng, and Lin Zhouchen. (2019). Differentiable linearized ADMM[C]. In *Proceedings of the 30th International Conference on Machine Learning*, pages 6902-6911, Long Beach.

Yang Yan, Sun Jian, Li Huibin, and Xu Zongben. (2016). Deep ADMM-Net for compressive sensing MRI[C]. In *Advances in Neural Information Processing Systems 29*, pages 10-18, Barcelona.

Zhang Jian and Ghanem Bernard. (2018). ISTA-Net: Interpretable optimization-inspired deep network for image compressive sensing[C]. In *Proceedings of the IEEE Conference on Computer Vision and Pattern Recognition*, pages 1828-1837, Salt Lake.

附录 A 数学基础

本附录包含一些基本定义和本书用到的基本结论.

A.1 代数与概率

命题 3 – Cauchy-Schwartz 不等式:

$$\langle \mathrm{x}, \mathrm{y} \rangle \leqslant \|\mathrm{x}\|\|\mathrm{y}\|.$$

引理 60: 对于任意 x、y、z 和 $\mathrm{w} \in \mathbb{R}^n$,我们有如下三个等式:

$$2\langle \mathrm{x}, \mathrm{y} \rangle = \|\mathrm{x}\|^2 + \|\mathrm{y}\|^2 - \|\mathrm{x} - \mathrm{y}\|^2, \tag{A.1}$$

$$2\langle \mathrm{x}, \mathrm{y} \rangle = \|\mathrm{x} + \mathrm{y}\|^2 - \|\mathrm{x}\|^2 - \|\mathrm{y}\|^2, \tag{A.2}$$

$$2\langle \mathrm{x} - \mathrm{z}, \mathrm{y} - \mathrm{w} \rangle = \|\mathrm{x} - \mathrm{w}\|^2 - \|\mathrm{z} - \mathrm{w}\|^2 - \|\mathrm{x} - \mathrm{y}\|^2 + \|\mathrm{z} - \mathrm{y}\|^2. \tag{A.3}$$

定义 6 – 奇异值分解(SVD): 假设 $\mathrm{A} \in \mathbb{R}^{m \times n}$ 满足 $\mathrm{rank}(\mathrm{A}) = r$. 那么 A 可以被分解为

$$\mathrm{A} = \mathrm{U}\Sigma\mathrm{V}^{\top},$$

其中 $\mathrm{U} \in \mathbb{R}^{m \times r}$ 满足 $\mathrm{U}^{\top}\mathrm{U} = \mathrm{I}$, $\mathrm{V} \in \mathbb{R}^{n \times r}$ 满足 $\mathrm{V}^{\top}\mathrm{V} = \mathrm{I}$, 且 $\Sigma = \mathrm{Diag}(\sigma_1, \cdots, \sigma_r)$,其中

$$\sigma_1 \geqslant \sigma_2 \geqslant \cdots \geqslant \sigma_r > 0.$$

上述分解被称为 A 的瘦型奇异值分解,U 的列被称为左奇异向量,V 的列被称为右奇异向量,σ_i 被称为奇异值.

定义 7 – 图的拉普拉斯矩阵: 令 $\mathfrak{G} = \{V, E\}$ 表示图,其中 V 和 E 分别表示图的顶点集和边集,$e_{ij} = (i, j) \in E$ 表示 i 和 j 是相连的. 令 $V_i = \{j \in V | (i, j) \in$

$E\}$ 表示与顶点 i 相连的顶点集合，则图 $\mathcal{G} = \{V, E\}$ 的拉普拉斯矩阵 L 定义为

$$\mathrm{L}_{ij} = \begin{cases} |V_i|, & \text{如果} i = j, \\ -1, & \text{如果} i \neq j \text{且} (i, j) \in E, \\ 0, & \text{其他}. \end{cases}$$

定义 8 – 对偶范数（Dual Norm）： 令 $\|\cdot\|$ 为 $\mathbb{R}^n$ 中向量的范数，它的对偶范数 $\|\cdot\|^*$ 定义为

$$\|\mathrm{y}\|^* = \max\{\langle \mathrm{x}, \mathrm{y}\rangle \,|\, \|\mathrm{x}\| \leqslant 1\}.$$

命题 4： 对于随机向量 ξ，我们有

$$\mathbb{E}\|\xi - \mathbb{E}\xi\|^2 \leqslant \mathbb{E}\|\xi\|^2.$$

命题 5 – 詹森（Jensen）不等式（连续情形）： 如果 $f: C \subseteq \mathbb{R}^n \to \mathbb{R}$ 是凸函数且 ξ 是 C 上的随机变量，那么

$$f(\mathbb{E}\xi) \leqslant \mathbb{E}f(\xi).$$

定义 9 – 离散时间鞅（Discrete-Time Martingale）： 如果随机数（或随机向量）序列 $X_1, X_2, \cdots$ 满足对于任意时间 n 都有

$$\mathbb{E}|X_n| < \infty,$$
$$\mathbb{E}(X_{n+1}|X_1, \cdots, X_n) = X_n,$$

即给定之前所有时刻的观测量，下一时刻的观测量的条件期望与当前时刻的观测量相等，则该随机数（或随机向量）序列称为鞅.

命题 6 – 重期望律（Iterated Law of Expectation）： 对于随机变量 X 和 Y，我们有

$$\mathbb{E}Y = \mathbb{E}_X(\mathbb{E}(Y|X)).$$

A.2 凸分析

关于凸集和凸函数的基本概念可以参见 [Boyd and Vandenberghe, 2004]. 我们只考虑有限维欧氏空间上的凸分析.

定义 10 – 凸集（Convex Set）： 集合 $C \subseteq \mathbb{R}^n$ 称为凸集，如果对于所有 $\mathrm{x}, \mathrm{y} \in C$ 和 $\alpha \in [0,1]$，我们有 $\alpha\mathrm{x} + (1-\alpha)\mathrm{y} \in C$.

定义 11 – 凸集的极点（Extreme Point of Convex Set）： 给定一个非空凸集 C，向量 $\mathrm{x} \in C$ 称为 C 的极点，如果它不是严格地属于任意一条包含在 C 里的线段，即不存在向量 $\mathrm{y}, \mathrm{z} \in C$ 和 $\alpha \in (0,1)$，其中 $\mathrm{y} \neq \mathrm{x}$ 且 $\mathrm{z} \neq \mathrm{x}$，使得 $\mathrm{x} = \alpha\mathrm{y} + (1-\alpha)\mathrm{z}$.

定义 12 – 凸函数（Convex Function）： 函数 $f : C \subseteq \mathbb{R}^n \to \mathbb{R}$ 称为凸函数，如果 C 是凸集且对于任意 $\mathrm{x}, \mathrm{y} \in C$ 和 $\alpha \in [0,1]$ 有

$$f(\alpha\mathrm{x} + (1-\alpha)\mathrm{y}) \leqslant \alpha f(\mathrm{x}) + (1-\alpha) f(\mathrm{y}).$$

C 称为 f 的定义域.

定义 13 – 凹函数（Concave Function）： 函数 $f : C \subseteq \mathbb{R}^n \to \mathbb{R}$ 称为凹函数，如果 $-f$ 是凸函数.

定义 14 – 严格凸函数（Strictly Convex Function）： 函数 $f : C \subseteq \mathbb{R}^n \to \mathbb{R}$ 称为严格凸函数，如果 C 是一个凸集，且对于所有 $\mathrm{x} \neq \mathrm{y} \in C$ 和 $\alpha \in (0,1)$ 有

$$f(\alpha\mathrm{x} + (1-\alpha)\mathrm{y}) < \alpha f(\mathrm{x}) + (1-\alpha) f(\mathrm{y}).$$

定义 15 – 强凸函数（Strongly Convex Function）和一般凸函数（Generally Convex Function）： 函数 $f : C \subseteq \mathbb{R}^n \to \mathbb{R}$ 称为强凸函数，如果 C 是一个凸集且存在一个常数 $\mu > 0$，对于所有 $\mathrm{x}, \mathrm{y} \in C$ 和 $\alpha \in [0,1]$ 有

$$f(\alpha\mathrm{x} + (1-\alpha)\mathrm{y}) \leqslant \alpha f(\mathrm{x}) + (1-\alpha) f(\mathrm{y}) - \frac{\mu\alpha(1-\alpha)}{2}\|\mathrm{y}-\mathrm{x}\|^2.$$

μ 称为 f 的强凸系数. 为了方便，具有强凸系数 μ 的强凸函数简称为 μ-强凸函数. 如果一个凸函数不是强凸的（此时 $\mu = 0$），我们称它为一般凸函数.

定义 16 – 一致凸函数（Uniformly Convex Function）： 可微函数 $f : C \subseteq \mathbb{R}^n \to \mathbb{R}$ 称为 p-次一致凸函数（$p \geqslant 2$），如果 C 是一个凸集且存在一个常数 $\sigma_p > 0$，使得对于所有 $\mathrm{x}, \mathrm{y} \in C$ 有

$$f(\mathrm{y}) \geqslant f(\mathrm{x}) + \langle \nabla f(\mathrm{x}), \mathrm{y}-\mathrm{x} \rangle + \frac{\sigma_p}{p}\|\mathrm{y}-\mathrm{x}\|^p.$$

我们称 (p, σ_p) 为一致凸函数的参数对. 当 $p = 2$ 时，一致凸函数即为强凸函数（参见命题12）.

命题 7 – 詹森（Jensen）不等式（离散情形）： 如果 $f: C \subseteq \mathbb{R}^n \to \mathbb{R}$ 是凸函数，$\mathrm{x}_i \in C, \alpha_i \geqslant 0, i=1,\cdots,m, \sum_{i=1}^m \alpha_i = 1$，那么

$$f\left(\sum_{i=1}^m \alpha_i \mathrm{x}_i\right) \leqslant \sum_{i=1}^m \alpha_i f(\mathrm{x}_i).$$

定义 17 – 光滑函数（Smooth Function）： 不严格地，我们称一个连续可导的函数为光滑函数.

定义 18 – 函数有 Lipschitz 连续梯度： 可微函数 $f: C \subseteq \mathbb{R}^n \to \mathbb{R}$ 具有 Lipschitz 连续的梯度，如果存在 $L > 0$ 使得

$$\|\nabla f(\mathrm{x}) - \nabla f(\mathrm{y})\| \leqslant L\|\mathrm{y} - \mathrm{x}\|, \quad \forall \mathrm{x}, \mathrm{y} \in C.$$

为了书写简单，如果一个函数具有 Lipschitz 连续的梯度且 Lipschitz 常数为 L，我们称该函数为 L-光滑函数.

定义 19 – 函数有坐标 Lipschitz 连续梯度： 可微函数 $f: C \subseteq \mathbb{R}^n \to \mathbb{R}$ 具有坐标 L_c-Lipschitz 连续的梯度，如果存在 $L_c > 0$ 使得

$$|\nabla_i f(\mathrm{x}) - \nabla_i f(\mathrm{y})| \leqslant L_c|\mathrm{x}_i - \mathrm{y}_i|, \quad \forall \mathrm{x}, \mathrm{y} \in C, i \in [n]. \tag{A.4}$$

定义 20 – 函数有 Lipschitz 连续海森矩阵： 二阶可微函数 $f: C \subseteq \mathbb{R}^n \to \mathbb{R}$ 具有 Lipschitz 连续海森矩阵，如果存在 $L > 0$ 使得

$$\|\nabla^2 f(\mathrm{x}) - \nabla^2 f(\mathrm{y})\| \leqslant L\|\mathrm{x} - \mathrm{y}\|, \quad \forall \mathrm{x}, \mathrm{y} \in C.$$

为了书写简单，如果一个函数具有 Lipschitz 连续海森矩阵且 Lipschitz 常数为 L，则称该函数具有 L-Lipschitz 连续的海森矩阵.

命题 8： [Nesterov, 2018] 如果 $f: C \subseteq \mathbb{R}^n \to \mathbb{R}$ 是 L-光滑函数，那么有

$$|f(\mathrm{y}) - f(\mathrm{x}) - \langle \nabla f(\mathrm{x}), \mathrm{y} - \mathrm{x} \rangle| \leqslant \frac{L}{2}\|\mathrm{y} - \mathrm{x}\|^2, \quad \forall \mathrm{x}, \mathrm{y} \in C. \tag{A.5}$$

特别地，如果 $\mathrm{y} = \mathrm{x} - \frac{1}{L}\nabla f(\mathrm{x})$，那么有

$$f(\mathrm{y}) \leqslant f(\mathrm{x}) - \frac{1}{2L}\|\nabla f(\mathrm{x})\|^2. \tag{A.6}$$

如果 f 还是凸函数，那么有

$$f(\mathrm{y}) \geqslant f(\mathrm{x}) + \langle \nabla f(\mathrm{x}), \mathrm{y} - \mathrm{x} \rangle + \frac{1}{2L}\|\nabla f(\mathrm{y}) - \nabla f(\mathrm{x})\|^2, \quad \forall \mathrm{x}, \mathrm{y} \in C. \tag{A.7}$$

命题 9: 如果 $f: C \subseteq \mathbb{R}^n \to \mathbb{R}$ 具有坐标 L_c-Lipschitz 连续的梯度,x 和 y 只在第 i 个坐标不同,则有

$$|f(\mathrm{x}) - f(\mathrm{y}) - \langle \nabla_i f(\mathrm{y}), \mathrm{x}_i - \mathrm{y}_i \rangle| \leqslant \frac{L_c}{2} (\mathrm{x}_i - \mathrm{y}_i)^2 .$$

命题 10: [Nesterov, 2018] 如果 $f: C \subseteq \mathbb{R}^n \to \mathbb{R}$ 具有 L-Lipschitz 连续海森矩阵,则

$$\begin{aligned}&\left|f(\mathrm{y}) - f(\mathrm{x}) - \langle \nabla f(\mathrm{x}), \mathrm{y} - \mathrm{x} \rangle - \frac{1}{2}(\mathrm{y} - \mathrm{x})^T \nabla^2 f(\mathrm{x})(\mathrm{y} - \mathrm{x})\right| \\ \leqslant &\frac{L}{6}\|\mathrm{y} - \mathrm{x}\|^3, \quad \forall \mathrm{x}, \mathrm{y} \in C.\end{aligned} \tag{A.8}$$

定义 21 – 凸函数的次梯度(Subgradient): 向量 g 是凸函数 $f: C \subseteq \mathbb{R}^n \to \mathbb{R}$ 在 $\mathrm{x} \in C$ 处的次梯度,如果

$$f(\mathrm{y}) \geqslant f(\mathrm{x}) + \langle \mathrm{g}, \mathrm{y} - \mathrm{x} \rangle, \forall \mathrm{y} \in C.$$

f 在 x 处的次梯度的集合记为 $\partial f(\mathrm{x})$.

命题 11: 对于凸函数 $f: C \subseteq \mathbb{R}^n \to \mathbb{R}$,其在 C 内点处的次梯度都存在. 它在 x 处可微当且仅当 $\partial f(\mathrm{x})$ 只有一个元素.

命题 12: 如果 $f: C \to \mathbb{R}$ 是 μ-强凸函数,那么

$$f(\mathrm{y}) \geqslant f(\mathrm{x}) + \langle \mathrm{g}, \mathrm{y} - \mathrm{x} \rangle + \frac{\mu}{2}\|\mathrm{y} - \mathrm{x}\|^2, \quad \forall \mathrm{x}, \mathrm{y} \in C, \mathrm{g} \in \partial f(\mathrm{x}). \tag{A.9}$$

特别地,如果 f 是 μ-强凸函数,$\mathrm{x}^* = \arg\min_{\mathrm{x} \in C} f(\mathrm{x})$ 为 C 的内点,那么

$$f(\mathrm{x}) - f(\mathrm{x}^*) \geqslant \frac{\mu}{2}\|\mathrm{x} - \mathrm{x}^*\|^2. \tag{A.10}$$

另一方面,如果 f 可微且 μ-强凸,我们也有

$$f(\mathrm{x}^*) \geqslant f(\mathrm{x}) - \frac{1}{2\mu}\|\nabla f(\mathrm{x})\|^2. \tag{A.11}$$

定义 22 – 上图(Epigraph): $f: C \subseteq \mathbb{R}^n \to \mathbb{R}$ 的上图定义为

$$\mathrm{epi}\, f = \{(\mathrm{x}, t) | \mathrm{x} \in C, t \geqslant f(\mathrm{x})\}.$$

定义 23 – 闭函数(Closed Function): 如果 $\mathrm{epi}\, f$ 是一个闭集,那么 f 是一个闭函数.

定义 24 – 单调映射（Monotone Mapping）和单调函数（Monotone Function）： 集值函数 $f: \mathcal{C} \subseteq \mathbb{R}^n \rightarrow 2^{\mathbb{R}^n}$ 称为单调映射，如果

$$\langle \mathbf{x}-\mathbf{y}, \mathbf{u}-\mathbf{v} \rangle \geqslant 0, \quad \forall \mathbf{x}, \mathbf{y} \in \mathcal{C}, \mathbf{u} \in f(\mathbf{x}), \mathbf{v} \in f(\mathbf{y}).$$

特别地，如果 f 是单值函数且

$$\langle \mathbf{x}-\mathbf{y}, f(\mathbf{x})-f(\mathbf{y}) \rangle \geqslant 0, \quad \forall \mathbf{x}, \mathbf{y} \in \mathcal{C},$$

则称 f 为单调函数.

命题 13 – 次梯度的单调性： 如果 $f: \mathcal{C} \subseteq \mathbb{R}^n \rightarrow \mathbb{R}$ 是凸函数，那么 $\partial f(\mathbf{x})$ 是单调映射. 如果 f 是 μ-强凸函数，那么

$$\langle \mathbf{x}_1-\mathbf{x}_2, \mathbf{g}_1-\mathbf{g}_2 \rangle \geqslant \mu\|\mathbf{x}_1-\mathbf{x}_2\|^2, \quad \forall \mathbf{x}_i \in \mathcal{C}, \mathbf{g}_i \in \partial f(\mathbf{x}_i), i=1,2.$$

定义 25 – 包络函数（Envelope Function）以及邻近映射（Proximal Mapping）： 给定函数 $f: \mathcal{C} \subseteq \mathbb{R}^n \rightarrow \mathbb{R}$ 和 $a>0$,

$$\operatorname{Env}_{af}(\mathbf{x}) = \min_{\mathbf{y} \in \mathcal{C}} \left(f(\mathbf{y}) + \frac{1}{2a}\|\mathbf{y}-\mathbf{x}\|^2 \right)$$

称为 $f(\mathbf{x})$ 的包络函数，

$$\operatorname{Prox}_{af}(\mathbf{x}) = \arg\min_{\mathbf{y} \in \mathcal{C}} \left(f(\mathbf{y}) + \frac{1}{2a}\|\mathbf{y}-\mathbf{x}\|^2 \right)$$

称为 $f(\mathbf{x})$ 的邻近映射. 如果 f 是非凸函数，则 $\operatorname{Prox}_{af}(\mathbf{x})$ 可能是多值的.

更多关于邻近映射的叙述可参考 [Parikh and Boyd, 2014].

定义 26 – Bregman 距离： 给定一个可微的严格凸函数 h, Bregman 距离定义为

$$D_h(\mathbf{y}, \mathbf{x}) = h(\mathbf{y}) - h(\mathbf{x}) - \langle \nabla h(\mathbf{x}), \mathbf{y}-\mathbf{x} \rangle .$$

欧氏距离是 Bregman 距离的一个特例：令 $h(\mathbf{x}) = \frac{1}{2}\|\mathbf{x}\|^2$，则 $D_h(\mathbf{y}, \mathbf{x}) = \frac{1}{2}\|\mathbf{x}-\mathbf{y}\|^2$. Bregman 距离在 h 不可微时的推广，可参见 [Kiwiel, 1997].

定义 27 – 共轭函数（Conjugate Function）： 给定 $f: \mathcal{C} \subseteq \mathbb{R}^n \rightarrow \mathbb{R}$，它的共轭函数定义为

$$f^*(\mathbf{u}) = \sup_{\mathbf{z} \in \mathcal{C}} \left(\langle \mathbf{z}, \mathbf{u} \rangle - f(\mathbf{z}) \right) .$$

f^* 的定义域为

$$\operatorname{dom} f^* = \{\mathbf{u} | f^*(\mathbf{u}) < +\infty\}.$$

命题 14 – 共轭函数的性质： 给定 $f : C \subseteq \mathbb{R}^n \to \mathbb{R}$，它的共轭函数有如下性质

1. f^* 总是凸函数；
2. $f^{**}(\mathrm{x}) \leqslant f(\mathrm{x}), \forall \mathrm{x} \in C$；
3. 如果 f 是闭的凸函数，那么 $f^{**}(\mathrm{x}) = f(\mathrm{x}), \forall \mathrm{x} \in C$.
4. 如果 f 是 L-光滑函数，那么 f^* 在 $\mathrm{dom} f^*$ 上是 L^{-1}-强凸函数. 反过来，如果 f 是 μ-强凸函数，则 f^* 在 $\mathrm{dom} f^*$ 上是 μ^{-1}-光滑函数.
5. 如果 f 是闭且凸的，那么 $\mathrm{y} \in \partial f(\mathrm{x})$ 当且仅当 $\mathrm{x} \in \partial f^*(\mathrm{y})$.

命题 15 – Fenchel-Young 不等式： 令 f^* 为 f 的共轭函数，那么

$$f(\mathrm{x}) + f^*(\mathrm{y}) \geqslant \langle \mathrm{x}, \mathrm{y} \rangle .$$

定义 28 – 拉格朗日函数（Lagrangian Function）： 给定约束问题

$$\begin{aligned} \min_{\mathrm{x} \in \mathbb{R}^n} \quad & f(\mathrm{x}), \\ s.t. \quad & \mathrm{A}\mathrm{x} = \mathrm{b}, \\ & \mathrm{g}(\mathrm{x}) \leqslant 0, \end{aligned} \tag{A.12}$$

其中 $\mathrm{A} \in \mathbb{R}^{m \times n}, \mathrm{g}(\mathrm{x}) = (g_1(\mathrm{x}), \cdots, g_p(\mathrm{x}))^T$. 该问题对应的拉格朗日函数为

$$L(\mathrm{x}, \mathrm{u}, \mathrm{v}) = f(\mathrm{x}) + \langle \mathrm{u}, \mathrm{A}\mathrm{x} - \mathrm{b} \rangle + \langle \mathrm{v}, \mathrm{g}(\mathrm{x}) \rangle ,$$

其中 $\mathrm{v} \geqslant 0$.

定义 29 – 拉格朗日对偶函数（Lagrange Dual Function）： 给定约束问题 (A.12)，它的拉格朗日对偶函数为

$$d(\mathrm{u}, \mathrm{v}) = \min_{\mathrm{x} \in C} L(\mathrm{x}, \mathrm{u}, \mathrm{v}), \tag{A.13}$$

其中 C 是 f 和 g 的定义域的交. 对偶函数的定义域为 $\mathcal{D} = \{(\mathrm{u}, \mathrm{v}) | \mathrm{v} \geqslant 0, d(\mathrm{u}, \mathrm{v}) > -\infty\}$.

定义 30 – 对偶问题（Dual Problem）： 给定约束问题 (A.12)，它的对偶问题为

$$\begin{aligned} \max_{\mathrm{u}, \mathrm{v}} \quad & d(\mathrm{u}, \mathrm{v}), \\ s.t. \quad & (\mathrm{u}, \mathrm{v}) \in \mathcal{D}, \end{aligned}$$

其中 $\mathcal{D}$ 为 $d(\mathrm{u}, \mathrm{v})$ 的定义域. 相应地，问题 (A.12) 称为原始问题（Primal Problem）.

定义 31 – Slater 条件： 对于凸问题 (A.12)，如果存在一个 x_0 使得 $Ax_0 = b$，当 $i \in \mathcal{I}_1$ 时 $g_i(x_0) \leqslant 0$ 且当 $i \in \mathcal{I}_2$ 时 $g_i(x_0) < 0$，其中 $\mathcal{I}_1$ 和 $\mathcal{I}_2$ 分别表示线性和非线性不等式约束的下标集合，那么称问题(A.12)满足 Slater 条件.

命题 16 – 对偶问题的性质：

1. $d(u, v)$ 总是凹函数，即使原始问题 (A.12) 是非凸问题.
2. 弱对偶：记原始问题和对偶问题的最优值分别为 f^* 和 d^*，则有 $f^* \geqslant d^*$. $f^* - d^*$ 称为对偶间隙（Dual Gap），它总是非负的.
3. 对于凸问题，当 Slater 条件成立时，有强对偶成立：$f^* = d^*$.

定义 32 – KKT 点 和 KKT 条件： (x, u, v) 称为问题 (A.12) 的 Karush-Kuhn-Tucker (KKT) 点，如果它满足如下性质：

1. 临界性: $0 \in \partial f(x) + A^T u + \sum_{i=1}^{p} v_i \partial g_i(x)$.
2. 原始可行性：$Ax = b, g_i(x) \leqslant 0, i = 1, \cdots, p$.
3. 互补松弛：$v_i g_i(x) = 0, i = 1, \cdots, p$.
4. 对偶可行性：$v_i \geqslant 0, i = 1, \cdots, p$.

上述条件称为问题 (A.12) 的 KKT 条件. 当问题(A.12)为凸问题且满足 Slater 条件时，KKT 条件是问题 (A.12) 的最优性条件.

命题 17： 当问题 (A.12) 为凸问题时，(x^*, u^*, v^*) 是一对原始问题和对偶问题的解且其对偶间隙为 0，当且仅当它满足 KKT 条件.

定义 33 – 紧集（Compact Set）： 一个 $\mathbb{R}^n$ 的子集 S 称为紧集，如果它是有界闭集.

定义 34 – 凸包（Convex Hull）： 集合 $\mathcal{X}$ 的凸包表示为 $\mathrm{conv}(\mathcal{X})$. 它是 $\mathcal{X}$ 中所有点的凸组合构成的集合

$$\mathrm{conv}(\mathcal{X}) = \left\{ \sum_{i=1}^{k} \alpha_i x_i \,\middle|\, x_i \in \mathcal{X}, \alpha_i \geqslant 0, i = 1, \cdots, k, \sum_{i=1}^{k} \alpha_i = 1 \right\}.$$

定理 51 – Danskin 定理： 设 $\mathcal{Z}$ 是 $\mathbb{R}^m$ 的紧子集，$\phi : \mathbb{R}^n \times \mathcal{Z} \to \mathbb{R}$ 是连续的且 $\phi(\cdot, z) : \mathbb{R}^n \to \mathbb{R}$ 对所有 $z \in \mathcal{Z}$ 是凸函数. 定义 $f : \mathbb{R}^n \to \mathbb{R}$ 为 $f(x) = \max_{z \in \mathcal{Z}} \phi(x, z)$，其中

$$\mathcal{Z}(x) = \left\{ \bar{z} \,\middle|\, \phi(x, \bar{z}) = \max_{z \in \mathcal{Z}} \phi(x, z) \right\}.$$

如果 $\phi(\cdot, \mathrm{z})$ 对于所有 $\mathrm{z} \in \mathcal{Z}$ 可微且 $\nabla_x \phi(\mathrm{x}, \cdot)$ 对所有给定 x 是 $\mathcal{Z}$ 上的连续函数,那么

$$\partial f(\mathrm{x}) = \mathrm{conv}\{\nabla_x \phi(\mathrm{x}, \mathrm{z}) | \mathrm{z} \in \mathcal{Z}(\mathrm{x})\}, \quad \forall \mathrm{x} \in \mathbb{R}^n.$$

定义 35 – 鞍点(Saddle Point): $(\mathrm{x}^*, \lambda^*)$ 称为 $f(\mathrm{x}, \lambda): C \times D \to \mathbb{R}$ 的一个鞍点,如果它满足如下不等式

$$f(\mathrm{x}^*, \lambda) \leqslant f(\mathrm{x}^*, \lambda^*) \leqslant f(\mathrm{x}, \lambda^*), \quad \forall \mathrm{x} \in C, \lambda \in D.$$

A.3 非凸分析

定义 36 – 正常函数(Proper Function): 一个函数 $g: \mathbb{R}^n \to (-\infty, +\infty]$ 称为正常函数,如果 $\mathrm{dom}\, g \neq \varnothing$,其中 $\mathrm{dom}\, g = \{\mathrm{x} \in \mathbb{R} : g(\mathrm{x}) < +\infty\}$.

定义 37 – 下半连续函数(Lower Semicontinuous Function): 一个函数 $g: \mathbb{R}^n \to (-\infty, +\infty]$ 在点 x_0 处是下半连续的,如果

$$\liminf_{\mathrm{x} \to \mathrm{x}_0} g(\mathrm{x}) \geqslant g(\mathrm{x}_0).$$

定义 38 – 强制函数(Coercive Function): $F(\mathrm{x})$ 称为是强制函数,如果 $\inf_{\mathrm{x}} F(\mathrm{x}) > -\infty$ 且 $\{\mathrm{x} | F(\mathrm{x}) \leqslant a\}$ 对于所有 a 有界.

定义 39 – 次微分(Subdifferential): 假设 f 是正常且下半连续函数.

1. 对于给定的 $\mathrm{x} \in \mathrm{dom}\, f$,$f$ 在点 x 处的 Fréchet 次微分记为 $\hat{\partial} f(\mathrm{x})$. 它是所有满足
$$\liminf_{\mathrm{y} \neq \mathrm{x}, \mathrm{y} \to \mathrm{x}} \frac{f(\mathrm{y}) - f(\mathrm{x}) - \langle \mathrm{u}, \mathrm{y} - \mathrm{x} \rangle}{\|\mathrm{y} - \mathrm{x}\|} \geqslant 0$$
的 $\mathrm{u} \in \mathbb{R}^n$ 所构成的集合.
2. 在点 x 处 f 的极限次微分(Limiting Subdifferential),简记为 $\partial f(\mathrm{x})$,定义如下
$$\partial f(\mathrm{x}) := \{\mathrm{u} \in \mathbb{R}^n : \exists \mathrm{x}_k \to \mathrm{x}, f(\mathrm{x}_k) \to f(\mathrm{x}), \mathrm{u}_k \in \hat{\partial} f(\mathrm{x}_k) \to \mathrm{u}, k \to \infty\}.$$

定义 40 – 临界点(Critical Point): x 称为 f 的临界点,如果 $0 \in \partial f(\mathrm{x})$.

下述引理描述了次微分的一些性质.

引理 61：

1. 对于非凸问题，Fermat 引理仍然成立：如果 $\mathrm{x} \in \mathbb{R}^n$ 是 g 的一个局部极小点，那么 $0 \in \partial g(\mathrm{x})$.
2. 设 $(\mathrm{x}_k, \mathrm{u}_k)$ 为满足 $\mathrm{x}_k \to \mathrm{x}$、$\mathrm{u}_k \to \mathrm{u}$、$g(\mathrm{x}_k) \to g(\mathrm{x})$ 和 $\mathrm{u}_k \in \partial g(\mathrm{x}_k)$ 的序列，那么 $\mathrm{u} \in \partial g(\mathrm{x})$.
3. 如果 f 是连续可微函数，那么 $\partial(f+g)(\mathrm{x}) = \nabla f(\mathrm{x}) + \partial g(\mathrm{x})$.

定义 41 – 去奇异函数（Desingularizing Function）：满足如下条件的函数 $\varphi : [0, \eta) \to \mathbb{R}^+$ 称为去奇异函数：

1. φ 在 $(0, \eta)$ 上是凹函数且连续可微；
2. φ 在 0 点连续且 $\varphi(0) = 0$；
3. $\varphi'(\mathrm{x}) > 0, \forall \mathrm{x} \in (0, \eta)$.

记 Φ_η 为定义在 $[0, \eta)$ 上的所有去奇异函数所构成的集合.

现在我们定义 KŁ 函数. 更多的介绍和应用可参见文献 [Attouch et al., 2010, 2013; Bolte et al., 2014].

定义 42 – Kurdyka-Łojasiewicz（KŁ）条件：一个正常且下半连续的函数 $f : \mathbb{R}^n \to (-\infty, +\infty]$ 称为在 $\overline{\mathrm{u}} \in \mathrm{dom}\partial f := \{\mathrm{u} \in \mathbb{R}^n : \partial f(\mathrm{u}) \neq \emptyset\}$ 处具有 Kurdyka-Łojasiewicz（KŁ）性质，如果存在 $\eta \in (0, +\infty]$，$\overline{\mathrm{u}}$ 的邻域 U 和去奇异函数 $\varphi \in \Phi_\eta$，对于所有

$$\mathrm{u} \in U \cap \{\mathrm{u} \in \mathbb{R}^n : f(\overline{\mathrm{u}}) < f(\mathrm{u}) < f(\overline{\mathrm{u}}) + \eta\},$$

有如下不等式

$$\varphi'(f(\mathrm{u}) - f(\overline{\mathrm{u}}))\mathrm{dist}(0, \partial f(\mathrm{u})) > 1.$$

引理 62 – 一致 Kurdyka-Łojasiewicz（KŁ）性质：令 Ω 为一个紧集，$f : \mathbb{R}^n \to (-\infty, +\infty]$ 为一个正常且下半连续函数. 假设 f 在 Ω 上是常数并对 Ω 上的所有点满足 KŁ 条件，那么存在 $\epsilon > 0$、$\eta > 0$ 和 $\varphi \in \Phi_\eta$，对于所有 $\overline{\mathrm{u}} \in \Omega$ 和集合

$$\{\mathrm{u} \in \mathbb{R}^n : dist(\mathrm{u}, \Omega) < \epsilon\} \cap \{\mathrm{u} \in \mathbb{R}^n : f(\overline{\mathrm{u}}) < f(\mathrm{u}) < f(\overline{\mathrm{u}}) + \eta\}$$

里的 u，如下不等式成立

$$\varphi'(f(\mathrm{u}) - f(\overline{\mathrm{u}}))\mathrm{dist}(0, \partial f(\mathrm{u})) > 1.$$

机器学习中的很多问题都满足 KŁ 条件，满足 KŁ 条件的典型例子包括：实多项式函数、Logistic 损失函数 $\log(1+e^{-t})$、$\|x\|_p$ $(p \geqslant 0)$、$\|x\|_\infty$，和如下集合的指示函数：半正定锥、Stiefel 流形、给定秩的矩阵所构成的集合.

参考文献

Attouch Hédy, Bolte Jérôme, Redont Patrick, and Soubeyran Antoine. (2010). Proximal alternating minimization and projection methods for nonconvex problems: an approach based on the Kurdyka-Łojasiewicz inequality[J]. *Math. Oper. Res.*, 35(2):438-457.

Attouch Hédy, Bolte Jérôme, and Svaiter Benar Fux. (2013). Convergence of descent methods for semialgebraic and tame problems: proximal algorithms, forward-backward splitting, and regularized Gauss-Seidel methods[J]. *Math. Program.*, 137(1-2):91-129.

Bolte Jérôme, Sabach Shoham, and Teboulle Marc. (2014). Proximal alternating linearized minimization for nonconvex and nonsmooth problems[J]. Math. Program., 146(1-2):459-494.

Boyd Stephen and Vandenberghe Lieven. Convex Optimization[M]. Cambridge University Press, Cambridge, 2004.

Kiwiel Krzysztof C. (1997). Proximal minimization methods with generalized Bregman functions[J]. *SIAM J. Control and Optimization.*, 35(4):1142-1168.

Nesterov Yurii. (2018). Lectures on Convex Optimization[M]. 2nd ed. Springer.

Parikh Neal and Boyd Stephen. (2014). Proximal algorithms[J]. Found. Trends Optim., 1(3):127-239.

缩略语表

AAAI Association for the Advancement of Artificial Intelligence, 人工智能促进协会

AACD Asynchronous Accelerated Coordinate Descent, 异步加速坐标下降

AAGD Asynchronous Accelerated Gradient Descent, 异步加速梯度下降

AASCD Asynchronous Accelerated Stochastic Coordinate Descent, 异步加速随机坐标下降

AC-AGD Almost Convex Accelerated Gradient Descent, 几乎凸加速梯度下降

Acc-ADMM Accelerated Alternating Direction Method of Multiplier, 加速交替方向乘子法

Acc-SADMM Accelerated Stochastic Alternating Direction Method of Multiplier, 加速随机交替方向乘子法

Acc-SDCA Accelerated Stochastic Dual Coordinate Ascent, 加速随机对偶坐标上升

ADMM Alternating Direction Method of Multiplier, 交替方向乘子法

AGD Accelerated Gradient Descent, 加速梯度下降

APG Accelerated Proximal Gradient, 加速邻近梯度

ASCD Accelerated Stochastic Coordinate Descent, 加速随机坐标下降

ASGD Asynchronous Stochastic Gradient Descent, 异步随机梯度下降

ASVRG Asynchronous Stochastic Variance Reduced Gradient, 异步随机方差缩减梯度下降

DSCAD Distributed Stochastic Communication Accelerated Dual, 分布式随机通信加速对偶

ERM Empirical Risk Minimization, 经验风险最小化

EXTRA EXact firsT-ordeR Algorithm, 精确一阶算法

GIST General Iterative Shrinkage and Thresholding, 广义迭代收缩与阈值
IC Individually Convex, 各自凸
IFO Incremental First-order Oracle, 增量一阶访问
INC Individually Nonconvex, 各自非凸
IQC Integral Quadratic Constraint, 积分二次约束
iPiano Inertial Proximal Algorithms for Nonconvex Optimization, 非凸优化的惯性邻近算法
KKT Karush-Kuhn-Tucker
KŁ Kurdyka-Łojasiewicz
LASSO Least Absolute Shrinkage and Selection Operator, 最小绝对值收缩和选择算子
LMI Linear Matrix Inequality, 线性矩阵不等式
MISO Minimization by Incremental Surrogate Optimization, 采用增量代理优化最小化
NC Negative Curvature / Nonconvex, 负曲率/非凸
NCD Negative Curvature Descent, 负曲率下降
PCA Principal Component Analysis, 主成分分析
PG Proximal Gradient, 邻近梯度
SAG Stochastic Average Gradient, 随机平均梯度
SAGD Stochastic Accelerated Gradient Descent, 随机加速梯度下降
SCD Stochastic Coordinate Descent, 随机坐标下降
SDCA Stochastic Dual Coordinate Ascent, 随机对偶坐标上升
SGD Stochastic Gradient Descent, 随机梯度下降
SPIDER Stochastic Path-Integrated Differential EstimatoR, 随机路径积分差分估计子
SVD Singular Value Decomposition, 奇异值分解
SVM Support Vector Machine, 支持向量机
SVRG Stochastic Variance Reduced Gradient, 随机方差缩减梯度下降
SVT Singular Value Thresholding, 奇异值阈值
VR Variance Reduction, 方差缩减

索 引